数值计算方法

主　编　韩旭里

北京大学出版社
PEKING UNIVERSITY PRESS

内 容 简 介

本书介绍现代科学计算中常用的数值方法及其理论，主要内容包括：数值计算的基本概念和基本原则、插值法、函数的最佳逼近、数值积分和数值微分、线性方程组的直接解法、线性方程组的迭代解法、非线性方程和非线性方程组的数值解法、矩阵特征值问题的数值解法、常微分方程的数值解法. 本书每章都配有较丰富的习题和数值实验题，书末附有习题参考答案与提示. 本书取材精练、叙述清晰、系统性强、例题丰富，注重内容的实用性以及数值方法基本思想的阐述.

本书可作为高等院校理工科各专业“数值计算方法”和“数值分析”课程的教材或教学参考书，也可供从事科学计算与工程计算的科技人员学习参考.

图书在版编目(CIP)数据

数值计算方法/韩旭里主编. —北京：北京大学出版社，2021.7
ISBN 978-7-301-32289-5

Ⅰ. ①数… Ⅱ. ①韩… Ⅲ. ①数值计算—计算方法—高等学校—教材 Ⅳ. ①O241

中国版本图书馆 CIP 数据核字(2021)第 131894 号

书　　名 数值计算方法
SHUZHI JISUAN FANGFA
著作责任者 韩旭里 主编
责 任 编 辑 曾琬婷
标 准 书 号 ISBN 978-7-301-32289-5
出 版 发 行 北京大学出版社
地　　址 北京市海淀区成府路 205 号 100871
网　　址 http://www.pup.cn
电 子 邮 箱 zpup@pup.cn
新 浪 微 博 @北京大学出版社
电　　话 邮购部 010-62752015 发行部 010-62750672 编辑部 010-62754819
印 刷 者 湖南汇龙印务有限公司
经 销 者 新华书店
787 毫米×1092 毫米 16 开本 15.5 印张 387 千字
2021 年 7 月第 1 版 2024 年 5 月第 3 次印刷
定　　价 45.00 元

前　　言

随着计算科学的迅速发展以及它在其他科学技术问题中的广泛应用,继理论分析和科学实验之后,数值计算已成为科学研究的第三种基本手段,数值计算方法也日益受到科学研究与工程技术领域的专家和科技工作者的重视.此外,科学研究与工程技术都离不开科学计算,而数值计算是科学计算的核心,因此"数值计算方法"已经成为高等院校理工科各专业的一门重要基础课程.

作者在多年"数值计算方法"和"数值分析"课程的教学实践中,根据理工科各专业本科生、研究生教学的要求,不断充实与更新教学内容,并在此基础上编写了本书.本书的目的是介绍数值计算的基本理论和基本方法,主要包括以下内容:数值计算的基本概念和基本原则、插值法、函数的最佳逼近、数值积分和数值微分、线性方程组的直接解法、线性方程组的迭代解法、非线性方程和非线性方程组的数值解法、矩阵特征值问题的数值解法、常微分方程的数值解法.

编写本书的指导思想是:注重内容的实用性以及数值方法基本思想的阐述,培养和提高读者数值方法的应用能力.因此,本书在体系结构和内容取材上,致力于取材精练、由浅入深、衔接顺畅,尽量综合国内外同类书籍的优点;在理论方法的分析和内容表述上,力求重点突出、思路清晰、脉络分明、便于理解;在实际应用上,尽量联系问题的应用背景,并配备了丰富的例题、习题与数值实验题.

"数值计算方法"既像通常的数学课程那样有自身严密的科学体系,又是一门应用性和实践性都很强的课程.希望通过学习本书,读者能够掌握数值计算的基本理论和基本方法,提高数学素养,提高应用计算机进行科学计算与工程计算的能力以及应用数学知识和计算机解决实际问题的能力.使用计算机进行编程计算是学习、巩固和加深理解"数值计算方法"课程内容的重要环节,读者应该通过使用计算机进行数值实验,积累计算经验,进一步体会"数值计算方法"课程内容的实质.

本书可作为高等院校理工科各专业"数值计算方法"和"数值分析"课程的教材或教学参考书,也可供从事科学计算与工程计算的科技人员学习参考.本书内容涉及的范围和深度具有一定的弹性,教学时可根据学生的实际情况选用.60 课时左右可以讲授完本书的主要内容,而结合数值实验讲授完全部内容需 72 课时左右.采用本书作为教材时可按照以下两种顺序进行讲授:一是按照书上各章的自然顺序讲授;二是按照第 1,5,6,7,8,2,3,4,9 章的顺序讲授.

本书的出版得到了北京大学出版社的大力支持,赵子平、周承芳筹备了本书配套教学资源,在此表示衷心的感谢.

本书的选材及内容的叙述可能有不当之处,恳请读者和同行专家们批评指正.

编　者

目　　录

第1章

数值计算的基本概念和基本原则

本章介绍数值计算方法的研究对象和特点、数值计算的误差、算法的数值稳定性和数值计算的基本原则. 考虑到方程组和矩阵特征值问题数值解法的需要，本章还介绍常用的向量范数和矩阵范数.

§1.1 数值计算方法的研究对象和特点

数值计算方法也称为数值分析,它是研究用计算机求解各种数学问题的数值方法及其理论的一门学科,是程序设计和对数值结果进行分析的依据和基础. 数学学科的内容十分广泛,数值计算方法属于计算数学的范畴,而本书只涉及科学计算和工程计算中常见的数学问题,如函数的插值与逼近、离散数据的拟合、数值积分和数值微分、线性方程和非线性方程的数值解法、矩阵特征值问题的数值解法及常微分方程的数值解法等.

随着计算机科学与技术的迅速发展,数值计算方法的应用已经渗透到各科学和工程技术领域,很多复杂的大规模计算问题都可以在计算机上进行计算求解,而且不断出现有效的新数值方法.

用数值方法求解数学问题,关键在于构造算法,即由运算规则(包括算术运算、逻辑运算和运算顺序)构成的完整的解题方法. 同一个数学问题可能有多种算法,因此判断各种算法的优劣是有必要的. 评价一种算法的优劣主要有两条标准:计算结果的精度和得到结果所付出的计算代价. 我们自然应该选择计算代价小且满足精度要求的算法. 计算代价也称为计算复杂性,包括时间复杂性和空间复杂性. 时间复杂性主要由运算次数决定,时间复杂性好是指节省时间. 空间复杂性主要由使用的数据量决定,空间复杂性好是指节省存储量.

但是,用计算机求数学问题的数值解并不单是简单地构造算法,它还涉及多方面的理论分析问题,如算法的收敛性和稳定性等. 除理论分析外,一种算法是否有效,最终要通过大量的数值实验来检验. 数值计算方法具有理论性、实用性和实践性都很强的特点.

作为数值计算方法的基础知识,本书内容有限,无法做到面面俱到. 除构造算法外,本书各章均根据内容自身的特点,在所讨论的问题上有所侧重. 学习时,首先要注意掌握算法的基本原理和思想,注意算法处理的技巧及其与计算机的结合,重视误差分析、收敛性和稳定性的基本理论;其次,要通过例子学习使用各种数值方法解决实际问题,熟悉数值方法求解问题的过程;最后,为了掌握本书的内容,还应做一定数量的理论分析与计算练习.

§1.2 数值计算的误差

1.2.1 误差的来源

应用数学工具解决实际问题,首先要对实际问题进行抽象、简化,得到实际问题的数学模型. 数学模型与实际问题之间的误差,我们称之为**模型误差**. 在数学模型中,通常包含一些由观测数据确定的参数. 这些由观测数据确定的参数一般不是绝对准确的. 我们把由观测产生的误差称为**观测误差**. 例如,设一根铝棒在温度为 t(单位:℃)时的实际长度为 L_t,在 $t=0$ ℃ 时的实际长度为 L_0. 用 l_t 表示该铝棒在温度为 t 时的长度的计算值,并建立数学模型

$$l_t = L_0(1+at),$$

其中参数 $a\approx 0.0000238$ 是由实验观测得到的值. 已知参数 a 的精确值处于 $0.0000237\sim 0.0000239$ 之间. 于是, L_t-l_t 为模型误差, $a-0.0000238$ 是参数 a 的观测误差.

在解决实际问题时,数学模型往往很复杂,因而不易获得解析解,这就需要建立一套行之有效的近似和数值计算的方法. 在计算过程中,可能因用容易计算的问题代替不易计算的问题而产生误差,也可能因用有限的过程代替无限的过程而产生误差. 我们将模型的精确解与用数值计算方法求得的近似解之间的误差称为**截断误差**或**方法误差**. 例如,对于函数 $\sin x$,有

$$\sin x=x-\frac{x^3}{3!}+\frac{x^5}{5!}-\frac{x^7}{7!}+\cdots+(-1)^n\frac{x^{2n+1}}{(2n+1)!}+\cdots.$$

上式右边有无限多项,在计算机上无法计算,而根据微积分学中的泰勒(Taylor)定理,当 $|x|$ 较小时,可以用该式右边前有限项之和作为 $\sin x$ 的近似值. 若用前 3 项之和作为 $\sin x$ 的近似值,则截断误差的绝对值不超过 $\frac{|x|^7}{7!}$.

用计算机做数值计算时,有时需要对原始数据、中间结果和最终结果取有限位数字,这时就无法获得数值计算公式对应的精确解. 我们将计算过程中因取有限位数字进行运算而引起的误差称为**舍入误差**. 例如,对于 $\frac{1}{3}=0.333333\cdots$,如果我们取小数点后 4 位数字(对小数点后第 5 位数字进行四舍五入),则

$$\frac{1}{3}-0.3333=0.000033\cdots$$

就是舍入误差.

本书除了研究数学问题的算法外,还研究计算结果的误差是否满足精度要求,这就是误差估计问题. 在数值计算方法中,主要讨论的误差是截断误差和舍入误差.

1.2.2　误差和有效数字

定义 1.1　设 x 是某个计算量的精确值, x^* 是它的一个近似值,则称 $x-x^*$ 为近似值 x^* 的**绝对误差**,简称**误差**;称 $\frac{x-x^*}{x}$ 为 x^* 的**相对误差**(当 $x=0$ 时,相对误差没有意义).

在实际计算中,精确值 x 往往是不知道的,所以通常把 $\frac{x-x^*}{x^*}$ 作为 x^* 的相对误差.

定义 1.2　设 x 是某个计算量的精确值, x^* 是它的一个近似值. 如果可对 x^* 的绝对误差做估计

$$|x-x^*|\leqslant\varepsilon,$$

则称 ε 为 x^* 的**绝对误差界**,简称**误差界**,也记作 $\varepsilon(x^*)$;称 $\frac{\varepsilon}{|x^*|}$ 为 x^* 的**相对误差界**,记作 ε_r 或 $\varepsilon_r(x^*)$.

例 1.1

我们知道,圆周率为 $\pi=3.1415926\cdots$. 若取近似值 $\pi^*=3.14$,则

$$|\pi-\pi^*|=0.0015926\cdots<0.002,$$

可以估计 π^* 的绝对误差界为 0.002，相对误差界为

$$\frac{0.002}{3.14}=0.000\,636\cdots<0.064\%.$$

例 1.2

测得一木板长为 954 cm，问：测量的相对误差界是多少？

解 因为实际问题中所截取的近似数，其绝对误差界一般不超过最小刻度的半个单位，所以当 $x^*=954$ cm 时，其绝对误差界为 $\varepsilon=0.5$ cm，相对误差界为

$$\varepsilon_r=\frac{\varepsilon}{|x^*|}=\frac{0.5\text{ cm}}{954\text{ cm}}=0.000\,524\cdots<0.053\%.$$

定义 1.3 设 x^* 是 x 的一个近似值，将 x^* 写成

$$x^*=\pm 0.a_1a_2\cdots a_i\cdots\times 10^k \tag{1.1}$$

的形式. 上式右边可以是有限小数，也可以是无限小数，其中 $a_i(i=1,2,\cdots)$ 是 $0,1,2,\cdots,9$ 中的一个数字，$a_1\neq 0$，k 为整数. 如果

$$|x-x^*|\leqslant 0.5\times 10^{k-n},$$

则称 x^* 为 x 的**具有 n 位有效数字的近似值.**

可见，若近似值 x^* 的绝对误差界是某一数位上的半个单位，该数位到 x^* 的首个非零数位共有 n 位，则 x^* 具有 n 位有效数字.

在精确值 x 已知的情况下，若要取有限位数的数值作为 x 的近似值，通常采用四舍五入的原则. 不难验证，采用四舍五入得到的近似值，其绝对误差界可以取为被保留的最后数位上的半个单位. 例如：

$$|\pi-3.14|\leqslant 0.5\times 10^{-2},\quad |\pi-3.142|\leqslant 0.5\times 10^{-3}.$$

按照定义 1.3 可知，3.14 和 3.142 分别是 π 的具有 3 位和 4 位有效数字的近似值.

显然，近似值的有效数字位数越多，绝对误差界就越小；反之，同样成立. 下面，我们给出相对误差界与有效数字的关系.

定理 1.1 **设 x 的近似值 x^* 具有形如(1.1)式的表达式.**

(1) 如果 x^* 具有 n 位有效数字，则

$$\frac{|x-x^*|}{|x^*|}\leqslant\frac{1}{2a_1}\times 10^{1-n}; \tag{1.2}$$

(2) 如果

$$\frac{|x-x^*|}{|x^*|}\leqslant\frac{1}{2(a_1+1)}\times 10^{1-n}, \tag{1.3}$$

则 x^* 至少具有 n 位有效数字.

证 (1) 由(1.1)式可得到

$$a_1\times 10^{k-1}\leqslant|x^*|\leqslant(a_1+1)\times 10^{k-1}, \tag{1.4}$$

所以当 x^* 具有 n 位有效数字时，有

$$\frac{|x-x^*|}{|x^*|}\leqslant\frac{0.5\times 10^{k-n}}{a_1\times 10^{k-1}}=\frac{1}{2a_1}\times 10^{1-n}.$$

(2) 由(1.3)式和(1.4)式有

$$|x-x^*|\leqslant(a_1+1)\times10^{k-1}\times\frac{1}{2(a_1+1)}\times10^{1-n}=0.5\times10^{k-n},$$

即 x^* 具有 n 位有效数字.

例 1.3

若要使得$\sqrt{20}$的近似值的相对误差界小于 0.1%,应取几位有效数字?

解　由于$4<\sqrt{20}<5$,因此$\sqrt{20}$的近似值的首个有效数字为$a_1=4$.设$\sqrt{20}$的近似值具有 n 位有效数字,则由(1.2)式,可令

$$\frac{1}{2a_1}\times10^{1-n}\leqslant0.1\%,$$

即 $10^{n-4}\geqslant\frac{1}{8}$,得 $n\geqslant4$.故只要对$\sqrt{20}$的近似值取 4 位有效数字,其相对误差界就可小于 0.1%,从而可取$\sqrt{20}\approx4.472$.

例 1.4

已知近似值 x^* 的相对误差界为 0.3%,问:x^* 至少具有几位有效数字?

解　设 x^* 至少具有 n 位有效数字.虽然 x^* 的首个有效数字 a_1 没有具体给定,但是我们知道 a_1 一定是 1,2,…,9 中的一个数.因

$$\frac{|x-x^*|}{x^*}\leqslant0.3\%=\frac{3}{1\,000}<\frac{1}{2\times10^2}=\frac{1}{2(9+1)}\times10^{-1},$$

故由(1.3)式可知 $n=2$,即 x^* 至少具有 2 位有效数字.

1.2.3　函数求值的误差估计

对于一元函数 $f(x)$,设自变量 x 的一个近似值为 x^*,则 $f(x^*)$ 也是 $f(x)$ 的一个近似值,其绝对误差界记作 $\varepsilon(f(x^*))$.若 $f(x)$ 具有二阶连续导数,$f'(x^*)$ 与 $f''(x^*)$ 的比值不太大,则可忽略$|x-x^*|$的二次项,由泰勒展开式得到 $f(x^*)$ 的一个绝对误差界为

$$\varepsilon(f(x^*))\approx|f'(x^*)|\varepsilon(x^*).$$

对于 n 元函数 $F=f(x_1,x_2,\cdots,x_n)$,设自变量 $x_1,x_2,\cdots,x_n$ 的近似值分别为 $x_1^*,x_2^*,\cdots,x_n^*$,则 $F^*=f(x_1^*,x_2^*,\cdots,x_n^*)$ 也是 F 的一个近似值,其误差为

$$F-F^*=f(x_1,x_2,\cdots,x_n)-f(x_1^*,x_2^*,\cdots,x_n^*)\approx\sum_{k=1}^{n}\left(\frac{\partial f}{\partial x_k}\right)^*(x_k-x_k^*),$$

其中$\left(\frac{\partial f}{\partial x_k}\right)^*=\frac{\partial f}{\partial x_k}\bigg|_{(x_1^*,x_2^*,\cdots,x_n^*)}$ $(k=1,2,\cdots,n)$.因此,可以得到 F^* 的一个绝对误差界为

$$\varepsilon(F^*)\approx\sum_{k=1}^{n}\left|\left(\frac{\partial f}{\partial x_k}\right)^*\right|\varepsilon(x_k^*),$$

以及 F^* 的一个相对误差界为

$$\varepsilon_r(F^*)=\frac{\varepsilon(F)}{|F^*|}\approx\sum_{k=1}^{n}\left|\left(\frac{\partial f}{\partial x_k}\right)^*\right|\frac{\varepsilon(x_k^*)}{|F^*|}.$$

特别地，对于二元函数 $f(x_1,x_2)=x_1\pm x_2$，有

$$\varepsilon(x_1^*\pm x_2^*)\approx\varepsilon(x_1^*)+\varepsilon(x_2^*).$$

同样，可以得到

$$\varepsilon(x_1^*x_2^*)\approx|x_1^*|\varepsilon(x_2^*)+|x_2^*|\varepsilon(x_1^*),$$

$$\varepsilon\left(\frac{x_1^*}{x_2^*}\right)\approx\frac{|x_1^*|\varepsilon(x_2^*)+|x_2^*|\varepsilon(x_1^*)}{|x_2^*|^2}\quad(x_2^*\neq 0).$$

例 1.5

设有一长为 l，宽为 d 的矩形场地. 现测得 l 的近似值为 $l^*=120\ \mathrm{m}$，d 的近似值为 $d^*=90\ \mathrm{m}$，并已知它们的绝对误差界分别为 $|l-l^*|\leqslant 0.2\ \mathrm{m}$，$|d-d^*|\leqslant 0.2\ \mathrm{m}$. 试估计该场地面积

$$S=ld$$

的绝对误差界和相对误差界.

解 这里 $\varepsilon(l^*)=0.2\ \mathrm{m}$，$\varepsilon(d^*)=0.2\ \mathrm{m}$，并且有

$$\frac{\partial S}{\partial l}=d,\quad \frac{\partial S}{\partial d}=l,\quad S^*=l^*d^*=10\,800\ \mathrm{m}^2,$$

于是该场地面积的绝对误差界为

$$\varepsilon(S^*)=\varepsilon(l^*d^*)\approx|l^*|\varepsilon(d^*)+|d^*|\varepsilon(l^*)=(120\times 0.2+90\times 0.2)\ \mathrm{m}^2=42\ \mathrm{m}^2,$$

相对误差界为

$$\varepsilon_r(S^*)=\frac{\varepsilon(S^*)}{|S^*|}\approx\frac{42\ \mathrm{m}^2}{10\,800\ \mathrm{m}^2}\approx 0.39\%.$$

例 1.6

设有三个计算量的近似值

$$a^*=2.31,\quad b^*=1.93,\quad c^*=2.24,$$

它们都有 3 位有效数字. 试计算 $p^*=a^*+b^*c^*$ 的绝对误差界和相对误差界，并指出 p^* 的计算结果能有几位有效数字.

解 已知 $p^*=2.31+1.93\times 2.24=6.633\,2$，它的绝对误差界为

$$\begin{aligned}\varepsilon(p^*)&=\varepsilon(a^*)+\varepsilon(b^*c^*)\approx\varepsilon(a^*)+|b^*|\varepsilon(c^*)+|c^*|\varepsilon(b^*)\\&=0.005+0.005\times(1.93+2.24)=0.025\,85,\end{aligned}$$

相对误差界为

$$\varepsilon_r(p^*)=\frac{\varepsilon(p^*)}{|p^*|}\approx\frac{0.025\,85}{6.633\,2}\approx 0.39\%.$$

因为 $\varepsilon(p^*)\approx 0.025\,85<0.5\times 10^{-1}$，所以 $p^*=6.633\,2$ 能有 2 位有效数字.

1.2.4 计算机中数的表示

任意一个非零实数都可用(1.1)式表示，这是规格化的十进制科学记数法. 但是，在计算

机中，通常采用二进制或由其变形而来的十六进制的数系，并且将其中的数表示成与十进制类似的规格化形式，即浮点数形式

$$\pm 0.\beta_1\beta_2\cdots\beta_t \times 2^m.$$

这里整数 m 称为**阶码**，它用二进制可表示为 $m = \pm\alpha_1\alpha_2\cdots\alpha_s$，其中 $\alpha_j = 0$ 或 $1(j = 1,2,\cdots,s)$，s 是阶码 m 的位数；小数 $0.\beta_1\beta_2\cdots\beta_t$ 称为**尾数**，其中 $\beta_1 = 1, \beta_j = 0$ 或 $1(j = 2,3,\cdots,t)$，t 是尾数的位数. s 和 t 与具体的计算机有关. 由于计算机的字长总是有限位的，所以计算机所能表示的数系是一个特殊的离散集合. 此集合中的数称为**机器数**. 用浮点数形式表示的数有比较大的取值范围.

十进制表示的数在输入计算机时会被转换成二进制，并对 t 位后面的数字做舍入处理，使得尾数的位数为 t，因此一般都有舍入误差. 两个二进制的数做算术运算时，其计算结果也会做类似的舍入处理，使得尾数是 t 位的，从而也有舍入误差.

在实现算法时，计算的最后结果与算法的精确解之间的误差，从根本上说是由于计算机的舍入误差造成的，包括输入数据和算术运算的舍入误差. 因此，有必要对计算机中数的浮点表示方法和舍入误差有一个初步的了解. 有时为了分析某种算法可能出现的误差现象，以及适应人们的习惯，会采用十进制的实数系进行误差分析.

§1.3　算法的数值稳定性和数值计算的基本原则

1.3.1　算法的数值稳定性

在实际计算时，给定的数据会有误差，数值计算过程中也会产生误差，且这些误差在进一步的计算过程中会有误差传播. 因此，尽管数值计算过程中的误差估计比较困难，我们还是应该重视数值计算过程中的误差分析.

定义 1.4　对于某种算法，如果输入数据的误差会在数值计算过程中迅速增长而得不到控制，那么称该算法是**数值不稳定**的；否则，称该算法是**数值稳定**的.

下面举例说明误差传播的现象.

例 1.7

计算积分值 $I_n = \int_0^1 \frac{x^n}{x+5}\mathrm{d}x\ (n = 0,1,2,\cdots,6)$.

解　我们先推导 I_n 的一个递推公式：

$$I_n + 5I_{n-1} = \int_0^1 \frac{x^n + 5x^{n-1}}{x+5}\mathrm{d}x = \int_0^1 x^{n-1}\mathrm{d}x = \frac{1}{n}.$$

于是，可得下面两种算法：

算法 1　$I_n = \frac{1}{n} - 5I_{n-1}\quad (n = 1,2,\cdots,6)$.

算法 2　$I_{n-1} = \frac{1}{5}\left(\frac{1}{n} - I_n\right)\quad (n = 6,5,\cdots,1)$.

直接计算可得 $I_0 = \ln 6 - \ln 5$. 如果用 4 位有效数字进行计算,可得 I_0 的近似值为 $I_0^* = 0.1823$. 记 $E_n = I_n - I_n^*$ $(n = 0,1,2,\cdots,6)$,其中 I_n^* 为 I_n 的近似值.

对于算法 1,有

$$E_n = -5E_{n-1} = \cdots = (-5)^n E_0 \quad (n = 1,2,\cdots,6).$$

依以上初始值 I_0 的取法,有 $|E_0| \leqslant 0.5 \times 10^{-4}$. 事实上,$|E_0| \approx 0.22 \times 10^{-4}$. 这样,我们得到 $|E_6| = 5^6 |E_0| \approx 0.34$. 这个数已经大大超过了 I_6 的大小,所以 I_6^* 中没有有效数字,即误差掩盖了真值.

对于算法 2,有

$$E_{k-n} = \left(-\frac{1}{5}\right)^n E_k \ (k,n = 6,5,\cdots,1), \quad |E_0| = \left(\frac{1}{5}\right)^6 |E_6|.$$

若我们能够给出 I_6 的一个近似值,则可由算法 2 计算出 $I_n(n = 5,4,\cdots,0)$ 的近似值,且即使 E_6 较大,得到的 I_n 的近似值的误差也较小. 由于

$$\frac{1}{6(k+1)} = \int_0^1 \frac{x^k}{6}\mathrm{d}x < I_k < \int_0^1 \frac{x^k}{5}\mathrm{d}x = \frac{1}{5(k+1)} \quad (k = 0,1,2,\cdots,6),$$

因此可取 I_k 的一个近似值为

$$I_k^* = \frac{1}{2}\left[\frac{1}{6(k+1)} + \frac{1}{5(k+1)}\right] \quad (k = 0,1,2,\cdots,6).$$

对于 $k = 6$,有 $I_6^* \approx 0.0262$.

根据 $I_0^* \approx 0.1823$ 和 $I_6^* \approx 0.0262$,分别按照算法 1 和算法 2 进行计算,计算结果如表 1-1 所示,其中 $I_n^{(1)}$ 为算法 1 的计算值,$I_n^{(2)}$ 为算法 2 的计算值. 易知,对于任何自然数 n,都有 $0 < I_n < 1$,并且 I_n 单调递减. 可见,算法 1 是数值不稳定的,算法 2 是数值稳定的.

表 1-1

n	$I_n^{(1)}$	$I_n^{(2)}$	I_n(保留 4 位有效数字)
0	0.1823	0.1823	0.1823
1	0.0885	0.0884	0.0884
2	0.0575	0.0580	0.0580
3	0.0458	0.0431	0.0431
4	0.0210	0.0344	0.0343
5	0.0950	0.0281	0.0285
6	−0.3083	0.0262	0.0243

当然,数值不稳定的算法在实际计算中一般不能采用. 数值不稳定的现象属于误差危害现象. 下面讨论误差危害现象的其他表现以及如何避免的问题.

1.3.2 数值计算的基本原则

1. 避免有效数字的损失

在数值计算中,有时参加运算的数的数量级相差很大,而计算机位数有限,如果不注意,

“小数”的作用就可能消失，即出现“大数吃小数”的现象.

例 1.8

按照具有 3 位有效数字的十进制计算

$$x = 101 + \delta_1 + \delta_2 + \cdots + \delta_{100},$$

其中 $0.1 \leqslant \delta_i \leqslant 0.4 (i = 1, 2, \cdots, 100)$.

解　在用计算机计算时，要写成浮点数形式，且要对阶（将两个进行运算的浮点数的阶码对齐）. 如果是 101 与 δ_1 相加，对阶时，$101 = 0.101 \times 10^3$，$\delta_1 = 0.000 \times 10^3$. 因此，如果我们自左至右逐个相加，则所有的 δ_i 都会被舍掉，得到 $x \approx 101$. 但是，若把所有的 δ_i 先加起来，再与 101 相加，就有

$$111 = 101 + 100 \times 0.1 \leqslant x \leqslant 101 + 100 \times 0.4 = 141.$$

可见，计算的次序也会对结果产生很大的影响. 这是因为，在用计算机计算时，计算过程中要对阶，而对阶引起了“大数吃小数”的现象.“大数吃小数”在有些情况下是允许的，但有些情况下则会造成谬误.

在数值计算中，两个相近数相减会使得有效数字严重损失.

例 1.9

求实系数二次方程 $ax^2 + bx + c = 0$ 的根，其中 $b^2 - 4ac > 0, ab \neq 0$.

解　考虑如下两种算法：

算法 1　$x_{1,2} = \dfrac{-b \pm \sqrt{b^2 - 4ac}}{2a}$.

算法 2　$x_1 = \dfrac{-b - \mathrm{sgn}(b)\sqrt{b^2 - 4ac}}{2a}$，$x_2 = \dfrac{c}{ax_1}$，其中 sgn 是符号函数的记号，即

$$\mathrm{sgn}(b) = \begin{cases} 1, & b > 0, \\ 0, & b = 0, \\ -1, & b < 0. \end{cases}$$

对于算法 1，若 $b^2 \gg 4ac$，则该算法是数值不稳定的；否则，它是数值稳定的. 前者是因为在算法 1 中分子会有相近数相减的情形，这会造成有效数字的严重损失，从而导致计算结果的误差很大. 算法 2 则不存在这个问题，它在任何情况下都是数值稳定的. 因此，称算法 1 是**条件稳定**的，而称算法 2 是**无条件稳定**的. 例如，对于实系数二次方程

$$x^2 + 62.10x + 1.000 = 0,$$

用 4 位有效数字进行计算的结果如下：

(1) 算法 1：$x_1 = -62.08$，$x_2 = -0.020\,00$；

(2) 算法 2：$x_1 = -62.08$，$x_2 = -0.016\,11$.

而该方程的精确解为

$$x_1 = -62.083\,892\cdots, \quad x_2 = -0.016\,107\,237\cdots.$$

这里 $b^2 \gg 4ac$，所以算法 1 数值不稳定，它的舍入误差对 x_2 的影响很大.

在进行数值计算时，如果遇到两个相近数相减的情形，可通过变换计算公式来避免或减少有效数字的损失. 例如，如果 $|x|\approx 0$，则有变换公式

$$\frac{1-\cos x}{\sin x}=\frac{\sin x}{1+\cos x};$$

如果 $x_1\approx x_2$，则有变换公式

$$\lg x_1-\lg x_2=\lg\frac{x_1}{x_2};$$

如果 $x\gg 1$，则有变换公式

$$\sqrt{x+1}-\sqrt{x}=\frac{1}{\sqrt{x+1}+\sqrt{x}}.$$

此外，用绝对值远远小于被除数的绝对值的数作为除数时，舍入误差会很大，这可能会给计算结果带来严重影响. 因此，要避免除数的绝对值远远小于被除数的绝对值的除法运算.

如果无法改变算法，则采用增加有效数位的方法进行计算，或者在计算中采用双精度运算，但这要增加计算机计算的时间和存储空间.

2. 减少运算次数

在数值计算中，要注意简化计算步骤，以减少运算次数. 这也是数值计算方法中所要研究的重要内容. 对于同一个计算问题，如果能减少运算次数，不但可节省计算机的计算时间，还能减少误差的积累. 下面举例说明简化计算步骤的重要性.

例 1.10

给定 x，计算多项式

$$P_n(x)=a_nx^n+a_{n-1}x^{n-1}+\cdots+a_0$$

的值.

解 若我们先求 a_kx^k（这里需要进行 k 次乘法运算，$k=1,2,\cdots,n$），再相加，则总共需要进行 $\frac{n(n+1)}{2}$ 次乘法和 n 次加法运算才能得到这个多项式的值. 若我们将该多项式写成下面的形式：

$$P_n(x)=x\{x\cdot\cdots\cdot[x(a_nx+a_{n-1})+a_{n-2}]+\cdots+a_1\}+a_0,$$

则只需进行 n 次乘法和 n 次加法运算，即可得到该多项式的值. 这个算法就是著名的**秦九韶算法**，它可描述为

$$\begin{cases}u_n=a_n,\\u_k=u_{k+1}x+a_k\quad(k=n-1,n-2,\cdots,0).\end{cases}$$

最后有 $u_0=P_n(x)$.

例 1.11

计算 $\ln 2$ 的值.

解 如果利用级数

$$\ln(1+x)=\sum_{n=1}^{\infty}(-1)^{n+1}\frac{x^n}{n}$$

来计算 $\ln 2$（此时取 $x=1$），那么想要精确到误差的绝对值小于 10^{-5}，就需取前 10^5 项求和，这

样产生的运算量很大，并且舍入误差的积累也十分严重.

若改用级数

$$\ln\frac{1+x}{1-x}=2\left(x+\frac{x^3}{3}+\frac{x^5}{5}+\cdots+\frac{x^{2n-1}}{2n-1}+\cdots\right)$$

来计算 $\ln 2\left(\text{此时取 } x=\frac{1}{3}\right)$，则只要取前 9 项求和，截断误差便小于 10^{-10}.

§1.4 向量和矩阵的范数

为了对矩阵计算进行数值分析，我们需要对向量和矩阵的“大小”引入某种度量. 在实数域中，数的“大小”和两个数之间的“距离”都是通过绝对值来度量的；在解析几何中，向量的“大小”是用长度来度量的. 由此受到启发，对绝对值和长度的概念进行推广，我们引入刻画向量和矩阵“大小”的范数的概念.

1.4.1 向量的范数

定义 1.5 如果向量 $\boldsymbol{x}\in\mathbf{R}^n$ 的某个实值函数 $f(\boldsymbol{x})=\|\boldsymbol{x}\|$ 满足：

(1) **非负性**：$\|\boldsymbol{x}\|\geqslant 0$，$\|\boldsymbol{x}\|=0$ 当且仅当 $\boldsymbol{x}=\mathbf{0}$；

(2) **齐次性**：对于任意实数 k，都有 $\|k\boldsymbol{x}\|=|k|\|\boldsymbol{x}\|$；

(3) **三角不等式**：对于任意 $\boldsymbol{x},\boldsymbol{y}\in\mathbf{R}^n$，都有 $\|\boldsymbol{x}+\boldsymbol{y}\|\leqslant\|\boldsymbol{x}\|+\|\boldsymbol{y}\|$，

那么称 $\|\boldsymbol{x}\|$ 为 $\mathbf{R}^n$ 上的**向量范数**.

在 $\mathbf{R}^n$ 中，记向量 $\boldsymbol{x}=(x_1,x_2,\cdots,x_n)^{\mathrm{T}}$. 在实际计算中，常用的向量范数有以下三种：

(1) **∞ 范数**：

$$\|\boldsymbol{x}\|_\infty=\max_{1\leqslant i\leqslant n}|x_i|;$$

(2) **1 范数**：

$$\|\boldsymbol{x}\|_1=\sum_{i=1}^{n}|x_i|;$$

(3) **2 范数**：

$$\|\boldsymbol{x}\|_2=\left(\sum_{i=1}^{n}x_i^2\right)^{\frac{1}{2}}.$$

容易验证，向量的 ∞ 范数和 1 范数满足定义 1.5 中的三个条件. 对于 2 范数，它显然满足定义 1.5 中的条件(1)和(2)，再利用向量内积的柯西-施瓦茨(Cauchy-Schwarz)不等式可以验证它满足条件(3).

更一般地，有如下向量的 p **范数**：

$$\|\boldsymbol{x}\|_p=\left(\sum_{i=1}^{n}|x_i|^p\right)^{\frac{1}{p}},$$

其中 $p\in[1,+\infty)$.

容易验证,有

$$\|x\|_\infty \leqslant \|x\|_p \leqslant n^{\frac{1}{p}} \|x\|_\infty.$$

由此可得如下定理:

定理 1.2 $\lim\limits_{p\to\infty} \|x\|_p = \|x\|_\infty$.

下面,我们利用向量范数的连续性来说明向量范数的重要特征.

定理 1.3 **给定矩阵 $A \in \mathbf{R}^{n\times n}$,则对于 $\mathbf{R}^n$ 上每一种向量范数 $\|x\|$,**

$$f(x) = \|Ax\| \quad (x = (x_1, x_2, \cdots, x_n)^{\mathrm{T}} \in \mathbf{R}^n)$$

都是关于 $x_1, x_2, \cdots, x_n$ 的 n 元连续函数.

证 设 $a_j (j = 1, 2, \cdots, n)$ 为 A 的列向量,A 可写成

$$A = (a_1, a_2, \cdots, a_n),$$

则根据向量范数的三角不等式,对于任意向量 $h = (h_1, h_2, \cdots, h_n)^{\mathrm{T}} \in \mathbf{R}^n$,有

$$\big|\|A(x+h)\| - \|Ax\|\big| \leqslant \|Ah\| = \left\|\sum_{i=1}^n h_i a_i\right\|$$

$$\leqslant \sum_{i=1}^n |h_i| \|a_i\| \leqslant M \max_{1\leqslant i\leqslant n} |h_i|,$$

其中 $M = \sum\limits_{i=1}^n \|a_i\|$(因为当 A 是零矩阵时,定理结论显然成立,所以不妨假定 A 是非零矩阵,即 $M \neq 0$). 因此,对于任意 $\varepsilon > 0$,当 $\max\limits_{1\leqslant i\leqslant n} |h_i| < \dfrac{\varepsilon}{M}$ 时,有

$$|f(x+h) - f(x)| = \big|\|A(x+h)\| - \|Ax\|\big| \leqslant M \max_{1\leqslant i\leqslant n} |h_i| < M \cdot \frac{\varepsilon}{M} = \varepsilon,$$

即结论成立.

推论 1.1 **对于 $\mathbf{R}^n$ 上每一种向量范数 $\|x\|$,**

$$f(x) = \|x\| \quad (x = (x_1, x_2, \cdots, x_n) \in \mathbf{R}^n)$$

都是关于 $x_1, x_2, \cdots, x_n$ 的 n 元连续函数.

向量范数的一个重要特征是具有等价性.

定理 1.4 **$\mathbf{R}^n$ 上的所有向量范数都是彼此等价的,即对于 $\mathbf{R}^n$ 上的任意两种向量范数 $\|x\|_s$ 和 $\|x\|_t$,存在常数 $c_1 > 0, c_2 > 0$,使得对于任意 $x \in \mathbf{R}^n$,都有**

$$c_1 \|x\|_s \leqslant \|x\|_t \leqslant c_2 \|x\|_s.$$

证 只要就 $\|x\|_s = \|x\|_\infty$ 证明上式成立即可,即证明存在常数 $c_1 > 0, c_2 > 0$,对于一切 $x \in \mathbf{R}^n$ 且 $x \neq \mathbf{0}$,都有

$$c_1 \|x\|_\infty \leqslant \|x\|_t \leqslant c_2 \|x\|_\infty.$$

记

$$D = \{x \mid x = (x_1, x_2, \cdots, x_n)^{\mathrm{T}}, \|x\|_\infty = 1\},$$

则 D 是 $\mathbf{R}^n$ 上的有界闭集. 由推论 1.1 可知,$\|x\|_t$ 是 $\mathbf{R}^n$ 上的 n 元连续函数,所以它在 D 上有最大值 c_2 和最小值 c_1,且当 $x \in D$ 时,有 $x \neq \mathbf{0}$,故有 $c_2 \geqslant c_1 > 0$. 现考虑 $x \in \mathbf{R}^n$ 且 $x \neq \mathbf{0}$,则有 $\dfrac{x}{\|x\|_\infty} \in D$,所以

$$c_1 \leqslant \left\| \frac{\boldsymbol{x}}{\|\boldsymbol{x}\|_\infty} \right\|_t \leqslant c_2,$$

从而

$$c_1 \|\boldsymbol{x}\|_\infty \leqslant \|\boldsymbol{x}\|_t \leqslant c_2 \|\boldsymbol{x}\|_\infty.$$

而 $\boldsymbol{x} = \boldsymbol{0}$ 时上式显然成立.

由于向量范数之间具有等价性,因此对于范数的极限性质,我们只需对一种范数进行讨论,其余范数自然都具有相似的结论. 例如,我们可以方便地讨论向量序列的收敛性.

定义 1.6　设向量序列 $\boldsymbol{x}^{(k)} = (x_1^{(k)}, x_2^{(k)}, \cdots, x_n^{(k)})^{\mathrm{T}} \in \mathbf{R}^n (k = 1, 2, \cdots)$. 若存在 $\boldsymbol{x}^* = (x_1^*, x_2^*, \cdots, x_n^*)^{\mathrm{T}} \in \mathbf{R}^n$,使得

$$\lim_{k\to\infty} x_i^{(k)} = x_i^* \quad (i = 1, 2, \cdots, n),$$

则称**向量序列** $\{\boldsymbol{x}^{(k)}\}$ **收敛于** $\boldsymbol{x}^*$,记为

$$\lim_{k\to\infty} \boldsymbol{x}^{(k)} = \boldsymbol{x}^*.$$

按照定义 1.6,有

$$\lim_{k\to\infty} \boldsymbol{x}^{(k)} = \boldsymbol{x}^* \Leftrightarrow \lim_{k\to\infty} \|\boldsymbol{x}^{(k)} - \boldsymbol{x}^*\|_\infty = 0.$$

又因为对于 $\mathbf{R}^n$ 上的任一向量范数 $\|\boldsymbol{x}\|$,都有

$$c_1 \|\boldsymbol{x}^{(k)} - \boldsymbol{x}^*\|_\infty \leqslant \|\boldsymbol{x}^{(k)} - \boldsymbol{x}^*\| \leqslant c_2 \|\boldsymbol{x}^{(k)} - \boldsymbol{x}^*\|_\infty,$$

其中常数 $c_1 > 0, c_2 > 0$,所以

$$\lim_{k\to\infty} \boldsymbol{x}^{(k)} = \boldsymbol{x}^* \Leftrightarrow \lim_{k\to\infty} \|\boldsymbol{x}^{(k)} - \boldsymbol{x}^*\| = 0.$$

这说明,若向量序列在一种向量范数下收敛,则它在其他向量范数下也收敛. 因此,对于收敛的向量序列,不必强调它在哪种向量范数意义下收敛.

1.4.2　矩阵的范数

定义 1.7　如果矩阵 $\boldsymbol{A} \in \mathbf{R}^{n\times n}$ 的某个实值函数 $f(\boldsymbol{A}) = \|\boldsymbol{A}\|$ 满足:

(1) **非负性**:$\|\boldsymbol{A}\| \geqslant 0$, $\|\boldsymbol{A}\| = 0$ 当且仅当 $\boldsymbol{A} = \boldsymbol{O}$;

(2) **齐次性**:对于任意实数 k,都有 $\|k\boldsymbol{A}\| = |k| \|\boldsymbol{A}\|$;

(3) **三角不等式**:对于任意矩阵 $\boldsymbol{A}, \boldsymbol{B} \in \mathbf{R}^{n\times n}$,都有 $\|\boldsymbol{A}+\boldsymbol{B}\| \leqslant \|\boldsymbol{A}\| + \|\boldsymbol{B}\|$;

(4) **相容性**:对于任意矩阵 $\boldsymbol{A}, \boldsymbol{B} \in \mathbf{R}^{n\times n}$,都有 $\|\boldsymbol{AB}\| \leqslant \|\boldsymbol{A}\| \|\boldsymbol{B}\|$,

那么称 $\|\boldsymbol{A}\|$ 为 $\mathbf{R}^{n\times n}$ 上的**矩阵范数**.

可以验证,对于矩阵 $\boldsymbol{A} = (a_{ij})_{n\times n} \in \mathbf{R}^{n\times n}$,

$$\|\boldsymbol{A}\|_{\mathrm{F}} = \left(\sum_{i=1}^{n} \sum_{j=1}^{n} a_{ij}^2 \right)^{\frac{1}{2}}$$

是 $\mathbf{R}^{n\times n}$ 上的一种矩阵范数,我们称之为**弗罗贝尼乌斯**(Frobenius) **范数**,简称 F **范数**.

由于矩阵与向量常常同时参与讨论和计算,故矩阵范数与向量范数之间需要有一种联系.

定义 1.8　给定 $\mathbf{R}^n$ 上的一种向量范数 $\|\boldsymbol{x}\|$ 和 $\mathbf{R}^{n\times n}$ 上的一种矩阵范数 $\|\boldsymbol{A}\|$,如果它们满足

$$\|\boldsymbol{Ax}\| \leqslant \|\boldsymbol{A}\| \|\boldsymbol{x}\|,$$

则称矩阵范数 $\|\boldsymbol{A}\|$ 与向量范数 $\|\boldsymbol{x}\|$ **相容**.

上面的定义 1.7 是矩阵范数的一般定义，下面我们通过给定的向量范数来定义与之相容的矩阵范数.

定义 1.9 设 $\boldsymbol{x} \in \mathbf{R}^n, \boldsymbol{A} \in \mathbf{R}^{n\times n}$，对于给定的一种向量范数 $\|\boldsymbol{x}\|_v$，相应地可定义一个矩阵的非负函数

$$\|\boldsymbol{A}\|_v = \max_{\boldsymbol{x}\neq\boldsymbol{0}} \frac{\|\boldsymbol{Ax}\|_v}{\|\boldsymbol{x}\|_v},$$

称之为**由向量范数导出的矩阵范数**，也称为**算子范数**或**从属范数**.

由定义 1.9 可得

$$\|\boldsymbol{Ax}\|_v \leqslant \|\boldsymbol{A}\|_v \|\boldsymbol{x}\|_v, \quad \|\boldsymbol{A}\|_v = \max_{\|\boldsymbol{x}\|_v=1} \|\boldsymbol{Ax}\|_v.$$

显然，算子范数满足矩阵范数一般定义中的条件(1) 和(2). 现验证其满足条件(3) 和(4). 事实上，对于任意矩阵 $\boldsymbol{A},\boldsymbol{B} \in \mathbf{R}^{n\times n}$，有

$$\begin{aligned}\|\boldsymbol{A}+\boldsymbol{B}\|_v &= \max_{\|\boldsymbol{x}\|_v=1} \|(\boldsymbol{A}+\boldsymbol{B})\boldsymbol{x}\|_v \leqslant \max_{\|\boldsymbol{x}\|_v=1} \|\boldsymbol{Ax}\|_v + \max_{\|\boldsymbol{x}\|_v=1} \|\boldsymbol{Bx}\|_v \\ &= \|\boldsymbol{A}\|_v + \|\boldsymbol{B}\|_v, \\ \|\boldsymbol{AB}\|_v &= \max_{\|\boldsymbol{x}\|_v=1} \|\boldsymbol{ABx}\|_v \leqslant \max_{\|\boldsymbol{x}\|_v=1} \|\boldsymbol{A}\|_v \|\boldsymbol{B}\|_v \|\boldsymbol{x}\|_v \\ &= \|\boldsymbol{A}\|_v \|\boldsymbol{B}\|_v,\end{aligned}$$

即算子范数满足矩阵范数一般定义中的条件(3) 和(4).

由常用的向量范数可以导出与其相容的算子范数.

定理 1.5 **设 $\boldsymbol{A} \in \mathbf{R}^{n\times n}$，记 $\boldsymbol{A} = (a_{ij})_{n\times n}$，则**

(1) $\|\boldsymbol{A}\|_\infty = \max\limits_{1\leqslant i\leqslant n} \sum\limits_{j=1}^{n} |a_{ij}|$，称之为矩阵 $\boldsymbol{A}$ 的行范数；

(2) $\|\boldsymbol{A}\|_1 = \max\limits_{1\leqslant j\leqslant n} \sum\limits_{i=1}^{n} |a_{ij}|$，称之为矩阵 $\boldsymbol{A}$ 的列范数；

(3) $\|\boldsymbol{A}\|_2 = \sqrt{\lambda_{\max}(\boldsymbol{A}^{\mathrm{T}}\boldsymbol{A})}$，称之为矩阵 $\boldsymbol{A}$ 的 2 范数或谱范数，其中 $\lambda_{\max}(\boldsymbol{A}^{\mathrm{T}}\boldsymbol{A})$ 表示矩阵 $\boldsymbol{A}^{\mathrm{T}}\boldsymbol{A}$ 的最大特征值.

证 这里只对结论(1) 和(3) 给出证明，结论(2) 的证明同理可得.

先证明结论(1). 一方面，设 $\boldsymbol{x} = (x_1, x_2, \cdots, x_n)^{\mathrm{T}} \neq \boldsymbol{0}$，不妨设 $\boldsymbol{A} \neq \boldsymbol{O}$，则有

$$\|\boldsymbol{Ax}\|_\infty = \max_{1\leqslant i\leqslant n} \left| \sum_{j=1}^{n} a_{ij} x_j \right| \leqslant \|\boldsymbol{x}\|_\infty \max_{1\leqslant i\leqslant n} \sum_{j=1}^{n} |a_{ij}|,$$

于是

$$\|\boldsymbol{A}\|_\infty = \max_{\|\boldsymbol{x}\|_\infty=1} \|\boldsymbol{Ax}\|_\infty \leqslant \max_{1\leqslant i\leqslant n} \sum_{j=1}^{n} |a_{ij}|.$$

另一方面，设矩阵 $\boldsymbol{A}$ 的第 p 行元素的绝对值之和达到最大，即

$$\sum_{j=1}^{n} |a_{pj}| = \max_{1\leqslant i\leqslant n} \sum_{j=1}^{n} |a_{ij}|.$$

取向量 $\boldsymbol{\xi} = (\xi_1, \xi_2, \cdots, \xi_n)^{\mathrm{T}}$，其中

$$\xi_j = \begin{cases} 1, & a_{pj} \geqslant 0, \\ -1, & a_{pj} < 0 \end{cases} \quad (j = 1, 2, \cdots, n).$$

显然 $\|\boldsymbol{\xi}\|_\infty = 1$，且 $a_{pj}\xi_j = |a_{pj}|\ (j = 1, 2, \cdots, n)$，因此

$$\|\boldsymbol{A}\|_\infty = \max_{\|\boldsymbol{x}\|_\infty=1} \|\boldsymbol{Ax}\|_\infty \geqslant \|\boldsymbol{A\xi}\|_\infty = \max_{1\leqslant i\leqslant n}\left|\sum_{j=1}^{n} a_{ij}\xi_j\right| = \sum_{j=1}^{n} |a_{pj}|.$$

结论(1)得证.

再证明结论(3). 显然,$\boldsymbol{A}^{\mathrm{T}}\boldsymbol{A}$ 是实对称半正定矩阵. 不妨设 $\boldsymbol{A}\neq\boldsymbol{O}$,则 $\boldsymbol{A}^{\mathrm{T}}\boldsymbol{A}$ 的全部特征值均非负,设为

$$\lambda_1 \geqslant \lambda_2 \geqslant \cdots \geqslant \lambda_n \geqslant 0.$$

根据实对称矩阵的性质,可设这些特征值对应的标准正交特征向量依次为 $\boldsymbol{u}_1,\boldsymbol{u}_2,\cdots,\boldsymbol{u}_n$,即

$$\boldsymbol{A}^{\mathrm{T}}\boldsymbol{A}\boldsymbol{u}_i = \lambda_i\boldsymbol{u}_i \quad (i=1,2,\cdots,n),$$

其中 $(\boldsymbol{u}_i,\boldsymbol{u}_j)=\delta_{ij}\,(i,j=1,2,\cdots,n)$,这里当 $i=j$ 时,$\delta_{ij}=1$;当 $i\neq j$ 时,$\delta_{ij}=0$.

一方面,对于任意向量 $\boldsymbol{x}\in\mathbf{R}^n$,若 $\|\boldsymbol{x}\|_2=1$,则 $\boldsymbol{x}$ 可由 $\mathbf{R}^n$ 的一组标准正交基 $\boldsymbol{u}_i\,(i=1,2,\cdots,n)$ 线性表示,即有

$$\boldsymbol{x}=\sum_{i=1}^{n} c_i\boldsymbol{u}_i,\quad \|\boldsymbol{x}\|_2^2=\sum_{i=1}^{n} c_i^2=1,$$

其中 $c_i\,(i=1,2,\cdots,n)$ 为组合系数. 于是

$$\|\boldsymbol{Ax}\|_2^2=(\boldsymbol{Ax},\boldsymbol{Ax})=\boldsymbol{x}^{\mathrm{T}}\boldsymbol{A}^{\mathrm{T}}\boldsymbol{Ax}=\sum_{i=1}^{n}\lambda_i c_i^2\leqslant\lambda_1\sum_{i=1}^{n}c_i^2=\lambda_1.$$

另一方面,取 $\boldsymbol{\xi}=\boldsymbol{u}_1$,显然有 $\|\boldsymbol{\xi}\|_2=1$,且

$$\|\boldsymbol{A\xi}\|_2^2=(\boldsymbol{A\xi},\boldsymbol{A\xi})=\boldsymbol{\xi}^{\mathrm{T}}\boldsymbol{A}^{\mathrm{T}}\boldsymbol{A\xi}=\lambda_1\boldsymbol{u}_1^{\mathrm{T}}\boldsymbol{u}_1=\lambda_1.$$

因此

$$\|\boldsymbol{A}\|_2=\max_{\|\boldsymbol{x}\|_2=1}\|\boldsymbol{Ax}\|_2=\sqrt{\lambda_1}=\sqrt{\lambda_{\max}(\boldsymbol{A}^{\mathrm{T}}\boldsymbol{A})}.$$

由定理 1.5 可知,计算一个矩阵的行范数和列范数比较容易,而计算矩阵的 2 范数却比较困难. 但是,由于矩阵的 2 范数有许多好的性质,所以在理论上会经常用到它.

例 1.12

设矩阵

$$\boldsymbol{A}=\begin{pmatrix}1 & -2\\ -3 & 4\end{pmatrix},$$

计算 $\boldsymbol{A}$ 的算子范数 $\|\boldsymbol{A}\|_\infty$, $\|\boldsymbol{A}\|_1$, $\|\boldsymbol{A}\|_2$.

解　易知 $\|\boldsymbol{A}\|_\infty=\max\{3,7\}=7$, $\|\boldsymbol{A}\|_1=\max\{4,6\}=6$. 计算得

$$\boldsymbol{A}^{\mathrm{T}}\boldsymbol{A}=\begin{pmatrix}10 & -14\\ -14 & 20\end{pmatrix},$$

$$\det(\lambda\boldsymbol{I}-\boldsymbol{A}^{\mathrm{T}}\boldsymbol{A})=\begin{vmatrix}\lambda-10 & 14\\ 14 & \lambda-20\end{vmatrix}=\lambda^2-30\lambda+4,$$

进而求得 $\boldsymbol{A}^{\mathrm{T}}\boldsymbol{A}$ 的特征值为 $\lambda_1=15+\sqrt{221}$,$\lambda_2=15-\sqrt{221}$,因此

$$\|\boldsymbol{A}\|_2=\sqrt{\lambda_{\max}(\boldsymbol{A}^{\mathrm{T}}\boldsymbol{A})}=\sqrt{\lambda_1}=\sqrt{15+\sqrt{221}}\approx 5.46.$$

定义 1.10　设矩阵 $\boldsymbol{A}\in\mathbf{R}^{n\times n}$ 的特征值为 $\lambda_i\,(i=1,2,\cdots,n)$,称

$$\rho(\boldsymbol{A})=\max_{1\leqslant i\leqslant n}|\lambda_i|$$

为 $\boldsymbol{A}$ 的**谱半径**.

谱半径在几何上可解释为以坐标原点为圆心且包含 $\boldsymbol{A}$ 的全部特征值的圆中其半径的最小者.

例 1.13

计算例 1.12 中矩阵 $\boldsymbol{A}$ 的谱半径.

解 由 $\boldsymbol{A}$ 的特征方程

$$\det(\lambda\boldsymbol{I}-\boldsymbol{A})=\begin{vmatrix}\lambda-1 & 2\\ 3 & \lambda-4\end{vmatrix}=\lambda^2-5\lambda-2=0$$

得 $\boldsymbol{A}$ 的特征值为 $\lambda_1=\dfrac{5+\sqrt{33}}{2}$，$\lambda_2=\dfrac{5-\sqrt{33}}{2}$，所以 $\rho(\boldsymbol{A})=\dfrac{5+\sqrt{33}}{2}\approx 5.37$.

定理 1.6 **设矩阵 $\boldsymbol{A}\in\mathbf{R}^{n\times n}$，则对于任一矩阵范数 $\|\boldsymbol{A}\|$，都有**

$$\rho(\boldsymbol{A})\leqslant\|\boldsymbol{A}\|.$$

证 设 $\boldsymbol{A}\boldsymbol{x}=\lambda\boldsymbol{x}(\boldsymbol{x}\neq\boldsymbol{0})$，且 $|\lambda|=\rho(\boldsymbol{A})$. 因为必存在向量 $\boldsymbol{y}$，使得 $\boldsymbol{x}\boldsymbol{y}^{\mathrm{T}}$ 不是零矩阵，所以有

$$\rho(\boldsymbol{A})\|\boldsymbol{x}\boldsymbol{y}^{\mathrm{T}}\|=\|\lambda\boldsymbol{x}\boldsymbol{y}^{\mathrm{T}}\|=\|\boldsymbol{A}\boldsymbol{x}\boldsymbol{y}^{\mathrm{T}}\|\leqslant\|\boldsymbol{A}\|\|\boldsymbol{x}\boldsymbol{y}^{\mathrm{T}}\|,$$

即

$$\rho(\boldsymbol{A})\leqslant\|\boldsymbol{A}\|.$$

例 1.14

设矩阵 $\boldsymbol{A}$ 与矩阵 $\boldsymbol{B}$ 都是对称矩阵，求证：

$$\rho(\boldsymbol{A}+\boldsymbol{B})\leqslant\rho(\boldsymbol{A})+\rho(\boldsymbol{B}).$$

证 由 $\boldsymbol{A}$ 是对称矩阵有 $\boldsymbol{A}=\boldsymbol{A}^{\mathrm{T}}$，于是

$$\|\boldsymbol{A}\|_2^2=\lambda_{\max}(\boldsymbol{A}^{\mathrm{T}}\boldsymbol{A})=\lambda_{\max}(\boldsymbol{A}^2)=(\rho(\boldsymbol{A}))^2,$$

即 $\|\boldsymbol{A}\|_2=\rho(\boldsymbol{A})$. 同理，有 $\|\boldsymbol{B}\|_2=\rho(\boldsymbol{B})$.

由于 $\boldsymbol{A}+\boldsymbol{B}=(\boldsymbol{A}+\boldsymbol{B})^{\mathrm{T}}$，因此

$$\rho(\boldsymbol{A}+\boldsymbol{B})=\|\boldsymbol{A}+\boldsymbol{B}\|_2\leqslant\|\boldsymbol{A}\|_2+\|\boldsymbol{B}\|_2=\rho(\boldsymbol{A})+\rho(\boldsymbol{B}).$$

定理 1.7 **如果 $\|\boldsymbol{B}\|<1$，那么 $\boldsymbol{I}\pm\boldsymbol{B}$ 为非奇异矩阵，且**

$$\|(\boldsymbol{I}\pm\boldsymbol{B})^{-1}\|\leqslant\frac{1}{1-\|\boldsymbol{B}\|},$$

这里的矩阵范数是指算子范数.

证 假设 $\boldsymbol{I}\pm\boldsymbol{B}$ 为奇异矩阵，则存在向量 $\boldsymbol{x}\neq\boldsymbol{0}$，使得 $(\boldsymbol{I}\pm\boldsymbol{B})\boldsymbol{x}=\boldsymbol{0}$，故有 $\rho(\boldsymbol{B})\geqslant 1$. 这与 $\|\boldsymbol{B}\|<1$ 矛盾. 所以，$\boldsymbol{I}\pm\boldsymbol{B}$ 为非奇异矩阵. 由于

$$(\boldsymbol{I}\pm\boldsymbol{B})^{-1}=\boldsymbol{I}\mp\boldsymbol{B}(\boldsymbol{I}\pm\boldsymbol{B})^{-1},$$

因此

$$\|(\boldsymbol{I}\pm\boldsymbol{B})^{-1}\|\leqslant\|\boldsymbol{I}\|+\|\boldsymbol{B}\|\|(\boldsymbol{I}\pm\boldsymbol{B})^{-1}\|.$$

当矩阵范数取算子范数时，$\|\boldsymbol{I}\|=1$，因此定理得证.

类似于向量范数，矩阵范数具有下面的等价性.

定理 1.8 **$\mathbf{R}^{n\times n}$ 上的任意两种矩阵范数都是等价的，即对于 $\mathbf{R}^{n\times n}$ 上的任意两种矩阵范数**

$\|A\|_s$ **和** $\|A\|_t$**,存在常数** $c_1>0,c_2>0$**,使得**

$$c_1\|A\|_s\leqslant\|A\|_t\leqslant c_2\|A\|_s.$$

根据矩阵范数的等价性,我们可以用矩阵范数描述矩阵序列的极限性质.

定义 1.11　设矩阵序列 $A^{(k)}=(a_{ij}^{(k)})\in\mathbf{R}^{n\times n}(k=1,2,\cdots)$. 若存在矩阵 $A^*=(a_{ij}^*)\in\mathbf{R}^{n\times n}$,使得

$$\lim_{k\to\infty}a_{ij}^{(k)}=a_{ij}^*\quad(i,j=1,2,\cdots,n),$$

则称**矩阵序列** $\{A^{(k)}\}$ **收敛于** A^*,记为

$$\lim_{k\to\infty}A^{(k)}=A^*.$$

可以验证,对于 $\mathbf{R}^{n\times n}$ 上的任一矩阵范数 $\|A\|$,都有

$$\lim_{k\to\infty}A^{(k)}=A^*\Leftrightarrow\lim_{k\to\infty}\|A^{(k)}-A^*\|=0.$$

内容小结与评注

本章的基本内容包括:截断误差、舍入误差、绝对误差、相对误差和有效数字的定义,函数求值的误差估计,向量范数和矩阵范数的定义与计算,常用的向量范数和矩阵范数.

误差分析问题是数值计算方法中重要且困难的问题. 熟练掌握误差的基本概念和误差分析的若干原则,对于学习本课程是很有必要的. 相对于本书中的问题,涉及科学计算或工程计算的实际问题则要复杂得多,往往要根据不同问题分门别类地进行分析. 例如,由于舍入误差有随机性,有人应用概率的方法研究误差规律. 在工程计算中,常用几种不同办法(包括实验方法)进行比较,以确定计算结果的可靠性. 20 世纪 60 年代以来,数学界中发展了两种估计误差的理论:一种是威尔金森(Wilkinson)等人针对计算机浮点算法提出的一套研究误差的预先估计方法,它使得矩阵运算的舍入误差研究获得了新发展;另一种是摩尔(Moore)等人提出的应用区间分析理论估计误差,这开创了研究误差的新方法.

关于向量范数和矩阵范数,本章所述内容是为后面各章服务的一些基本概念和常用的定理,仅满足本书所需. 例如,本章只讨论了 $\mathbf{R}^{n\times n}$ 上的矩阵范数,而没有涉及 $\mathbf{R}^{n\times m}$;本章只介绍了 $\mathbf{R}^n$ 上向量范数和 $\mathbf{R}^{n\times n}$ 上矩阵范数的等价性(此性质对于有限维空间都是成立的),而对于线性空间 $C[a,b]$ 没有讨论这个性质. 这些都是赋范线性空间相关的问题,在泛函分析中会详细讨论它们.

习题 1

1.1　已知 $e=2.71828\cdots$,问:下列近似值 x^* 有几位有效数字? 相对误差界是多少?

(1) $x=e,x^*=2.7$;　　(2) $x=e,x^*=2.718$;

(3) $x=\dfrac{e}{100},x^*=0.027$;　　(4) $x=\dfrac{e}{100},x^*=0.02718$.

1.2　设原始数据的下列近似值中每位数字都是有效数字:

$$x_1^*=1.1021,\quad x_2^*=0.031,\quad x_3^*=56.430.$$

试计算：(1) $x_1^*+x_2^*+x_3^*$，(2) $\dfrac{x_2^*}{x_3^*}$，并估计它们的相对误差界.

1.3 设 x 的相对误差界为 δ，求 x^n 的相对误差界.

1.4 设 $x>0$，x 的相对误差界为 δ，求 $\ln x$ 的绝对误差界.

1.5 为了使计算球体体积时的相对误差界不超过 1%，问：测量半径时所允许的相对误差界是多少？

1.6 若要求对三角函数值取 4 位有效数字，怎样计算 $1-\cos 2°$ 才能保证精度？

1.7 设 $Y_0=28$，且有递推公式

$$Y_n=Y_{n-1}-\frac{1}{100}\sqrt{783}\quad(n=1,2,\cdots).$$

若取 $\sqrt{783}\approx 27.982$(5 位有效数字)，试问：计算 Y_{100} 将有多大误差？

1.8 求解方程 $x^2+56x+1=0$，使得其根至少具有 4 位有效数字(已知 $\sqrt{783}\approx 27.982$).

1.9 设某个正方形的边长约为 100 cm，应怎样测量才能使其面积的误差不超过 1 cm^2？

1.10 设序列 $\{y_n\}$ 满足递推关系

$$y_n=10y_{n-1}-1\quad(n=1,2,\cdots).$$

若 $y_0=\sqrt{2}\approx 1.41$(3 位有效数字)，问：计算 y_{10} 时的误差有多大？这种算法数值稳定吗？

1.11 对于积分 $I_n=\int_0^1 x^n\mathrm{e}^{x-1}\mathrm{d}x\,(n=0,1,\cdots)$，验证：

$$I_0=1-\mathrm{e}^{-1},\quad I_n=1-nI_{n-1}.$$

若取 $\mathrm{e}^{-1}\approx 0.3679$，按照递推公式 $I_n=1-nI_{n-1}$，用 4 位有效数字计算 $I_0,I_1,I_2,\cdots,I_9$，并证明这种算法是数值不稳定的.

1.12 设函数 $f(x)=\ln(x+\sqrt{x^2+1})$，如何计算 $f(x)$ 才能避免有效数字的损失？试计算 $f(30)$ 和 $f(-30)$(开方和取对数用保留 6 位小数的函数表).

1.13 下列公式是否要做变换才能避免有效数字的损失？如何变换？

(1) $\sin x-\sin y$；　　(2) $\arctan x-\arctan y$；

(3) $\sqrt{x+4}-2$；　　(4) $\dfrac{\mathrm{e}^{2x}-1}{2}$.

1.14 已知三角形面积公式 $S=\dfrac{1}{2}ab\sin C$，其中 C 的单位为弧度，$0<C\leqslant\dfrac{\pi}{2}$，且测量 a,b,C 的误差分别为 $\Delta a,\Delta b,\Delta C$，证明：面积的误差 ΔS 满足

$$\left|\frac{\Delta S}{S}\right|\leqslant\left|\frac{\Delta a}{a}\right|+\left|\frac{\Delta b}{b}\right|+\left|\frac{\Delta C}{C}\right|.$$

1.15 设矩阵 $\boldsymbol{P}\in\mathbf{R}^{n\times n}$ 且非奇异，又设 $\|\boldsymbol{x}\|$ 为 $\mathbf{R}^n$ 上的一种向量范数，定义

$$\|\boldsymbol{x}\|_{\boldsymbol{P}}=\|\boldsymbol{P}\boldsymbol{x}\|\quad(\boldsymbol{x}\in\mathbf{R}^n).$$

证明：$\|\boldsymbol{x}\|_{\boldsymbol{P}}$ 为 $\mathbf{R}^n$ 上的一种向量范数.

1.16 设 $\boldsymbol{A}\in\mathbf{R}^{n\times n}$ 为对称正定矩阵，定义

$$\|\boldsymbol{x}\|_{\boldsymbol{A}}=(\boldsymbol{A}\boldsymbol{x},\boldsymbol{x})^{\frac{1}{2}}\quad(\boldsymbol{x}\in\mathbf{R}^n).$$

证明：$\|\boldsymbol{x}\|_{\boldsymbol{A}}$ 为 $\mathbf{R}^n$ 上的一种向量范数.

1.17　设矩阵

$$A = \begin{pmatrix} 0.6 & 0.5 \\ 0.1 & 0.3 \end{pmatrix}.$$

计算 A 的行范数、列范数、2 范数及 F 范数.

1.18　证明：$\|A\|_2 \leqslant \|A\|_F \leqslant \sqrt{n}\,\|A\|_2$，并说明矩阵范数 $\|A\|_F$ 与向量范数 $\|x\|_2$ 相容.

1.19　设矩阵 $P \in \mathbf{R}^{n\times n}$ 且非奇异，又设 $\|x\|$ 为 $\mathbf{R}^n$ 上的一种向量范数，定义范数

$$\|x\|_P = \|Px\| \quad (x \in \mathbf{R}^n).$$

证明：对应于 $\|x\|_P$ 的算子范数为

$$\|A\|_P = \|PAP^{-1}\| \quad (A \in \mathbf{R}^{n\times n}).$$

1.20　设 A 为非奇异矩阵，证明：

$$\frac{1}{\|A^{-1}\|_\infty} = \min_{y\neq 0} \frac{\|Ay\|_\infty}{\|y\|_\infty}.$$

1.21　设 A 为 n 阶矩阵，U 为 n 阶正交矩阵，证明：

$$\|AU\|_2 = \|UA\|_2 = \|A\|_2, \quad \|AU\|_F = \|UA\|_F = \|A\|_F.$$

1.22　对于算子范数，设 $\|B\| < 1$，证明：

$$\frac{1}{1+\|B\|} \leqslant \|(I \pm B)^{-1}\|.$$

数值实验题 1

1.1　设函数 $f(x) = x(\sqrt{x+1} - \sqrt{x})$，$g(x) = \dfrac{1}{\sqrt{x+1} - \sqrt{x}}$，用软件工具或自编程序计算 $f(x)$ 和 $g(x)$ 当 $x = 1, x = 10^5, x = 10^{10}$ 时的值，并对计算结果和算法进行分析.

1.2　已知有下列两种算法计算 e^{-5} 的近似值：

(1) $e^{-5} \approx \sum_{n=0}^{9} (-1)^n \dfrac{5^n}{n!}$；

(2) $e^{-5} \approx \left(\sum_{n=0}^{9} \dfrac{5^n}{n!}\right)^{-1}$.

按照这两种算法，用软件工具或自编程序计算 e^{-5} 的近似值，并对计算结果和算法进行分析.

1.3　序列 $\{3^{-n}\}$ 可由下列两种算法生成：

(1) $x_0 = 1, x_n = \dfrac{1}{3}x_{n-1}\ (n = 1,2,\cdots)$；

(2) $y_0 = 1, y_1 = \dfrac{1}{3}, y_n = \dfrac{5}{3}y_{n-1} - \dfrac{4}{9}y_{n-2}\ (n = 2,3,\cdots)$.

用软件工具或自编程序递推地计算 $\{x_n\}$ 和 $\{y_n\}$，并对计算结果和算法进行分析.

1.4　设函数 $p(x) = (x-1)(x-2)\cdots(x-20)$. 显然，该函数的全部零点为 $1,2,\cdots,20$，总共 20 个. 取多个非常小的数 ε，用软件工具解方程 $p(x) + \varepsilon x^{19} = 0$，并对计算结果进行分析.

第2章

插值法

在许多实际问题中,我们需要用函数来表示某种内在规律的数量关系,其中相当一部分函数是基于实际或观测数据而得到的.这些函数虽然在某个区间上是存在的,有的甚至是连续的,但是我们都只能给出该区间上一系列点的函数值,此时得到的只是一些函数表.有的函数虽然有解析表达式,但是由于计算复杂,使用不方便,通常也制作成一些函数表.为了研究函数的变化规律,往往需要求出不在函数表上的其他函数值.因此,我们希望根据给定的函数表求出一个既能反映所求函数 $f(x)$ 的特性,又便于计算的简单函数 $\varphi(x)$,以它近似代替 $f(x)$.通俗地说,就是要对函数的离散数据建立简单的数学模型.

例如,根据人口普查统计,已知某个国家新生儿的累积分布为 $y_i = f(x_i)(i=0,1,2,\cdots,n)$,其中 x_i 为母亲年龄,y_i 为新生儿母亲的年龄低于或等于 x_i 的新生儿数量,我们需要建立 $y=f(x)$ 的简单数学模型.又如,由化学实验得到某种物质的浓度与时间的关系 $y_i = f(x_i)(i=0,1,2,\cdots,n)$,其中 x_i 为时间,y_i 为对应的浓度,我们需要建立 $y=f(x)$ 的简单数学模型.

人们自然会想到用一个便于计算的简单函数 $\varphi(x)$ 去代替函数 $f(x)$,使得

$$\varphi(x_i) = y_i \quad (i=0,1,2,\cdots,n).$$

通过上式来求 $\varphi(x)$,从而得到 $f(x)$ 的近似函数的方法称为**插值法**,其中上式称为**插值条件**,$f(x)$ 称为**被插值函数**,$x_0,x_1,x_2,\cdots,x_n$ 称为**插值节点**(简称**节点**),$\varphi(x)$ 称为**插值函数**.

§2.1　拉格朗日插值多项式

2.1.1　多项式插值问题

用代数多项式作为插值函数的插值法称为**多项式插值法**，相应的多项式称为**插值多项式**.

设函数 $f(x)$ 在 $n+1$ 个相异节点 $x_0,x_1,x_2,\cdots,x_n$ 上的函数值为

$$y_i=f(x_i)\quad(i=0,1,2,\cdots,n),\tag{2.1}$$

则存在唯一一个次数不超过 n 的多项式 $\varphi(x)$，满足条件(2.1). 事实上，令

$$\varphi(x)=a_0+a_1x+a_2x^2+\cdots+a_nx^n,$$

由条件(2.1) 得

$$\varphi(x_i)=a_0+a_1x_i+a_2x_i^2+\cdots+a_nx_i^n=y_i\quad(i=0,1,2,\cdots,n).\tag{2.2}$$

这是关于未知数 $a_0,a_1,a_2,\cdots,a_n$ 的线性方程组. 记该方程组的系数矩阵为 $\mathbf{A}$，则 $\mathbf{A}$ 的行列式是范德蒙德(Vandermonde) 行列式

$$\det(\mathbf{A})=\begin{vmatrix}1 & x_0 & x_0^2 & \cdots & x_0^n\\ 1 & x_1 & x_1^2 & \cdots & x_1^n\\ 1 & x_2 & x_2^2 & \cdots & x_2^n\\ \vdots & \vdots & \vdots & & \vdots\\ 1 & x_n & x_n^2 & \cdots & x_n^n\end{vmatrix}=\prod_{0\leqslant j<i\leqslant n}(x_i-x_j).$$

因为 $x_i\neq x_j(i\neq j)$，所以 $\det(\mathbf{A})\neq 0$. 这表明，方程组(2.2) 存在唯一解 $a_0,a_1,a_2,\cdots,a_n$.

上述关于解的存在唯一性说明，满足插值条件(2.2) 的多项式存在，且插值多项式的存在性与构造方法无关. 然而，直接求解方程组(2.2) 的话，不但计算复杂，也难以得到插值函数 $\varphi(x)$ 的简单表达式. 下面，我们将给出不同形式的便于使用的插值多项式.

2.1.2　拉格朗日插值多项式

先考察低次插值多项式. 当 $n=1$ 时，要构造通过两点 (x_0,y_0) 和 (x_1,y_1) 的不超过一次的多项式 $L_1(x)$，使得 $L_1(x_0)=y_0$，$L_1(x_1)=y_1$. 显然，$L_1(x)$ 可以写成

$$L_1(x)=y_0\frac{x-x_1}{x_0-x_1}+y_1\frac{x-x_0}{x_1-x_0}.\tag{2.3}$$

它是两个线性函数

$$l_0(x)=\frac{x-x_1}{x_0-x_1},\quad l_1(x)=\frac{x-x_0}{x_1-x_0}$$

的线性组合. 显然，线性函数 $l_0(x)$ 和 $l_1(x)$ 满足

$$l_0(x_0)=1,\quad l_0(x_1)=0,\quad l_1(x_0)=0,\quad l_1(x_1)=1.$$

我们称 $l_0(x)$ 和 $l_1(x)$ 为**线性插值基函数**. 这种用线性插值基函数表示低次插值多项式的方法容易推广到一般情形.

设 $x_0 < x_1 < x_2 < \cdots < x_n$ 为节点. 若 n 次多项式 $l_k(x)(k=0,1,2,\cdots,n)$ 满足条件

$$l_k(x_i) = \delta_{ik} = \begin{cases} 1, & i = k, \\ 0, & i \neq k \end{cases} \quad (i = 0,1,2,\cdots,n), \tag{2.4}$$

则由此可得

$$l_k(x) = \prod_{\substack{i=0 \\ i \neq k}}^{n} \frac{x - x_i}{x_k - x_i} \quad (k = 0,1,2,\cdots,n). \tag{2.5}$$

我们称函数 $l_0(x), l_1(x), l_2(x), \cdots, l_n(x)$ 为**拉格朗日(Lagrange) 插值基函数**.

引入记号

$$\omega_{n+1}(x) = \prod_{i=0}^{n} (x - x_i). \tag{2.6}$$

容易求得

$$\omega'_{n+1}(x_k) = \prod_{\substack{i=0 \\ i \neq k}}^{n} (x_k - x_i) \quad (k = 0,1,2,\cdots,n),$$

于是(2.5) 式可以写成

$$l_k(x) = \frac{\omega_{n+1}(x)}{(x - x_k)\omega'_{n+1}(x_k)} \quad (k = 0,1,2,\cdots,n). \tag{2.7}$$

可见,拉格朗日插值基函数仅由节点确定,与被插值函数无关.

与(2.3) 式类似,满足插值条件

$$L_n(x_i) = y_i \quad (i = 0,1,2,\cdots,n) \tag{2.8}$$

的插值多项式为

$$L_n(x) = \sum_{k=0}^{n} y_k l_k(x), \tag{2.9}$$

称之为**n 次拉格朗日插值多项式**. 显然,如此构造的 $L_n(x)$ 是不超过 n 次的多项式(特殊情况下次数可能小于 n). 当 $n = 1$ 时,称它为**线性插值多项式**,即(2.3) 式,这时也称相应的插值法为**线性插值法**;当 $n = 2$ 时,称它为**抛物线插值多项式**,这时也称相应的插值法为**抛物线插值法**.

例 2.1

已知 $\sqrt{4} = 2, \sqrt{9} = 3$,用线性插值法求 $\sqrt{7}$ 的近似值.

解 考虑函数 $y = f(x) = \sqrt{x}$. 令 $x_0 = 4, x_1 = 9$,则 $y_0 = 2, y_1 = 3$. 于是,插值基函数分别为

$$l_0(x) = \frac{x-9}{4-9} = -\frac{1}{5}(x-9), \quad l_1(x) = \frac{x-4}{9-4} = \frac{1}{5}(x-4).$$

故线性插值多项式为

$$L_1(x) = y_0 l_0(x) + y_1 l_1(x) = \frac{1}{5}(x+6).$$

所以,求得

$$\sqrt{7} = f(7) \approx L_1(7) = 2.6.$$

2.1.3　插值余项

插值公式(2.9)是在节点 $x_0,x_1,x_2,\cdots,x_n$ 上关于函数 $f(x)$ 的插值多项式. 我们希望知道,当 $x\neq x_i(i=0,1,2,\cdots,n)$ 时,$f(x)$ 与 $L_n(x)$ 的偏差(不包括计算 $L_n(x)$ 时出现的舍入误差)有多大,故引入以下概念:称

$$R_n(x)=f(x)-L_n(x)$$

为**插值余项**,它也就是插值法的截断误差. 下面给出关于插值余项的基本结论.

定理 2.1　**设 $x_0,x_1,x_2,\cdots,x_n$ 为闭区间 $[a,b]$ 上相异的节点,$f(x)\in C^n[a,b]$,且 $f^{(n+1)}(x)$ 在开区间 (a,b) 内存在. 若 $L_n(x)$ 为满足插值条件(2.8)的插值多项式,则对于任意 $x\in[a,b]$,存在 $\xi\in(a,b)$,使得**

$$R_n(x)=f(x)-L_n(x)=\frac{f^{(n+1)}(\xi)}{(n+1)!}\omega_{n+1}(x),\tag{2.10}$$

其中 ξ 仅依赖于 x,$\omega_{n+1}(x)$ 由(2.6)式所定义.

证　当 x 为节点时,(2.10)式显然成立. 下面假设 $x\in[a,b]$,但 x 不是节点. 引入辅助函数

$$G(t)=R_n(t)-\frac{\omega_{n+1}(t)}{\omega_{n+1}(x)}R_n(x),$$

其中 x 是固定值,t 为自变量.

显然,$G(t)\in C^n[a,b]$,$G^{(n+1)}(t)$ 在 (a,b) 内存在. 当 $t=x_0,x_1,x_2,\cdots,x_n,x$ 时,$G(t)=0$,故 $G(t)$ 在 $[a,b]$ 上有 $n+2$ 个相异的零点. 根据罗尔(Rolle)中值定理,$G'(t)$ 在 (a,b) 内至少存在 $n+1$ 个相异的零点. 一般地,$G^{(i)}(t)(i=1,2,\cdots,n+1)$ 在 (a,b) 内至少存在 $n+2-i$ 个相异的零点. 设 $\xi\in(a,b)$ 是 $G^{(n+1)}(t)$ 的零点,于是

$$G^{(n+1)}(\xi)=f^{(n+1)}(\xi)-\frac{(n+1)!}{\omega_{n+1}(x)}R_n(x)=0.$$

因此,(2.10)式得证.

应当指出,插值余项的表达式(2.10)只有在函数 $f(x)$ 的 $n+1$ 阶导数存在时才能使用,且点 ξ 在开区间 (a,b) 内的位置通常不可能具体给出. 如果我们可以求出 $f^{(n+1)}(x)$ 在区间 $[a,b]$(称为**插值区间**)上的界:$\max\limits_{a\leqslant x\leqslant b}|f^{(n+1)}(x)|=M$,那么可以得到插值多项式 $L_n(x)$ 逼近 $f(x)$ 的截断误差界:

$$|R_n(x)|\leqslant\frac{M}{(n+1)!}|\omega_{n+1}(x)|.\tag{2.11}$$

例 2.2

设函数 $f(x)=\ln x$,已知 $\ln x$ 的数据如表 2-1 所示,试用三次拉格朗日插值多项式 $L_3(x)$ 来计算 $\ln 0.60$ 的近似值,并估计误差.

表　2-1

x	0.40	0.50	0.70	0.80
$\ln x$	−0.916 291	−0.693 147	−0.356 675	−0.223 144

解　根据(2.9)式,以 $x_0=0.40$,$x_1=0.50$,$x_2=0.70$,$x_3=0.80$ 为节点,作三次拉格朗日插值多项式 $L_3(x)$,再把 $x=0.60$ 代入 $L_3(x)$ 中,得

$$L_3(0.60)\approx-0.509\,975.$$

由于 $\max\limits_{0.40\leqslant x\leqslant 0.80}|f^{(4)}(x)|\leqslant 234.4$，所以利用插值余项的估计式(2.11)可以得到

$$|R_3(0.60)|\leqslant 0.004.$$

$\ln 0.60$ 的精确值为 $-0.5108256\cdots$，由此得到 $R_3(0.60)\approx -0.00085$. 这个例子说明，插值公式(2.9)给出了一个较好的估计.

例 2.3

设函数 $f(x)\in C^3[a,b]$，$|f'''(x)|\leqslant M(a\leqslant x\leqslant b)$，$x_0,x_1,x_2\in[a,b]$，且它们是以 h 为步长的等距节点($x_0<x_1<x_2$)，$f(x)$ 的以 x_0,x_1,x_2 为节点的二次插值多项式为 $L_2(x)$，证明：插值余项有估计式

$$|R_2(x)|=|f(x)-L_2(x)|\leqslant\frac{\sqrt{3}h^3M}{27}\quad(x\in[x_0,x_2]).$$

证 由(2.10)式可知

$$R_2(x)=f(x)-L_2(x)=\frac{f'''(\xi)}{3!}\omega_3(x),$$

其中 $\xi\in(a,b)$. 令 $x=x_1+th$，则 x_0,x_1,x_2 分别对应于 $t=-1,0,1$，且

$$\omega_3(x)=(x-x_0)(x-x_1)(x-x_2)=(t+1)t(t-1)h^3.$$

记 $\varphi(t)=(t+1)t(t-1)$，有 $\varphi'(t)=3t^2-1$，则 $|\varphi(t)|$ 在闭区间 $[-1,1]$ 上的最大值为 $\varphi\left(-\frac{1}{\sqrt{3}}\right)=\frac{2\sqrt{3}}{9}$. 于是

$$|R_2(x)|=|f(x)-L_2(x)|\leqslant\frac{M}{6}\cdot\frac{2\sqrt{3}}{9}h^3=\frac{\sqrt{3}}{27}h^3M.$$

实际上，利用(2.10)式估计截断误差非常困难. 原因有二：一是需要计算函数 $f(x)$ 的 $n+1$ 阶导数，当 $f(x)$ 很复杂时，运算量很大，且当 $f(x)$ 没有可用来计算的表达式时，$n+1$ 阶导数无法准确计算；二是即使能得到 $n+1$ 阶导数的解析式，但不知道 ξ 的具体位置，要求 $n+1$ 阶导数在插值区间 $[a,b]$ 上的界一般也是比较困难的. 因此，(2.10)式并不实用. 不过，(2.10)式从理论上说明了多项式插值的几个基本性质：

(1) 如果被插值函数 $f(x)$ 本身是次数不超过 n 的多项式，那么满足 $n+1$ 个插值条件的插值多项式就是它自身. 这是因为 $f^{(n+1)}(x)\equiv 0$，从而 $R_n(x)\equiv 0$. 特别地，对于 $f(x)\equiv 1$，有

$$\sum_{k=0}^{n}l_k(x)=1.$$

(2) 如果插值区间 $[a,b]$ 很大，那么对于给定的 x，$|\omega_{n+1}(x)|$ 的值一般会很大(因为这时许多因数都将大于 1)，因此截断误差 $R_n(x)$ 可能也很大. 如果插值区间 $[a,b]$ 很小，例如 $b-a<1$，那么对于给定的 x，$|\omega_{n+1}(x)|$ 的值一定很小(因为所有因数都将小于1)，因而截断误差 $R_n(x)$ 就会很小.

(3) 由(2.10)式可知，当 $n\to\infty$ 时，$R_n(x)$ 未必无限趋近于零. 因此，增加节点个数并不一定能减少截断误差.

(4) 插值多项式一般仅用来估计插值区间内点的函数值(即内插). 用它计算插值区间外点的函数值(即外插)时，截断误差可能会较大.

§2.2　逐次线性插值

2.2.1　逐次线性插值的思想

既然(2.10)式在估计截断误差时不实用,那么实际中如何估计截断误差呢?

假设插值条件中包含 $n+2$ 对数据:$f(x_i)=y_i(i=0,1,2,\cdots,n,n+1)$,那么利用前 $n+1$ 对数据可以构造一个 n 次拉格朗日插值多项式 $L_n(x)$,利用后 $n+1$ 对数据可以构造另一个 n 次拉格朗日插值多项式 $L_n^*(x)$. 由(2.10)式可知,它们各自的插值余项分别为

$$R_n(x)=f(x)-L_n(x)=\frac{1}{(n+1)!}f^{(n+1)}(\xi)(x-x_0)(x-x_1)(x-x_2)\cdots(x-x_n),$$

$$R_n^*(x)=f(x)-L_n^*(x)=\frac{1}{(n+1)!}f^{(n+1)}(\xi^*)(x-x_1)(x-x_2)\cdots(x-x_n)(x-x_{n+1}).$$

将上面两式相减,得(假设 $f^{(n+1)}(\xi)\approx f^{(n+1)}(\xi^*)$)

$$L_n^*(x)-L_n(x)\approx\frac{1}{(n+1)!}f^{(n+1)}(\xi)(x-x_1)(x-x_2)\cdots(x-x_n)(x_{n+1}-x_0),$$

或写成

$$\frac{1}{(n+1)!}f^{(n+1)}(\xi)(x-x_1)(x-x_2)\cdots(x-x_n)\approx\frac{L_n^*(x)-L_n(x)}{x_{n+1}-x_0}.$$

由此可得

$$R_n(x)=f(x)-L_n(x)\approx\frac{L_n(x)-L_n^*(x)}{x_0-x_{n+1}}(x-x_0),\tag{2.12}$$

$$R_n^*(x)=f(x)-L_n^*(x)\approx\frac{L_n^*(x)-L_n(x)}{x_{n+1}-x_0}(x-x_{n+1}).\tag{2.13}$$

(2.12)式和(2.13)式分别给出了用 $L_n(x)$ 和 $L_n^*(x)$ 做近似计算时实用的截断误差估计式,它们不需要计算 $n+1$ 阶导数,也不用求插值区间上 $n+1$ 阶导数的界.

例 2.4

设函数 $y=f(x)$,已知 $f(0)=2,f(1)=3,f(2)=12$,利用拉格朗日插值多项式计算 $y=f(x)$ 在 $x=1.2078$ 处的函数值 $f(1.2078)$,并估计截断误差.

解　利用前两对数据可以构造一个一次拉格朗日插值多项式

$$L_1(x)=2\times\frac{x-1}{0-1}+3\times\frac{x-0}{1-0};$$

利用后两对数据可以构造另一个一次拉格朗日插值多项式

$$L_1^*(x)=3\times\frac{x-2}{1-2}+12\times\frac{x-1}{2-1}.$$

因为 $1.2078\in[1,2]$,所以

$$f(1.2078)\approx L_1^*(1.2078)=4.8702,$$

其截断误差为

$$R_1^*(1.2078) \approx \frac{L_1^*(1.2078) - L_1(1.2078)}{2-0} \times (1.2078 - 2) = -0.65847664.$$

基于上述分析，一种自然的想法是：如果我们把 $L_n^*(x)$ 加上其截断误差 $R_n^*(x)$，那么所得的 $n+1$ 次多项式

$$P_{n+1}(x) = L_n^*(x) + \frac{L_n^*(x) - L_n(x)}{x_{n+1} - x_0}(x - x_{n+1})$$

应该是被插值函数 $f(x)$ 更好的近似函数. 事实上，上述多项式 $P_{n+1}(x)$ 满足插值条件

$$P_{n+1}(x_i) = y_i \quad (i = 0,1,2,\cdots,n,n+1).$$

也就是说，$P_{n+1}(x)$ 恰好是由已知的 $n+2$ 个节点所确定的拉格朗日插值多项式 $L_{n+1}(x)$. 这意味着，以任何 $n+1$ 个节点构造 n 次拉格朗日插值多项式 $L_n(x)$ 时，可以先选用合适的两个节点构造线性插值多项式，再利用线性插值多项式构造二次插值多项式，接着利用二次插值多项式构造三次插值多项式 …… 直到构造出 n 次插值多项式. 这就是逐次线性插值的思想. 下面我们介绍具体的算法.

2.2.2 埃特金算法

对于未知函数或复杂函数 $f(x)$，假设已知 $f(x_i) = y_i (i = 0,1,2,\cdots,n)$. 下面利用这些信息计算函数 $f(x)$ 在任何一点 x 处的近似值，要求误差不超过上限 $\varepsilon_0 (\varepsilon_0 > 0)$.

显然，为了尽快计算出满足指定精度的近似值，应该尽量多地利用靠近 x 的节点信息. 为此，我们先对所有节点进行排序，与 x 接近的节点排在前面，假设这个顺序恰好是 $x_0, x_1, x_2, \cdots, x_n$. 接下来开始计算函数 $f(x)$ 的近似值.

首先，利用节点 x_0, x_1 构造一个线性插值多项式 $I_{0,1}(x)$，利用节点 x_0, x_2 构造另一个线性插值多项式 $I_{0,2}(x)$. 然后，通过估计式(2.12) 估计 $I_{0,1}(x)$ 的截断误差：

$$R_{0,1,2}(x) \approx \frac{I_{0,1}(x) - I_{0,2}(x)}{x_1 - x_2}(x - x_1).$$

若 $|R_{0,1,2}(x)| < \varepsilon_0$，则算法终止. 此时，记 $I_{0,1,2}(x) = I_{0,1}(x) + R_{0,1,2}(x)$，则得 $f(x)$ 的近似值为

$$f(x) \approx I_{0,1,2}(x).$$

一般地，对于正整数 $k(k = 1,2,\cdots,n-1)$，设 $I_{0,1,\cdots,k}(x)$ 是关于节点 $x_0, x_1, \cdots, x_k$ 的 k 次插值多项式，$I_{0,1,\cdots,k-1,l}(x)$ 是关于节点 $x_0, x_1, \cdots, x_{k-1}, x_l$ 的 k 次插值多项式，令

$$I_{0,1,\cdots,k,l}(x) = I_{0,1,\cdots,k}(x) + \frac{I_{0,1,\cdots,k}(x) - I_{0,1,\cdots,k-1,l}(x)}{x_k - x_l}(x - x_k), \tag{2.14}$$

则 $I_{0,1,\cdots,k,l}(x)$ 是关于节点 $x_0, x_1, \cdots, x_k, x_l$ 的 $k+1$ 次插值多项式. 我们称(2.14) 式为**埃特金(Aitken) 逐次线性插值公式**. 记

$$R_{0,1,\cdots,k,k+1}(x) = \frac{I_{0,1,\cdots,k}(x) - I_{0,1,\cdots,k-1,k+1}(x)}{x_k - x_{k+1}}(x - x_k),$$

如果相应的算法是数值稳定的，则当 $|R_{0,1,\cdots,k,k+1}(x)| < \varepsilon_0$ 时，算法终止.

当 $k = 0$ 时，构造线性插值多项式. 当 $k = 1$ 时，节点为 x_0, x_1, x_l 的二次插值多项式为

$$I_{0,1,l}(x) = I_{0,1}(x) + \frac{I_{0,1}(x) - I_{0,l}(x)}{x_1 - x_l}(x - x_1).$$

计算时，可由 $k=0$ 到 $k=n-1$ 逐次求得所需要的插值多项式. 这种逐次求插值多项式的算法称为**埃特金算法**，其计算过程可用三角形表(见表 2-2) 表示.

表　2-2

i	x_i	$f(x_i)=y_i$	$I_{0,i}(x)$	$I_{0,1,i}(x)$	$I_{0,1,2,i}(x)$
0	x_0	$f(x_0)=y_0$			
1	x_1	$f(x_1)=y_1$	$I_{0,1}(x)$		
2	x_2	$f(x_2)=y_2$	$I_{0,2}(x)$	$I_{0,1,2}(x)$	
3	x_3	$f(x_3)=y_3$	$I_{0,3}(x)$	$I_{0,1,3}(x)$	$I_{0,1,2,3}(x)$
⋮	⋮	⋮	⋮	⋮	⋮

从表 2-2 可看出，每增加一个节点就增加一行计算，斜线连接的计算结果是插值多项式的值. 如果精度不满足要求，则再增加一个节点，此时前面计算的结果仍然有用. 这个算法适合在计算机上计算，且具有自动选择节点并逐步比较精度的特点，程序也较简单.

例 2.5

已知特殊角 0°，30°，45°，60°，90° 的正弦函数值，问：分别用多少个节点计算 $\sin 50^\circ$ 可使得近似值精确到小数点后 2，3，4 位(已知 $\sin 50^\circ = 0.766\,044\cdots$)？

解　按照与 50° 的距离由近到远的顺序排列节点，再根据埃特金算法完成三角形表的计算，见表 2-3.

表　2-3

i	x_i	$\sin x_i$	$I_{0,i}(x)$	$I_{0,1,i}(x)$	$I_{0,1,2,i}(x)$	$I_{0,1,2,3,i}(x)$
0	45°	$\frac{\sqrt{2}}{2}$				
1	60°	$\frac{\sqrt{3}}{2}$	$I_{0,1}=0.760\,08$			
2	30°	$\frac{1}{2}$	$I_{0,2}=0.776\,14$	$I_{0,1,2}=0.765\,43$		
3	90°	1	$I_{0,3}=0.739\,65$	$I_{0,1,3}=0.766\,89$	$I_{0,1,2,3}=0.765\,92$	
4	0°	0	$I_{0,4}=0.785\,67$	$I_{0,1,4}=0.764\,35$	$I_{0,1,2,4}=0.766\,16$	$I_{0,1,2,3,4}=0.766\,03$

与 $\sin 50^\circ = 0.766\,044\cdots$ 相比，近似值

$$I_{0,1,2}=0.765\,43,\quad I_{0,1,2,3}=0.765\,92,\quad I_{0,1,2,3,4}=0.766\,03$$

分别精确到小数点后 2，3，4 位，它们分别用了 3，4，5 个节点.

§2.3　牛顿插值多项式

2.3.1　均差及其性质

拉格朗日插值多项式结构紧凑，便于理论分析，利用插值基函数也容易得到插值多项式的

值,但当节点个数增加、减少或其位置发生变化时,全部插值基函数均要重新计算,从而整个插值多项式的结构都将发生变化,这在实际计算中是非常不便的. 埃特金算法能够有效地计算任何给定点的函数值,而不需要写出各步用到的插值多项式的表达式,但当解决某个问题需要插值多项式的表达式时,这个优点就成了缺点. 下面引入的牛顿(Newton) 插值多项式可以克服上述不足.

当 $n=1$ 时,由点斜式直线方程可知,过两点 $(x_0, f(x_0))$ 和 $(x_1, f(x_1))$ 的直线方程为

$$N_1(x) = f(x_0) + \frac{f(x_1) - f(x_0)}{x_1 - x_0}(x - x_0).$$

记

$$f[x_0, x_1] = \frac{f(x_1) - f(x_0)}{x_1 - x_0},$$

则可把 $N_1(x)$ 写成

$$N_1(x) = f(x_0) + f[x_0, x_1](x - x_0).$$

显然,$N_1(x)$ 是一次插值多项式 $L_1(x)$.

当 $n=2$ 时,记

$$f[x_1, x_2] = \frac{f(x_2) - f(x_1)}{x_2 - x_1},$$

$$f[x_0, x_1, x_2] = \frac{f[x_1, x_2] - f[x_0, x_1]}{x_2 - x_0},$$

类似地可构造不超过二次的多项式

$$N_2(x) = f(x_0) + f[x_0, x_1](x - x_0) + f[x_0, x_1, x_2](x - x_0)(x - x_1).$$

容易验证,这样的 $N_2(x)$ 满足插值条件

$$N_2(x_0) = f(x_0), \quad N_2(x_1) = f(x_1), \quad N_2(x_2) = f(x_2).$$

因此,$N_2(x)$ 就是二次插值多项式 $L_2(x)$.

为了构造更一般的插值多项式,我们先用递推方法引入均差(差商) 的概念.

定义 2.1 给定函数 $f(x)$ 在节点 $x_i (i = 0, 1, \cdots, k)$ 上的函数值 $f(x_i)$,称

$$f[x_0, x_i] = \frac{f(x_i) - f(x_0)}{x_i - x_0} \quad (i = 1, 2, \cdots, k)$$

为函数 $f(x)$ 关于节点 x_0, x_i 的**一阶均差或一阶差商**. 一般地,称

$$f[x_0, x_1, x_2, \cdots, x_k] = \frac{f[x_1, x_2, \cdots, x_k] - f[x_0, x_1, \cdots, x_{k-1}]}{x_k - x_0} \tag{2.15}$$

为函数 $f(x)$ 关于节点 $x_0, x_1, x_2, \cdots, x_k$ 的 **k 阶均差或 k 阶差商**.

均差是数值计算方法中的基本工具,它具有下列基本性质:

(1) k 阶均差的定义式(2.15) 是函数值 $f(x_0), f(x_1), f(x_2), \cdots, f(x_k)$ 的线性组合,即有

$$f[x_0, x_1, x_2, \cdots, x_k] = \sum_{i=0}^{k} \frac{f(x_i)}{\omega'_{k+1}(x_i)}. \tag{2.16}$$

此性质可用数学归纳法证明. 这个性质也表明均差与节点的排列次序无关,故称这个性质为**均差的对称性**.

(2) 由(2.16) 式可得

$$f[x_0, x_1, x_2, \cdots, x_k] = \frac{f[x_0, x_1, \cdots, x_{k-2}, x_k] - f[x_0, x_1, \cdots, x_{k-2}, x_{k-1}]}{x_k - x_{k-1}}. \tag{2.17}$$

(3) 设 $f(x) \in C^n[a,b]$，且 $x_i \in [a,b](i=0,1,2,\cdots,n)$ 为相异的节点，那么 $f(x)$ 的 n 阶均差与其 n 阶导数有如下关系式：

$$f[x_0,x_1,x_2,\cdots,x_n]=\frac{1}{n!}f^{(n)}(\xi)\quad(\xi\in(a,b)). \tag{2.18}$$

这个公式可直接用罗尔中值定理证明.

在实际计算中，经常使用形如表 2-4 的表格，称之为**均差表**.

表　2-4

x_k	$f(x_k)$	一阶均差	二阶均差	三阶均差
x_0	$\underline{f(x_0)}$			
x_1	$f(x_1)$	$\underline{f[x_0,x_1]}$		
x_2	$f(x_2)$	$f[x_1,x_2]$	$\underline{f[x_0,x_1,x_2]}$	
x_3	$f(x_3)$	$f[x_2,x_3]$	$f[x_1,x_2,x_3]$	$\underline{f[x_0,x_1,x_2,x_3]}$
$\vdots$	$\vdots$	$\vdots$	$\vdots$	$\vdots$

2.3.2　牛顿插值多项式

下面利用均差表 2-4 中加下划线的均差值直接构造插值多项式. 根据均差的定义，把 x 看成闭区间 $[a,b]$ 上的一点，可得

$$f(x)=f(x_0)+f[x,x_0](x-x_0),$$

$$f[x,x_0]=f[x_0,x_1]+f[x,x_0,x_1](x-x_1),$$

……

$$f[x,x_0,x_1,\cdots,x_{n-1}]=f[x_0,x_1,\cdots,x_n]+f[x,x_0,x_1,\cdots,x_n](x-x_n).$$

对于上述各式，从最后一式开始依次把后一式代入前一式，得

$$\begin{aligned}f(x)=&f(x_0)+f[x_0,x_1](x-x_0)+f[x_0,x_1,x_2](x-x_0)(x-x_1)+\cdots\\&+f[x_0,x_1,\cdots,x_n](x-x_0)(x-x_1)\cdots(x-x_{n-1})\\&+f[x,x_0,x_1,\cdots,x_n]\omega_{n+1}(x),\end{aligned}$$

其中 $\omega_{n+1}(x)$ 由(2.6) 式定义. 由此，令

$$\begin{aligned}N_n(x)=&f(x_0)+f[x_0,x_1](x-x_0)+f[x_0,x_1,x_2](x-x_0)(x-x_1)+\cdots\\&+f[x_0,x_1,\cdots,x_n](x-x_0)(x-x_1)\cdots(x-x_{n-1}),\end{aligned} \tag{2.19}$$

则有

$$R_n(x)=f(x)-N_n(x)=f[x,x_0,x_1,\cdots,x_n]\omega_{n+1}(x). \tag{2.20}$$

我们称由(2.19) 式构造的多项式 $N_n(x)$ 为 n **次牛顿插值多项式**，而称由(2.20) 式表示的 $R_n(x)$ 为**均差型余项**.

显然，$N_n(x)$ 是次数不超过 n 的多项式，并且由(2.20) 式可知，它满足插值条件

$$N_n(x_i)=f(x_i)\quad(i=0,1,2,\cdots,n).$$

根据插值多项式的唯一性，$N_n(x)$ 就是 $L_n(x)$，且(2,20) 式与(2.10) 式等价. 事实上，利用均差与导数的关系式(2.18)，可由(2.20) 式推出(2.10) 式. 不过，(2.20) 式更具有一般性，它对于 $f(x)$ 由离散点给出的情形或 $f(x)$ 的导数不存在的情形均适用.

例 2.6

设函数 $f(x)=\sqrt{x}$，已知 $\sqrt{x}$ 的数据如表 2-5 所示，试用二次牛顿插值多项式 $N_2(x)$ 计算 $f(2.15)$ 的近似值，并讨论其误差.

表 2-5

x	2.0	2.1	2.2
$\sqrt{x}$	1.414 214	1.449 138	1.483 240

解 先按照表 2-4 构造均差表，如表 2-6 所示.

表 2-6

x_k	$f(x_k)$	一阶均差	二阶均差
2.0	1.414 214		
2.1	1.449 138	0.349 24	
2.2	1.483 240	0.341 02	−0.041 10

利用牛顿插值多项式(2.19)，有

$$N_2(x)=1.414\,214+0.349\,24(x-2.0)-0.041\,10(x-2.0)(x-2.1).$$

取 $x=2.15$，得

$$N_2(2.15)\approx 1.466\,292.$$

注意到

$$f'''(x)=\frac{3}{8x^2\sqrt{x}},\quad \max_{2.0\leqslant x\leqslant 2.2}|f'''(x)|\approx 0.066\,29,$$

故由(2.18)式和(2.20)式可以得出

$$\max_{2.0\leqslant x\leqslant 2.2}|f(x)-N_2(x)|\leqslant 0.414\,312\,5\times 10^{-5}.$$

实际上，$f(2.15)$ 的精确值为 1.466 287 8…，可得出

$$R(2.15)=f(2.15)-N_2(2.15)\approx -0.4\times 10^{-5}.$$

由此看出，所得结果是令人满意的.

利用牛顿插值多项式，还可以方便地求出某些带导数的插值多项式. 现举例来说明.

例 2.7

设函数 $f(x)$，已知 $f(-1)=-2, f(0)=-1, f(1)=0, f'(0)=0$，求不超过三次的插值多项式 $P_3(x)$，使其满足插值条件

$$P_3(-1)=f(-1),\quad P_3(0)=f(0),\quad P_3(1)=f(1),\quad P_3'(0)=f'(0).$$

解 记节点 $x_0=-1, x_1=0, x_2=1$，构造不超过三次的多项式

$$P_3(x)=f(x_0)+f[x_0,x_1](x-x_0)+f[x_0,x_1,x_2](x-x_0)(x-x_1)+\alpha(x-x_0)(x-x_1)(x-x_2),$$

其中 α 是待定常数(由 $x_1=0$ 处的导数值条件确定). 上式右边的前三项是通过三个节点构造的二次牛顿插值多项式 $N_2(x)$，从而 $P_3(x)$ 满足题设的前三个插值条件.

计算得

$$f[x_0,x_1]=f[x_1,x_2]=1,\quad f[x_0,x_1,x_2]=0,$$

从而

$$P_3(x)=-2+(x+1)+\alpha x(x^2-1).$$

由 $P_3'(0)=0$ 得 $\alpha=1$，所以所求的插值多项式为

$$P_3(x)=x^3-1.$$

2.3.3　差分和等距节点插值多项式

在实际计算中，经常遇到节点是等距分布的情形，这时引入差分作为工具可使牛顿插值多项式得到简化.

设函数 $f(x)$ 在等距节点 $x_k=x_0+kh\,(k=0,1,2,\cdots,n)$ 上的值 $f_k=f(x_k)$ 已知，这里常数 h 为步长. 引入记号

$$\Delta f_k=f_{k+1}-f_k,\quad \nabla f_k=f_k-f_{k-1},$$

$$\delta f_k=f\left(x_k+\frac{h}{2}\right)-f\left(x_k-\frac{h}{2}\right)=f_{k+\frac{1}{2}}-f_{k-\frac{1}{2}},$$

它们分别称为 $f(x)$ 在点 x_k 处以 h 为步长的**向前差分**、**向后差分**、**中心差分**，其中符号 Δ,∇,δ 分别称为**向前差分算子**、**向后差分算子**、**中心差分算子**.

上面定义的差分统称为**一阶差分**. 一般地，m **阶差分**$(m=2,3,\cdots)$ 可以递推地定义为

$$\Delta^m f_k=\Delta^{m-1}f_{k+1}-\Delta^{m-1}f_k,$$

$$\nabla^m f_k=\nabla^{m-1}f_k-\nabla^{m-1}f_{k-1},$$

$$\delta^m f_k=\delta^{m-1}f_{k+\frac{1}{2}}-\delta^{m-1}f_{k-\frac{1}{2}}.$$

规定

$$\Delta^0 f_k=\nabla^0 f_k=\delta^0 f_k=f_k,$$

统称它们为**零阶差分**.

为了讨论差分的性质，再引入以下常用的算子符号：

$$\mathrm{E}f_k=f_{k+1},\quad \mathrm{E}^{-1}f_k=f_{k-1},\quad \mathrm{I}f_k=f_k.$$

我们将 E 称为步长为 h 的**移位算子**，I 称为**单位算子**或**不变算子**.

由差分的定义及算子符号的运算，可得差分的下列基本性质：

(1) 差分与函数值可以相互表示. 例如：

$$f_{k+n}=\mathrm{E}^n f_k=(\mathrm{I}+\Delta)^n f_k=\sum_{i=0}^{n}\binom{n}{i}\Delta^i f_k,$$

$$\Delta^n f_k=(\mathrm{E}-\mathrm{I})^n f_k=\sum_{i=0}^{n}(-1)^i\binom{n}{i}f_{n+k-i},$$

$$\nabla^n f_k=(\mathrm{I}-\mathrm{E}^{-1})^n f_k=\sum_{i=0}^{n}(-1)^{n-i}\binom{n}{i}f_{k+i-n},$$

其中 $\binom{n}{i}=\dfrac{n!}{i!(n-i)!}$ 为二项式系数.

(2) 对于非负整数 $k=0,1,2,\cdots$，有

$$f[x_0,x_1,x_2,\cdots,x_k]=\frac{1}{k!h^k}\Delta^k f_0. \tag{2.21}$$

(3) 设函数 $f(x)\in C^k[x_0,x_0+kh]$,则有

$$\Delta^k f_0=h^k f^{(k)}(\xi)\quad (\xi\in(x_0,x_k)). \tag{2.22}$$

下面利用差分构造关于等距节点的插值多项式(简称**等距节点插值多项式**). 在牛顿插值多项式(2.19)中,用差分代替均差就可以得到等距节点插值多项式. 这里只推导其中常用的牛顿向前插值多项式和牛顿向后插值多项式.

设函数值 $f_k=f(x_k)=f(x_0+kh)(k=0,1,2,\cdots,N)$ 已知,要计算函数 $f(x)$ 在 x_0 附近的点 $x=x_0+th(0<t<1)$ 处的近似值. 节点应取 $x_0,x_1,x_2,\cdots,x_n(n\leqslant N)$,于是

$$\omega_{n+1}(x)=\prod_{i=0}^{n}(x-x_i)=t(t-1)\cdots(t-n)h^{n+1}.$$

将上式及(2.21)式代入牛顿插值多项式(2.19),可得

$$N_n(x_0+th)=f_0+t\Delta f_0+\frac{1}{2!}t(t-1)\Delta^2 f_0+\cdots+\frac{1}{n!}t(t-1)\cdots(t-n+1)\Delta^n f_0. \tag{2.23}$$

此公式称为**牛顿向前插值多项式**或**牛顿前插公式**. 利用二项式系数的记号,可把(2.23)式写为

$$N_n(x_0+th)=\sum_{k=0}^{n}\binom{t}{k}\Delta^k f_0,$$

其插值余项可由(2.20)式直接得到,即

$$R_n(x)=\frac{t(t-1)\cdots(t-n)}{(n+1)!}h^{n+1}f^{(n+1)}(\xi)\quad (\xi\in(x_0,x_n)). \tag{2.24}$$

类似地,设 $x=x_N+th(-1<t<0)$,在牛顿插值多项式(2.19)中用 x_N 代替 x_0,用 x_{N-1} 代替 x_1…… 用 x_{N-n} 代替 x_n,这样就可以得到

$$N_n(x_N+th)=f_N+t\nabla f_N+\frac{1}{2!}t(t+1)\nabla^2 f_N+\cdots+\frac{1}{n!}t(t+1)\cdots(t+n-1)\nabla^n f_N. \tag{2.25}$$

此公式称为**牛顿向后插值多项式**或**牛顿后插公式**. 把二项式系数推广到包含负数的情形,记

$$\binom{-t}{k}=\frac{-t(-t-1)\cdots(-t-k+1)}{k!}=(-1)^k\frac{t(t+1)\cdots(t+k-1)}{k!},$$

则(2.25)式可以表示为

$$N_n(x_N+th)=\sum_{k=0}^{n}(-1)^k\binom{-t}{k}\nabla^k f_N,$$

其插值余项为

$$R_n(x)=\frac{t(t+1)\cdots(t+n)}{(n+1)!}h^{n+1}f^{(n+1)}(\xi)\quad (\xi\in(x_{N-n},x_N)). \tag{2.26}$$

例 2.8

设 $x_0=1.00,h=0.05$,函数 $f(x)=\sqrt{x}$ 在 $x_k=x_0+kh(k=0,1,2,\cdots,6)$ 处的值 f_k 如表 2-7 所示,试用三次等距节点插值多项式求 $f(1.01)$ 和 $f(1.28)$ 的近似值.

表　2-7

k	0	1	2	3	4	5	6
x_k	1.00	1.05	1.10	1.15	1.20	1.25	1.30
f_k	1.000 00	1.024 70	1.048 81	1.072 38	1.095 44	1.118 03	1.140 17

解　分别利用向前差分和向后差分构造与均差表相似的表格，见表 2-8 和表 2-9，称之为**差分表**.

表　2-8

k	x_k	f_k	Δf_k	$\Delta^2 f_k$	$\Delta^3 f_k$
0	1.00	1.000 00	0.024 70	−0.000 59	0.000 05
1	1.05	1.024 70	0.024 11	−0.000 54	
2	1.10	1.048 81	0.023 57		
3	1.15	1.072 38			

表　2-9

k	x_k	f_k	∇f_k	$\nabla^2 f_k$	$\nabla^3 f_k$
3	1.15	1.072 38			
4	1.20	1.095 44	0.023 06		
5	1.25	1.118 03	0.022 59	−0.000 47	
6	1.30	1.140 17	0.022 14	−0.000 45	0.000 02

用牛顿向前插值多项式(2.23)来计算 $f(1.01)$ 的近似值时，可利用表 2-8. 由 $t=\frac{x-x_0}{h}=0.2$ 得

$$f(1.01)\approx N_3(1.01)=1.004\,989\,6.$$

用牛顿向后插值多项式(2.25)来计算 $f(1.28)$ 的近似值时，可利用表 2-9. 由 $t=\frac{x-x_6}{h}=-0.4$ 得

$$f(1.28)\approx N_3(1.28)=1.131\,367\,2.$$

实际上，$f(1.01)$ 和 $f(1.28)$ 的精确值分别为 1.004 987 56… 和 1.131 370 84…. 由此看出，计算结果是相当精确的.

例 2.9

已知函数 $f(x)=\sin x$ 的部分值如表 2-10 所示，分别用牛顿向前、向后插值多项式求 $\sin 0.578\,91$ 的近似值，并估计误差.

表　2-10

x	0.4	0.5	0.6	0.7
$\sin x$	0.389 42	0.479 43	0.564 64	0.644 22

解　用牛顿向前插值多项式时，列差分表如表 2-11 所示，取 $x_0=0.5$，$x_1=0.6$，$x_2=0.7$，$x=0.578\,91$，$h=0.1$，则 $t=\frac{x-x_0}{h}=0.789\,1$，从而

$$f(0.578\,91)\approx N_2(0.578\,91)=f_0+t\Delta f_0+\frac{1}{2!}t(t-1)\Delta^2 f_0$$

$$=0.479\,43+0.789\,1\times 0.085\,21+\frac{1}{2}\times 0.789\,1\times(-0.210\,9)\times(-0.005\,63)$$

$$\approx 0.547\,14,$$

即 $\sin 0.578\,91\approx 0.547\,14$. 这时误差为

$$R_2(0.578\,91)=\frac{h^3}{3!}t(t-1)(t-2)(-\cos\xi)\quad(0.5<\xi<0.7),$$

于是

$$|R_2(0.578\,91)|<3.36\times 10^{-5}.$$

表 2-11

x	$\sin x$	Δf	$\Delta^2 f$
0.5	0.479 43	0.085 21	−0.005 63
0.6	0.564 64	0.079 58	
0.7	0.644 22		

表 2-12

x	$\sin x$	∇f	$\nabla^2 f$
0.4	0.389 42		
0.5	0.479 43	0.090 01	
0.6	0.564 64	0.085 21	−0.004 80

用牛顿向后插值多项式时，列差分表如表 2-12 所示，取 $x_0=0.4, x_1=0.5, x_2=0.6$, $x=0.578\,91, h=0.1$，则 $t=\dfrac{x-x_2}{h}=-0.210\,9$，从而

$$f(0.578\,91)\approx N_2(0.578\,91)=f_2+t\nabla f_2+\frac{1}{2!}t(t+1)\nabla^2 f_2$$

$$=0.564\,64+(-0.210\,9)\times 0.085\,21$$

$$+\frac{1}{2}\times(-0.210\,9)\times 0.789\,1\times(-0.004\,80)$$

$$\approx 0.547\,07,$$

即 $\sin 0.578\,91\approx 0.547\,07$. 这时误差为

$$R_2(0.578\,91)=\frac{h^3}{3!}t(t+1)(t+2)(-\cos\xi)\quad(0.4<\xi<0.6),$$

于是

$$|R_2(0.578\,91)|<4.96\times 10^{-5}.$$

§2.4 埃尔米特插值多项式

埃尔米特(Hermite) **插值法**是指插值条件带导数的插值法，它除了要求插值多项式与被插值函数在节点上取值相等外，还要求在节点上的导数值相等，甚至要求高阶导数值也相等. 下面只讨论函数在节点上的函数值和一阶导数值给定的情形.

设在 $n+1$ 个不同的节点 $x_0, x_1, x_2, \cdots, x_n$ 上给定 $y_i=f(x_i), m_i=f'(x_i)(i=0,1,2,\cdots,n)$，要求一个不超过 $2n+1$ 次的多项式 $H_{2n+1}(x)$，使其满足插值条件

$$\begin{cases} H_{2n+1}(x_i) = y_i, \\ H'_{2n+1}(x_i) = m_i \end{cases} \quad (i = 0,1,2,\cdots,n). \tag{2.27}$$

称满足这种插值条件的多项式 $H_{2n+1}(x)$ 为 $2n+1$ **次埃尔米特插值多项式.**

埃尔米特插值多项式可用类似于求拉格朗日插值多项式的方法给出:先求出用于构造插值多项式的函数 $\alpha_i(x),\beta_i(x)(i=0,1,2,\cdots,n)$,它们都是 $2n+1$ 次多项式,且满足条件

$$\begin{cases} \alpha_i(x_k) = \delta_{ik}, \\ \alpha'_i(x_k) = 0, \\ \beta_i(x_k) = 0, \\ \beta'_i(x_k) = \delta_{ik} \end{cases} \quad (k = 0,1,2,\cdots,n). \tag{2.28}$$

这些函数称为**埃尔米特插值基函数**. 再利用埃尔米特插值基函数构造多项式

$$H_{2n+1}(x) = \sum_{i=0}^{n} (y_i \alpha_i(x) + m_i \beta_i(x)). \tag{2.29}$$

这是一个不超过 $2n+1$ 次的多项式. 由条件(2.28) 可知,$H_{2n+1}(x)$ 是满足插值条件(2.27) 的埃尔米特插值多项式.

下面来确定埃尔米特插值基函数 $\alpha_i(x),\beta_i(x)(i=0,1,2,\cdots,n)$. 令

$$\alpha_i(x) = (ax+b)l_i^2(x) \quad (i = 0,1,2,\cdots,n),$$

其中 $l_i(x)$ 为拉格朗日插值基函数(由(2.5) 式给出),那么由条件(2.28) 得

$$\begin{cases} ax_i + b = 1, \\ a + 2l'_i(x_i) = 0 \end{cases} \quad (i = 0,1,2,\cdots,n).$$

由此可得

$$\alpha_i(x) = [1 - 2(x - x_i)l'_i(x_i)]l_i^2(x) \quad (i = 0,1,2,\cdots,n). \tag{2.30}$$

同理可得

$$\beta_i(x) = (x - x_i)l_i^2(x) \quad (i = 0,1,2,\cdots,n). \tag{2.31}$$

我们可以证明埃尔米特插值多项式是唯一的. 设还有一个不超过 $2n+1$ 次的埃尔米特插值多项式 $G_{2n+1}(x)$ 满足插值条件(2.27). 令 $R(x) = H_{2n+1}(x) - G_{2n+1}(x)$,则由插值条件(2.27) 有

$$R(x_i) = R'(x_i) = 0 \quad (i = 0,1,2,\cdots,n).$$

因此,$R(x)$ 是一个不超过 $2n+1$ 次的多项式,且它有 $n+1$ 个二重根 $x_0,x_1,x_2,\cdots,x_n$,即有 $2n+2$ 个根. 所以,根据多项式的性质,必有 $R(x)=0$,即 $H_{2n+1}(x) = G_{2n+1}(x)$.

仿照定理 2.1 的证明方法,可得下面关于插值余项的定理.

定理 2.2 **设** $x_0,x_1,x_2,\cdots,x_n$ **为闭区间**$[a,b]$ **上相异的** $n+1$ **个节点,函数** $f(x) \in C^{2n+1}[a,b]$,**且** $f^{(2n+2)}(x)$ **在开区间**(a,b) **内存在,**$H_{2n+1}(x)$ **是满足插值条件(2.27) 的插值多项式,则对于任意** $x \in [a,b]$,**存在** $\xi \in (a,b)$,**使得**

$$R_{2n+1}(x) = f(x) - H_{2n+1}(x) = \frac{f^{(2n+2)}(\xi)}{(2n+2)!}\omega_{n+1}^2(x), \tag{2.32}$$

其中 ξ **仅依赖于** x,$\omega_{n+1}(x)$ **由(2.6) 式所定义.**

因为实际应用中常常使用三次埃尔米特插值多项式,所以这里只以它为例列出计算公式. 取节点 x_0,x_1,则三次埃尔米特插值多项式 $H_3(x)$ 满足插值条件

$$H_3(x_i) = y_i, \quad H'_3(x_i) = m_i \quad (i = 0,1).$$

相应的埃尔米特插值基函数为

$$\begin{cases}\alpha_0(x)=\left(1+2\dfrac{x-x_0}{x_1-x_0}\right)\left(\dfrac{x-x_1}{x_0-x_1}\right)^2,\\ \alpha_1(x)=\left(1+2\dfrac{x-x_1}{x_0-x_1}\right)\left(\dfrac{x-x_0}{x_1-x_0}\right)^2,\end{cases}\tag{2.33}$$

$$\begin{cases}\beta_0(x)=(x-x_0)\left(\dfrac{x-x_1}{x_0-x_1}\right)^2,\\ \beta_1(x)=(x-x_1)\left(\dfrac{x-x_0}{x_1-x_0}\right)^2.\end{cases}\tag{2.34}$$

于是,三次埃尔米特插值多项式为

$$H_3(x)=y_0\alpha_0(x)+y_1\alpha_1(x)+m_0\beta_0(x)+m_1\beta_1(x),\tag{2.35}$$

其插值余项为 $R_3(x)=f(x)-H_3(x)$. 由(2.32) 式得

$$R_3(x)=\frac{1}{4!}f^{(4)}(\xi)(x-x_0)^2(x-x_1)^2,\tag{2.36}$$

其中 $\xi\in(x_0,x_1)$ 由 x 所确定.

例 2.10

设函数 $f(x)=\ln x$,已知 $f(1)=0,f(2)\approx 0.693\,147,f'(1)=1,f'(2)=0.5$,用三次埃尔米特插值多项式 $H_3(x)$ 计算 $f(1.5)$ 的近似值.

解 记 $x_0=1,x_1=2$,利用(2.33) 式和(2.34) 式可得

$$\alpha_0(x)=(2x-1)(2-x)^2,\quad \alpha_1(x)=(5-2x)(x-1)^2,$$

$$\beta_0(x)=(x-1)(2-x)^2,\quad \beta_1(x)=(x-2)(x-1)^2.$$

再利用(2.35) 式可得

$$H_3(x)=0.693\,147(5-2x)(x-1)^2+(x-1)(2-x)^2+0.5(x-2)(x-1)^2.$$

由此得 $f(1.5)$ 的近似值为 $H_3(1.5)=0.409\,073\,5$.

§2.5 分段低次插值

2.5.1 多项式插值的问题

用插值多项式近似表示被插值函数时,并不是插值多项式的次数越高,精度就越高. 下面是说明这种现象的一个典型例子.

例 2.11

给定函数

$$f(x)=\frac{1}{1+x^2}\quad(-5\leqslant x\leqslant 5).$$

取等距节点 $x_k=-5+10\frac{k}{n}(k=0,1,2,\cdots,n)$，构造 n 次拉格朗日插值多项式

$$L_n(x)=\sum_{i=0}^{n}\frac{1}{1+x_i^2}\frac{\omega_{n+1}(x)}{(x-x_i)\omega_{n+1}'(x_i)}.$$

当 $n=10$ 时，有十次插值多项式 $L_{10}(x)$，它和函数 $f(x)$ 的图形如图 2-1 所示. 由图 2-1 可知，$L_{10}(x)$ 的截断误差 $R_{10}(x)=f(x)-L_{10}(x)$ 在闭区间 $[-5,5]$ 上靠近两端的地方非常大. 例如，$L_{10}(4.8)=1.80438$，而 $f(4.8)=0.04160$. 这种现象称为**龙格**(Runge) **现象**. 不管 n 取多大，龙格现象都存在.

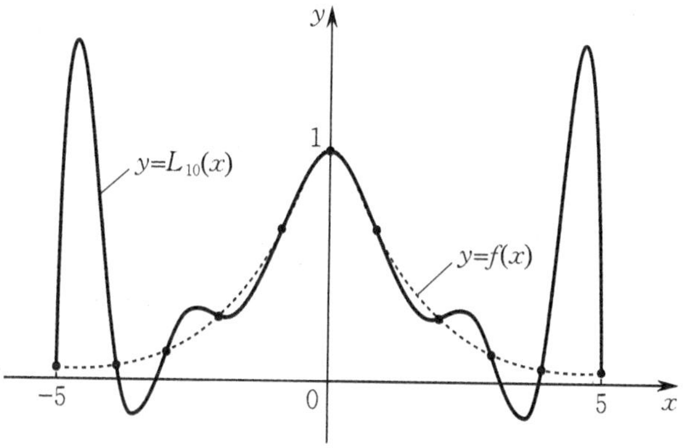

图　2-1

因此，对函数构造插值多项式时，必须小心处理，不能认为插值多项式的次数越高，截断误差就越小. 此外，当节点增多时，也不能低估舍入误差的影响. 为了克服高次插值的不足，在理论和实际应用中采用分段低次插值将是一个良好的解决方法.

2.5.2　分段线性插值

分段线性插值就是通过两个相邻节点做线性插值来实现的. 设函数 $f(x)$ 在节点 $a=x_0<x_1<x_2<\cdots<x_n=b$ 处的函数值已知：

$$f_k=f(x_k)\quad (k=0,1,2,\cdots,n).$$

若函数 $I_n(x)$ 满足以下条件：

(1) $I_n(x)\in C[a,b]$；

(2) $I_n(x_k)=f_k(k=0,1,2,\cdots,n)$；

(3) 在每个小区间 $[x_k,x_{k+1}](k=0,1,2,\cdots,n-1)$ 上，$I_n(x)$ 都是线性多项式，

则称 $I_n(x)$ 为 $f(x)$ 的**分段线性插值函数**.

分段线性插值函数 $I_n(x)$ 的几何意义是通过 $n+1$ 个点 $(x_i,f_i)(i=0,1,2,\cdots,n)$ 的折线. 在每个小区间 $[x_k,x_{k+1}](k=0,1,2,\cdots,n-1)$ 上，$I_n(x)$ 的表达式为

$$I_n(x)=\frac{x-x_{k+1}}{x_k-x_{k+1}}f_k+\frac{x-x_k}{x_{k+1}-x_k}f_{k+1}. \tag{2.37}$$

进一步，在整个区间 $[a,b]$ 上，$I_n(x)$ 的表达式为

$$I_n(x)=\sum_{i=0}^{n} f_i l_i(x),$$

其中

$$l_0(x)=\begin{cases}\dfrac{x-x_1}{x_0-x_1}, & x\in[x_0,x_1],\\ 0, & \text{其他},\end{cases}$$

$$l_i(x)=\begin{cases}\dfrac{x-x_{i-1}}{x_i-x_{i-1}}, & x\in[x_{i-1},x_i],\\ \dfrac{x-x_{i+1}}{x_i-x_{i+1}}, & x\in(x_i,x_{i+1}],\\ 0, & \text{其他}\end{cases}\quad (i=1,2,\cdots,n-1),$$

$$l_n(x)=\begin{cases}\dfrac{x-x_{n-1}}{x_n-x_{n-1}}, & x\in[x_{n-1},x_n],\\ 0, & \text{其他}\end{cases}$$

称为**分段线性插值基函数**. 显然,分段线性插值基函数 $l_i(x)(i=0,1,2,\cdots,n)$ 只在 x_i 的附近不为零,在其他地方均为零. 这种性质称为**局部非零性质**.

例 2.12

对于例 2.11 中的函数 $y=f(x)$,已知它在区间$[0,5]$上等距节点处的函数值如表 2-13 所示,求 $f(x)$ 在区间$[0,5]$上的分段线性插值函数,并利用它求出 $f(4.5)$ 的近似值.

表 2-13

i	0	1	2	3	4	5
x_i	0	1	2	3	4	5
y_i	1	0.5	0.2	0.1	0.058 82	0.038 46

解 在每个小区间$[i,i+1](i=0,1,2,3,4)$上,由(2.37)式构造分段线性插值函数

$$I_5(x)=(i+1-x)y_i+(x-i)y_{i+1},$$

于是

$$f(4.5)\approx I_5(4.5)=(5-4.5)\times 0.058\,82+(4.5-4)\times 0.038\,46=0.048\,64.$$

分段线性插值函数的插值余项可以通过线性插值多项式的插值余项来估计.

定理 2.3 **如果函数 $f(x)\in C^2[a,b]$,记**

$$M=\max_{a\leqslant x\leqslant b}|f''(x)|,\quad h=\max\{x_{k+1}-x_k\,|\,k=0,1,2,\cdots,n-1\},$$

则对于任意 $x\in[a,b]$,分段线性插值函数 $I_n(x)$ 的插值余项 $R(x)$ 有如下估计:

$$|R(x)|=|f(x)-I_n(x)|\leqslant\frac{h^2}{8}M. \tag{2.38}$$

证 根据(2.10)式,在每个小区间$[x_k,x_{k+1}](k=0,1,2,\cdots,n-1)$上有

$$|R(x)|=|f(x)-I_n(x)|\leqslant\frac{1}{8}(x_{k+1}-x_k)^2\max_{x_k\leqslant x\leqslant x_{k+1}}|f''(x)|.$$

因此,在整个区间$[a,b]$上有

$$|R(x)|=|f(x)-I_n(x)|\leqslant\frac{h^2}{8}M.$$

该定理说明，分段线性插值函数 $I_n(x)$ 具有一致收敛性. 于是，通过增加节点，可以缩小插值区间，使 h 减小，从而减小截断误差.

例 2.13

对平方根表做分段线性插值，已知步长 $h=1$. 试给出按照该插值法求 $\sqrt{x}$ $(10\leqslant x\leqslant 999)$ 的近似值的误差界，并估计有效数字的位数. 假定平方根表中已给的函数值足够精确.

解　令 $f(x)=\sqrt{x}$，$M=\max|f''(x)|$，则由(2.38)式知截断误差 $R(x)$ 满足

$$|R(x)|\leqslant\frac{1}{8}Mh^2.$$

下面分两种情形讨论 $|R(x)|$.

(1) 当 $10\leqslant x<100$ 时，有

$$|f''(x)|=\frac{1}{4x^{\frac{3}{2}}}\leqslant\frac{1}{4\times 10^{\frac{3}{2}}}\approx 0.0079,$$

因此

$$|R(x)|\leqslant\frac{1}{8}\times 0.0079\approx 0.00099.$$

由于 $3<\sqrt{x}<10$，故 $\sqrt{x}$ 可以具有 3 位有效数字.

(2) 当 $100\leqslant x\leqslant 999$ 时，有

$$|f''(x)|=\frac{1}{4x^{\frac{3}{2}}}\leqslant\frac{1}{4\times 100^{\frac{3}{2}}}=0.25\times 10^{-3},$$

因此

$$|R(x)|\leqslant\frac{1}{8}\times 0.25\times 10^{-3}=0.00003125.$$

由于 $10\leqslant\sqrt{x}<32$，故 $\sqrt{x}$ 可以具有 6 位有效数字.

2.5.3　分段三次埃尔米特插值

分段线性插值函数具有良好的一致收敛性，但它是不光滑的，它在节点处的左、右导数不相等. 为了克服这个缺陷，一个自然的想法是添加一阶导数插值条件.

设函数 $f(x)$ 在节点 $a=x_0<x_1<x_2<\cdots<x_n=b$ 处的函数值和导数值已知：

$$y_k=f(x_k),\quad m_k=f'(x_k)\quad(k=0,1,2,\cdots,n).$$

如果函数 $I_n(x)$ 满足以下条件：

(1) $I_n(x)\in C[a,b]$；

(2) $I_n(x_k)=y_k, I_n'(x_k)=m_k(k=0,1,2,\cdots,n)$；

(3) 在每个小区间 $[x_k,x_{k+1}](k=0,1,2,\cdots,n-1)$ 上，$I_n(x)$ 都是三次多项式，

则称 $I_n(x)$ 为 $f(x)$ 的**分段三次埃尔米特插值函数**.

由(2.35)式，在每个小区间 $[x_k,x_{k+1}](k=0,1,2,\cdots,n-1)$ 上，$I_n(x)$ 的表达式为

$$I_n(x) = y_k\alpha_k(x) + y_{k+1}\alpha_{k+1}(x) + m_k\beta_k(x) + m_{k+1}\beta_{k+1}(x),$$

进而得到 $I_n(x)$ 在整个区间 $[a,b]$ 上的表达式为

$$I_n(x) = \sum_{i=0}^{n}(y_i\,\alpha_i(x) + m_i\,\beta_i(x)), \tag{2.39}$$

其中

$$\begin{cases} \alpha_0(x) = \begin{cases} \left(1+2\dfrac{x-x_0}{x_1-x_0}\right)\left(\dfrac{x-x_1}{x_0-x_1}\right)^2, & x\in[x_0,x_1], \\ 0, & \text{其他}, \end{cases} \\ \alpha_i(x) = \begin{cases} \left(1+2\dfrac{x-x_i}{x_{i-1}-x_i}\right)\left(\dfrac{x-x_{i-1}}{x_i-x_{i-1}}\right)^2, & x\in[x_{i-1},x_i], \\ \left(1+2\dfrac{x-x_i}{x_{i+1}-x_i}\right)\left(\dfrac{x-x_{i+1}}{x_i-x_{i+1}}\right)^2, & x\in(x_i,x_{i+1}], \quad (i=1,2,\cdots,n-1), \\ 0, & \text{其他} \end{cases} \\ \alpha_n(x) = \begin{cases} \left(1+2\dfrac{x-x_n}{x_{n-1}-x_n}\right)\left(\dfrac{x-x_{n-1}}{x_n-x_{n-1}}\right)^2, & x\in[x_{n-1},x_n], \\ 0, & \text{其他}, \end{cases} \end{cases} \tag{2.40}$$

$$\begin{cases} \beta_0(x) = \begin{cases} (x-x_0)\left(\dfrac{x-x_1}{x_0-x_1}\right)^2, & x\in[x_0,x_1], \\ 0, & \text{其他}, \end{cases} \\ \beta_i(x) = \begin{cases} (x-x_i)\left(\dfrac{x-x_{i-1}}{x_i-x_{i-1}}\right)^2, & x\in[x_{i-1},x_i], \\ (x-x_i)\left(\dfrac{x-x_{i+1}}{x_i-x_{i+1}}\right)^2, & x\in(x_i,x_{i+1}], \\ 0, & \text{其他} \end{cases} \quad (i=1,2,\cdots,n-1), \\ \beta_n(x) = \begin{cases} (x-x_n)\left(\dfrac{x-x_{n-1}}{x_n-x_{n-1}}\right)^2, & x\in[x_{n-1},x_n], \\ 0, & \text{其他} \end{cases} \end{cases} \tag{2.41}$$

称为**分段三次埃尔米特插值基函数**. 显然,分段三次埃尔米特插值基函数 $\alpha_i(x),\beta_i(x)(i=0,1,2,\cdots,n)$ 均具有局部非零性质,这种性质使得(2.39)式也可分段写成表达式(2.35)的形式.

例 2.14

已知函数 $f(x)=\dfrac{1}{1+x^2}$ 在区间[0,3]上等距节点处的函数值和导数值如表 2-14 所示,求 $f(x)$ 在[0,3]上的分段三次埃尔米特插值函数 $I_3(x)$,并利用它求 $f(1.5)$ 的近似值.

表 2-14

i	0	1	2	3
x_i	0	1	2	3
y_i	1	0.5	0.2	0.1
m_i	0	-0.5	-0.16	-0.06

解 在每个小区间 $[i,i+1](i=0,1,2)$ 上,由(2.35)式得

$$I_3(x)=[1+2(x-i)](x-i-1)^2y_i+[1-2(x-i-1)](x-i)^2y_{i+1}$$
$$+(x-i)(x-i-1)^2m_i+(x-i-1)(x-i)^2m_{i+1},$$

于是

$$I_3(x)=\begin{cases}0.5x^3-x^2+1, & x\in[0,1],\\ -0.06x^3+0.44x^2-1.2x+1.32, & x\in(1,2],\\ -0.12x^3+0.9x^2-2.32x+2.2, & x\in(2,3].\end{cases}$$

因此

$$f(1.5)\approx I_3(1.5)=0.3075.$$

分段三次埃尔米特插值函数的插值余项可以通过前面介绍的三次埃尔米特插值多项式的插值余项来估计.

定理 2.4　**如果函数** $f(x)\in C^4[a,b]$，**记**

$$M=\max_{a\leqslant x\leqslant b}|f^{(4)}(x)|,\quad h=\max\{x_{k+1}-x_k\,|\,k=0,1,2,\cdots,n-1\},$$

那么对于任意 $x\in[a,b]$，**分段三次埃尔米特插值函数** $I_n(x)$ **的插值余项** $R(x)$ **有如下估计：**

$$|R(x)|=|f(x)-I_n(x)|\leqslant\frac{h^4}{384}M. \tag{2.42}$$

证　根据(2.36)式，在每个小区间$[x_k,x_{k+1}]$($k=0,1,2,\cdots,n-1$)上有

$$|R(x)|=|f(x)-I_n(x)|\leqslant\frac{1}{4!}\times\frac{1}{16}(x_{k+1}-x_k)^4\max_{x_k\leqslant x\leqslant x_{k+1}}|f^{(4)}(x)|.$$

因此，在整个区间$[a,b]$上有(2.42)式成立.

该定理除了可以用于截断误差估计之外，也说明了分段三次埃尔米特插值函数 $I_n(x)$ 具有一致收敛性. 因此，对于分段三次埃尔米特插值法，增加节点也可以减小截断误差.

§2.6　三次样条插值

2.6.1　三次样条插值函数的概念

我们知道，当被插值函数在所有节点处的函数值和导数值都已知时，才能使用分段三次埃尔米特插值函数，且该插值函数的二阶导数在内节点(插值区间内部的节点)处一般不连续，因而光滑度不高. 在一些实际问题中，我们不可能(也没有必要)知道被插值函数在内节点处的导数值，这就导致了分段三次埃尔米特插值法的局限性. 本节将讨论在科学计算与工程计算中起到重要作用的三次样条插值，它只在插值区间的端点处比拉格朗日插值多两个边界条件，但插值函数却在内节点处有二阶连续导数.

“样条”这一名词来源于工程制图. 以前，绘图员为了将一些指定点(称为**样点**)连接成一条光滑曲线，往往把富有弹性的细长木条(称为**样条**)固定在样点上，然后沿木条画出曲线. 这条曲线就称为**样条曲线**. 样条曲线实际上是由分段的三次曲线拼接而成的，且在连接点(即样

点）处要求相应的函数二阶导数连续. 下面用数学语言来描述三次样条插值函数的概念.

设函数 $f(x)$ 在区间$[a,b]$上节点 $a=x_0<x_1<x_2<\cdots<x_n=b$ 处的函数值为 $f(x_i)=f_i(i=0,1,2,\cdots,n)$. 若函数 $S(x)$ 满足以下条件：

(1) $S(x)\in C^2[a,b]$；

(2) $S(x_i)=f_i(i=0,1,2,\cdots,n)$；

(3) 在每个小区间$[x_i,x_{i+1}](i=0,1,2,\cdots,n-1)$上，$S(x)$ 都是一个三次多项式，

则称 $S(x)$ 为 $f(x)$ 的**三次样条插值函数**.

由于三次样条插值函数 $S(x)$ 是一个分段三次多项式，它在每个小区间$[x_i,x_{i+1}](i=0,1,2,\cdots,n-1)$上可以写成

$$S(x)=a_ix^3+b_ix^2+c_ix+d_i,$$

其中 $a_i,b_i,c_i,d_i(i=0,1,2,\cdots,n-1)$ 为待定系数，所以 $S(x)$ 共有 $4n$ 个待定系数需要确定. 根据 $S(x)$ 在区间$[a,b]$上二阶导数连续的条件，$S(x)$ 在节点 $x_i(i=1,2,\cdots,n-1)$ 处应满足连续性条件，即

$$S^{(k)}(x_i-0)=S^{(k)}(x_i+0)\quad(k=0,1,2).$$

这里共有 $3(n-1)$ 个条件，再加上 $n+1$ 个插值条件，即 $S(x)$ 共满足 $4n-2$ 个条件，因此还需要增加两个条件才能确定 $S(x)$. 通常可在区间$[a,b]$的端点 $x_0=a$ 和 $x_n=b$ 处各加一个条件（称为**边界条件**），具体可以根据实际问题的要求给定. 常见的边界条件有以下三种：

(1) 已知两端点处的一阶导数值，即

$$\begin{cases}S'(x_0)=f'_0,\\S'(x_n)=f'_n.\end{cases}\tag{2.43}$$

(2) 已知两端点处的二阶导数值，即

$$\begin{cases}S''(x_0)=f''_0,\\S''(x_n)=f''_n.\end{cases}\tag{2.44}$$

(2.44) 式的特殊情形为

$$\begin{cases}S''(x_0)=0,\\S''(x_n)=0.\end{cases}\tag{2.45}$$

这个条件称为**自然边界条件**.

(3) 当被插值函数 $f(x)$ 是以 x_n-x_0 为周期的周期函数时，要求 $S(x)$ 也是周期函数，这时边界条件应包含

$$S^{(k)}(x_0+0)=S^{(k)}(x_n-0)\quad(k=0,1,2),\tag{2.46}$$

且此时 $f(x)$ 满足周期条件 $f_0=f_n$. 这样确定的三次样条插值函数称为**三次周期样条函数**.

2.6.2 三弯矩算法

构造满足连续性、插值条件及相应的边界条件的三次样条插值函数 $S(x)$ 可以有多种方法. 当用二阶导数值

$$S''(x_i)=M_i\quad(i=0,1,2,\cdots,n)$$

表示 $S(x)$ 时，使用比较方便. $M_i(i=0,1,2,\cdots,n)$ 在力学上解释为细梁在 x_i 处的弯矩，并且得到的弯矩与相邻两个弯矩有关，故称用二阶导数值来表示 $S(x)$ 的相应算法为**三弯矩算法**.

由于 $S(x)$ 在每个小区间 $[x_i,x_{i+1}](i=0,1,2,\cdots,n-1)$ 上都是三次多项式，故 $S''(x)$ 在 $[x_i,x_{i+1}]$ 上是线性函数，可表示为

$$S''(x)=M_i\frac{x_{i+1}-x}{h_i}+M_{i+1}\frac{x-x_i}{h_i},$$

其中 $h_i=x_{i+1}-x_i$. 对 $S''(x)$ 积分两次，并利用插值条件 $S(x_i)=f_i,S(x_{i+1})=f_{i+1}$ 确定出积分常数，可得到三弯矩算法中三次样条插值函数 $S(x)$ 的表达式：

$$\begin{aligned}S(x)=&M_i\frac{(x_{i+1}-x)^3}{6h_i}+M_{i+1}\frac{(x-x_i)^3}{6h_i}+\left(f_i-\frac{M_ih_i^2}{6}\right)\frac{x_{i+1}-x}{h_i}\\&+\left(f_{i+1}-\frac{M_{i+1}h_i^2}{6}\right)\frac{x-x_i}{h_i}\quad(x\in[x_i,x_{i+1}];i=0,1,2,\cdots,n-1).\end{aligned}\tag{2.47}$$

当求出 $M_i(i=0,1,2,\cdots,n)$ 后，$S(x)$ 就由(2.47)式完全确定.

下面确定 $M_i(i=0,1,2,\cdots,n)$ 的值. 在 $[x_i,x_{i+1}](i=1,2,\cdots,n-1)$ 上对 $S(x)$ 求导数，得

$$S'(x)=-M_i\frac{(x_{i+1}-x)^2}{2h_i}+M_{i+1}\frac{(x-x_i)^2}{2h_i}+f[x_i,x_{i+1}]-\frac{h_i}{6}(M_{i+1}-M_i),\tag{2.48}$$

其中 $f[x_i,x_{i+1}]$ 是函数 $f(x)$ 关于节点 x_i,x_{i+1} 的一阶均差. 由此可得

$$S'(x_i+0)=f[x_i,x_{i+1}]-\frac{h_i}{6}(2M_i+M_{i+1}),$$

$$S'(x_{i+1}-0)=f[x_i,x_{i+1}]+\frac{h_i}{6}(M_i+2M_{i+1}).$$

而当 $x\in[x_{i-1},x_i](i=1,2,\cdots,n-1)$ 时，$S(x)$ 的表达式可由(2.47)式平移下标得到，因此有

$$S'(x_i-0)=f[x_{i-1},x_i]+\frac{h_{i-1}}{6}(M_{i-1}+2M_i).$$

利用条件 $S'(x_i+0)=S'(x_i-0)$，得

$$\mu_iM_{i-1}+2M_i+\lambda_iM_{i+1}=d_i\quad(i=1,2,\cdots,n-1),\tag{2.49}$$

其中

$$\begin{cases}\mu_i=\dfrac{h_{i-1}}{h_{i-1}+h_i},\\\lambda_i=\dfrac{h_i}{h_{i-1}+h_i}=1-\mu_i,\\d_i=6f[x_{i-1},x_i,x_{i+1}]\end{cases}\quad(i=1,2,\cdots,n-1).\tag{2.50}$$

注意到方程组(2.49)是关于 $M_i(i=0,1,2,\cdots,n)$ 的方程组，它含有 $n+1$ 个未知数，但只有 $n-1$ 个方程，故还需从(2.43)～(2.46)式中任选一种边界条件来补充两个方程.

根据第一种边界条件(2.43)，由 $S'(x)$ 的表达式可以导出方程组

$$\begin{cases}2M_0+M_1=\dfrac{6}{h_0}(f[x_0,x_1]-f'_0),\\M_{n-1}+2M_n=\dfrac{6}{h_{n-1}}(f'_n-f[x_{n-1},x_n]).\end{cases}\tag{2.51}$$

因此，由方程组(2.49)和方程组(2.51)即可解出 $M_i(i=0,1,2,\cdots,n)$，从而得到 $S(x)$ 的表达式. 若令 $\lambda_0=\mu_n=1,d_0=\dfrac{6}{h_0}(f[x_0,x_1]-f'_0),d_n=\dfrac{6}{h_{n-1}}(f'_n-f[x_{n-1},x_n])$，则方程组(2.49)和方程组(2.51)可合并写成矩阵形式

$$\begin{pmatrix} 2 & \lambda_0 & & & \\ \mu_1 & 2 & \lambda_1 & & \\ & \ddots & \ddots & \ddots & \\ & & \mu_{n-1} & 2 & \lambda_{n-1} \\ & & & \mu_n & 2 \end{pmatrix} \begin{pmatrix} M_0 \\ M_1 \\ \vdots \\ M_{n-1} \\ M_n \end{pmatrix} = \begin{pmatrix} d_0 \\ d_1 \\ \vdots \\ d_{n-1} \\ d_n \end{pmatrix} \tag{2.52}$$

(这里矩阵中空白处的元素均为 0,以下同).

根据第二种边界条件(2.44),直接得方程组

$$\begin{cases} M_0 = f''_0, \\ M_n = f''_n. \end{cases} \tag{2.53}$$

将方程组(2.53) 代入方程组(2.49),即可解出 $M_i(i=1,2,\cdots,n-1)$. 若令 $\lambda_0=\mu_n=0, d_0=2f''_0, d_n=2f''_n$,则方程组(2.49) 和方程组(2.53) 也可合并写成方程组(2.52) 的形式.

根据第三种边界条件(2.46),有

$$\begin{cases} M_0 = M_n, \\ \lambda_n M_1 + \mu_n M_{n-1} + 2M_n = d_n, \end{cases} \tag{2.54}$$

其中

$$\lambda_n = h_0(h_{n-1}+h_0)^{-1},$$
$$\mu_n = 1-\lambda_n = h_{n-1}(h_{n-1}+h_0)^{-1},$$
$$d_n = 6(f[x_0,x_1]-f[x_{n-1},x_n])(h_0+h_{n-1})^{-1}.$$

由方程组(2.49) 和方程组(2.54) 即可解出 $M_i(i=0,1,2,\cdots,n)$,且这两个方程组可合并写成矩阵形式

$$\begin{pmatrix} 2 & \lambda_1 & & & \mu_1 \\ \mu_2 & 2 & \lambda_2 & & \\ & \ddots & \ddots & \ddots & \\ & & \mu_{n-1} & 2 & \lambda_{n-1} \\ \lambda_n & & & \mu_n & 2 \end{pmatrix} \begin{pmatrix} M_1 \\ M_2 \\ \vdots \\ M_{n-1} \\ M_n \end{pmatrix} = \begin{pmatrix} d_1 \\ d_2 \\ \vdots \\ d_{n-1} \\ d_n \end{pmatrix}. \tag{2.55}$$

实际上,方程组(2.52) 和方程组(2.55) 的系数矩阵是同一类特殊矩阵. 在后面线性方程组的数值解法中,我们将专门介绍此类线性方程组的解法和性质.

例 2.15

设函数 $f(x)$ 在区间$[0,3]$上节点 $x_i=i(i=0,1,2,3)$ 处的函数值分别为 $f(x_0)=0$, $f(x_1)=0.5, f(x_2)=2, f(x_3)=1.5$,试求 $f(x)$ 的三次样条插值函数 $S(x)$,使其分别满足以下条件:

(1) $S'(x_0)=0.2, S'(x_3)=-1$;

(2) $S''(x_0)=-0.3, S''(x_3)=3.3$.

解 (1) 因所给条件是第一种边界条件,故利用方程组(2.52) 进行求解. 易知 $h_i=1(i=0,1,2), \lambda_0=1, \mu_3=1, \lambda_1=\lambda_2=\mu_1=\mu_2=0.5$. 经简单计算,得 $d_0=1.8, d_1=3, d_2=-6, d_3=-3$. 由此可得形如(2.52) 式的方程组

$$\begin{pmatrix} 2 & 1 & & \\ 0.5 & 2 & 0.5 & \\ & 0.5 & 2 & 0.5 \\ & & 1 & 2 \end{pmatrix}\begin{pmatrix} M_0 \\ M_1 \\ M_2 \\ M_3 \end{pmatrix}=\begin{pmatrix} 1.8 \\ 3 \\ -6 \\ -3 \end{pmatrix}.$$

对上述方程组消去 M_0 和 M_3，得

$$\begin{pmatrix} 3.5 & 1 \\ 1 & 3.5 \end{pmatrix}\begin{pmatrix} M_1 \\ M_2 \end{pmatrix}=\begin{pmatrix} 5.1 \\ -10.5 \end{pmatrix}.$$

由此解得 $M_1=2.52, M_2=-3.72$. 代回方程组，可得 $M_0=-0.36, M_3=0.36$.

将 M_0, M_1, M_2, M_3 的值代入三次样条插值函数的表达式(2.47)，经化简可得

$$S(x)=\begin{cases} 0.48x^3-0.18x^2+0.2x, & x\in[0,1], \\ -1.04(x-1)^3+1.26(x-1)^2+1.28(x-1)+0.5, & x\in(1,2], \\ 0.68(x-2)^3-1.86(x-2)^2+0.68(x-2)+2, & x\in(2,3]. \end{cases}$$

(2) 因所给条件是第二种边界条件，故仍用方程组(2.52)进行求解，不过要注意 $\lambda_0, \mu_3, d_0, d_3$ 的不同. 由所给条件可知 $M_0=S''(x_0)=-0.3, M_3=S''(x_3)=3.3$，故由方程组(2.52)化简可得

$$\begin{pmatrix} 4 & 1 \\ 1 & 4 \end{pmatrix}\begin{pmatrix} M_1 \\ M_2 \end{pmatrix}=\begin{pmatrix} 6.3 \\ -15.3 \end{pmatrix}.$$

由此解得 $M_1=2.7, M_2=-4.5$.

将 M_0, M_1, M_2, M_3 的值代入三次样条插值函数的表达式(2.47)，经化简可得

$$S(x)=\begin{cases} 0.5x^3-0.15x^2+0.15x, & x\in[0,1], \\ -1.2(x-1)^3+1.35(x-1)^2+1.35(x-1)+0.5, & x\in(1,2], \\ 1.3(x-2)^3-2.25(x-2)^2+0.45(x-2)+2, & x\in(2,3]. \end{cases}$$

2.6.3　三转角算法

下面构造用一阶导数值 $S'(x_i)=m_i\,(i=0,1,2,\cdots,n)$ 表示的三次样条插值函数 $S(x)$. $m_i\,(i=0,1,2,\cdots,n)$ 在力学上解释为细梁在 x_i 处的转角，并且得到的转角与相邻两个转角有关，故称用一阶导数值来表示 $S(x)$ 的相应算法为**三转角算法**.

根据埃尔米特插值多项式的唯一性和(2.33)～(2.35)式，可设三转角算法中三次样条插值函数 $S(x)$ 在每个小区间$[x_i, x_{i+1}]\,(i=0,1,2,\cdots,n-1)$上的表达式为

$$\begin{aligned} S(x)=&\frac{[h_i+2(x-x_i)](x-x_{i+1})^2}{h_i^3}f_i+\frac{[h_i+2(x_{i+1}-x)](x-x_i)^2}{h_i^3}f_{i+1} \\ &+\frac{(x-x_i)(x-x_{i+1})^2}{h_i^2}m_i+\frac{(x-x_{i+1})(x-x_i)^2}{h_i^2}m_{i+1}. \end{aligned} \tag{2.56}$$

下面确定 $m_i\,(i=0,1,2,\cdots,n)$ 的值. 在$[x_i, x_{i+1}]\,(i=1,2,\cdots,n-1)$上对 $S(x)$ 求二阶导数，得

$$S''(x)=\frac{6x-2x_i-4x_{i+1}}{h_i^2}m_i+\frac{6x-4x_i-2x_{i+1}}{h_i^2}m_{i+1}+\frac{6(x_i+x_{i+1}-2x)}{h_i^3}(f_{i+1}-f_i),$$

于是

$$S''(x_i+0)=-\frac{4}{h_i}m_i-\frac{2}{h_i}m_{i+1}+\frac{6}{h_i^2}(f_{i+1}-f_i).$$

同理,考虑 $S(x)$ 在 $[x_{i-1},x_i](i=1,2,\cdots,n-1)$ 上的表达式,可以得到

$$S''(x_i-0)=\frac{2}{h_{i-1}}m_{i-1}+\frac{4}{h_{i-1}}m_i-\frac{6}{h_{i-1}^2}(f_i-f_{i-1}).$$

利用条件 $S''(x_i+0)=S''(x_i-0)$,得

$$\lambda_i m_{i-1}+2m_i+\mu_i m_{i+1}=e_i\quad(i=1,2,\cdots,n-1),\tag{2.57}$$

其中 $\lambda_i,\mu_i(i=1,2,\cdots,n-1)$ 由(2.50)式所确定,而

$$e_i=3(\lambda_i f[x_{i-1},x_i]+\mu_i f[x_i,x_{i+1}])\quad(i=1,2,\cdots,n-1).\tag{2.58}$$

注意到方程组(2.57)是关于 $m_i(i=0,1,2,\cdots,n)$ 的方程组,它含有 $n+1$ 个未知数,$n-1$ 个方程,故还需从(2.43)～(2.46)式中任选一种边界条件来补充两个方程.

根据第一种边界条件(2.43),有 $m_0=f'_0,m_n=f'_n$. 代入方程组(2.57),即可得到该方程组的矩阵形式

$$\begin{pmatrix}2&\mu_1&&&\\\lambda_2&2&\mu_2&&\\&\ddots&\ddots&\ddots&\\&&\lambda_{n-2}&2&\mu_{n-2}\\&&&\lambda_{n-1}&2\end{pmatrix}\begin{pmatrix}m_1\\m_2\\\vdots\\m_{n-2}\\m_{n-1}\end{pmatrix}=\begin{pmatrix}e_1-\lambda_1 f'_0\\e_2\\\vdots\\e_{n-2}\\e_{n-1}-\mu_{n-1}f'_n\end{pmatrix}.\tag{2.59}$$

由此可解得 $m_1,m_2,\cdots,m_{n-1}$,从而得出 $S(x)$ 的表达式.

根据第二种边界条件(2.44),可导出方程组

$$\begin{cases}2m_0+m_1=3f[x_0,x_1]-\dfrac{h_0}{2}f''_0,\\m_{n-1}+2m_n=3f[x_{n-1},x_n]+\dfrac{h_{n-1}}{2}f''_n.\end{cases}\tag{2.60}$$

由方程组(2.57)和方程组(2.60)即可解得 $m_i(i=0,1,2,\cdots,n)$. 若令 $e_0=3f[x_0,x_1]-\frac{h_0}{2}f''_0$, $e_n=3f[x_{n-1},x_n]+\frac{h_{n-1}}{2}f''_n$,则方程组(2.57)和方程组(2.60)可合并写成矩阵形式

$$\begin{pmatrix}2&1&&&\\\lambda_1&2&\mu_1&&\\&\ddots&\ddots&\ddots&\\&&\lambda_{n-1}&2&\mu_{n-1}\\&&&1&2\end{pmatrix}\begin{pmatrix}m_0\\m_1\\\vdots\\m_{n-1}\\m_n\end{pmatrix}=\begin{pmatrix}e_0\\e_1\\\vdots\\e_{n-1}\\e_n\end{pmatrix}.\tag{2.61}$$

根据第三种边界条件(2.46),可得

$$\begin{cases}m_0=m_n,\\\mu_n m_1+\lambda_n m_{n-1}+2m_n=e_n,\end{cases}\tag{2.62}$$

其中

$$\mu_n=h_{n-1}(h_0+h_{n-1})^{-1},$$
$$\lambda_n=h_0(h_0+h_{n-1})^{-1},$$

$$e_n = 3(\mu_n f[x_0, x_1] + \lambda_n f[x_{n-1}, x_n]).$$

由方程组(2.57)和方程组(2.62)即可解得 $m_i (i = 0,1,2,\cdots,n)$，且这两个方程组可合并写成矩阵形式

$$\begin{pmatrix} 2 & \mu_1 & & & \lambda_1 \\ \lambda_2 & 2 & \mu_2 & & \\ & \ddots & \ddots & \ddots & \\ & & \lambda_{n-1} & 2 & \mu_{n-1} \\ \mu_n & & & \lambda_n & 2 \end{pmatrix} \begin{pmatrix} m_1 \\ m_2 \\ \vdots \\ m_{n-1} \\ m_n \end{pmatrix} = \begin{pmatrix} e_1 \\ e_2 \\ \vdots \\ e_{n-1} \\ e_n \end{pmatrix}. \tag{2.63}$$

例 2.16

设函数 $f(x)$ 在区间$[0,3]$上节点 $x_i = i(i = 0,1,2,3)$ 处的函数值 f_i 如表 2-15 所示，求 $f(x)$ 的满足边界条件 $S'(0) = 1, S'(3) = 0$ 的三次样条插值函数 $S(x)$.

表　2-15

i	0	1	2	3
x_i	0	1	2	3
f_i	0	0	0	0

解　以 $S(x)$ 在点 $x_i(i = 1,2)$ 处的一阶导数 m_i 作为参数，由

$$\begin{cases} \lambda_i = \dfrac{h_i}{h_{i-1} + h_i} = \dfrac{1}{2}, \\ \mu_i = 1 - \lambda_i = \dfrac{1}{2}, \\ e_i = 3(\lambda_i f[x_{i-1}, x_i] + \mu_i f[x_i, x_{i+1}]) = 0 \end{cases} \quad (i = 1,2)$$

及方程组(2.57)得

$$\begin{cases} \dfrac{1}{2}m_0 + 2m_1 + \dfrac{1}{2}m_2 = 0, \\ \dfrac{1}{2}m_1 + 2m_2 + \dfrac{1}{2}m_3 = 0. \end{cases}$$

将 $m_0 = 1, m_3 = 0$ 代入上面的方程组，得

$$\begin{cases} 4m_1 + m_2 = -1, \\ m_1 + 4m_2 = 0, \end{cases}$$

解得

$$m_1 = -\frac{4}{15}, \quad m_2 = \frac{1}{15}.$$

利用表达式(2.56)，得

$$S(x) = \begin{cases} \dfrac{1}{15}x(x-1)(11x-15), & x \in [0,1], \\ \dfrac{1}{15}(x-1)(x-2)(7-3x), & x \in (1,2], \\ \dfrac{1}{15}(x-3)^2(x-2), & x \in (2,3]. \end{cases}$$

2.6.4 三次样条插值函数的误差估计

在实际应用中,如果不需要规定内节点处的一阶导数值,那么使用三次样条插值函数会得到很好的效果. 三次样条插值函数不仅在内节点处具有连续的二阶导数,而且逼近被插值函数时具有很好的收敛性,也是数值稳定的. 下面只给出误差估计的结论.

定理 2.5 **设函数 $f(x) \in C^4[a,b]$,记**

$$M = \max_{a \leqslant x \leqslant b} |f^{(4)}(x)|, \quad h = \max\{x_{i+1} - x_i \mid i = 0,1,2,\cdots,n-1\},$$

则对于任意 $x \in [a,b]$,满足边界条件(2.43)或(2.44)的三次样条插值函数 $S(x)$ 有如下误差估计式:

$$|f^{(k)}(x) - S^{(k)}(x)| \leqslant C_k h^{4-k} M \quad (k = 0,1,2), \tag{2.64}$$

其中 $C_0 = \dfrac{5}{384}, C_1 = \dfrac{1}{24}, C_2 = \dfrac{3}{8}$.

误差估计式(2.64)不但可以用于估计误差,而且可以说明,若被插值函数 $f(x) \in C^4[a,b]$,$S(x)$ 是满足边界条件(2.43)或(2.44)的三次样条插值函数,则当 $h \to 0$ 时,在区间 $[a,b]$ 上,$S(x)$ 一致收敛到 $f(x)$,$S'(x)$ 一致收敛到 $f'(x)$,$S''(x)$ 一致收敛到 $f''(x)$.

内容小结与评注

本章的基本内容包括:拉格朗日插值基函数、拉格朗日插值多项式、插值余项及其构造性证明、逐次线性插值思想及埃特金算法、均差及其性质、牛顿插值多项式、埃尔米特插值多项式、分段线性插值、分段三次埃尔米特插值、分段低次插值的误差估计、三次样条插值函数以及三次样条插值函数的参数的确定.

插值函数是数值计算方法中的基本工具,是函数逼近、数值积分、数值微分和微分方程数值解的基础. 插值法的基本思想就是如何用一个较简单的函数(如多项式、分段多项式)来逼近某个较复杂的或没有解析表达式的函数,使得其在节点处满足给定的插值条件.

虽然满足插值条件的插值多项式是唯一存在的,但是构造和利用插值多项式的方式却有很大差别.

拉格朗日插值多项式虽然运算量大,但表达式简单明确,便于理论推导,且在理论上较为重要. 对于逐次线性插值,虽然不具体给出插值多项式的表达式,但可以递推地计算节点处的值. 牛顿插值多项式便于逐步增加节点,并且计算过程中能估计截断误差. 带导数的插值多项式适合于已知导数的情形. 当这些插值多项式的次数较大时,相应的插值法都有数值不稳定的缺陷,所以实际中应用最广的插值法是分段低次插值.

分段低次插值具有良好的稳定性和收敛性. 当仅仅知道节点处的函数值时,可以采用分段线性插值或三次样条插值. 当同时知道函数值和导数值时,可以采用分段三次埃尔米特插值. 三次样条插值函数不仅在内节点处具有连续的二阶导数,而且具有很好的逼近性和收敛性. 至于B样条函数和一般的样条函数,本书未涉及,需要对样条函数做深入了解的读者可参看其他相关文献.

关于插值余项估计,本章论述了微分形式和均差形式. 对于充分光滑的被插值函数,采用微分形式的插值余项估计可以给出实用的误差界. 均差形式的插值余项估计虽然不能给出确切的误差界,但它在形式上更具有一般性,且在数值积分和数值微分的误差推导中有着重要应用.

习 题 2

2.1　已知 $f(1)=0, f(-1)=-3, f(2)=4$,求函数 $f(x)$ 关于节点 $x=-1,1,2$ 的二次拉格朗日插值多项式 $L_2(x)$.

2.2　已知函数 $f(x)=\ln x$ 的数据如表 2-16 所示,分别用线性插值多项式和抛物线插值多项式求 $\ln 0.54$ 的近似值.

表　2-16

x_i	0.5	0.6	0.7
$f(x_i)$	$-0.693\,147$	$-0.510\,826$	$-0.356\,675$

2.3　设 $x_0, x_1, x_2, \cdots, x_n$ 为互异的节点,证明:

$$\sum_{i=0}^{n} x_i^k l_i(x) = x^k \quad (k=0,1,2,\cdots,n),$$

其中 $l_i(x)(i=0,1,2,\cdots,n)$ 为 n 次拉格朗日插值基函数.

2.4　设函数 $f(x)\in C^2[a,b]$,且 $f(a)=f(b)=0$,证明:

$$\max_{a\leqslant x\leqslant b}|f(x)|\leqslant \frac{1}{8}(b-a)^2 \max_{a\leqslant x\leqslant b}|f''(x)|.$$

2.5　设函数 $f(x)=(3x-2)e^x$,求 $f(x)$ 关于节点 $x=1,1.05,1.07$ 的二次拉格朗日插值多项式 $L_2(x)$,并估计插值余项 $R_2(1.03)$.

2.6　设函数 $f(x)=x^4$,求 $f(x)$ 的以 $x=-1,0,1,2$ 为节点的三次拉格朗日插值多项式.

2.7　已知函数 $f(x)$ 的数据如表 2-17 所示,求 $f(x)$ 的三次牛顿插值多项式 $N_3(x)$.

表　2-17

x_i	0	1	1.5	2
$f(x_i)$	1.00	1.25	2.50	5.50

2.8　设函数 $f(x)=x^7+x^4+3x+1$,求 $f[2^0,2^1,\cdots,2^7]$ 和 $f[2^0,2^1,\cdots,2^8]$.

2.9　设函数 $f(x)=a_0+a_1x+\cdots+a_nx^n$ 有 n 个不同零点 $x_1,x_2,\cdots,x_n$,证明:

$$\sum_{i=1}^{n}\frac{x_i^k}{f'(x_i)}=\begin{cases}0, & k=0,1,2,\cdots,n-2,\\ a_n^{-1}, & k=n-1.\end{cases}$$

2.10　证明:$\sum\limits_{i=0}^{n-1}\Delta^2 y_i=\Delta y_n-\Delta y_0$.

2.11　设给定函数 $f(x)=e^x$ 在区间$[-4,4]$上的等距节点函数表. 若用二次插值多项式求 e^x 的近似值,要求截断误差不超过 10^{-6},问:所使用函数表的步长 h 应取多少?

2.12　求不超过四次的插值多项式 $P(x)$,使得它满足插值条件

$$P(0)=P'(0)=0,\quad P(1)=P'(1)=1,\quad P(2)=1.$$

2.13　求不超过三次的插值多项式 $H(x)$,使得它满足插值条件

$$H(-1)=-9,\quad H'(-1)=15,\quad H(1)=1,\quad H'(1)=-1.$$

2.14 求函数 $f(x)=x^2$ 在区间$[a,b]$上的分段线性插值函数 $I(x)$，并估计插值余项.

2.15 求函数 $f(x)=x^4$ 在区间$[a,b]$上的分段三次埃尔米特插值函数 $I(x)$，并估计插值余项.

2.16 已知函数 $f(x)$ 的数据如表 2-18 所示，用三弯矩算法在第一种边界条件下求 $f(x)$ 的三次样条插值函数 $S(x)$.

表 2-18

x_i	-1	0	1
$f(x_i)$	$\frac{5}{3}$	0	1
$f'(x_i)$	-1	—	7

数值实验题 2

2.1 编写一个用牛顿插值多项式计算函数 $f(x)$ 的值的程序，要求先输出差分表，再计算点 x 处的函数值. 应用表 2-19 所给出的数据，求 $x=21.4$ 时三次插值多项式的值.

表 2-19

x_i	20	21	22	23	24
$f(x_i)$	1.301 03	1.322 22	1.342 42	1.361 73	1.380 21

2.2 对区间$[-5,5]$做等距划分，取 $x_i=-5+ih\,(i=0,1,2,\cdots,n)$，其中 $h=\frac{10}{n}$. 对函数

$$y=\frac{1}{1+x^2},\quad y=\frac{x}{1+x^4},\quad y=\arctan x$$

分别按照下列算法构造插值多项式，并分析数值结果：

(1) 算法 1：取 $n=10,20$，应用拉格朗日插值多项式；

(2) 算法 2：取 $n=10,20$，应用三次样条插值函数.

2.3 编写分段线性插值和分段三次埃尔米特插值的程序. 设被插值函数为 $f(x)=\frac{1}{1+x^2}$，插值区间为$[-5,5]$，将其分成 10 等份，求分段线性插值函数和分段三次埃尔米特插值函数在各节点间中点处的值，并画出插值函数和 $y=f(x)$ 的图形.

2.4 已知函数 $f(x)$ 的数据如表 2-20 所示，试编写程序，求 $f(x)$ 的三次样条插值函数 $S(x)$ 在各节点间中点处的值，并画出点集$\{(x_i,f(x_i))\mid i=0,1,2,\cdots,10\}$和 $S(x)$ 的图形，要求 $S(x)$ 满足的边界条件分别如下：

(1) $S'(0)=0.8, S'(10)=0.2$；

(2) $S''(0)=S''(10)=0$.

表 2-20

x_i	0	1	2	3	4	5	6	7	8	9	10
$f(x_i)$	0	0.79	1.53	2.19	2.71	3.03	3.27	2.89	3.06	3.19	3.29

第3章 函数的最佳逼近

在科学实验和统计研究中，往往要从关于变量 x,y 的大量实验数据 $(x_i,y_i)(i=0,1,2,\cdots,m)$ 中寻找函数关系 $y=f(x)$ 的近似表达式 $y=\varphi(x)$. 插值法要求插值多项式的图形(称为插值曲线)严格通过每个数据点，即在节点处的误差为零. 考虑到数据不一定准确，并且对于大量数据，高次插值多项式容易出现龙格现象，我们可以不必要求近似函数 $y=\varphi(x)$ 的图形经过所有的数据点，而只要求其误差 $\delta_i=y_i-\varphi(x_i)(i=0,1,2,\cdots,m)$ 按某种标准最小. 如果记 $\boldsymbol{\delta}=(\delta_0,\delta_1,\delta_2,\cdots,\delta_m)^{\mathrm{T}}$，就是要求向量 $\boldsymbol{\delta}$ 的某种范数 $\|\boldsymbol{\delta}\|$ 最小. 这就是函数的最佳逼近问题. 在讨论最佳逼近之前，我们先介绍具有重要作用的正交多项式.

§3.1 正交多项式

正交多项式是数值计算方法中的重要工具，具有广泛的应用. 例如，离散点集上的正交多项式可用于数据拟合，连续区间上的正交多项式可用于生成最佳平方逼近多项式和高斯(Gauss)型求积公式(将在第4章中介绍)的构造. 这里我们只介绍正交多项式的基本概念、基本性质和构造方法.

3.1.1 离散点集上的正交多项式

设有点集$\{x_i\}_{i=0}^m$，则定义在该点集上的函数 $f(x)$ 和 $g(x)$ 的**内积**定义为

$$(f,g)=\sum_{i=0}^{m}w_i f(x_i)g(x_i), \tag{3.1}$$

其中 $w_i>0(i=0,1,2,\cdots,m)$ 为给定的权数. 在离散意义下，函数 $f(x)$ 的 **2 范数**定义为

$$\|f\|_2=\sqrt{(f,f)}. \tag{3.2}$$

有了内积的概念，就可以定义正交性. 若函数 $f(x)$ 和 $g(x)$ 的内积$(f,g)=0$，则称 $f(x)$ 与 $g(x)$ **正交**.

给定权数$\{w_i\}_{i=0}^m$，若定义在点集$\{x_i\}_{i=0}^m$上的多项式组$\{\varphi_k(x)\}_{k=0}^n$的内积满足

$$(\varphi_i,\varphi_j)=\begin{cases}0, & i\neq j,\\ a_i>0, & i=j\end{cases}\quad (i,j=0,1,2,\cdots,n), \tag{3.3}$$

则称多项式组$\{\varphi_k(x)\}_{k=0}^n$为点集$\{x_i\}_{i=0}^m$上带权$\{w_i\}_{i=0}^m$的**正交多项式序列**，并称 $\varphi_k(x)(k=0,1,2,\cdots,n)$ 为**正交多项式**.

下面给出离散点集上正交多项式序列的构造方法.

给定点集$\{x_i\}_{i=0}^m$和权数$\{w_i\}_{i=0}^m$，且设点集$\{x_i\}_{i=0}^m$中至少有 $n+1(n<m)$ 个点互异，则由三项递推公式(由两个初始值给出的递推公式)

$$\begin{cases}P_0(x)=1,\\ P_1(x)=x-a_0,\\ P_{k+1}(x)=(x-a_k)P_k(x)-b_kP_{k-1}(x)\quad (k=1,2,\cdots,n-1)\end{cases} \tag{3.4}$$

给出的多项式序列$\{P_k(x)\}_{k=0}^n$是正交多项式序列，其中

$$\begin{cases}a_k=\dfrac{(xP_k,P_k)}{(P_k,P_k)} & (k=0,1,2,\cdots,n-1),\\[2ex] b_k=\dfrac{(P_k,P_k)}{(P_{k-1},P_{k-1})} & (k=1,2,\cdots,n-1).\end{cases} \tag{3.5}$$

三项递推公式(3.4)是构造正交多项式序列的简单公式，它还有其他的等价形式，这里不做进一步讨论.

例 3.1

已知点集$\{x_i\}_{i=0}^4=\{0,0.25,0.5,0.75,1\}$和权数$\{w_i\}_{i=0}^4=\{1,1,1,1,1\}$，试用三项递推公式(3.4)求在点集$\{x_i\}_{i=0}^4$上带权$\{w_i\}_{i=0}^4$的前三个正交多项式 $P_0(x),P_1(x),P_2(x)$.

解　根据(3.4)式,有 $P_0(x)=1$. 由此可得

$$(P_0,P_0)=\sum_{i=0}^{4}w_iP_0^2(x_i)=5,$$

$$(xP_0,P_0)=\sum_{i=0}^{4}w_ix_iP_0^2(x_i)=2.5,$$

从而由(3.5)式得 $a_0=\dfrac{(xP_0,P_0)}{(P_0,P_0)}=0.5$,故

$$P_1(x)=x-a_0=x-0.5.$$

进一步,有

$$(P_1,P_1)=\sum_{i=0}^{4}w_iP_1^2(x_i)=0.625,$$

$$(xP_1,P_1)=\sum_{i=0}^{4}w_ix_iP_1^2(x_i)=0.3125,$$

从而由(3.5)式得 $a_1=\dfrac{(xP_1,P_1)}{(P_1,P_1)}=0.5$,$b_1=\dfrac{(P_1,P_1)}{(P_0,P_0)}=0.125$,故

$$P_2(x)=(x-a_1)P_1(x)-b_1P_0(x)=(x-0.5)^2-0.125.$$

3.1.2　连续区间上的正交多项式

连续区间上的正交多项式的概念与离散点集上的正交多项式的概念类似,只要对内积的定义做相应的改变即可.

定义在区间$[a,b]$上的连续函数 $f(x)$ 和 $g(x)$ 的**内积**定义为

$$(f,g)=\int_a^b\rho(x)f(x)g(x)\mathrm{d}x, \tag{3.6}$$

其中 $\rho(x)\geqslant 0(x\in[a,b])$ 为给定的权函数.

给定权函数 $\rho(x)(x\in[a,b])$,若定义在区间$[a,b]$上的多项式组$\{\varphi_k(x)\}_{k=0}^{n}$满足条件(3.3),则称它为区间$[a,b]$上带权$\rho(x)$的**正交多项式序列**,并称$\varphi_k(x)(k=0,1,2,\cdots,n)$为**正交多项式**.

完全类似于离散点集上正交多项式序列的构造方法,连续区间上的正交多项式序列同样可由三项递推公式(3.4)来构造,但要注意其中的内积需按照(3.6)式进行计算. 另外,正交多项式序列的概念可以推广到可数无穷多个多项式的情形.

例 3.2

求区间$[0,1]$上带权 $\rho(x)=\ln\dfrac{1}{x}$ 的前三个正交多项式 $P_0(x)$,$P_1(x)$,$P_2(x)$.

解　由三项递推公式(3.4)有

$$P_0(x)=1,\quad P_1(x)=x-a_0,\quad P_2(x)=(x-a_1)P_1(x)-b_1P_0(x),$$

其中

$$a_0=\frac{(xP_0,P_0)}{(P_0,P_0)},\quad a_1=\frac{(xP_1,P_1)}{(P_1,P_1)},\quad b_1=\frac{(P_1,P_1)}{(P_0,P_0)}.$$

由内积的定义可得

$$(P_0,P_0)=-\int_0^1 \ln x\mathrm{d}x=1,\quad (xP_0,P_0)=-\int_0^1 x\ln x\mathrm{d}x=\frac{1}{4},$$

于是

$$a_0=\frac{1}{4},\quad P_1(x)=x-\frac{1}{4}.$$

再由

$$(P_1,P_1)=\int_0^1(-\ln x)\left(x-\frac{1}{4}\right)^2\mathrm{d}x=\frac{7}{144},$$

$$(xP_1,P_1)=\int_0^1(-\ln x)x\left(x-\frac{1}{4}\right)^2\mathrm{d}x=\frac{13}{576}$$

得到 $a_1=\frac{13}{28},b_1=\frac{7}{144}$,于是

$$P_2(x)=\left(x-\frac{13}{28}\right)\left(x-\frac{1}{4}\right)-\frac{7}{144}=x^2-\frac{5}{7}x+\frac{17}{252}.$$

除了可以利用三项递推公式构造正交多项式序列之外,还可以利用函数组 $\{x^n\}$ 来构造正交多项式序列 $\{\varphi_n(x)\}_{n=0}^{\infty}$,其递推公式为

$$\begin{cases}\varphi_0(x)=1,\\ \varphi_n(x)=x^n-\sum\limits_{i=0}^{n-1}\dfrac{(x^n,\varphi_i)}{(\varphi_i,\varphi_i)}\varphi_i(x) \quad (n=1,2,\cdots).\end{cases}$$

这种构造正交多项式序列的方法称为**格拉姆-施密特**(Gram-Schmidt) **方法**.

下面给出几种常用的正交多项式.

1. 勒让德多项式

勒让德(Legendre) **多项式**可由三项递推公式

$$\begin{cases}\mathrm{P}_0(x)=1,\\ \mathrm{P}_1(x)=x,\\ (n+1)\mathrm{P}_{n+1}(x)=(2n+1)x\mathrm{P}_n(x)-n\mathrm{P}_{n-1}(x) \quad (n=1,2,\cdots)\end{cases} \tag{3.7}$$

给出,它们是在区间[-1,1]上带权 $\rho(x)\equiv 1$ 的正交多项式. 勒让德多项式也可以表示为

$$\mathrm{P}_n(x)=\frac{1}{2^n n!}\frac{\mathrm{d}^n}{\mathrm{d}x^n}(x^2-1)^n \quad (n=0,1,2,\cdots),$$

且有

$$(\mathrm{P}_n,\mathrm{P}_m)=\int_{-1}^1 \mathrm{P}_n(x)\mathrm{P}_m(x)\mathrm{d}x=\begin{cases}0, & n\neq m,\\ \dfrac{2}{2n+1}, & n=m\end{cases} \quad (n,m=0,1,2,\cdots).$$

前几个勒让德多项式如下:

$$\mathrm{P}_2(x)=\frac{1}{2}(3x^2-1),$$

$$\mathrm{P}_3(x)=\frac{1}{2}(5x^3-3x),$$

$$\mathrm{P}_4(x)=\frac{1}{8}(35x^4-30x^2+3),$$

$$\mathrm{P}_5(x)=\frac{1}{8}(63x^5-70x^3+15x).$$

它们的零点都在开区间$(-1,1)$内,且是单重的,还关于坐标原点对称.

2. 第一类切比雪夫多项式

第一类切比雪夫(Chebyshev)**多项式**可由三项递推公式

$$\begin{cases} T_0(x)=1, \\ T_1(x)=x, \\ T_{n+1}(x)=2xT_n(x)-T_{n-1}(x) \quad (n=1,2,\cdots) \end{cases} \tag{3.8}$$

给出,它们是在区间$[-1,1]$上带权$\rho(x)=\dfrac{1}{\sqrt{1-x^2}}$的正交多项式.第一类切比雪夫多项式也可以表示为

$$T_n(x)=\cos(n\arccos x) \quad (n=0,1,2,\cdots),$$

且有

$$(T_n,T_m)=\int_{-1}^{1}\frac{T_n(x)T_m(x)}{\sqrt{1-x^2}}dx=\begin{cases}0, & n\neq m, \\ \dfrac{\pi}{2}, & n=m\neq 0, \\ \pi, & n=m=0\end{cases} \quad (n,m=0,1,2,\cdots).$$

前几个第一类切比雪夫多项式如下:

$$T_2(x)=2x^2-1,$$
$$T_3(x)=4x^3-3x,$$
$$T_4(x)=8x^4-8x^2+1,$$
$$T_5(x)=16x^5-20x^3+5x.$$

它们的零点都在开区间$(-1,1)$内,且是单重的,还关于坐标原点对称.

3. 拉盖尔多项式

拉盖尔(Laguerre)**多项式**可由三项递推公式

$$\begin{cases} L_0(x)=1, \\ L_1(x)=1-x, \\ L_{n+1}(x)=(1+2n-x)L_n(x)-n^2L_{n-1}(x) \quad (n=1,2,\cdots) \end{cases} \tag{3.9}$$

给出,它们是在区间$[0,+\infty)$上带权$\rho(x)=e^{-x}$的正交多项式.拉盖尔多项式也可以表示为

$$L_n(x)=e^x\frac{d^n}{dx^n}(x^ne^{-x}) \quad (n=0,1,2,\cdots),$$

且有

$$(L_n,L_m)=\int_0^{+\infty}e^{-x}L_n(x)L_m(x)dx=\begin{cases}0, & n\neq m, \\ (n!)^2, & n=m\end{cases} \quad (n,m=0,1,2,\cdots).$$

前几个拉盖尔多项式如下:

$$L_2(x)=x^2-4x+2,$$
$$L_3(x)=-x^3+9x^2-18x+6,$$
$$L_4(x)=x^4-16x^3+72x^2-96x+24,$$
$$L_5(x)=-x^5+25x^4-200x^3+600x^2-600x+120.$$

它们的零点都在区间$(0,+\infty)$内,且是单重的.

4. 埃尔米特多项式

埃尔米特多项式可由三项递推公式

$$\begin{cases} H_0(x) = 1, \\ H_1(x) = 2x, \\ H_{n+1}(x) = 2xH_n(x) - 2nH_{n-1}(x) \quad (n = 1,2,\cdots) \end{cases} \tag{3.10}$$

给出，它们是在区间$(-\infty, +\infty)$上带权$\rho(x) = e^{-x^2}$的正交多项式. 埃尔米特多项式也可以表示为

$$H_n(x) = (-1)^n e^{x^2} \frac{d^n}{dx^n}(e^{-x^2}) \quad (n = 0,1,2,\cdots),$$

且有

$$(H_n, H_m) = \int_{-\infty}^{+\infty} e^{-x^2} H_n(x) H_m(x) dx = \begin{cases} 0, & n \neq m, \\ 2^n n! \sqrt{\pi}, & n = m \end{cases} \quad (n,m = 0,1,2,\cdots).$$

前几个埃尔米特多项式如下：

$$\begin{aligned} H_2(x) &= 4x^2 - 2, \\ H_3(x) &= 8x^3 - 12x, \\ H_4(x) &= 16x^4 - 48x^2 + 12, \\ H_5(x) &= 32x^5 - 160x^3 + 120x. \end{aligned}$$

它们的零点都在区间$(-\infty, +\infty)$内，且是单重的，还关于坐标原点对称.

§3.2 连续函数的最佳逼近

对于连续函数构成的线性空间$C[a,b]$，用(3.6)式定义一个内积后它就形成一个内积空间. 我们知道，内积空间中任一元素都可用它的一组线性无关的基来表示. 所以，对于内积空间$C[a,b]$中的任一元素$f(x)$，也可用$C[a,b]$的一组线性无关的基(基函数)来表示.

设函数$\varphi_0(x), \varphi_1(x), \varphi_2(x), \cdots, \varphi_n(x)$在区间$[a,b]$上连续. 若

$$a_0\varphi_0(x) + a_1\varphi_1(x) + a_2\varphi_2(x) + \cdots + a_n\varphi_n(x) = 0$$

当且仅当$a_0 = a_1 = a_2 = \cdots = a_n = 0$时成立，则称$\varphi_0(x), \varphi_1(x), \varphi_2(x), \cdots, \varphi_n(x)$在$[a,b]$上是**线性无关**的.

对于函数组$\{\varphi_k(x)\}_{k=0}^n$的线性无关性，有如下定理：

定理 3.1 **设函数$\varphi_0(x), \varphi_1(x), \varphi_2(x), \cdots, \varphi_n(x)$为内积空间$C[a,b]$中的一个函数组，则该函数组在区间$[a,b]$上线性无关的充要条件是它的格拉姆(Gram)行列式$G_n \neq 0$，其中**

$$G_n = \begin{vmatrix} (\varphi_0, \varphi_0) & (\varphi_1, \varphi_0) & \cdots & (\varphi_n, \varphi_0) \\ (\varphi_0, \varphi_1) & (\varphi_1, \varphi_1) & \cdots & (\varphi_n, \varphi_1) \\ \vdots & \vdots & & \vdots \\ (\varphi_0, \varphi_n) & (\varphi_1, \varphi_n) & \cdots & (\varphi_n, \varphi_n) \end{vmatrix}.$$

函数的最佳逼近问题可叙述为：对于函数类A中给定的函数$f(x)$(记作$f(x) \in A$)，要在另一较简单的便于计算的函数类B中求函数$\varphi(x)$，使得$\varphi(x)$与$f(x)$之间的误差在某种度量下最小. 通常函数类A是闭区间上的连续函数，而函数类B是多项式. 下面在具体的度量下进

行讨论.

3.2.1　连续函数的最佳平方逼近

我们先讨论一般的最佳平方逼近问题. 设 $\varphi_0(x),\varphi_1(x),\varphi_2(x),\cdots,\varphi_n(x)$ 是 $C[a,b]$ 中一组线性无关的函数,记函数集合

$$\begin{aligned}\Phi &= \mathrm{span}\{\varphi_0(x),\varphi_1(x),\varphi_2(x),\cdots,\varphi_n(x)\}\\ &= \left\{\varphi(x)\,\middle|\,\varphi(x)=\sum_{k=0}^{n}a_k\varphi_k(x),\text{其中 } a_k\in\mathbf{R},k=0,1,2,\cdots,n\right\},\end{aligned}$$

则 Φ 为 $C[a,b]$ 的子空间, $\varphi_0(x),\varphi_1(x),\varphi_2(x),\cdots,\varphi_n(x)$ 为其基函数. 对于 $f(x)\in C[a,b]$,若存在 $\varphi^*(x)\in\Phi$,使得

$$\|f-\varphi^*\|_2^2=\inf_{\varphi(x)\in\Phi}\|f-\varphi\|_2^2=\inf_{\varphi(x)\in\Phi}\int_a^b\rho(x)(f(x)-\varphi(x))^2\mathrm{d}x, \tag{3.11}$$

则称 $\varphi^*(x)$ 是函数 $f(x)$ 在子空间 Φ 中关于权函数 $\rho(x)$ 的**最佳平方逼近函数**,简称**最佳平方逼近**,并称相应的求 $f(x)$ 的近似函数 $\varphi^*(x)$ 的方法为**最佳平方逼近法**.

求 $\varphi^*(x)$ 等价于求多元函数

$$I(a_0,a_1,a_2,\cdots,a_n)=\int_a^b\rho(x)\Big(\sum_{k=0}^{n}a_k\varphi_k(x)-f(x)\Big)^2\mathrm{d}x$$

的极小值点. 利用多元函数求极值的必要条件,有

$$\frac{\partial I}{\partial a_j}=2\int_a^b\rho(x)\Big(\sum_{k=0}^{n}a_k\varphi_k(x)-f(x)\Big)\varphi_j(x)\mathrm{d}x=0\quad(j=0,1,2,\cdots,n).$$

按照内积的定义,上式可写为

$$\sum_{k=0}^{n}a_k(\varphi_k,\varphi_j)=(f,\varphi_j)\quad(j=0,1,2,\cdots,n). \tag{3.12}$$

这是关于 $a_0,a_1,a_2,\cdots,a_n$ 的线性方程组,称为**法方程组**.

由于 $\varphi_0(x),\varphi_1(x),\varphi_2(x),\cdots,\varphi_n(x)$ 线性无关,故法方程组(3.12) 的系数矩阵非奇异. 于是,法方程组(3.12) 有唯一解,设为

$$a_k=a_k^*\quad(k=0,1,2,\cdots,n),$$

从而得到

$$\varphi^*(x)=a_0^*\varphi_0(x)+a_1^*\varphi_1(x)+a_2^*\varphi_2(x)+\cdots+a_n^*\varphi_n(x). \tag{3.13}$$

可以证明,函数 $\varphi^*(x)$ 满足(3.11) 式,即对于任意 $\varphi(x)\in\Phi$,有

$$\|f-\varphi^*\|_2\leqslant\|f-\varphi\|_2. \tag{3.14}$$

事实上,由法方程组(3.12) 可知

$$(\varphi^*-f,\varphi_j)=\Big(\sum_{k=0}^{n}a_k^*\varphi_k-f,\varphi_j\Big)=0\quad(j=0,1,2,\cdots,n),$$

因此对于任意 $\varphi(x)\in\Phi$,有 $(\varphi^*-f,\varphi)=0$,从而也有 $(f-\varphi^*,\varphi^*-\varphi)=0$. 于是

$$\begin{aligned}\|f-\varphi\|_2^2 &= \|f-\varphi^*+\varphi^*-\varphi\|_2^2\\ &= \|f-\varphi^*\|_2^2+2(f-\varphi^*,\varphi^*-\varphi)+\|\varphi^*-\varphi\|_2^2\\ &= \|f-\varphi^*\|_2^2+\|\varphi^*-\varphi\|_2^2\\ &\geqslant \|f-\varphi^*\|_2^2.\end{aligned}$$

这就证明了(3.14) 式,从而也证明了函数 $f(x)$ 在 Φ 中的最佳平方逼近函数的存在唯一性.

若令 $\delta(x)=f(x)-\varphi^*(x)$,则称 $\|\delta\|_2$ 为最佳平方逼近的**均方误差**,而称

$$\|\delta\|_2^2=(f-\varphi^*,f-\varphi^*)=(f,f)-(\varphi^*,f)=\|f\|_2^2-\sum_{k=0}^{n}a_k^*(\varphi_k,f) \quad (3.15)$$

为最佳平方逼近的**平方误差**.

考虑特殊情形:$[a,b]=[0,1]$,$\varphi_k(x)=x^k(k=0,1,2,\cdots,n)$,$\rho(x)\equiv 1$. 对于任意函数 $f(x)\in C[0,1]$,它在函数集合 $\Phi=\mathrm{span}\{1,x,x^2,\cdots,x^n\}\subset C[0,1]$ 中的最佳平方逼近函数可以表示为

$$P_n^*(x)=a_0^*+a_1^*x+a_2^*x^2+\cdots+a_n^*x^n$$

(也称为 n **次最佳平方逼近多项式**),相应的法方程组(3.12)的系数矩阵为

$$\boldsymbol{H}_{n+1}=\begin{pmatrix}1 & \frac{1}{2} & \cdots & \frac{1}{n+1}\\ \frac{1}{2} & \frac{1}{3} & \cdots & \frac{1}{n+2}\\ \vdots & \vdots & & \vdots\\ \frac{1}{n+1} & \frac{1}{n+2} & \cdots & \frac{1}{2n+1}\end{pmatrix},$$

称之为**希尔伯特**(Hilbert)**矩阵**.

例 3.3

设函数 $f(x)=\sqrt{1+x^2}$,函数集合 $\Phi=\mathrm{span}\{1,x,x^2,\cdots,x^n\}$,权函数 $\rho(x)\equiv 1$,求 $f(x)$ 在区间$[0,1]$上的一次最佳平方逼近多项式.

解 由于 $\varphi_0(x)=1,\varphi_1(x)=x$,因此

$$(f,\varphi_0)=\int_0^1\sqrt{1+x^2}\,\mathrm{d}x=\frac{1}{2}\ln(1+\sqrt{2})+\frac{\sqrt{2}}{2}\approx 1.148,$$

$$(f,\varphi_1)=\int_0^1 x\sqrt{1+x^2}\,\mathrm{d}x=\frac{1}{3}(2\sqrt{2}-1)\approx 0.609,$$

从而得法方程组

$$\begin{pmatrix}1 & \frac{1}{2}\\ \frac{1}{2} & \frac{1}{3}\end{pmatrix}\begin{pmatrix}a_0\\ a_1\end{pmatrix}\approx\begin{pmatrix}1.148\\ 0.609\end{pmatrix},$$

解得 $a_0\approx 0.938$,$a_1\approx 0.420$. 所以,所求的一次最佳平方逼近多项式为

$$P_1^*(x)=0.938+0.420x,$$

其平方误差为

$$\|\delta\|_2^2=\int_0^1(1+x^2)\mathrm{d}x-0.938(f,\varphi_0)-0.420(f,\varphi_1)\approx 0.0007.$$

由于希尔伯特矩阵是病态的(见第 5 章),故用 $1,x,x^2,\cdots,x^n$ 作为基函数时,求解法方程组过程中的舍入误差很大. 实用的办法是采用正交多项式作为基函数.

若 $\varphi_0(x),\varphi_1(x),\varphi_2(x),\cdots,\varphi_n(x)$ 是 $C[a,b]$ 中的正交多项式,则法方程组(3.12)有解

$$a_k^*=\frac{(f,\varphi_k)}{(\varphi_k,\varphi_k)}\quad(k=0,1,2,\cdots,n).$$

于是，$f(x)$ 在 $\Phi = \mathrm{span}\{\varphi_0(x),\varphi_1(x),\varphi_2(x),\cdots,\varphi_n(x)\}$ 中的最佳平方逼近多项式为

$$\varphi^*(x) = \sum_{k=0}^{n} \frac{(f,\varphi_k)}{(\varphi_k,\varphi_k)}\varphi_k(x).$$

此时，由(3.15)式可知平方误差为

$$\|\delta\|_2^2 = \|f\|_2^2 - \sum_{k=0}^{n}(a_k^*)^2(\varphi_k,\varphi_k) = \|f\|_2^2 - \|\varphi^*\|_2^2.$$

例 3.4

设函数 $f(x)=\mathrm{e}^x$. 在区间$[-1,1]$上，采用勒让德多项式作为基函数，构造 $f(x)$ 的三次最佳平方逼近多项式，其中权函数 $\rho(x)\equiv 1$.

解　由勒让德多项式 $\mathrm{P}_k(x)(k=0,1,2,3)$ 可得

$$(f,\mathrm{P}_0) = \int_{-1}^{1}\mathrm{e}^x\mathrm{d}x \approx 2.3504,$$

$$(f,\mathrm{P}_1) = \int_{-1}^{1}x\mathrm{e}^x\mathrm{d}x \approx 0.7358,$$

$$(f,\mathrm{P}_2) = \int_{-1}^{1}\frac{1}{2}(3x^2-1)\mathrm{e}^x\mathrm{d}x \approx 0.1431,$$

$$(f,\mathrm{P}_3) = \int_{-1}^{1}\frac{1}{2}(5x^3-3x)\mathrm{e}^x\mathrm{d}x \approx 0.02013,$$

从而

$$a_0^* = \frac{(f,\mathrm{P}_0)}{(\mathrm{P}_0,\mathrm{P}_0)} \approx 1.1752, \quad a_1^* = \frac{(f,\mathrm{P}_1)}{(\mathrm{P}_1,\mathrm{P}_1)} \approx 1.1036,$$

$$a_2^* = \frac{(f,\mathrm{P}_2)}{(\mathrm{P}_2,\mathrm{P}_2)} \approx 0.3578, \quad a_3^* = \frac{(f,\mathrm{P}_3)}{(\mathrm{P}_3,\mathrm{P}_3)} \approx 0.07046,$$

于是 $f(x)$ 的三次最佳平方逼近多项式为

$$\varphi^*(x) = 0.9963 + 0.9979x + 0.5367x^2 + 0.1761x^3,$$

其平方误差为

$$\|\delta\|_2^2 = \int_{-1}^{1}\mathrm{e}^{2x}\mathrm{d}x - \sum_{k=0}^{3}(a_k^*)^2(P_k,P_k) \approx 0.00007.$$

例 3.5

采用带权 $\rho(x)\equiv 1$ 的正交多项式作为基函数，在区间$[0,1]$上对函数 $f(x)=\sin \pi x$ 构造二次最佳平方逼近多项式.

解　先用三项递推公式构造正交多项式. 令 $\varphi_0(x)=1, \varphi_1(x)=x+c$. 由$(\varphi_0,\varphi_1)=0$，即

$$\int_0^1 (x+c)\mathrm{d}x = \frac{1}{2}+c = 0,$$

得 $c=-\frac{1}{2}$，故 $\varphi_1(x) = x-\frac{1}{2}$. 又令 $\varphi_2(x) = x^2+ax+b$. 由

$$\begin{cases} (\varphi_0,\varphi_2) = \int_0^1 (x^2+ax+b)\mathrm{d}x = \frac{1}{3}+\frac{1}{2}a+b = 0, \\ (x,\varphi_2) = \int_0^1 x(x^2+ax+b)\mathrm{d}x = \frac{1}{4}+\frac{1}{3}a+\frac{1}{2}b = 0 \end{cases}$$

得 $a=-1,b=\frac{1}{6}$,即 $\varphi_2(x)=x^2-x+\frac{1}{6}$.

再求 $f(x)$ 的二次最佳平方逼近多项式 $\varphi^*(x)$ 的系数 a_0^*,a_1^*,a_2^*:

$$(f,\varphi_0)=\int_0^1 \sin \pi x \mathrm{d}x=\frac{2}{\pi},\quad a_0^*=\frac{(f,\varphi_0)}{(\varphi_0,\varphi_0)}=\frac{2}{\pi};$$

$$(f,\varphi_1)=\int_0^1 \left(x-\frac{1}{2}\right)\sin \pi x \mathrm{d}x=0,\quad a_1^*=\frac{(f,\varphi_1)}{(\varphi_1,\varphi_1)}=0;$$

$$(f,\varphi_2)=\int_0^1 \left(x^2-x+\frac{1}{6}\right)\sin \pi x \mathrm{d}x=\frac{1}{3\pi}-\frac{4}{\pi^3},\quad a_2^*=\frac{(f,\varphi_2)}{(\varphi_2,\varphi_2)}=180\left(\frac{1}{3\pi}-\frac{4}{\pi^3}\right).$$

因此,我们有

$$\varphi^*(x)=\frac{2}{\pi}+180\left(\frac{1}{3\pi}-\frac{4}{\pi^3}\right)\left(x^2-x+\frac{1}{6}\right).$$

3.2.2 连续函数的最佳一致逼近

对于给定的较复杂的函数 $f(x)\in C[a,b]$,我们可以考虑用多项式

$$P_n(x)=c_0+c_1x+c_2x^2+\cdots+c_nx^n$$

来近似代替它. 为了使 $P_n(x)$ 是 $f(x)$ 的最佳近似,类似于最佳平方逼近的思想,我们要求它们之间的另一种距离最小,即要求

$$\| f(x)-P_n(x) \|_\infty=\max_{a\leqslant x\leqslant b}\{| f(x)-P_n(x) |\}$$

取得最小值. 可以看出,这等价于要求 $n+1$ 元函数

$$I(c_0,c_1,c_2,\cdots,c_n)=\max_{a\leqslant x\leqslant b}\{| f(x)-P_n(x) |\}=\max_{a\leqslant x\leqslant b}\left\{\left| f(x)-\sum_{i=0}^{n} c_i x^i \right|\right\}$$

取得最小值. 与最佳平方逼近不同的是,目标函数 $I(c_0,c_1,c_2,\cdots,c_n)$ 一般不是光滑函数,因此不能用极值的必要条件来推导未知数 $c_0,c_1,c_2,\cdots,c_n$ 要满足的条件.

如果 $c_0,c_1,c_2,\cdots,c_n$ 是最优化问题

$$\min_{c_0,c_1,c_2,\cdots,c_n\in\mathbf{R}}\{I(c_0,c_1,c_2,\cdots,c_n)\} \tag{3.16}$$

的解,那么称多项式 $P_n(x)=c_0+c_1x+c_2x^2+\cdots+c_nx^n$ 为函数 $f(x)$ 在区间 $[a,b]$ 上的**最佳一致逼近多项式**,简称**最佳一致逼近**,并称相应的求 $f(x)$ 的近似多项式 $P_n(x)$ 的方法为**最佳一致逼近法**.

记

$$R(x)=f(x)-P_n(x),\quad E=\max_{a\leqslant x\leqslant b}\{| R(x) |\},$$

并称 $R(x)$ 为**误差函数**. 通过比较复杂的推导,可以证明下面反映最佳一致逼近多项式特征的切比雪夫定理.

定理 3.2(切比雪夫定理) **n 次多项式 $P_n(x)$ 是函数 $f(x)$ 在区间 $[a,b]$ 上的最佳一致逼近多项式,当且仅当误差函数 $R(x)$ 在区间 $[a,b]$ 上依次以正负交替的符号取绝对值等于 E 的点(称为 $R(x)$ 的偏差点)的个数不少于 $n+2$.**

记误差函数 $R(x)$ 在区间 $[a,b]$ 上取值为 $\pm E$ 的偏差点为 x_j, j 属于某个下标集 J,则根据

定理 3.2 可知 $|J| \geqslant n+2$,其中 $|J|$ 表示集合 J 中的元素个数.

在实际计算中,根据定理 3.2 来求 $c_0, c_1, c_2, \cdots, c_n, x_j (j \in J)$ 和 E 是很困难的. 下面我们介绍一种近似方法,称之为**列梅兹**(Remes) **算法**:

第 1 步:选取近似偏差点(常常取区间的端点为近似偏差点) $x_j^{(0)} (j = 1, 2, \cdots, n+2)$,满足条件

$$a = x_1^{(0)} < x_2^{(0)} < \cdots < x_{n+2}^{(0)} = b;$$

第 2 步:求解含有 $n+2$ 个未知数 $c_0, c_1, c_2, \cdots, c_n, E$ 的线性方程组

$$\begin{cases} c_0 + c_1 x_1^{(0)} + c_2 (x_1^{(0)})^2 + \cdots + c_n (x_1^{(0)})^n + E = f(x_1^{(0)}), \\ c_0 + c_1 x_2^{(0)} + c_2 (x_2^{(0)})^2 + \cdots + c_n (x_2^{(0)})^n - E = f(x_2^{(0)}), \\ \qquad \cdots\cdots \\ c_0 + c_1 x_{n+2}^{(0)} + c_2 (x_{n+2}^{(0)})^2 + \cdots + c_n (x_{n+2}^{(0)})^n - (-1)^{n+2} E = f(x_{n+2}^{(0)}), \end{cases}$$

得逼近多项式 $P_n(x) = c_0 + c_1 x + c_2 x^2 + \cdots + c_n x^n$ 和 E 的值;

第 3 步:利用某种优化方法计算 $P_n(x) - f(x)$ 在 $[a, b]$ 内的所有极值点,假设正好有 $n+2$ 个,分别记为

$$a \leqslant x_1^{(1)} < x_2^{(1)} < \cdots < x_{n+2}^{(1)} \leqslant b;$$

第 4 步:以 $x_j^{(1)}$ 分别取代 $x_j^{(0)} (j = 1, 2, \cdots, n+2)$,然后回到第 2 步,重复上述步骤,直到相邻两次得到的 $c_i (i = 0, 1, 2, \cdots, n)$ 相差很小时终止.

可以证明,通过列梅兹算法所得到的 $c_i (i = 0, 1, 2, \cdots, n)$ 将收敛到最优化问题(3.16) 的解.

由上述步骤可见,列梅兹算法十分复杂,例如要求计算 $P_n(x) - f(x)$ 的所有极值点,这本身就是一个很难的最优化问题. 因此,寻找函数的最佳一致逼近多项式是一个计算上很困难的问题.

例 3.6

求函数 $y = \arctan x$ 在区间 $[0, 1]$ 上的一次最佳一致逼近多项式.

解 根据切比雪夫定理,误差函数

$$R(x) = \arctan x - c_0 - c_1 x$$

在区间 $[0, 1]$ 上至少有三个偏差点,不妨设为 $0 = x_0 < x_1 < x_2 = 1$,它们对应的误差函数 $R(x)$ 的最大(或小) 值的绝对值为 E,则

$$R(0) = -E, \quad R(x_1) = E, \quad R(1) = -E, \quad R'(x_1) = 0$$

或

$$R(0) = E, \quad R(x_1) = -E, \quad R(1) = E, \quad R'(x_1) = 0,$$

即

$$\begin{cases} -c_0 = -E, \\ \arctan x_1 - c_0 - c_1 x_1 = E, \\ \dfrac{\pi}{4} - c_0 - c_1 = -E, \\ \dfrac{1}{1 + x_1^2} - c_1 = 0 \end{cases} \quad \text{或} \quad \begin{cases} -c_0 = E, \\ \arctan x_1 - c_0 - c_1 x_1 = -E, \\ \dfrac{\pi}{4} - c_0 - c_1 = E, \\ \dfrac{1}{1 + x_1^2} - c_1 = 0, \end{cases}$$

解得

$$\begin{cases} c_1 = \dfrac{\pi}{4} \approx 0.785\,4, \\ x_1 = \sqrt{\dfrac{1}{c_1} - 1} \approx 0.522\,7, \\ c_0 = \dfrac{1}{2}(\arctan x_1 - c_1 x_1) \approx 0.035\,6, \\ E = c_0 \approx 0.035\,6 \end{cases} \quad 或 \quad \begin{cases} c_1 = \dfrac{\pi}{4} \approx 0.785\,4, \\ x_1 = \sqrt{\dfrac{1}{c_1} - 1} \approx 0.522\,7, \\ c_0 = \dfrac{1}{2}(\arctan x_1 - c_1 x_1) \approx 0.035\,6, \\ E = -c_0 \approx -0.035\,6. \end{cases}$$

所以，函数 $y = \arctan x$ 在区间$[0,1]$上的一次最佳一致逼近多项式为

$$P_1(x) = 0.035\,6 + 0.785\,4x.$$

§3.3 离散数据的曲线拟合

3.3.1 最小二乘拟合

对于已知的 $m+1$ 对离散数据$\{(x_i, y_i)\}_{i=0}^m$ 和权数$\{w_i\}_{i=0}^m$，记

$$a = \min_{0 \leqslant i \leqslant m}\{x_i\}, \quad b = \max_{0 \leqslant i \leqslant m}\{x_i\}.$$

在内积空间 $C[a,b]$ 中选定 $n+1$ 个线性无关的函数$\{\varphi_k(x)\}_{k=0}^n$，并记由它们生成的子空间为 $\Phi = \mathrm{span}\{\varphi_0(x), \varphi_1(x), \varphi_2(x), \cdots, \varphi_n(x)\}$. 如果存在 $\varphi^*(x) = \sum\limits_{k=0}^n a_k^* \varphi_k(x) \in \Phi$，使得

$$\sum_{i=0}^m w_i (y_i - \varphi^*(x_i))^2 = \min_{\varphi(x) \in \Phi}\Big(\sum_{i=0}^m w_i (y_i - \varphi(x_i))^2\Big), \tag{3.17}$$

那么称 $\varphi^*(x)$ 为离散数据$\{(x_i, y_i)\}_{i=0}^m$ 在子空间 $\Phi \subset C[a,b]$ 中带权$\{w_i\}_{i=0}^m$ 的**最小二乘拟合函数**，简称**最小二乘拟合**.

由于函数 $\varphi(x) \in \Phi$ 在离散点 $x_i (i = 0,1,2,\cdots,m)$ 处的值可设为

$$\varphi(x_i) = \sum_{k=0}^n a_k \varphi_k(x_i) \quad (i = 0,1,2,\cdots,m),$$

因此(3.17)式右边的和式是关于参数 $a_0, a_1, a_2, \cdots, a_n$ 的函数，记作 $I(a_0, a_1, a_2, \cdots, a_n)$，即

$$I(a_0, a_1, a_2, \cdots, a_n) = \sum_{i=0}^m w_i \Big(y_i - \sum_{k=0}^n a_k \varphi_k(x_i)\Big)^2.$$

这样，求最优化问题(3.17)的解 $\varphi^*(x)$ 等价于求多元二次函数 $I(a_0, a_1, a_2, \cdots, a_n)$ 的最小值点$(a_0^*, a_1^*, a_2^*, \cdots, a_n^*)$：

$$I(a_0^*, a_1^*, a_2^*, \cdots, a_n^*) = \min_{a_0, a_1, a_2, \cdots, a_n \in \mathbf{R}}\{I(a_0, a_1, a_2, \cdots, a_n)\}.$$

于是，由多元函数极值的必要条件有

$$\frac{\partial I}{\partial a_j} = -2\sum_{i=0}^m w_i \Big(y_i - \sum_{k=0}^n a_k \varphi_k(x_i)\Big)\varphi_j(x_i) = 0 \quad (j = 0,1,2,\cdots,n).$$

按照内积的定义，上式可写为

$$\sum_{k=0}^{n} a_k(\varphi_k,\varphi_j) = (y,\varphi_j) \quad (j=0,1,2,\cdots,n). \tag{3.18}$$

这个关于 $a_0,a_1,a_2,\cdots,a_n$ 的线性方程组称为**法方程组**或**正规方程组**，其中 $y=y(x)$ 是满足所给离散数据 $\{(x_i,y_i)\}_{i=0}^{m}$ 的函数，即 $y(x_i)=y_i(i=0,1,2,\cdots,m)$.

由于函数 $\varphi_0(x),\varphi_1(x),\varphi_2(x),\cdots,\varphi_n(x)$ 关于所给离散数据线性无关，所以法方程组(3.18)的系数矩阵非奇异，于是法方程组(3.18)存在唯一的解 $a_k=a_k^*(k=0,1,2,\cdots,n)$，从而

$$\varphi^*(x)=\sum_{k=0}^{n}a_k^*\varphi_k(x)\in\Phi.$$

可以证明，这样得到的函数 $\varphi^*(x)$ 对于任意函数 $\varphi(x)\in\Phi$，都有

$$\sum_{i=0}^{m}w_i(y_i-\varphi^*(x_i))^2\leqslant\sum_{i=0}^{m}w_i(y_i-\varphi(x_i))^2.$$

故 $\varphi^*(x)$ 是离散数据 $\{(x_i,y_i)\}_{i=0}^{m}$ 在子空间 Φ 中带权 $\{w_i\}_{i=0}^{m}$ 的最小二乘拟合. 称上述确定离散数据的拟合函数 $\varphi^*(x)$ 的方法为**最小二乘法**.

记 $\delta=y(x)-\varphi^*(x)$. 显然，平方误差 $\|\delta\|_2^2$ 或均方误差 $\|\delta\|_2$ 越小，拟合的效果越好. 最小二乘拟合的平方误差具有与(3.15)式形式相同的表达式.

3.3.2　多项式拟合

前面讨论的最小二乘拟合是一种线性拟合模型. 在离散数据 $\{(x_i,y_i)\}_{i=0}^{m}$ 的最小二乘拟合中，最简单、最常用的拟合模型是多项式

$$\varphi(x)=a_0+a_1x+a_2x^2+\cdots+a_nx^n, \tag{3.19}$$

即在子空间 $\Phi=\mathrm{span}\{1,x,x^2,\cdots,x^n\}$ 中做曲线拟合(称为**多项式拟合**). 此时，子空间 Φ 的一组基函数为 $\varphi_k(x)=x^k(k=0,1,2,\cdots,n)$. (3.19)式是一种特殊的线性拟合模型，可用 3.3.1 小节中讨论的最小二乘法求解.

例 3.7

对某个长度测量 n 次，得到 n 个近似值 $x_1,x_2,\cdots,x_n$. 试按照最小二乘法的思想给出该长度的一个估计值.

解　设该长度的估计值为 a. 考虑误差函数的拟合函数 $\varphi(x)=x-a$，并取权数 $w_i=1$ $(i=1,2,\cdots,n)$. 这时，问题可转化为求函数

$$I(a)=\sum_{i=1}^{n}(\varphi(x_i)-0)^2=\sum_{i=1}^{n}(x_i-a)^2$$

的最小值点. 由 $\dfrac{\mathrm{d}I}{\mathrm{d}a}=0$ 可得 $I(a)$ 的最小值点

$$a=\frac{1}{n}\sum_{i=1}^{n}x_i.$$

这就是所求的一个估计值.

例 3.8

对表 3-1 中的数据做多项式拟合.

表　3－1

i	0	1	2	3	4
x_i	0.00	0.25	0.50	0.75	1.00
y_i	0.10	0.35	0.81	1.09	1.96

解　作所给数据的图形，如图 3－1 所示. 从图 3－1 中可看出，用二次多项式拟合比较合适. 此时 $n=2$，子空间 Φ 的基函数为 $\varphi_0(x)=1, \varphi_1(x)=x, \varphi_2(x)=x^2$. 数据中没有给出权数，不妨均设为 1，即 $w_i=1(i=0,1,2,3,4)$.

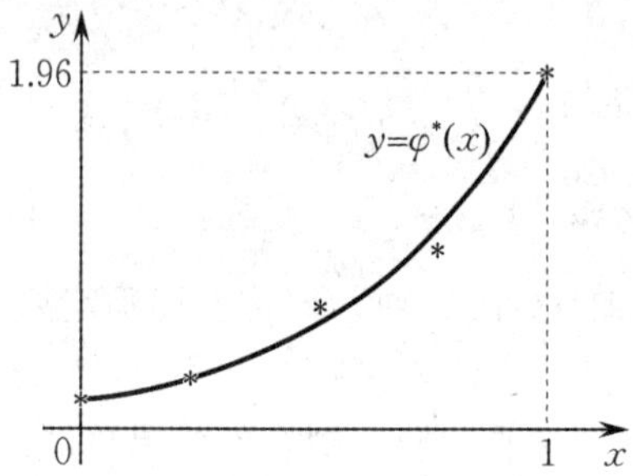

图　3－1

由(3.18)式得法方程组

$$\begin{pmatrix} 5 & 2.5 & 1.875 \\ 2.5 & 1.875 & 1.5625 \\ 1.875 & 1.5625 & 1.3828125 \end{pmatrix}\begin{pmatrix} a_0 \\ a_1 \\ a_2 \end{pmatrix}=\begin{pmatrix} 4.31 \\ 3.27 \\ 2.7975 \end{pmatrix}.$$

解此方程组得 $a_0^* \approx 0.1214, a_1^* \approx 0.5726, a_2^* \approx 1.2114$，从而得到拟合多项式

$$\varphi^*(x)=0.1214+0.5726x+1.2114x^2,$$

其平方误差为 $\|\delta\|_2^2 \approx 0.0375$. 拟合多项式 $\varphi^*(x)$ 的图形如图 3－1 所示. 曲线 $y=\varphi^*(x)$ 也称为拟合曲线.

在许多实际问题中，变量之间的函数关系不一定能用多项式很好地拟合. 想找到更符合实际情况的拟合函数，一方面要根据专业知识和丰富的经验来确定拟合模型，另一方面要根据所给数据的图形形状及特点来选择适当的拟合模型.

例 3.9

已知函数 $y=f(x)$ 的数据如表 3－2 所示，试选择适当的拟合模型进行拟合.

表　3－2

i	0	1	2	3	4	5	6	7	8	9
x_i	1	2	3	4	6	8	10	12	14	16
y_i	4.00	6.41	8.01	8.79	9.53	9.86	10.33	10.42	10.53	10.61

解　**方法一**　观察所给数据的图形(见图 3－2)，考虑选择二次多项式作为拟合模型，则子空间 Φ 的基函数为 $\varphi_0(x)=1, \varphi_1(x)=x, \varphi_2(x)=x^2$. 取所有权数为 1，由(3.18)式得法方程组

$$\begin{pmatrix} 10 & 76 & 826 \\ 76 & 826 & 10396 \\ 826 & 10396 & 140434 \end{pmatrix}\begin{pmatrix} a_0 \\ a_1 \\ a_2 \end{pmatrix}=\begin{pmatrix} 88.49 \\ 757.59 \\ 8530.01 \end{pmatrix},$$

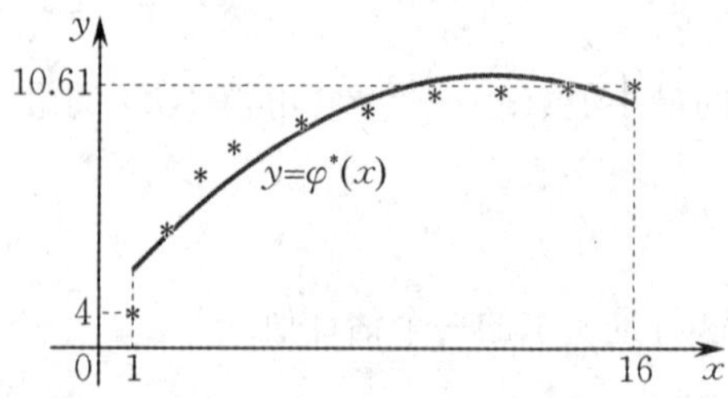

图　3－2

解得 $a_0^* \approx 4.1490, a_1^* \approx 1.1436, a_2^* \approx -0.0483$，从而拟合多项式为

$$\varphi^*(x)=4.1490+1.1436x-0.0483x^2,$$

其平方误差为 $\|\delta\|_2^2 \approx 3.9487$. 拟合多项式 $\varphi^*(x)$ 的图形如图 3－2 所示. 由平方误差和 $\varphi^*(x)$ 的图形可以看出，拟合的效果不佳，因此不宜直接

选用多项式进行拟合.

方法二 观察所给数据的图形,可以选用指数函数进行拟合. 设 $\varphi(x)=\alpha e^{\frac{\beta}{x}}$,其中 $\alpha>0$, $\beta<0$. 这个拟合模型不能直接用前面讨论的方法求解. 但这个拟合模型比较特殊,可以先把它转化成多项式拟合模型,然后用前面讨论的方法求解.

对函数 $\varphi(x)=\alpha e^{\frac{\beta}{x}}$ 两边同时取自然对数,得 $\ln\varphi(x)=\ln\alpha+\dfrac{\beta}{x}$. 令 $t=\dfrac{1}{x}$, $z=\ln\varphi(x)$, $A=\ln\alpha$,则 $z=A+\beta t$. 这是一个多项式拟合模型. 将所给数据做相应的转换,则得到如表 3-3 所示的数据.

表 3-3

i	0	1	2	3	4	5	6	7	8	9
t_i	1.000 0	0.500 0	0.333 3	0.250 0	0.166 7	0.125 0	0.100 0	0.083 3	0.071 4	0.062 5
z_i	1.386 3	1.857 9	2.080 7	2.173 6	2.254 4	2.288 5	2.335 1	2.343 7	2.354 2	2.361 8

对表 3-3 中的数据做多项式拟合,此时 $n=1$,子空间 Φ 的基函数为 $\varphi_0(t)=1$, $\varphi_1(t)=t$. 由(3.18)式可得法方程组

$$\begin{pmatrix} 10 & 2.6923 \\ 2.6923 & 1.4930 \end{pmatrix}\begin{pmatrix} A \\ \beta \end{pmatrix}=\begin{pmatrix} 21.4362 \\ 4.9586 \end{pmatrix},$$

解得 $A^*\approx 2.4285$, $\beta^*\approx -1.0580$,从而 $\alpha^*=e^{A^*}\approx 11.3419$. 于是,所求的拟合函数为

$$\varphi^*(x)=11.3419e^{-\frac{1.0580}{x}},$$

其平方误差为 $\|\delta\|_2^2\approx 0.1107$. 这里的平方误差比方法一中的平方误差($\|\delta\|_2^2\approx 3.9487$)小很多,故拟合效果更好.

3.3.3 正交多项式拟合

以 $1,x,x^2,\cdots,x^n$ 作为子空间的基函数时,用最小二乘法得到的法方程组(3.18),其系数矩阵一般是病态的,从而求解时会产生很大的舍入误差,于是实际应用中常采用正交多项式作子空间 Φ 的基函数.

若点集 $\{x_i\}_{i=0}^m$ 中至少有 $n+1(n<m)$ 个点互异,那么可用三项递推公式(3.4)求出正交多项式序列 $\{\varphi_k(x)\}_{k=0}^n$,以它们作为子空间 Φ 的一组基函数. 求出多项式序列 $\{\varphi_k(x)\}_{k=0}^n$ 后,建立拟合模型

$$\varphi(x)=\sum_{k=0}^{n}a_k\varphi_k(x).$$

此时,对应的法方程组为

$$(\varphi_k,\varphi_k)a_k=(y,\varphi_k)\quad(k=0,1,2,\cdots,n),$$

它的解为

$$a_k=\frac{(y,\varphi_k)}{(\varphi_k,\varphi_k)}\quad(k=0,1,2,\cdots,n).$$

由法方程组(3.18)有

$$(y,\varphi_j)=\sum_{k=0}^{n}a_k(\varphi_k,\varphi_j)=(\varphi,\varphi_j),$$

即$(y-\varphi,\varphi_j)=0(j=0,1,2,\cdots,n)$,因此平方误差为

$$\|y-\varphi\|_2^2=(y-\varphi,y-\varphi)=(y-\varphi,y)=\|y\|_2^2-\sum_{k=0}^{n}a_k(\varphi_k,y)$$
$$=\|y\|_2^2-\sum_{k=0}^{n}a_k^2(\varphi_k,\varphi_k)=\|y\|_2^2-\|\varphi\|_2^2.$$

上述这种求离散数据$\{(x_i,y_i)\}_{i=0}^m$的拟合多项式$\varphi(x)$的方法称为**正交多项式拟合(法)**.根据唯一性,用这种方法所得的结果与用3.3.2小节中的方法所得的结果相同,但数值计算比前者稳定.

例3.10

用正交多项式拟合求例3.8中数据的二次拟合多项式.

解 已知数据为

$$\{x_i\}_{i=0}^4=\{0,0.25,0.5,0.75,1\},$$
$$\{y_i\}_{i=0}^4=\{0.1,0.35,0.81,1.09,1.96\}.$$

对于权数$\{w_i\}_{i=0}^4=\{1,1,1,1,1\}$,在例3.1中已求出了关于点集$\{x_i\}_{i=0}^4$的正交多项式

$$\varphi_0(x)=1,\quad \varphi_1(x)=x-0.5,\quad \varphi_2(x)=(x-0.5)^2-0.125,$$

并且有

$$(\varphi_0,\varphi_0)=5,\quad (\varphi_1,\varphi_1)=0.625,\quad (\varphi_2,\varphi_2)=0.0546875,$$

进而有

$$(y,\varphi_0)=4.31,\quad (y,\varphi_1)=1.115,\quad (y,\varphi_2)=0.06625,$$
$$a_0=0.862,\quad a_1=1.784,\quad a_2\approx 1.2114.$$

因此,所求的拟合多项式为

$$\begin{aligned}\varphi(x)&=a_0\varphi_0(x)+a_1\varphi_1(x)+a_2\varphi_2(x)\\&\approx 0.862+1.784(x-0.5)+1.2114[(x-0.5)^2-0.125]\\&\approx 0.1214+0.5726x+1.2114x^2.\end{aligned}$$

可见,所得结果与例3.8相同.

最后,我们说明可以利用最小二乘法的思想求线性方程组的近似解.考虑线性方程组

$$\sum_{j=1}^{n}a_{ij}x_j=b_i\quad(i=1,2,\cdots,m).\tag{3.20}$$

视基函数为$\varphi_j=a_j(j=1,2,\cdots,n)$,拟合函数为

$$\varphi(x_1,x_2,\cdots,x_n)=\sum_{j=1}^{n}a_jx_j,$$

则方程组(3.20)表明:当$(a_1,a_2,\cdots,a_n)$取值为$(a_{i1},a_{i2},\cdots,a_{in})$时,$\varphi$取值为$b_i(i=1,2,\cdots,m)$.于是,对应于(3.17)式的最优化问题的目标函数为

$$\sum_{i=1}^{m}\Big(\sum_{j=1}^{n}a_{ij}x_j-b_i\Big)^2,$$

对应于(3.18)式的法方程组为

$$\boldsymbol{A}^{\mathrm{T}}\boldsymbol{A}\boldsymbol{x}=\boldsymbol{A}^{\mathrm{T}}\boldsymbol{b},$$

其中$\boldsymbol{A}=(a_{ij})_{m\times n}$,$\boldsymbol{x}=(x_1,x_2,\cdots,x_n)^{\mathrm{T}}$,$\boldsymbol{b}=(b_1,b_2,\cdots,b_m)^{\mathrm{T}}$. 可见,只要矩阵$\boldsymbol{A}$是列满秩的,法方程组就有唯一解. 这个解称为线性方程组(3.20)的**最小二乘解**.

对于超定线性方程组(方程组中方程的个数多于未知数的个数),可以求得它的最小二乘解.

例 3.11

求超定线性方程组

$$\begin{cases} x_1-x_2=1,\\ -x_1+x_2=2,\\ 2x_1-2x_2=3,\\ -3x_1+x_2=4 \end{cases}$$

的最小二乘解.

解　该方程组的系数矩阵和右端向量分别为

$$\boldsymbol{A}=\begin{pmatrix}1&-1\\-1&1\\2&-2\\-3&1\end{pmatrix},\quad \boldsymbol{b}=\begin{pmatrix}1\\2\\3\\4\end{pmatrix}.$$

由此可得

$$\boldsymbol{A}^{\mathrm{T}}\boldsymbol{A}=\begin{pmatrix}15&-9\\-9&7\end{pmatrix},\quad \boldsymbol{A}^{\mathrm{T}}\boldsymbol{b}=\begin{pmatrix}-7\\-1\end{pmatrix},$$

所以相应的法方程组为

$$\begin{pmatrix}15&-9\\-9&7\end{pmatrix}\begin{pmatrix}x_1\\x_2\end{pmatrix}=\begin{pmatrix}-7\\-1\end{pmatrix}.$$

解此方程组得所求的最小二乘解

$$x_1=-\frac{29}{12},\quad x_2=-\frac{13}{4}.$$

内容小结与评注

本章的基本内容包括:正交多项式的概念、连续函数的最佳平方逼近和最佳一致逼近,离散数据的最小二乘拟合、多项式拟合和正交多项式拟合.

本章主要就离散点集和连续区间讨论了正交多项式. 以平方误差的最小化为准则,介绍了最佳平方逼近法、最佳一致逼近法、最小二乘法、多项式拟合和正交多项式拟合. 这些方法与插值法的不同之处是:不需要知道被逼近函数在节点处的精确值,侧重于反映被逼近函数整体的变化趋势,消除局部波动的影响.

正交多项式在数值计算方法中应用广泛,且在高斯积分方法中具有重要作用. 它分为离散型和连续型两种，两种类型的构造方法和基本性质类同. 最小二乘法在应用科学中具有重要应用. 连续函数的最佳平方逼近与离散数据的曲线拟合分别要求误差平方的积分与误差平方和最小，因此个别点误差可能较大. 它们的构造都要求解法方程组，其法方程组的构造方式相同，都需要计算内积. 当以 $1,x,x^2,\cdots,x^n$ 作为基函数时，法方程组的系数矩阵往往是病态的，所以最好选取正交多项式作基函数，以避免解方程组. 函数逼近的另一类方法是最佳一致逼近法，它要求最大误差最小. 由于难以求出其精确解，所以一般求近似的最佳一致逼近. 本书仅对最佳一致逼近做了简单介绍，有兴趣的读者可参阅有关数值逼近的文献.

习 题 3

3.1 已知点集 $\{x_i\}_{i=0}^4=\{-2,-1,0,1,2\}$，权数 $\{w_i\}_{i=0}^4=\{0.5,1,1,1,1.5\}$，试用三项递推公式构造对应的正交多项式 $\varphi_0(x),\varphi_1(x),\varphi_2(x)$.

3.2 设函数 $f(x)=|x|\,(-1\leqslant x\leqslant 1)$，求 $f(x)$ 在 $\Phi=\mathrm{span}\{1,x^2,x^4\}$ 中的最佳平方逼近.

3.3 求参数 α 和 β，使得积分 $\int_0^{\frac{\pi}{2}}(\sin x-\alpha-\beta x)^2\mathrm{d}x$ 的值最小.

3.4 用勒让德多项式求函数 $f(x)=\sqrt{x}$ 在区间 $[0,1]$ 上的一次最佳平方逼近多项式.

3.5 用切比雪夫多项式求函数 $f(x)=\mathrm{e}^x$ 在区间 $[-1,1]$ 上的一次和三次最佳平方逼近多项式.

3.6 求函数 $f(x)=\sqrt{1+x^2}$ 在区间 $[0,1]$ 上的一次最佳一致逼近多项式.

3.7 观察一做直线运动的物体，得数据如表 3-4 所示，求运动方程 $s=at+b$.

表 3-4

时间 t	0.0	0.9	1.9	3.0	3.9	5.0
距离 s	0	10	30	50	80	110

3.8 已知数据如表 3-5 所示，用拟合模型 $\varphi(x)=\alpha x+\beta\mathrm{e}^{-x}$ 做最小二乘拟合，并求平方误差 $\|\delta\|_2^2$.

表 3-5

i	0	1	2	3	4	5	6	7	8
x_i	0.0	0.5	1.0	1.5	2.0	2.5	3.0	3.5	4.0
y_i	4.000	2.927	2.470	2.393	2.540	2.829	3.198	3.621	4.072

3.9 对于例 3.9 给出的数据 $\{(x_i,y_i)\}_{i=0}^9$，用拟合模型 $\varphi(x)=\dfrac{x}{\alpha x+\beta}$ 做曲线拟合，并求 α,β 和平方误差 $\|\delta\|_2^2$.

数值实验题 3

3.1　对表 3-6 给出的数据做三次多项式拟合，取权数 $w_i = 1(i = 0,1,2,\cdots,6)$，求出拟合多项式及其平方误差，并作出离散数据 $\{(x_i, y_i)\}_{i=0}^{6}$ 及其拟合多项式的图形.

表　3-6

i	0	1	2	3	4	5	6
x_i	−1.0	−0.5	0.0	0.5	1.0	1.5	2.0
y_i	−4.447	−0.452	0.551	0.048	−0.447	0.549	4.552

3.2　对上题给出的数据，用正交多项式拟合求三次拟合多项式.

3.3　考虑数值实验题 2 中 2.2 题的函数和节点，求该函数的二次和三次拟合多项式，并将拟合的结果与拉格朗日插值及三次样条插值的结果做比较.

3.4　用形如 $a\mathrm{e}^x + b\sin x + c\ln x + d\cos x$ 的函数，按照最小二乘法的思想拟合表 3-7 中的数据.

表　3-7

i	0	1	2	3	4	5	6	7	8	9
x_i	0.25	0.50	0.75	1.00	1.25	1.50	1.75	2.00	2.25	2.50
y_i	1.284	1.648	2.117	2.718	3.427	2.798	3.534	4.456	5.465	5.894

第4章

数值积分和数值微分

积分与微分的计算,是具有广泛应用的古典问题.然而,在微积分教材中,只对简单的或特殊的情况提供了函数积分或微分的解析表达式.

事实上,对于函数 $f(x)$ 在闭区间$[a,b]$上的定积分$\int_a^b f(x)\mathrm{d}x$,只要能找到被积函数 $f(x)$ 的原函数 $F(x)$,在理论上就可以使用牛顿-莱布尼茨(Newton-Leibniz)公式

$$\int_a^b f(x)\mathrm{d}x = F(b) - F(a)$$

计算出该定积分的值.但是,在很多实际问题中,这种方法是无能为力的,因为常常会遇到以下情况:

(1) 找不到被积函数 $f(x)$ 的原函数 $F(x)$,如

$$f(x) = \frac{1}{\ln x},\quad f(x) = \frac{\sin x}{x},\quad f(x) = \mathrm{e}^{-x^2},$$

$$f(x) = \sqrt{1+\cos^2 x},\quad f(x) = \frac{1}{1-k^2\sin^2 x}.$$

(2) 被积函数 $f(x)$ 没有具体的解析表达式,而是由观测数据或数值计算给出的数据表示的.

因此,研究积分的数值计算 —— 数值积分是很有必要的.

对于函数的微分也一样,如果要求以表格形式给出的函数的导数,则需要依靠数值微分的方法.例如,已知一组观测数据 $y_i = y(x_i)(i=0,1,2,\cdots,n)$,其拟合模型是一个二阶常微分方程

$$xy'' + ay' + (x-b)y = 0,$$

要确定模型中的待定参数 a 和 b.这是一个数值微分问题.如果我们能由观测数据得到 $y'(x_i)$ 和 $y''(x_i)$ 的值,代入拟合模型后就可用最小二乘法确定 a 和 b.

所谓数值积分,就是对于定积分

$$I[f] = \int_a^b f(x)\mathrm{d}x,$$

用被积函数 $f(x)$ 在闭区间$[a,b]$上一些点 $x_k(k=0,1,2,\cdots,n)$ 处的函数值 $f(x_k)$ 的线性组合

$$I_n[f] = \sum_{k=0}^{n} A_k f(x_k)$$

来近似计算它的值,即

$$I[f]=\int_a^b f(x)\mathrm{d}x \approx I_n[f]=\sum_{k=0}^{n} A_k f(x_k).$$

上式称为**数值求积公式**,简称**求积公式**,其中 x_k 称为**求积节点**(简称**节点**),A_k 称为**求积系数**.

所谓数值微分,就是用离散方法近似地求出函数在某点处的导数值.

本章主要介绍常用的数值求积公式及其误差估计和代数精度,而关于数值微分只做简单介绍.

§4.1 牛顿-科茨公式

4.1.1 插值型求积法

考虑定积分$\int_a^b f(x)\mathrm{d}x$的数值计算.在积分区间$[a,b]$上给定$n+1$个节点$a\leqslant x_0<x_1<x_2<\cdots<x_n\leqslant b$和相应的函数值$f(x_0),f(x_1),f(x_2),\cdots,f(x_n)$.由此可以构造函数$f(x)$的$n$次拉格朗日插值多项式

$$L_n(x)=\sum_{k=0}^{n}f(x_k)l_k(x).$$

此时,有

$$I[f]=\int_a^b f(x)\mathrm{d}x\approx\sum_{k=0}^{n}A_kf(x_k)=I_n[f], \tag{4.1}$$

求积系数为

$$A_k=\int_a^b l_k(x)\mathrm{d}x\quad(k=0,1,2,\cdots,n), \tag{4.2}$$

其中$l_k(x)(k=0,1,2,\cdots,n)$为拉格朗日插值基函数.求积系数由(4.2)式给出的求积公式(4.1)称为**插值型求积公式**.

根据拉格朗日插值多项式的插值余项,可知

$$I[f]-I_n[f]=\frac{1}{(n+1)!}\int_a^b f^{(n+1)}(\xi)\omega_{n+1}(x)\mathrm{d}x,$$

其中$\xi\in(a,b)$依赖于x.记$R_n[f]=I[f]-I_n[f]$,称之为插值型求积公式(4.1)的**余项**.由此可知,对于小于或等于n次的多项式$f(x)$,有$R_n[f]=0$.

如果函数$f(x)\in C^{n+1}[a,b]$,$\omega_{n+1}(x)$在闭区间$[a,b]$上不变号,则由积分中值定理可知,存在$\eta\in(a,b)$,使得

$$R_n[f]=\frac{1}{(n+1)!}f^{(n+1)}(\eta)\int_a^b\omega_{n+1}(x)\mathrm{d}x.$$

例 4.1

给定节点$x_0=\frac{1}{4}$,$x_1=\frac{3}{4}$,试推出计算定积分$\int_0^1 f(x)\mathrm{d}x$的插值型求积公式,并写出它的余项.

解 根据(4.2)式,求积系数为

$$A_0=\int_0^1 l_0(x)\mathrm{d}x=\int_0^1\frac{1}{2}(3-4x)\mathrm{d}x=\frac{1}{2},$$

$$A_1=\int_0^1 l_1(x)\mathrm{d}x=\int_0^1\frac{1}{2}(4x-1)\mathrm{d}x=\frac{1}{2}.$$

再根据(4.1)式,所求的插值型求积公式为

$$\int_0^1 f(x)\mathrm{d}x \approx \sum_{k=0}^{1} A_k f(x_k) = \frac{1}{2}\left(f\left(\frac{1}{4}\right)+f\left(\frac{3}{4}\right)\right).$$

若 $f''(x)$ 在闭区间$[0,1]$上存在，则该插值型求积公式的余项为

$$R[f] = \frac{1}{2}\int_0^1 f''(\xi)\left(x-\frac{1}{4}\right)\left(x-\frac{3}{4}\right)\mathrm{d}x,$$

其中 $\xi \in (0,1)$ 依赖于 x.

定义 4.1　如果定积分 $I[f]$ 的某个求积公式 $I_n[f]$ 对于一切不大于 m 次的多项式 $P_m(x)$ 准确成立，即 $I[P_m]=I_n[P_m]$，则称 $I_n[f]$ **至少具有 m 次代数精度**. 更进一步，如果此时还存在某个 $m+1$ 次多项式 $P_{m+1}(x)$ 使得求积公式不准确成立，即 $I[P_{m+1}]\neq I_n[P_{m+1}]$，则称 $I_n[f]$ 具有 m **次代数精度**.

显然，插值型求积公式(4.1)至少具有 n 次代数精度. 反之，如果一个形如(4.1)式的求积公式至少具有 n 次代数精度，那么它必定是插值型求积公式. 事实上，由于此时该求积公式对于拉格朗日插值基函数 $l_k(x)(k=0,1,2,\cdots,n)$ 是准确成立的，即

$$\int_a^b l_k(x)\mathrm{d}x = \sum_{j=0}^{n} A_j l_k(x_j) \quad (k=0,1,2,\cdots,n),$$

因此由拉格朗日插值基函数的性质得(4.2)式.

下面我们介绍便于使用的插值型求积公式.

4.1.2　牛顿-科茨公式

将积分区间$[a,b]$划分为 n 等份，取步长 $h=\dfrac{b-a}{n}$，节点 $x_k=a+kh(k=0,1,2,\cdots,n)$，则插值型求积公式(4.1)可以写成

$$I[f]\approx I_n[f]=(b-a)\sum_{k=0}^{n} C_k^{(n)} f(x_k), \tag{4.3}$$

其中

$$C_k^{(n)}=\frac{1}{b-a}\int_a^b l_k(x)\mathrm{d}x \quad (k=0,1,2,\cdots,n). \tag{4.4}$$

(4.3)式称为 **n 阶牛顿-科茨**(Newton-Cotes)**公式**，其中 $C_k^{(n)}(k=0,1,2,\cdots,n)$ 称为**科茨系数**.

利用节点的等分性，可以把科茨系数的表达式化简. 做变换 $x=a+th$，则有

$$C_k^{(n)}=\frac{h}{b-a}\int_0^n \prod_{\substack{j=0\\ j\neq k}}^{n}\frac{t-j}{k-j}\mathrm{d}t=\frac{(-1)^{n-k}}{k!(n-k)!}\cdot\frac{1}{n}\int_0^n \prod_{\substack{j=0\\ j\neq k}}^{n}(t-j)\mathrm{d}t \quad (k=0,1,2,\cdots,n). \tag{4.5}$$

可见，系数 $C_k^{(n)}$ 不但与被积函数 $f(x)$ 无关，而且与积分区间$[a,b]$也无关，仅与 n,k 有关，还满足

$$C_k^{(n)}=C_{n-k}^{(n)}\ (k=0,1,2,\cdots,n),\quad \sum_{k=0}^{n} C_k^{(n)}=1.$$

利用(4.5)式求出的部分科茨系数 $C_k^{(n)}$ 如表 4-1 所示.

表 4-1

n	k								
	0	1	2	3	4	5	6	7	8
1	$\frac{1}{2}$	$\frac{1}{2}$							
2	$\frac{1}{6}$	$\frac{4}{6}$	$\frac{1}{6}$						
3	$\frac{1}{8}$	$\frac{3}{8}$	$\frac{3}{8}$	$\frac{1}{8}$					
4	$\frac{7}{90}$	$\frac{32}{90}$	$\frac{12}{90}$	$\frac{32}{90}$	$\frac{7}{90}$				
5	$\frac{19}{288}$	$\frac{75}{288}$	$\frac{50}{288}$	$\frac{50}{288}$	$\frac{75}{288}$	$\frac{19}{288}$			
6	$\frac{41}{840}$	$\frac{216}{840}$	$\frac{27}{840}$	$\frac{272}{840}$	$\frac{27}{840}$	$\frac{216}{840}$	$\frac{41}{840}$		
7	$\frac{751}{17\,280}$	$\frac{3\,577}{17\,280}$	$\frac{1\,323}{17\,280}$	$\frac{2\,989}{17\,280}$	$\frac{2\,989}{17\,280}$	$\frac{1\,323}{17\,280}$	$\frac{3\,577}{17\,280}$	$\frac{751}{17\,280}$	
8	$\frac{989}{28\,350}$	$\frac{5\,888}{28\,350}$	$-\frac{928}{28\,350}$	$\frac{10\,496}{28\,350}$	$-\frac{4\,540}{28\,350}$	$\frac{10\,496}{28\,350}$	$-\frac{928}{28\,350}$	$\frac{5\,888}{28\,350}$	$\frac{989}{28\,350}$

当 $n=1$ 时，科茨系数为

$$C_0^{(1)}=C_1^{(1)}=\frac{1}{2},$$

对应的牛顿-科茨公式为

$$\int_a^b f(x)\mathrm{d}x\approx\frac{b-a}{2}(f(a)+f(b)). \tag{4.6}$$

此公式称为**梯形公式**.

当 $n=2$ 时，科茨系数为

$$C_0^{(2)}=\frac{1}{6},\quad C_1^{(2)}=\frac{4}{6},\quad C_2^{(2)}=\frac{1}{6},$$

对应的牛顿-科茨公式为

$$\int_a^b f(x)\mathrm{d}x\approx\frac{b-a}{6}\left(f(a)+4f\left(\frac{a+b}{2}\right)+f(b)\right). \tag{4.7}$$

此公式称为**辛普森**(Simpson) **公式**，也称为**抛物线求积公式**.

当 $n=3$ 时，由表 4-1 可写出牛顿-科茨公式

$$\int_a^b f(x)\mathrm{d}x\approx\frac{b-a}{8}(f(x_0)+3f(x_1)+3f(x_2)+f(x_3)), \tag{4.8}$$

其中 $x_k=a+kh(k=0,1,2,3)$，$h=\dfrac{b-a}{3}$. 此公式称为**牛顿公式**.

当 $n=4$ 时，由表 4-1 可写出牛顿-科茨公式

$$\int_a^b f(x)\mathrm{d}x\approx\frac{b-a}{90}(7f(x_0)+32f(x_1)+12f(x_2)+32f(x_3)+7f(x_4)), \tag{4.9}$$

其中 $x_k=a+kh(k=0,1,2,3,4)$，$h=\dfrac{b-a}{4}$. 此公式称为**科茨公式**.

例 4.2

用牛顿-科茨公式计算定积分$\int_0^{\frac{\pi}{4}} \sin x \mathrm{d}x$,并与精确值$1-\frac{\sqrt{2}}{2}$做比较.

解 这里$f(x)=\sin x$. 当$n=1,2,3$时,分别按照公式(4.6),(4.7),(4.8)进行计算,所得结果如表 4-2 所示,其中误差等于积分精确值减去由牛顿-科茨公式得到的计算结果.

表 4-2

n	1	2	3
$I_n[f]$	0.277 680 18	0.292 932 64	0.292 910 70
误差	0.015 213 03	−0.000 039 42	−0.000 017 48

4.1.3 牛顿-科茨公式的误差分析

定理 4.1 **设函数 $f(x) \in C^2[a,b]$,则对于梯形公式(4.6),有**

$$R_1[f]=I[f]-I_1[f]=-\frac{(b-a)^3}{12}f''(\eta) \quad (\eta \in (a,b)). \tag{4.10}$$

证 设$L_1(x)$是$f(x)$以$x_0=a, x_1=b$为节点的一次插值多项式,则有

$$R_1[f]=\int_a^b (f(x)-L_1(x))\mathrm{d}x.$$

由于$f(x)\in C^2[a,b]$,可知$\frac{f(x)-L_1(x)}{\omega_2(x)}$在闭区间$[a,b]$上连续. 又$\omega_2(x)=(x-a)(x-b)$在闭区间$[a,b]$上不变号,因此由积分中值定理可得

$$R_1[f]=\frac{f(\xi)-L_1(\xi)}{\omega_2(\xi)}\int_a^b \omega_2(x)\mathrm{d}x=-\frac{(b-a)^3}{12}f''(\eta) \quad (\xi,\eta \in (a,b)).$$

定理 4.2 **设函数 $f(x) \in C^4[a,b]$,则对于辛普森公式(4.7),有**

$$R_2[f]=I[f]-I_2[f]=-\frac{1}{90}\left(\frac{b-a}{2}\right)^5 f^{(4)}(\eta) \quad (\eta \in (a,b)). \tag{4.11}$$

证 构造$f(x)$的三次插值多项式$H(x)$,使其满足

$$H(a)=f(a), \quad H\left(\frac{a+b}{2}\right)=f\left(\frac{a+b}{2}\right),$$

$$H(b)=f(b), \quad H'\left(\frac{a+b}{2}\right)=f'\left(\frac{a+b}{2}\right).$$

可以证明,辛普森公式(4.7)具有三次代数精度,故它对于三次插值多项式$H(x)$是准确成立的,即有

$$\begin{aligned}\int_a^b H(x)\mathrm{d}x &= \frac{b-a}{6}\left(H(a)+4H\left(\frac{a+b}{2}\right)+H(b)\right)\\ &= \frac{b-a}{6}\left(f(a)+4f\left(\frac{a+b}{2}\right)+f(b)\right).\end{aligned}$$

因此,辛普森公式(4.7)的余项可写为

$$R_2[f]=\int_a^b f(x)\mathrm{d}x-\int_a^b H(x)\mathrm{d}x=\int_a^b (f(x)-H(x))\mathrm{d}x.$$

对于三次插值多项式 $H(x)$,根据其满足的插值条件以及 $f(x)\in C^4[a,b]$,利用洛必达(L'Hospital)法则不难证明,$\dfrac{f(x)-H(x)}{(x-a)\left(x-\frac{a+b}{2}\right)^2(x-b)}$ 在闭区间 $[a,b]$ 上连续. 又 $(x-a)\left(x-\frac{a+b}{2}\right)^2(x-b)$ 在闭区间 $[a,b]$ 上不变号,因此应用积分中值定理可得

$$\begin{aligned}R_2[f]&=\frac{f(\xi)-H(\xi)}{(\xi-a)\left(\xi-\frac{a+b}{2}\right)^2(\xi-b)}\int_a^b (x-a)\left(x-\frac{a+b}{2}\right)^2(x-b)\mathrm{d}x\\&=-\frac{1}{90}\left(\frac{b-a}{2}\right)^5 f^{(4)}(\eta)\quad(\xi,\eta\in(a,b)).\end{aligned}$$

由(4.10)式可知,梯形公式具有一次代数精度. 而辛普森公式虽然是二阶牛顿-科茨公式,却具有三次代数精度. 事实上,我们有下面的定理 4.3.

定理 4.3 **当 n 为偶数时,n 阶牛顿-科茨公式(4.3)至少具有 $n+1$ 次代数精度.**

证 我们只要验证,当 n 为偶数时,对于函数 $f(x)=x^{n+1}$,牛顿-科茨公式(4.3)的余项为零即可. 此时,由于 $f^{(n+1)}(x)=(n+1)!$,从而

$$R_n[f]=\int_a^b \omega_{n+1}(x)\mathrm{d}x=h^{n+2}\int_0^n\prod_{j=0}^{n}(t-j)\mathrm{d}t,$$

其中 $x=a+th$,$x_j=a+jh\,(j=0,1,2,\cdots,n)$. 因 n 为偶数,故可再令 $t=u+\frac{n}{2}$,进一步有

$$R_n[f]=h^{n+2}\int_{-\frac{n}{2}}^{\frac{n}{2}}\prod_{j=0}^{n}\left(u+\frac{n}{2}-j\right)\mathrm{d}u.$$

显然,被积函数

$$\prod_{j=0}^{n}\left(u+\frac{n}{2}-j\right)=\prod_{j=-\frac{n}{2}}^{\frac{n}{2}}(u-j)$$

是奇函数,因此 $R_n[f]=0$.

由该定理可知,偶数阶的牛顿-科茨公式具有较阶数高次的代数精度.

特别地,当 $n=4$ 时,关于科茨公式(4.9),有下面的定理 4.4.

定理 4.4 **设函数 $f(x)\in C^6[a,b]$,则对于科茨公式(4.9),有**

$$R_4[f]=I[f]-I_4[f]=-\frac{8}{945}\left(\frac{b-a}{4}\right)^7 f^{(6)}(\eta)\quad(\eta\in(a,b)).\tag{4.12}$$

下面我们讨论牛顿-科茨公式的数值稳定性问题.

在牛顿-科茨公式(4.3)中,取 $f(x)\equiv 1$,此时 $R_n[f]=0$. 而对于科茨系数,有

$$\sum_{k=0}^{n}C_k^{(n)}=1.\tag{4.13}$$

一般地,假定原始数据 $f(x_k)$ 有舍入误差,设 $f(x_k)\approx f^*(x_k)\,(k=0,1,2,\cdots,n)$,则反映在计算中有

$$\sum_{k=0}^{n} C_k^{(n)} f(x_k) \approx \sum_{k=0}^{n} C_k^{(n)} f^*(x_k).$$

记 $\delta = \max\limits_{0 \leqslant k \leqslant n} | f(x_k) - f^*(x_k) |$，则有

$$\left| \sum_{k=0}^{n} C_k^{(n)} f(x_k) - \sum_{k=0}^{n} C_k^{(n)} f^*(x_k) \right| \leqslant \delta \sum_{k=0}^{n} | C_k^{(n)} |. \tag{4.14}$$

当 $C_k^{(n)} > 0 (k = 0,1,2,\cdots,n)$ 时，由(4.13)式和(4.14)式可知，这时牛顿-科茨公式是数值稳定的.

由表 4-1 可知，当 $n \geqslant 8$ 时，科茨系数出现负值，那么

$$\sum_{k=0}^{n} | C_k^{(n)} | > \sum_{k=0}^{n} C_k^{(n)} = 1.$$

特别地，假定 $C_k^{(n)} (f(x_k) - f^*(x_k)) > 0$，且 $| f(x_k) - f^*(x_k) | = \alpha (k = 0,1,2,\cdots,n)$，则有

$$\begin{aligned} \left| \sum_{k=0}^{n} C_k^{(n)} f(x_k) - \sum_{k=0}^{n} C_k^{(n)} f^*(x_k) \right| &= \sum_{k=0}^{n} C_k^{(n)} (f(x_k) - f^*(x_k)) \\ &= \sum_{k=0}^{n} | C_k^{(n)} | | f(x_k) - f^*(x_k) | > \alpha. \end{aligned}$$

此时，原始数据误差引起的计算结果的误差增大，即牛顿-科茨公式是数值不稳定的.

§4.2　复化求积公式

由§4.1的讨论可知，高阶牛顿-科茨公式是数值不稳定的. 因此，在计算要求比较精确的积分值时，通常不采用高阶牛顿-科茨公式，而是将整个积分区间分段，在每个小区间上使用低阶牛顿-科茨公式. 这种方法称为**复化求积方法**，所得到的求积公式称为**复化求积公式**. 本节主要讨论复化梯形公式和复化辛普森公式.

4.2.1　复化梯形公式

对于定积分 $I[f] = \int_a^b f(x) \mathrm{d}x$，将积分区间 $[a,b]$ 划分为 n 等份，取步长 $h = \dfrac{b-a}{n}$，节点 $x_k = a + kh (k = 0,1,2,\cdots,n)$，并在每个小区间 $[x_k, x_{k+1}] (k = 0,1,2,\cdots,n-1)$ 上采用梯形公式，则有

$$I[f] = \int_a^b f(x) \mathrm{d}x = \sum_{k=0}^{n-1} \int_{x_k}^{x_{k+1}} f(x) \mathrm{d}x \approx \frac{h}{2} \sum_{k=0}^{n-1} (f(x_k) + f(x_{k+1})). \tag{4.15}$$

(4.15)式称为**复化梯形公式**.

设函数 $f(x) \in C^2[a,b]$，令

$$T_n[f] = \frac{h}{2} \sum_{k=0}^{n-1} (f(x_k) + f(x_{k+1})) = \frac{h}{2} \left(f(a) + 2 \sum_{k=1}^{n-1} f(x_k) + f(b) \right),$$

则由梯形公式的余项得复化梯形公式(4.15)的余项

$$R_{T_n}[f]=I[f]-T_n[f]=\sum_{k=0}^{n-1}\left(-\frac{h^3}{12}f''(\eta_k)\right)\quad(\eta_k\in(x_k,x_{k+1}),k=0,1,2,\cdots,n-1).$$

因为

$$\min_{0\leqslant k\leqslant n-1}\{f''(\eta_k)\}\leqslant\frac{1}{n}\sum_{k=0}^{n-1}f''(\eta_k)\leqslant\max_{0\leqslant k\leqslant n-1}\{f''(\eta_k)\},$$

所以由连续函数的介值定理可知，存在 $\eta\in(\eta_0,\eta_{n-1})\subset(a,b)$，使得

$$f''(\eta)=\frac{1}{n}\sum_{k=0}^{n-1}f''(\eta_k).$$

于是，复化梯形公式(4.15) 的余项可以简单表示为

$$R_{T_n}[f]=-\frac{b-a}{12}h^2f''(\eta)\quad(\eta\in(a,b)).\tag{4.16}$$

可以看出，$R_{T_n}[f]=O(h^2)$. 当函数 $f(x)\in C^2[a,b]$ 时，$\lim\limits_{n\to\infty}R_{T_n}[f]=0$，即 $T_n[f]$ 收敛到定积分 $I[f]=\int_a^b f(x)\mathrm{d}x$.

值得指出的是，只要函数 $f(x)$ 在闭区间 $[a,b]$ 上可积，上述收敛性的结论即可成立. 事实上，由定积分的定义可知，$f(x)$ 在 $[a,b]$ 的任一划分下的黎曼(Riemann)和的极限

$$\lim_{\max\{\Delta x_i\}\to 0}\sum_{i=1}^{n}f(\xi_i)\Delta x_i$$

都存在，故对于等距划分和特殊的点 $\xi_i(i=1,2,\cdots,n)$，上述黎曼和的极限当然存在. 于是，我们有

$$\begin{aligned}\lim_{n\to\infty}T_n[f]&=\frac{1}{2}\left(\lim_{n\to\infty}\sum_{k=0}^{n-1}f(a+kh)h+\lim_{n\to\infty}\sum_{k=0}^{n-1}f(a+(k+1)h)h\right)\\&=\frac{1}{2}\left(\int_a^b f(x)\mathrm{d}x+\int_a^b f(x)\mathrm{d}x\right)=\int_a^b f(x)\mathrm{d}x.\end{aligned}$$

定义 4.2 对于定积分 $I[f]$ 的求积公式 $I_n[f]$，如果有

$$\lim_{h\to 0}\frac{I[f]-I_n[f]}{h^p}=c\neq 0,$$

那么称求积公式 $I_n[f]$ 是 p **阶收敛**的.

显然，复化梯形公式(4.15) 是二阶收敛的.

使用复化梯形公式(4.15) 时，如果计算结果的精度不够，那么我们可以将原有的每个小区间 $[x_k,x_{k+1}](k=0,1,2,\cdots,n-1)$ 对分，得到 $2n$ 个小区间，再用复化梯形公式(4.15) 进行计算. 此时，计算 $T_n[f]$ 时的节点也是计算 $T_{2n}[f]$ 时的节点. 因此，我们可以将复化梯形公式递推化，即有

$$T_{2n}[f]=\frac{1}{2}T_n[f]+\frac{h}{2}\sum_{k=0}^{n-1}f(x_{k+\frac{1}{2}}),\tag{4.17}$$

其中 $x_{k+\frac{1}{2}}=x_k+\frac{1}{2}h(k=0,1,2,\cdots,n-1)$. 这样，在计算 $T_{2n}[f]$ 时，只需计算出新节点处的函数值，再代入(4.17) 式即可.

4.2.2　复化辛普森公式

对于定积分 $I[f]=\int_a^b f(x)\mathrm{d}x$，将积分区间 $[a,b]$ 划分为 n 等份，取步长 $h=\frac{b-a}{n}$，节点 $x_k=a+kh(k=0,1,2,\cdots,n)$，并在每个小区间 $[x_k,x_{k+1}](k=0,1,2,\cdots,n-1)$ 上采用辛普森公式，则有

$$I[f]=\int_a^b f(x)\mathrm{d}x=\sum_{k=0}^{n-1}\int_{x_k}^{x_{k+1}} f(x)\mathrm{d}x\approx\frac{h}{6}\sum_{k=0}^{n-1}\left(f(x_k)+4f(x_{k+\frac{1}{2}})+f(x_{k+1})\right),\qquad(4.18)$$

其中 $x_{k+\frac{1}{2}}=x_k+\frac{1}{2}h(k=0,1,2,\cdots,n-1)$. (4.18) 式称为**复化辛普森公式**.

设函数 $f(x)\in C^4[a,b]$，令

$$\begin{aligned}S_n[f]&=\frac{h}{6}\sum_{k=0}^{n-1}\left(f(x_k)+4f(x_{k+\frac{1}{2}})+f(x_{k+1})\right)\\&=\frac{h}{6}\Big(f(a)+4\sum_{k=0}^{n-1}f(x_{k+\frac{1}{2}})+2\sum_{k=1}^{n-1}f(x_k)+f(b)\Big),\end{aligned}$$

则由辛普森公式的余项得复化辛普森公式(4.18) 的余项

$$R_{S_n}[f]=I[f]-S_n[f]=\sum_{k=0}^{n-1}\left[-\frac{1}{90}\left(\frac{h}{2}\right)^5 f^{(4)}(\eta_k)\right]\quad(\eta_k\in(x_k,x_{k+1})).$$

类似于复化梯形公式(4.15) 的余项的推导，复化辛普森公式(4.18) 的余项可以简单表示为

$$R_{S_n}[f]=-\frac{b-a}{2\,880}h^4 f^{(4)}(\eta)\quad(\eta\in(a,b)).\qquad(4.19)$$

由此可见，复化辛普森公式(4.18) 是四阶收敛的.

例 4.3

分别用复化梯形公式和复化辛普森公式计算 $\int_0^\pi \sin x\mathrm{d}x$，应各取多少个节点才能使得误差不超过 2×10^{-5}？

解　设函数 $f(x)=\sin x$，将积分区间 $[0,\pi]$ 划分为 n 等份，取步长 $h=\frac{\pi}{n}$.

若用复化梯形公式，当误差不超过 2×10^{-5} 时，由(4.16) 式得不等式

$$|R_{T_n}[f]|=\left|-\frac{\pi}{12}h^2 f''(\eta)\right|\leqslant\frac{\pi}{12}\left(\frac{\pi}{n}\right)^2\max_{0\leqslant x\leqslant\pi}|\sin x|\leqslant 2\times10^{-5},$$

由此解得 $n^2\geqslant\frac{\pi^3}{24}\times10^5$，即 $n\geqslant359.43$. 故可取 $n=360$.

若用复化辛普森公式，当误差不超过 2×10^{-5} 时，由(4.19) 式得不等式

$$|R_{S_n}[f]|=\left|-\frac{\pi}{2\,880}h^4 f^{(4)}(\eta)\right|\leqslant\frac{\pi}{2\,880}\left(\frac{\pi}{n}\right)^4\max_{0\leqslant x\leqslant\pi}|\sin x|\leqslant 2\times10^{-5},$$

由此解得 $n^4\geqslant\frac{\pi^5}{5\,760}\times10^5$，即 $n\geqslant8.54$. 故可取 $n=9$.

因此，用复化梯形公式时应取 361 个节点，用复化辛普森公式时应取 $9\times2+1=19$ 个节点. 可见，复化辛普森公式明显优于复化梯形公式.

例 4.4

把闭区间[1,2]划分为 5 等份,用复化辛普森公式计算定积分$\int_1^2 e^{\frac{1}{x}}dx$的近似值,并估计误差.

解 此时 $h=0.2, f(x)=e^{\frac{1}{x}}$,节点为

$$x_k=1+0.2k \quad (k=0,1,2,3,4,5).$$

先计算出节点 x_k 和 $x_{k+\frac{1}{2}}$ 处的函数值,如表 4-3 所示.

表 4-3

k	x_k	$f(x_k)$	$x_{k+\frac{1}{2}}$	$f(x_{k+\frac{1}{2}})$
0	1.0	2.718 282	1.1	2.482 065
1	1.2	2.300 976	1.3	2.158 106
2	1.4	2.042 727	1.5	1.947 734
3	1.6	1.868 246	1.7	1.800 808
4	1.8	1.742 909	1.9	1.692 685
5	2.0	1.648 721		

再由(4.18)式得

$$\int_1^2 e^{\frac{1}{x}}dx \approx S_5[f]=\frac{0.2}{6}\Big(f(1)+4\sum_{k=0}^{4}f(x_{k+\frac{1}{2}})+2\sum_{k=1}^{4}f(x_k)+f(2)\Big)\approx 2.020\,077,$$

又由(4.19)式得误差

$$|R_{S_5}[f]|\leqslant \frac{1}{2\,880}0.2^4\max_{1\leqslant x\leqslant 2}|f^{(4)}(x)|=\frac{0.2^4}{2\,880}\times 198.43\approx 0.000\,110\,2.$$

4.2.3 变步长求积法

复化求积公式的截断误差(余项)随着 n 的增大而减小.那么,对于一个给定的定积分,如何确定适当的 n,使得计算结果达到预先给定的精度要求呢?若用前面的截断误差估计式来求 n,则要用到高阶导数,而这一般计算起来是比较困难的.在实际计算中,常常采用自动选择积分步长的方法.具体来说,就是在求积过程中,将步长逐次折半,反复利用复化求积公式,直到相邻两次的计算结果之差的绝对值小于允许的误差为止.这实际上是一种事后误差估计的方法.

对于复化梯形公式,由(4.16)式可知

$$I[f]-T_n[f]=-\frac{b-a}{12}\Big(\frac{b-a}{n}\Big)^2 f''(\eta_n) \quad (\eta_n\in(a,b)),$$

$$I[f]-T_{2n}[f]=-\frac{b-a}{12}\Big(\frac{b-a}{2n}\Big)^2 f''(\eta_{2n}) \quad (\eta_{2n}\in(a,b)).$$

当函数 $f''(x)$ 在闭区间$[a,b]$上连续且函数值变化不大时,有 $f''(\eta_n)\approx f''(\eta_{2n})$,从而有

$$\frac{I[f]-T_n[f]}{I[f]-T_{2n}[f]}\approx 4.$$

由此可得

$$I[f]-T_{2n}[f]\approx\frac{1}{3}(T_{2n}[f]-T_n[f]). \tag{4.20}$$

因此，对于允许的误差 ε，可用 $\frac{1}{3}\mid T_{2n}[f]-T_n[f]\mid<\varepsilon$ 来判断近似值 $T_{2n}[f]$ 是否已满足精度要求. 若满足精度要求，则以 $T_{2n}[f]$ 为近似值，此时可停止计算；若不满足精度要求，则继续按照形如(4.17)式的递推关系计算新的近似值. 这就是基于复化梯形公式的**变步长积分法**.

对于复化辛普森公式，若函数 $f^{(4)}(x)$ 在闭区间 $[a,b]$ 上连续且函数值变化不大，则类似于复化梯形公式，由(4.19)式可推得

$$\frac{I[f]-S_n[f]}{I[f]-S_{2n}[f]}\approx 4^2.$$

由此可得

$$I[f]-S_{2n}[f]\approx\frac{1}{4^2-1}(S_{2n}[f]-S_n[f]). \tag{4.21}$$

同样，对于允许的误差 ε，若 $\frac{1}{15}\mid S_{2n}[f]-S_n[f]\mid<\varepsilon$，则 $S_{2n}[f]$ 就是满足精度要求的近似值；否则，将每个小区间折半对分后再进行计算，直到满足精度要求为止.

对于科茨公式，将积分区间 $[a,b]$ 划分为 n 等份，在每个小区间 $[x_k,x_{k+1}]$$(k=0,1,2,\cdots,n-1)$ 上采用科茨公式，可得到**复化科茨公式**. 记采用复化科茨公式所得的积分近似值为 $C_n[f]$. 假设函数 $f^{(6)}(x)$ 在闭区间 $[a,b]$ 上连续且函数值变化不大，则可推得

$$\frac{I[f]-C_n[f]}{I[f]-C_{2n}[f]}\approx 4^3.$$

由此可得

$$I[f]-C_{2n}[f]\approx\frac{1}{4^3-1}(C_{2n}[f]-C_n[f]). \tag{4.22}$$

同样，对于允许的误差 ε，若 $\frac{1}{63}\mid C_{2n}[f]-C_n[f]\mid<\varepsilon$，则 $C_{2n}[f]$ 就是满足精度要求的近似值；否则，将每个小区间折半对分后再进行计算，直到满足精度要求为止.

例 4.5

利用基于复化梯形公式的变步长积分法计算 $\int_0^1\frac{\sin x}{x}\mathrm{d}x$，使得截断误差不超过 0.5×10^{-3}.

解　设函数 $f(x)=\frac{\sin x}{x}$. 根据梯形公式和(4.17)式，有

$$T_1[f]\approx\frac{1}{2}(1+0.841\,471\,0)=0.920\,735\,5,$$

$$T_2[f]\approx\frac{1}{2}T_1[f]+\frac{1}{2}\times 0.958\,851\,1=0.939\,793\,3.$$

若以 $T_2[f]$ 作为 $\int_0^1\frac{\sin x}{x}\mathrm{d}x$ 的近似值，则截断误差为

$$R_1[f]\approx\frac{1}{3}(T_2[f]-T_1[f])=0.006\,352\,6.$$

显然，它不满足精度要求. 故再由(4.17)式计算，得

$$T_4[f] \approx \frac{1}{2}T_2[f] + \frac{1}{4}(0.9896158 + 0.9088517) = 0.944513525.$$

若以 $T_4[f]$ 作为$\int_0^1 \frac{\sin x}{x}\mathrm{d}x$ 的近似值,则截断误差为

$$R_2[f] \approx \frac{1}{3}(T_4[f] - T_2[f]) \approx 0.0015734.$$

显然,它也不满足精度要求.因此,继续由(4.17)式计算,得

$$T_8[f] \approx \frac{1}{2}T_4[f] + \frac{1}{8}(0.9973979 + 0.9767267 + 0.9361556 + 0.8771926)$$
$$= 0.9456908625.$$

若以 $T_8[f]$ 作为$\int_0^1 \frac{\sin x}{x}\mathrm{d}x$ 的近似值,则截断误差为

$$R_3[f] \approx \frac{1}{3}(T_8[f] - T_4[f]) \approx 0.00039245 \leqslant 0.5 \times 10^{-3},$$

即它满足精度要求.所以,$T_8[f]$ 是满足精度要求的$\int_0^1 \frac{\sin x}{x}\mathrm{d}x$ 的近似值.

§4.3 外推原理和龙贝格求积法

4.3.1 外推原理

在科学计算与工程计算中,很多算法与步长 h 有关,特别是数值积分、数值微分和微分方程数值解的算法.对于这些算法,我们可以通过外推技巧提高计算精度.先看一个计算 π 的近似值的例子.由函数 $\sin x$ 的泰勒展开式,有

$$n\sin\frac{\pi}{n} = \pi - \frac{\pi^3}{3!n^2} + \frac{\pi^5}{5!n^4} - \cdots.$$

记 $h = \frac{\pi}{6}$,$F(h) = 6\sin\frac{\pi}{6}$,则有

$$F(h) = \pi - \frac{\pi}{6}h^2 + \frac{\pi}{120}h^4 - \cdots,$$

$$F\left(\frac{h}{2}\right) = \pi - \frac{\pi}{6}\cdot\frac{1}{4}h^2 + \frac{\pi}{120}\cdot\frac{1}{16}h^4 - \cdots,$$

由此可构造新的算法

$$F_1(h) = \frac{4F\left(\frac{h}{2}\right) - F(h)}{3} = \pi - \frac{\pi}{120}\cdot\frac{1}{4}h^4 + \cdots.$$

可见,计算 π 的近似值的算法 $F(h)$ 的截断误差是 $O(h^2)$,而算法 $F_1(h)$ 的截断误差是 $O(h^4)$.这表明,外推一次,即折半步长 h,精度就提高了.这就是**外推原理**的基本思想.若重复以上过程,不断外推,则可得到计算 π 的算法序列$\{F_k(h)\}$.随着 k 的增加,算法的截断误差越来越小,

计算精度越来越好.

下面将上述外推原理推广到一般情况. 设 $F(h)$ 是计算 $F(0)$ 的一种近似算式,其带截断误差的表达式为

$$F(h) = F(0) + a_p h^p + O(h^s) \quad (s > p),$$

其中 a_p 是与 h 无关的常数. 如果我们用 h 和 $\frac{h}{q}(q>1)$ 两种步长分别计算 $F(h)$ 和 $F\left(\frac{h}{q}\right)$,那么有

$$F\left(\frac{h}{q}\right) = F(0) + a_p\left(\frac{h}{q}\right)^p + O(h^s) \quad (s > p).$$

消去截断误差的主项,得到新的算法

$$F_1(h) = \frac{q^p F\left(\frac{h}{q}\right) - F(h)}{q^p - 1} = F(0) + O(h^s).$$

我们称上述计算过程为**理查森**(Richardson) **外推法**. 这里,$F_1(h)$ 逼近 $F(0)$ 的截断误差是 $O(h^s)$.

只要知道 $F(h)$ 的更加完整的关于 h 的幂级数展开式,而无须知道展开式中各系数的具体数值,就能重复使用理查森外推法,直到截断误差达到精度要求. 用数学归纳法可以证明下面定理 4.5 给出的更一般的结论.

定理 4.5　**假设 $F(h)$ 逼近 $F(0)$ 的截断误差为**

$$F(h) - F(0) = a_1 h^{p_1} + a_2 h^{p_2} + a_3 h^{p_3} + \cdots,$$

其中 $p_1 < p_2 < p_3 < \cdots$,$a_k(k=1,2,\cdots)$ 是与 h 无关的非零常数,则对于由

$$F_0(h) = F(h), \quad F_{k+1}(h) = \frac{q^{p_k} F_k\left(\frac{h}{q}\right) - F_k(h)}{q^{p_k} - 1} \quad (k = 0,1,\cdots) \tag{4.23}$$

定义的序列 $\{F_n(h)\}$,有

$$F_n(h) - F(0) = a_{n+1}^{(n)} h^{p_{n+1}} + a_{n+2}^{(n)} h^{p_{n+2}} + \cdots,$$

其中 $a_{n+k}^{(n)}(k=1,2,\cdots)$ 是与 h 无关的常数,$q>1$.

通常称(4.23)式为**理查森外推公式**. 理查森外推法应用非常广泛,下面将介绍其具体应用于数值积分的情况.

4.3.2　龙贝格求积法

先给出龙贝格(Romberg)求积法的基本理论. 设 $f(x) \in C^{2m+2}[a,b]$,对于计算定积分 $I[f] = \int_a^b f(x)\mathrm{d}x$ 的复化梯形公式 $T(h)$,其余项为

$$I[f] - T(h) = \sum_{k=1}^{m} \frac{\mathrm{B}_{2k}}{(2k)!}\left(f^{(2k-1)}(a) - f^{(2k-1)}(b)\right)h^{2k} + r_{m+1}, \tag{4.24}$$

其中 $\mathrm{B}_{2k}(k=1,2,\cdots,m)$ 为伯努利(Bernoulli)数,而

$$r_{m+1} = -\frac{\mathrm{B}_{2m+2}}{(2m+2)!}(b-a)f^{(2m+2)}(\eta)h^{2m+2} \quad (\eta \in (a,b)).$$

在理查森外推公式(4.23)中,取 $q=2,p_k=2k$,由余项(4.24)可得到著名的**龙贝格求积法**:

$$\begin{cases} T_1^{(0)}=\dfrac{b-a}{2}(f(a)+f(b)), \\ T_1^{(i)}=\dfrac{1}{2}T_1^{(i-1)}+\dfrac{b-a}{2^i}\sum\limits_{j=1}^{2^{i-1}}f\left(a+\dfrac{2j-1}{2^i}(b-a)\right) \quad (i=1,2,\cdots), \\ T_{m+1}^{(k-1)}=\dfrac{4^mT_m^{(k)}-T_m^{(k-1)}}{4^m-1} \quad (m=1,2,\cdots;k=1,2,\cdots,i), \end{cases}$$

这里 $T_1^{(i)}(i=1,2,\cdots)$ 表示将积分区间 $[a,b]$ 划分为 2^i 等份时的复化梯形公式,求和项包括了每次等分后新增节点的函数值;$T_{m+1}^{(k)}(m=1,2,\cdots;k=1,2,\cdots,i)$ 表示第 m 次外推所得的计算值. 可以验证,当 $m=1$ 时,外推所得的计算值就是复化辛普森公式的计算值. 当 $m=1,2,3$ 时,由龙贝格求积法所得的结果分别是将(4.20)式、(4.21)式和(4.22)式右边的值补充到相应的近似值上所得的结果.

对于给定的允许误差 ε,我们可令

$$|T_m^{(0)}-T_{m-1}^{(0)}|<\varepsilon \quad 或 \quad \left|\frac{T_m^{(0)}-T_{m-1}^{(0)}}{T_m^{(0)}}\right|<\varepsilon$$

作为计算终止的标准. 表 4-4 给出了具体计算过程,表中ⓘ表示第 i 步计算,$i=1,2,\cdots$.

表 4-4

k	$T_1^{(k)}$	$T_2^{(k)}$	$T_3^{(k)}$	$T_4^{(k)}$	$T_5^{(k)}$	$\cdots$
0	①$T_1^{(0)}$	③$T_2^{(0)}$	⑥$T_3^{(0)}$	⑩$T_4^{(0)}$	⑮$T_5^{(0)}$	$\cdots$
1	②$T_1^{(1)}$	⑤$T_2^{(1)}$	⑨$T_3^{(1)}$	⑭$T_4^{(1)}$	$\vdots$	
2	④$T_1^{(2)}$	⑧$T_2^{(2)}$	⑬$T_3^{(2)}$	$\vdots$		
3	⑦$T_1^{(3)}$	⑫$T_2^{(3)}$	$\vdots$			
4	⑪$T_1^{(4)}$	$\vdots$				
$\vdots$	$\vdots$					

值得注意的是,若对于某个 k,被积函数 $f(x)$ 有性质

$$f^{(2k-1)}(a)=f^{(2k-1)}(b),$$

则说明余项(4.24)中 h^{2k} 的系数为零. 这时,要对龙贝格求积法做相应的修改,否则外推结果的效果可能不好.

例 4.6

用龙贝格求积法计算定积分 $\int_0^1 \frac{\sin x}{x}dx$,使得计算值的误差不超过 $\varepsilon=0.5\times10^{-6}$.

解 设 $f(x)=\dfrac{\sin x}{x}$,则

$$T_1^{(0)}=\frac{1}{2}(f(0)+f(1))\approx 0.920\,735\,5,$$

$$T_1^{(1)}=\frac{1}{2}T_1^{(0)}+\frac{1}{2}f\left(\frac{1}{2}\right)\approx 0.939\,793\,3,$$

$$T_2^{(0)}=\frac{4}{3}T_1^{(1)}-\frac{1}{3}T_1^{(0)}\approx 0.946\,145\,9,$$

$$T_1^{(2)}=\frac{1}{2}T_1^{(1)}+\frac{1}{4}\left(f\left(\frac{1}{4}\right)+f\left(\frac{3}{4}\right)\right)\approx 0.944\,513\,5,$$

$$T_2^{(1)}=\frac{4}{3}T_1^{(2)}-\frac{1}{3}T_1^{(1)}\approx 0.946\,086\,9,$$

$$T_3^{(0)}=\frac{16}{15}T_2^{(1)}-\frac{1}{15}T_2^{(0)}\approx 0.946\,083\,0.$$

由此可得

$$|T_3^{(0)}-T_2^{(0)}|>0.5\times 10^{-6},$$

即此结果还没有满足精度要求，需继续进行外推. 再计算 $T_1^{(3)}$，$T_2^{(2)}$，$T_3^{(1)}$，$T_4^{(0)}$，得到计算结果如表 4－5 所示.

表　4－5

k	$T_1^{(k)}$	$T_2^{(k)}$	$T_3^{(k)}$	$T_4^{(k)}$
0	0.920 735 5	0.946 145 9	0.946 083 0	0.946 083 1
1	0.939 793 3	0.946 086 9	0.946 083 1	
2	0.944 513 5	0.946 083 3		
3	0.945 690 9			

由例 4.5 和例 4.6 看出，步长折半三次后复化梯形公式只达到 2 位有效数字，而经三次外推后达到 6 位有效数字.

§4.4　高斯型求积公式

4.4.1　高斯型求积公式的基本理论

在牛顿-科茨公式中，节点是等距的，从而限制了求积公式的代数精度. 下面的讨论将取消这个限制条件，使得求积公式的代数精度尽可能高. 首先以简单情形论证这样做是可行的，然后给出相关概念的定义和一般理论.

例 4.7

确定求积公式

$$\int_{-1}^{1}f(x)\mathrm{d}x\approx A_0f(x_0)+A_1f(x_1)$$

中的待定参数 A_0, A_1，使其代数精度尽可能高.

解 根据代数精度的定义，设所给求积公式对于 $f(x)=1,x,x^2,x^3$ 准确成立，则有

$$\begin{cases} A_0+A_1=2, \\ A_0x_0+A_1x_1=0, \\ A_0x_0^2+A_1x_1^2=\dfrac{2}{3}, \\ A_0x_0^3+A_1x_1^3=0. \end{cases}$$

由此方程组的第 2 个方程和第 4 个方程可得 $x_0^2=x_1^2$，再结合第 1 个方程和第 3 个方程可得 $x_0^2=x_1^2=\dfrac{1}{3}$. 取 $x_0=-\dfrac{\sqrt{3}}{3}, x_1=\dfrac{\sqrt{3}}{3}$，则得 $A_0=A_1=1$. 于是，求积公式为

$$\int_{-1}^{1} f(x)\mathrm{d}x \approx f\left(-\frac{\sqrt{3}}{3}\right)+f\left(\frac{\sqrt{3}}{3}\right).$$

它具有三次代数精度，而以两个端点为节点的梯形公式只具有一次代数精度.

一般地，考虑带权的插值型求积公式

$$\int_a^b \rho(x)f(x)\mathrm{d}x \approx \sum_{k=0}^{n} A_k f(x_k), \tag{4.25}$$

其中 $\rho(x)$ 称为**权函数**. (4.25) 式共有 $2n+2$ 个待定参数 $x_k, A_k (k=0,1,2,\cdots,n)$，它们分别为求积节点和求积系数. 适当选择这些参数，有可能使得求积公式(4.25) 具有 $2n+1$ 次代数精度.

定义 4.3 如果插值型求积公式(4.25) 具有 $2n+1$ 次代数精度，那么称该公式为 $n+1$ **点高斯型求积公式**(简称**高斯型求积公式**)，并称其节点 $x_k(k=0,1,2,\cdots,n)$ 为**高斯点**.

例 4.8

证明：插值型求积公式(4.25) 的代数精度不超过 $2n+1$ 次.

证 令 $f(x)=\prod\limits_{i=0}^{n}(x-x_i)^2$，即 $f(x)=\omega_{n+1}^2(x)$，则有

$$\int_a^b \rho(x)f(x)\mathrm{d}x=\int_a^b \rho(x)\omega_{n+1}^2(x)\mathrm{d}x>0.$$

又因为

$$\sum_{k=0}^{n} A_k\omega_{n+1}^2(x_k)=0,$$

所以无论怎样选择 A_k 和 $x_k(k=0,1,2,\cdots,n)$，插值型求积公式(4.25) 对于 $2n+2$ 次多项式 $\omega_{n+1}^2(x)$ 都不能准确成立，即其代数精度不超过 $2n+1$ 次.

如果像例 4.7 那样，直接利用代数精度的定义来求 $n+1$ 个高斯点 $x_k(k=0,1,2,\cdots,n)$ 和 $n+1$ 个求积系数 $A_k(k=0,1,2,\cdots,n)$，那么要解由 $2n+2$ 个非线性方程联立而成的方程组. 虽然这个方程组是可解的，但当 n 稍大时，求解析解就很困难，求数值解也不容易. 下面从分析高斯点的特性着手，研究高斯型求积公式的构造问题.

定理 4.6　**对于插值型求积公式(4.25)，其节点 $x_k(k=0,1,2,\cdots,n)$ 是高斯点的充要条件是多项式 $\omega_{n+1}(x)=(x-x_0)(x-x_1)(x-x_2)\cdots(x-x_n)$ 与任一不超过 n 次的多项式 $P(x)$ 均带权 $\rho(x)$ 正交，即**

$$\int_a^b \rho(x)P(x)\omega_{n+1}(x)\mathrm{d}x=0. \tag{4.26}$$

证　*必要性*　设 $P(x)$ 是任一次数不超过 n 的多项式，则 $P(x)\omega_{n+1}(x)$ 的次数不超过 $2n+1$. 因此，如果 $x_0,x_1,x_2,\cdots,x_n$ 是高斯点，那么插值型求积公式(4.25) 对于 $P(x)\omega_{n+1}(x)$ 是准确成立的，即有

$$\int_a^b \rho(x)P(x)\omega_{n+1}(x)\mathrm{d}x=\sum_{k=0}^{n}A_kP(x_k)\omega_{n+1}(x_k).$$

而 $\omega_{n+1}(x_k)=0(k=0,1,2,\cdots,n)$，故(4.26) 式成立.

充分性　设 $f(x)$ 是任一次数不超过 $2n+1$ 的多项式. 用 $\omega_{n+1}(x)$ 除 $f(x)$，记商为 $P(x)$，余式为 $Q(x)$，则有

$$f(x)=P(x)\omega_{n+1}(x)+Q(x),$$

其中 $P(x)$ 与 $Q(x)$ 都是次数不超过 n 的多项式. 于是，利用(4.26) 式有

$$\int_a^b \rho(x)f(x)\mathrm{d}x=\int_a^b \rho(x)Q(x)\mathrm{d}x.$$

由于(4.25) 式是插值型求积公式，因此它对于 $Q(x)$ 准确成立，即

$$\int_a^b \rho(x)Q(x)\mathrm{d}x=\sum_{k=0}^{n}A_kQ(x_k).$$

又注意到 $\omega_{n+1}(x_k)=0(k=0,1,2,\cdots,n)$，故 $Q(x_k)=f(x_k)(k=0,1,2,\cdots,n)$，从而

$$\int_a^b \rho(x)f(x)\mathrm{d}x=\sum_{k=0}^{n}A_kf(x_k).$$

由此可知，插值型求积公式(4.25) 对于一切次数不超过 $2n+1$ 的多项式均准确成立. 因此，$x_k(k=0,1,2,\cdots,n)$ 是高斯点.

由于 $n+1$ 次正交多项式与任一比它次数低的多项式均正交，且 $n+1$ 次正交多项式恰好有 $n+1$ 个互异的零点，因此有如下推论：

推论 4.1　**$n+1$ 次正交多项式的零点是 $n+1$ 点高斯型求积公式的高斯点.**

利用正交多项式得出高斯点 $x_0,x_1,x_2,\cdots,x_n$ 后，根据插值法的原理可得高斯型求积公式的求积系数为

$$A_k=\int_a^b \rho(x)l_k(x)\mathrm{d}x\quad(k=0,1,2,\cdots,n),$$

其中 $l_k(x)$ 是关于高斯点 $x_0,x_1,x_2,\cdots,x_n$ 的拉格朗日插值基函数.

例 4.9

确定 x_0,x_1,A_0,A_1，使得下列公式为高斯型求积公式：

$$\int_0^1 \sqrt{1-x}f(x)\mathrm{d}x\approx A_0f(x_0)+A_1f(x_1).$$

解　我们可以像例 4.7 一样，直接由代数精度的定义来构造该高斯型求积公式，也可以用正交多项式的零点作为高斯点的办法来构造.

先构造闭区间[0,1]上关于权函数$\rho(x)=\sqrt{1-x}$的正交多项式序列$\{\varphi_j(x)\}_{j=0}^{2}$. 可用三项递推公式求出$\{\varphi_j(x)\}_{j=0}^{2}$，这里我们直接利用正交性来求. 设$\varphi_0(x)=1,\varphi_1(x)=x+a,\varphi_2(x)=x^2+bx+c$,则由

$$(\varphi_0,\varphi_1)=\int_0^1\sqrt{1-x}(x+a)\mathrm{d}x=0$$

得$a=-\frac{2}{5}$;由

$$(\varphi_0,\varphi_2)=\int_0^1\sqrt{1-x}(x^2+bx+c)\mathrm{d}x=0$$

得$\frac{2}{5}b+c+\frac{8}{35}=0$;由

$$(\varphi_1,\varphi_2)=\int_0^1\sqrt{1-x}\left(x-\frac{2}{5}\right)(x^2+bx+c)\mathrm{d}x=0$$

得$9b+8=0$,从而$b=-\frac{8}{9},c=\frac{8}{63}$. 于是

$$\varphi_1(x)=x-\frac{2}{5},\quad \varphi_2(x)=x^2-\frac{8}{9}x+\frac{8}{63}.$$

令$\varphi_2(x)=0$,解得$\varphi_2(x)$的零点为$x_0\approx 0.1788,x_1\approx 0.7101$,这也是两个高斯点.

再求高斯型求积公式. 由于二点高斯型求积公式具有三次代数精度，故该公式对于$f(x)=1,x$准确成立,即有

$$\begin{cases}A_0+A_1=\frac{2}{3},\\ 0.1788A_0+0.7101A_1=\frac{4}{15}.\end{cases}$$

由此解得$A_0\approx 0.3891,A_1\approx 0.2776$,从而得到高斯型求积公式

$$\int_0^1\sqrt{1-x}f(x)\mathrm{d}x\approx 0.3891f(0.1788)+0.2776f(0.7101).$$

4.4.2 常用的高斯型求积公式

1. 高斯-勒让德求积公式

如果在闭区间[−1,1]上取权函数$\rho(x)\equiv 1$,那么相应的正交多项式可取勒让德多项式. 于是,以$n+1$次勒让德多项式的零点为高斯点的求积公式为

$$\int_{-1}^1 f(x)\mathrm{d}x\approx\sum_{k=0}^{n}A_kf(x_k),\tag{4.27}$$

称之为$n+1$**点高斯-勒让德求积公式**(简称**高斯-勒让德求积公式**).

当$n=1$时,二次勒让德多项式为$\mathrm{P}_2(x)=\frac{1}{2}(3x^2-1)$,其零点为$x_0=-\frac{\sqrt{3}}{3},x_1=\frac{\sqrt{3}}{3}$. 此时,(4.27)式即为例4.7所得的求积公式.

当$n=2$时,三次勒让德多项式为$\mathrm{P}_3(x)=\frac{1}{2}(5x^3-3x)$,其零点为$x_0=-\frac{\sqrt{15}}{5},x_1=0,$

$x_2=\frac{\sqrt{15}}{5}$. 以这些零点为高斯点，与二点高斯-勒让德求积公式类似，求出相应的求积系数，可构造具有五次代数精度的三点高斯-勒让德求积公式

$$\int_{-1}^{1} f(x)\mathrm{d}x \approx \frac{5}{9}f\left(-\frac{\sqrt{15}}{5}\right)+\frac{8}{9}f(0)+\frac{5}{9}f\left(\frac{\sqrt{15}}{5}\right).$$

高斯-勒让德求积公式中的部分高斯点 x_k 和求积系数 A_k 如表 4－6 所示，$k=0,1,2,\cdots,n$.

表　4－6

n	$x_k(k=0,1,2,\cdots,n)$	$A_k(k=0,1,2,\cdots,n)$
0	0.000 000 0	2.000 000 0
1	±0.577 350 5	1.000 000 0
2	±0.774 596 7	0.555 555 6
	0.000 000 0	0.888 888 9
3	±0.861 136 3	0.347 854 3
	±0.339 881 0	0.652 145 2
4	±0.906 179 3	0.236 926 9
	±0.538 469 3	0.478 628 7
	0.000 000 0	0.568 888 9

对于一般闭区间$[a,b]$上的定积分，如果要使用高斯-勒让德求积公式，那么必须做变换

$$x=\frac{1}{2}(a+b)+\frac{1}{2}(b-a)t,$$

使得当 $x\in[a,b]$ 时，$t\in[-1,1]$. 这时

$$\int_{a}^{b} f(x)\mathrm{d}x=\frac{b-a}{2}\int_{-1}^{1} f\left(\frac{1}{2}(a+b)+\frac{1}{2}(b-a)t\right)\mathrm{d}t.$$

这样定积分$\int_{a}^{b} f(x)\mathrm{d}x$ 即可用高斯-勒让德求积公式来计算.

例 4.10

用二点和三点高斯-勒让德求积公式计算定积分 $I=\int_{0}^{1} x^2\mathrm{e}^x\mathrm{d}x$.

解　由于积分区间为$[0,1]$，所以先做变换 $x=\frac{1+t}{2}$，得

$$I=\int_{0}^{1} x^2\mathrm{e}^x\mathrm{d}x=\frac{1}{8}\int_{-1}^{1}(1+t)^2\mathrm{e}^{\frac{1+t}{2}}\mathrm{d}t.$$

令 $f(t)=(1+t)^2\mathrm{e}^{\frac{1+t}{2}}$. 由二点高斯-勒让德求积公式有

$$I\approx\frac{1}{8}\left(f\left(-\frac{\sqrt{3}}{3}\right)+f\left(\frac{\sqrt{3}}{3}\right)\right)\approx 0.711\,941\,774;$$

由三点高斯-勒让德求积公式有

$$I\approx\frac{1}{8}\left(\frac{5}{9}f\left(-\frac{\sqrt{15}}{5}\right)+\frac{8}{9}f(0)+\frac{5}{9}f\left(\frac{\sqrt{15}}{5}\right)\right)\approx 0.718\,251\,779.$$

容易求出所求定积分的精确值为

$$I = \mathrm{e} - 2 = 0.718\,281\,828\cdots.$$

由此可知，二点高斯-勒让德求积公式计算结果的误差为 0.006 340 054 …，三点高斯-勒让德求积公式计算结果的误差为 0.000 030 049 ….

例 4.11

试证：求积公式

$$\int_1^3 f(x)\mathrm{d}x \approx \frac{5}{9}f\left(2-\frac{\sqrt{15}}{5}\right)+\frac{8}{9}f(2)+\frac{5}{9}f\left(2+\frac{\sqrt{15}}{5}\right)$$

具有五次代数精度.

证 我们知道，三点高斯-勒让德求积公式具有五次代数精度. 因此，只要证明所给求积公式就是三点高斯-勒让德求积公式即可.

令 $x = t+2$，则

$$\int_1^3 f(x)\mathrm{d}x = \int_{-1}^1 f(t+2)\mathrm{d}t = \int_{-1}^1 g(t)\mathrm{d}t,$$

其中 $g(t) = f(t+2)$. 三次勒让德多项式 $\mathrm{P}_3(t) = \dfrac{1}{2}(5t^3-3t)$ 的零点为

$$t_0 = -\frac{\sqrt{15}}{5},\quad t_1 = 0,\quad t_2 = \frac{\sqrt{15}}{5}.$$

若求积公式

$$\int_{-1}^1 g(t)\mathrm{d}t \approx \sum_{k=0}^2 A_k g(t_k)$$

中的节点取为三次勒让德多项式 $\mathrm{P}_3(t)$ 的零点，求积系数为 $A_k = \int_{-1}^1 l_k(t)\mathrm{d}t$（$l_k(t)$ 是关于节点 t_0, t_1, t_2 的拉格朗日插值基函数，$k = 0,1,2$），则该公式是三点高斯-勒让德求积公式，且具有五次代数精度.

经计算可得 $A_1 = \dfrac{8}{9}$，$A_0 = A_2 = \dfrac{5}{9}$，结论得证.

2. 高斯-切比雪夫求积公式

如果在闭区间$[-1,1]$上取权函数$\rho(x) = \dfrac{1}{\sqrt{1-x^2}}$，那么相应的正交多项式可取切比雪夫多项式. $n+1$ 次切比雪夫多项式 $\mathrm{T}_{n+1}(x) = \cos((n+1)\arccos x)$ 的零点为

$$x_k = \cos\frac{2k+1}{2n+2}\pi\quad(k = 0,1,2,\cdots,n).$$

以它们为高斯点，利用切比雪夫多项式的性质可得相应的求积系数

$$A_k = \int_{-1}^1 \frac{1}{\sqrt{1-x^2}} l_k(x)\mathrm{d}x = \frac{\pi}{n+1}\quad(k = 0,1,2,\cdots,n),$$

其中 $l_k(x)(k = 0,1,2,\cdots,n)$ 是关于高斯点的拉格朗日插值基函数，从而得到求积公式

$$\int_{-1}^1 \frac{1}{\sqrt{1-x^2}} f(x)\mathrm{d}x \approx \frac{\pi}{n+1}\sum_{k=0}^n f(x_k),$$

称之为 $n+1$ **点高斯-切比雪夫求积公式**(简称**高斯-切比雪夫求积公式**).

当 $n=1$ 时,得二点高斯-切比雪夫求积公式

$$\int_{-1}^{1}\frac{1}{\sqrt{1-x^2}}f(x)\mathrm{d}x\approx\frac{\pi}{2}\left(f\left(-\frac{\sqrt{2}}{2}\right)+f\left(\frac{\sqrt{2}}{2}\right)\right).$$

当 $n=2$ 时,得三点高斯-切比雪夫求积公式

$$\int_{-1}^{1}\frac{1}{\sqrt{1-x^2}}f(x)\mathrm{d}x\approx\frac{\pi}{3}\left(f\left(-\frac{\sqrt{3}}{2}\right)+f(0)+f\left(\frac{\sqrt{3}}{2}\right)\right).$$

例 4.12

用高斯-切比雪夫求积公式计算定积分 $\int_{-1}^{1}\sqrt{\frac{2+x}{1-x^2}}\mathrm{d}x$.

解　选取 $n=2$ 的三点高斯-切比雪夫求积公式进行计算. 这里 $f(x)=\sqrt{2+x}$,于是有

$$\int_{-1}^{1}\sqrt{\frac{2+x}{1-x^2}}\mathrm{d}x\approx\frac{\pi}{3}\left[\sqrt{2-\frac{\sqrt{3}}{2}}+\sqrt{2}+\sqrt{2+\frac{\sqrt{3}}{2}}\right]\approx 4.368\,939\,556.$$

4.4.3　高斯型求积公式的余项和稳定性

定理 4.7　**设函数 $f(x)\in C^{2n+2}[a,b]$,则高斯型求积公式(4.25)的余项为**

$$\begin{aligned}R_{\mathrm{G}}&=\int_a^b\rho(x)f(x)\mathrm{d}x-\sum_{k=0}^{n}A_kf(x_k)\\&=\frac{1}{(2n+2)!}f^{(2n+2)}(\eta)\int_a^b\rho(x)\omega_{n+1}^2(x)\mathrm{d}x\quad(\eta\in(a,b)).\end{aligned}$$

证　由高斯点 $x_k(k=0,1,2,\cdots,n)$ 构造一个次数不超过 $2n+1$ 的埃尔米特插值多项式 $H(x)$,使其满足条件

$$H(x_k)=f(x_k),\quad H'(x_k)=f'(x_k)\quad(k=0,1,2,\cdots,n).$$

由于高斯型求积公式(4.25)具有 $2n+1$ 次代数精度,它对于 $H(x)$ 准确成立,即

$$\int_a^b\rho(x)H(x)\mathrm{d}x=\sum_{k=0}^{n}A_kH(x_k)=\sum_{k=0}^{n}A_kf(x_k),$$

所以高斯型求积公式(4.25)的余项为

$$\begin{aligned}R_{\mathrm{G}}&=\int_a^b\rho(x)f(x)\mathrm{d}x-\sum_{k=0}^{n}A_kH(x_k)\\&=\int_a^b\rho(x)f(x)\mathrm{d}x-\int_a^b\rho(x)H(x)\mathrm{d}x\\&=\int_a^b\rho(x)\frac{f(x)-H(x)}{\omega_{n+1}^2(x)}\omega_{n+1}^2(x)\mathrm{d}x.\end{aligned}$$

再考虑到 $\omega_{n+1}^2(x)$ 在闭区间 $[a,b]$ 上不变号,$\frac{f(x)-H(x)}{\omega_{n+1}^2(x)}$ 在闭区间 $[a,b]$ 上连续,应用积分中值定理,有

$$R_G=\frac{f(\xi)-H(\xi)}{\omega_{n+1}^2(\xi)}\int_a^b\rho(x)\omega_{n+1}^2(x)\mathrm{d}x\quad(\xi\in(a,b)).$$

最后,根据埃尔米特插值多项式的插值余项,定理得证.

对于二点高斯-勒让德求积公式,其余项为

$$R_{G\text{-}L}=\frac{f^{(4)}(\eta)}{4!}\int_{-1}^1\left(x+\frac{\sqrt{3}}{3}\right)^2\left(x-\frac{\sqrt{3}}{3}\right)^2\mathrm{d}x=\frac{f^{(4)}(\eta)}{135}\quad(\eta\in(-1,1)).$$

对于二点高斯-切比雪夫求积公式,其余项为

$$R_{G\text{-}C}=\frac{f^{(4)}(\eta)}{4!}\int_{-1}^1\frac{1}{\sqrt{1-x^2}}\left(x+\frac{1}{\sqrt{2}}\right)^2\left(x-\frac{1}{\sqrt{2}}\right)^2\mathrm{d}x=\frac{\pi f^{(4)}(\eta)}{192}\quad(\eta\in(-1,1)).$$

与牛顿-科茨公式相比,高斯型求积公式不但具有高精度,而且是数值稳定的.高斯型求积公式的稳定性之所以能够得到保证,是由于它的求积系数具有非负性.

引理 4.1　高斯型求积公式(4.25)中的求积系数 $A_k(k=0,1,2,\cdots,n)$ 全部为正.

证　对于以高斯点 $x_k(k=0,1,2,\cdots,n)$ 为节点的拉格朗日插值基函数 $l_i(x)(i=0,1,2,\cdots,n)$, $l_i^2(x)$ 是 $2n$ 次多项式,故高斯型求积公式(4.25)对于 $l_i^2(x)$ 准确成立,即

$$\int_a^b\rho(x)l_i^2(x)\mathrm{d}x=\sum_{k=0}^nA_kl_i^2(x_k)=A_i\quad(i=0,1,2,\cdots,n).$$

由于上式左端大于零,因此有 $A_i>0(i=0,1,2,\cdots,n)$.

在实际计算定积分的近似值

$$I_n=\sum_{k=0}^nA_kf(x_k)$$

时,$f(x_k)$ 不能取到精确值,一般只能取到近似值.设 $f^*(x_k)\approx f(x_k)(k=0,1,2,\cdots,n)$,则实际求得的积分值为

$$I_n^*=\sum_{k=0}^nA_kf^*(x_k).$$

定理 4.8　采用高斯型求积公式(4.25)时,对于由函数值的变化所引起的求积公式计算值的误差,有

$$|I_n^*-I_n|\leqslant\max_{0\leqslant k\leqslant n}\left\{|f^*(x_k)-f(x_k)|\int_a^b\rho(x)\mathrm{d}x\right\}.$$

证　由于求积系数 $A_k>0(k=0,1,2,\cdots,n)$,因此

$$\begin{aligned}|I_n^*-I_n|&=\left|\sum_{k=0}^nA_kf^*(x_k)-\sum_{k=0}^nA_kf(x_k)\right|\\&\leqslant\sum_{k=0}^nA_k\,|f^*(x_k)-f(x_k)|\\&\leqslant\max_{0\leqslant k\leqslant n}\left\{|f^*(x_k)-f(x_k)|\sum_{k=0}^nA_k\right\}.\end{aligned}$$

在高斯型求积公式(4.25)中,取 $f(x)\equiv1$,此时该求积公式准确成立,即得

$$\int_a^b\rho(x)\mathrm{d}x=\sum_{k=0}^nA_k.$$

因此,定理得证.

由定理 4.8 可知,数据误差对于求积公式计算结果的影响是可以控制的,即高斯型求积公式是数值稳定的.

§ 4.5　数值微分

本节主要介绍数值微分的方法.

按照泰勒展开式,可得

$$f'(x)=\frac{f(x+h)-f(x)}{h}+O(h),$$

$$f'(x)=\frac{f(x)-f(x-h)}{h}+O(h),$$

$$f'(x)=\frac{f(x+h)-f(x-h)}{2h}+O(h^2),$$

其中 h 为 x 处的增量. 上述第三个公式相应的数值微分方法称为**中点方法**. 这几个公式在微分的数值计算中是很实用的. 下面我们再讨论一些常用方法.

4.5.1　插值型求导公式

设函数 $f(x)$ 是定义在闭区间$[a,b]$上的函数,并给定闭区间$[a,b]$上 $n+1$ 个节点 $x_k(k=0,1,2,\cdots,n)$ 处的函数值 $f(x_k)$. 这样,我们可以建立 n 次插值多项式 $P_n(x)$ 作为 $f(x)$ 的近似. 由于求多项式的导数是容易的,所以我们取 $P_n'(x)$ 的值作为 $f'(x)$ 的近似值,即

$$f'(x)\approx P_n'(x). \tag{4.28}$$

公式(4.28) 称为**插值型求导公式**.

应当指出,即使 $f(x)$ 与 $P_n(x)$ 的值相差不多,导数的近似值 $P_n'(x)$ 与导数的精确值 $f'(x)$ 仍然可能相差很大. 因此,在使用插值型求导公式(4.28) 时,应注意进行误差分析.

根据定理 2.1,插值型求导公式(4.28) 的余项为

$$f'(x)-P_n'(x)=\frac{f^{(n+1)}(\xi)}{(n+1)!}\omega_{n+1}'(x)+\frac{\omega_{n+1}(x)}{(n+1)!}\frac{\mathrm{d}}{\mathrm{d}x}f^{(n+1)}(\xi),$$

式中 $\omega_{n+1}(x)=(x-x_0)(x-x_1)(x-x_2)\cdots(x-x_n)$.

在上述余项公式中,由于 ξ 是 x 的未知函数,因此我们无法对右端第二项做出进一步的说明. 所以,对于随意给出的点 x,插值型求导公式(4.28) 的余项是很难估计的. 但是,如果我们限定求节点处的导数值,那么插值型求导公式(4.28) 有余项公式

$$f'(x_k)-P_n'(x_k)=\frac{f^{(n+1)}(\xi_k)}{(n+1)!}\omega_{n+1}'(x_k). \tag{4.29}$$

下面我们仅考察节点处的导数值. 为了简化讨论,假定所给的节点是等距的,步长为 h.

(1) 两点公式.

当 $n=1$ 时,由(4.29) 式可得带余项的**两点公式**:

$$f'(x_0)=\frac{1}{h}(f(x_1)-f(x_0))-\frac{h}{2}f''(\xi_0), \tag{4.30}$$

$$f'(x_1)=\frac{1}{h}(f(x_1)-f(x_0))+\frac{h}{2}f''(\xi_1),\tag{4.31}$$

其中 $\xi_i\in(x_0,x_1)(i=0,1)$.

(2) 三点公式.

当 $n=2$ 时,由(4.29) 式可得带余项的**三点公式**:

$$f'(x_0)=\frac{1}{2h}(-3f(x_0)+4f(x_1)-f(x_2))+\frac{h^2}{3}f'''(\xi_0),\tag{4.32}$$

$$f'(x_1)=\frac{1}{2h}(-f(x_0)+f(x_2))-\frac{h^2}{6}f'''(\xi_1),\tag{4.33}$$

$$f'(x_2)=\frac{1}{2h}(f(x_0)-4f(x_1)+3f(x_2))+\frac{h^2}{3}f'''(\xi_2),\tag{4.34}$$

其中 $\xi_i\in(x_0,x_2)(i=0,1,2)$.

(3) 五点公式.

当 $n=4$ 时,由(4.29) 式不难推导出带余项的五点公式.这里,给出常用的带余项的五点公式:

$$f'(x_2)=\frac{1}{12h}(f(x_0)-8f(x_1)+8f(x_3)-f(x_4))+\frac{h^2}{30}f^{(5)}(\xi),\tag{4.35}$$

其中 $\xi\in(x_0,x_4)$.

例 4.13

设函数 $f(x)=\mathrm{e}^x$,对于步长 $h=0.01$,计算 $f'(1.8)$.

解 由(4.32) 式有

$$f'(1.8)\approx\frac{1}{2\times0.01}(-3f(1.8)+4f(1.81)-f(1.82))\approx6.049\,4;$$

由(4.33) 式有

$$f'(1.8)\approx\frac{1}{2\times0.01}(-f(1.79)+f(1.81))\approx6.049\,7;$$

由(4.34) 式有

$$f'(1.8)\approx\frac{1}{2\times0.01}(f(1.78)-4f(1.79)+3f(1.8))\approx6.049\,4;$$

由(4.35) 式有

$$f'(1.8)\approx\frac{1}{12\times0.01}(f(1.78)-8f(1.79)+8f(1.81)-f(1.82))\approx6.049\,6.$$

$f'(1.8)$ 的精确值为 $6.049\,647\cdots$. 由上述计算结果可以看出,利用(4.35) 式计算所得的结果最精确.

用插值多项式 $P_n(x)$ 作为 $f(x)$ 的近似函数,还可以建立高阶数值求导公式

$$f^{(k)}(x)\approx P_n^{(k)}(x)\quad(k=1,2,\cdots).$$

然而,用这种由插值多项式建立的数值求导公式来求高阶导数值,其精度比较低,所以不宜用此方法建立高阶数值求导公式.

4.5.2　三次样条求导公式

我们知道，三次样条插值函数 $S(x)$ 作为 $f(x)$ 的近似函数，不但彼此的函数值很接近，导数值也很接近. 因此，用三次样条插值函数建立数值求导公式是很自然的.

在闭区间$[a,b]$上，给定一种划分 $a=x_0<x_1<x_2<\cdots<x_n=b$，$h_k=x_{k+1}-x_k(k=0,1,2,\cdots,n-1)$，以及相应节点处的函数值 $y_k=f(x_k)(k=0,1,2,\cdots,n)$，再给定适当的边界条件. 按照三次样条插值的算法，建立关于节点处的一阶导数 m_k 或二阶导数 M_k 的方程组，求得 m_k 或$M_k(k=0,1,2,\cdots,n)$，从而得到三次样条插值函数 $S(x)$ 的表达式. 这样，可得数值求导公式

$$f^{(i)}(x)\approx S^{(i)}(x)\quad(i=0,1,2),\tag{4.36}$$

称之为**三次样条求导公式**.

与前面的插值型求导公式不同，三次样条求导公式(4.36) 可以用来计算插值范围内任何一点(不仅是节点) 处的导数值，其误差估计由(2.64) 式给出.

对于节点处的导数值，若求得的是一阶导数 $m_k(k=0,1,2,\cdots,n)$，则由 $S(x)$ 的表达式有

$$f'(x_k)\approx m_k,\quad f''(x_k)\approx S''(x_k)=-\frac{2}{h_k}(2m_k+m_{k+1})+\frac{6}{h_k}f[x_k,x_{k+1}];$$

若求得的是二阶导数 $M_k(k=0,1,2,\cdots,n)$，则由 $S(x)$ 的表达式有

$$f'(x_k)\approx S'(x_k)=-\frac{h_k}{6}(2M_k+M_{k+1})+f[x_k,x_{k+1}],\quad f''(x_k)\approx M_k,$$

其中 $f[x_k,x_{k+1}]$ 为一阶均差.

4.5.3　数值微分的外推算法

先看一个简单的例子. 计算函数 $f(x)=-\cot x$ 在 $x=0.04$ 处的一阶导数值. 利用三点公式(4.33)，有

$$f'(x)\approx\frac{1}{2h}(f(x+h)-f(x-h)).$$

取 $h=0.0016$，求得 $f'(0.04)\approx 626.3350426$. 实际上，$f'(0.04)$ 的精确值为 $625.333440027\cdots$. 由此看出，所得近似值仅具有 2 位有效数字. 我们可以利用理查森外推法提高计算精度.

通常将 $\frac{1}{2h}(f(x+h)-f(x-h))$ 称为函数 $f(x)$ 在点 x 处的**中心差商**，记为

$$G(h)=\frac{1}{2h}(f(x+h)-f(x-h)).$$

由泰勒展开式有

$$f'(x)\approx G(h)=f'(x)+\frac{h^2}{6}f'''(x)+\frac{h^4}{120}f^{(5)}(x)+\cdots.$$

利用理查森外推公式(4.23)，取 $q=2$，$p_k=2k$，则有

$$\begin{cases}G_1(h)=G(h),\\ G_{m+1}(h)=\dfrac{4^mG_m\left(\dfrac{h}{2}\right)-G_m(h)}{4^m-1}\quad(m=1,2,\cdots).\end{cases}\tag{4.37}$$

公式(4.37)的终止标准是$\left|G_{m+1}(h)-G_m\left(\frac{h}{2}\right)\right|<\varepsilon$,其中$\varepsilon$是预先给定的允许误差.

例 4.14

设函数$f(x)=x^2e^{-x}$,当步长h分别取0.1,0.05,0.025时,求$f(x)$的一阶导数在$x=0.5$处的中心差商,并进行外推,且与精确值做比较.

解 依次取$h=0.1,0.05,0.025$,先求出$f'(x)$在节点$x=0.5$处的中心差商,再按(4.37)式进行外推,外推两次,所得计算结果列于表4-7中.

表 4-7

h	$G_1(h)$	$G_2(h)$	$G_3(h)$
0.1	0.451 604 908 1	0.454 899 923 1	0.454 897 994
0.05	0.454 076 169 3	0.454 898 115 2	
0.025	0.454 692 628 8		

由于$f'(0.5)$的精确值为0.454 897 994 …,所以从表4-7可以看出,$h=0.025$时的中心差商只有3位有效数字,但外推一次可达到5位有效数字,外推两次可达到9位有效数字.

内容小结与评注

本章的基本内容包括:数值求积公式的误差估计与代数精度、牛顿-科茨公式、复化梯形公式和复化辛普森公式、变步长求积法、外推原理和龙贝格求积法、高斯型求积公式、插值型求导公式和三次样条求导公式、数值微分的外推算法等.

我们知道,积分和微分是两种分析运算,它们都是通过极限来定义的.数值积分和数值微分则归结为函数值的四则运算,这使得它们的计算过程可以在计算机上完成.处理数值积分和数值微分的基本方法是逼近法.本章基于插值法的原理推导了数值积分和数值微分的基本公式.

牛顿-科茨公式和高斯型求积公式都是插值型求积公式.前者取等距节点,算法简单且易于编写程序;后者采用正交多项式的零点作为求积节点,从而具有较高的精度,但求积节点没有规律.运用带权的高斯型求积公式,能把复杂的求积问题化简.由于高阶牛顿-科茨公式数值不稳定,所以在实际计算中常常采用复化求积公式.

基于数值积分的误差估计式,变步长求积法不需要一开始就确定步长,且在随后的每一步中都能估计出近似积分值的误差.因此,变步长求积法是一种易于执行的方法.变步长求积法的不足是收敛速度较慢.

龙贝格求积法利用误差不断修正近似积分值,有效地加快了收敛速度,且程序简单,精度较高,是实际计算中常用的方法.当增加节点数以提高近似程度时,前面计算的结果在后面的计算中仍可使用,因此大大地减少了运算量.该方法有比较简单的误差估计方法,能同时得到若干积分序列.

外推原理是提高计算精度的一种重要技巧,它应用广泛,特别适用于数值积分、数值微分、常微分方程和偏微分方程数值解等问题.

奇异积分、振荡积分、多重积分的求积方法，特别是蒙特卡罗(Monte Carlo)方法，是数值积分的重要课题.限于篇幅，本章对这些内容未做介绍，感兴趣的读者可参考相关专著.

习题 4

4.1　确定下列求积公式的待定参数，使其代数精度尽量高，并指出其代数精度：

(1) $\int_{-h}^{h} f(x)\mathrm{d}x \approx A_0 f(-h) + A_1 f(0) + A_2 f(h)$；

(2) $\int_{-2h}^{2h} f(x)\mathrm{d}x \approx A_0 f(-h) + A_1 f(0) + A_2 f(h)$；

(3) $\int_{0}^{1} f(x)\mathrm{d}x \approx A_0 f(0) + A_1 f(1) + A_2 f'(0)$.

4.2　证明：求积公式

$$\int_{x_0}^{x_1} f(x)\mathrm{d}x \approx \frac{h}{2}(f(x_0)+f(x_1)) - \frac{h^2}{12}(f'(x_1)-f'(x_0))$$

具有三次代数精度，其中 $h = x_1 - x_0$.

4.3　用辛普森公式计算定积分$\int_0^1 \mathrm{e}^{-x}\mathrm{d}x$，并估计误差.

4.4　设函数 $f(x)$ 的数据如表 4-8 所示，分别用复化梯形公式和复化辛普森公式计算定积分$\int_{1.8}^{2.6} f(x)\mathrm{d}x$.

表　4-8

x_i	1.8	2.0	2.2	2.4	2.6
$f(x_i)$	3.120 14	4.425 69	6.042 41	8.030 14	10.466 75

4.5　用复化梯形公式和复化辛普森公式计算定积分$\int_1^3 \mathrm{e}^x \sin x\mathrm{d}x$，要求误差不超过 10^{-4}. 不计舍入误差，问：各需要多少个节点？

4.6　设函数 $f(x)$ 在闭区间$[a,b]$上可积，证明：当 $n\to\infty$ 时，复化辛普森公式所给出的计算值无限趋近于所计算的定积分$\int_a^b f(x)\mathrm{d}x$.

4.7　用龙贝格求积法计算定积分$\frac{2}{\sqrt{\pi}}\int_0^1 \mathrm{e}^{-x}\mathrm{d}x$，要求误差不超过 10^{-5}.

4.8　用三点高斯-勒让德求积公式计算定积分$\int_0^1 \frac{4}{1+x^2}\mathrm{d}x$.

4.9　用二点高斯-切比雪夫求积公式计算定积分$\int_{-1}^1 \frac{1-x^2}{\sqrt{1-x^2}}\mathrm{d}x$.

4.10　用三点公式求函数 $f(x) = \frac{1}{(1+x)^2}$ 在 $x = 1.0, 1.1, 1.2$ 处的导数值，并估计误差，其中 $f(x)$ 的部分函数值如表 4-9 所示.

表 4-9

x_i	1.0	1.1	1.2
$f(x_i)$	0.250 0	0.226 8	0.206 6

4.11 给定函数 $f(x)=\sqrt{x}$ 在节点 $x_k=100+kh(h=1;k=0,1,2,3)$ 处的函数值和两个端点处的导数值 $f'(100)$ 和 $f'(103)$，用三次样条求导公式，计算 $f'(101)$，$f'(101.5)$，$f'(102)$ 和 $f''(101.5)$.

数值实验题 4

4.1 用复化梯形公式、复化辛普森公式、龙贝格求积法和高斯-勒让德求积公式计算下列定积分，使得绝对误差界为 0.5×10^{-7}，并将计算结果与精确值做比较，且讨论各种算法的运算量：

(1) $\int_1^2 \frac{1}{x}\mathrm{d}x=\ln 2$；　　(2) $\int_0^1 \frac{1}{1+x^2}\mathrm{d}x=\frac{\pi}{4}$.

4.2 利用外推原理计算下列积分值，并将计算结果与精确值进行比较，如果所得结果不满意，对算法做适当修改：

(1) $\int_0^1\left(\frac{x}{1+x^2}+\frac{x^2}{2}\right)\mathrm{d}x=0.513\,240\,25\cdots$；

(2) $\int_0^{\pi}\sin^2 x\mathrm{d}x=\frac{\pi}{2}$.

4.3 用三次样条求导公式和外推原理求下列函数的一阶、二阶导数，并结合函数的图形说明精度与步长 h 的关系：

(1) $f(x)=\frac{1}{16}x^6-\frac{3}{10}x^2\quad(-2\leqslant x\leqslant 2)$；

(2) $f(x)=\mathrm{e}^{-x^2}\cos 20x\quad(0\leqslant x\leqslant 2)$.

4.4 设计自适应的辛普森公式计算定积分 $\int_0^1 x\sqrt{x}\,\mathrm{d}x$ 的近似值(已知该定积分的精确值为 0.4)，即对不同的子区间分别按照精度要求确定各自适当的步长，计算各子区间上的积分近似值，然后将各个近似值相加，要求绝对误差界为 0.5×10^{-7}.

4.5 编写用高斯型求积公式计算定积分的程序(高斯点数取 1,2,3,4,5 即可)，并用该程序计算定积分 $I=\int_0^1\frac{\sin x}{x}\mathrm{d}x$.

4.6 构造高斯型求积公式

$$\int_0^1\frac{f(x)}{1+x^2}\mathrm{d}x\approx A_1f(x_1)+A_2f(x_2)+A_3f(x_3),$$

并计算下列定积分：

(1) $\int_0^1\frac{x^4}{1+x^2}\mathrm{d}x$；　　(2) $\int_0^1\frac{\mathrm{e}^{-x}}{1+x^2}\mathrm{d}x$；

(3) $\int_0^1\frac{x^4}{\sqrt{1+x^2}}\mathrm{d}x$；　　(4) $\int_0^1\frac{\mathrm{e}^{-x}}{\sqrt{1+x^2}}\mathrm{d}x$.

第5章 线性方程组的直接解法

在科学研究与工程技术中，许多问题可以归结为求解线性方程组 $\boldsymbol{Ax}=\boldsymbol{b}$，其中 $\boldsymbol{A}=(a_{ij})\in\mathbf{R}^{n\times n}$，$\boldsymbol{b}=(b_1,b_2,\cdots,b_n)^{\mathrm{T}}\in\mathbf{R}^n$，$\boldsymbol{x}=(x_1,x_2,\cdots,x_n)^{\mathrm{T}}\in\mathbf{R}^n$ 分别为该方程组的系数矩阵、右端向量和解向量. 若 $\boldsymbol{A}$ 可逆，则该方程组存在唯一解.

对于中小型线性方程组，常用直接解法. 从本质上说，**直接解法**的原理是：先找到一个可逆矩阵 $\boldsymbol{M}$，使得 $\boldsymbol{MA}$ 成为一个上三角形矩阵. 这一过程通常称为**消元过程**. 再进行回代，即求解三角形方程组 $\boldsymbol{MAx}=\boldsymbol{Mb}$. 这类直接解法中最基本、最简单的就是高斯消去法. 本章将讨论高斯消去法及其变形，以及某些情况下的特殊解法，并进行误差分析.

§5.1 高斯消去法

5.1.1 高斯消去法的计算过程

我们把线性方程组 $\boldsymbol{Ax}=\boldsymbol{b}$ 写成

$$\begin{cases}a_{11}x_1+a_{12}x_2+\cdots+a_{1n}x_n=b_1,\\ a_{21}x_1+a_{22}x_2+\cdots+a_{2n}x_n=b_2,\\ \quad\cdots\cdots\\ a_{n1}x_1+a_{n2}x_2+\cdots+a_{nn}x_n=b_n\end{cases} \tag{5.1}$$

的形式. 设方程组(5.1)的系数矩阵 $\boldsymbol{A}$ 非奇异. 记 $\boldsymbol{A}^{(1)}=(a_{ij}^{(1)})_{n\times n}$, $\boldsymbol{b}^{(1)}=(b_1^{(1)},b_2^{(1)},\cdots,b_n^{(1)})^{\mathrm{T}}$, 其中 $a_{ij}^{(1)}=a_{ij}\,(i,j=1,2,\cdots,n)$, $b_i^{(1)}=b_i\,(i=1,2,\cdots,n)$, 于是有 $(\boldsymbol{A}^{(1)},\boldsymbol{b}^{(1)})=(\boldsymbol{A},\boldsymbol{b})$, 方程组(5.1)也可写成

$$\boldsymbol{A}^{(1)}\boldsymbol{x}=\boldsymbol{b}^{(1)}.$$

这里上标(1)代表第1步消元之前的状态(下面出现的上标(2),(3),…,(n)可作类似理解).

高斯消元过程就是按照下面的消元步骤对方程组(5.1)进行初等行变换,将其化为三角形方程组:

第1步消元:设 $a_{11}^{(1)}\neq 0$. 对方程组(5.1)做初等行变换,即保留第1个方程并利用它分别消去其余方程中的第1个未知数. 此时,第2至第 n 个方程中未知数的系数和常数项一般都有改变,分别记为 $a_{ij}^{(2)}\,(i,j=2,3,\cdots,n)$ 和 $b_i^{(2)}\,(i=2,3,\cdots,n)$. 具体方法为:先计算乘数

$$l_{i1}=\frac{a_{i1}^{(1)}}{a_{11}^{(1)}}\quad(i=2,3,\cdots,n);$$

再用 $-l_{i1}$ 乘以方程组(5.1)的第1个方程后加到第 $i\,(i=2,3,\cdots,n)$ 个方程上,则有

$$\begin{cases}a_{ij}^{(2)}=a_{ij}^{(1)}-l_{i1}a_{1j}^{(1)},\\ b_i^{(2)}=b_i^{(1)}-l_{i1}b_1^{(1)}\end{cases}\quad(i,j=2,3,\cdots,n).$$

用增广矩阵表示,就是将 $(\boldsymbol{A}^{(1)},\boldsymbol{b}^{(1)})$ 变换为

$$(\boldsymbol{A}^{(2)},\boldsymbol{b}^{(2)})=\begin{pmatrix}a_{11}^{(1)} & a_{12}^{(1)} & \cdots & a_{1n}^{(1)} & b_1^{(1)}\\ 0 & a_{22}^{(2)} & \cdots & a_{2n}^{(2)} & b_2^{(2)}\\ \vdots & \vdots & & \vdots & \vdots\\ 0 & a_{n2}^{(2)} & \cdots & a_{nn}^{(2)} & b_n^{(2)}\end{pmatrix},$$

它对应的方程组 $\boldsymbol{A}^{(2)}\boldsymbol{x}=\boldsymbol{b}^{(2)}$ 与方程组(5.1)等价. 可见,第1步消元后所得方程组

$$\boldsymbol{A}^{(2)}\boldsymbol{x}=\boldsymbol{b}^{(2)}$$

的第2至第 n 个方程中,含未知数 x_1 的项已经消去.

第 $k\,(k=2,3,\cdots,n-1)$ 步消元:设消元已进行 $k-1$ 步,得到方程组

$$\boldsymbol{A}^{(k)}\boldsymbol{x}=\boldsymbol{b}^{(k)},$$

此时对应的增广矩阵为

$$(\boldsymbol{A}^{(k)},\boldsymbol{b}^{(k)})=\begin{pmatrix} a_{11}^{(1)} & a_{12}^{(1)} & \cdots & a_{1k}^{(1)} & \cdots & a_{1n}^{(1)} & b_1^{(1)} \\ & a_{22}^{(2)} & \cdots & a_{2k}^{(2)} & \cdots & a_{2n}^{(2)} & b_2^{(2)} \\ & & \ddots & \vdots & & \vdots & \vdots \\ & & & a_{kk}^{(k)} & \cdots & a_{kn}^{(k)} & b_k^{(k)} \\ & & & \vdots & & \vdots & \vdots \\ & & & a_{nk}^{(k)} & \cdots & a_{nn}^{(k)} & b_n^{(k)} \end{pmatrix}. \tag{5.2}$$

设 $a_{kk}^{(k)}\neq 0$，对方程组 $\boldsymbol{A}^{(k)}\boldsymbol{x}=\boldsymbol{b}^{(k)}$ 继续做初等行变换：保留第 1 至第 k 个方程不变，利用第 k 个方程分别消去其余方程中的第 k 个未知数. 此时，第 $k+1$ 至第 n 个方程中未知数的系数和常数项一般都有改变，分别记为 $a_{ij}^{(k+1)}$ 和 $b_i^{(k+1)}(i,j=k+1,k+2,\cdots,n)$. 令

$$l_{ik}=\frac{a_{ik}^{(k)}}{a_{kk}^{(k)}}\quad (i=k+1,k+2,\cdots,n),$$

则有

$$\begin{cases} a_{ij}^{(k+1)}=a_{ij}^{(k)}-l_{ik}a_{kj}^{(k)}, \\ b_i^{(k+1)}=b_i^{(k)}-l_{ik}b_k^{(k)} \end{cases}\quad (i,j=k+1,k+2,\cdots,n), \tag{5.3}$$

即将增广矩阵 $(\boldsymbol{A}^{(k)},\boldsymbol{b}^{(k)})$ 变换为 $(\boldsymbol{A}^{(k+1)},\boldsymbol{b}^{(k+1)})$，其中第 1 至第 k 行的元素不变，第 $k+1$ 至第 n 行的元素由(5.3)式给出. 它对应的方程组 $\boldsymbol{A}^{(k+1)}\boldsymbol{x}=\boldsymbol{b}^{(k+1)}$ 与方程组(5.1)等价，且在第 $k+1$ 至第 n 个方程中，含未知数 $x_1,x_2,\cdots,x_k$ 的项已经消去.

上述过程可进行 $n-1$ 步，得到方程组

$$\boldsymbol{A}^{(n)}\boldsymbol{x}=\boldsymbol{b}^{(n)}, \tag{5.4}$$

其中 $\boldsymbol{A}^{(n)}$ 是一个上三角形矩阵，于是

$$(\boldsymbol{A}^{(n)},\boldsymbol{b}^{(n)})=\begin{pmatrix} a_{11}^{(1)} & a_{12}^{(1)} & \cdots & a_{1n}^{(1)} & b_1^{(1)} \\ & a_{22}^{(2)} & \cdots & a_{2n}^{(2)} & b_2^{(2)} \\ & & \ddots & \vdots & \vdots \\ & & & a_{nn}^{(n)} & b_n^{(n)} \end{pmatrix}.$$

这就完成全部的消元过程.

因为 $\boldsymbol{A}$ 非奇异，所以 $a_{nn}^{(n)}\neq 0$. 于是，求解三角形方程组(5.4)时，可通过逐次代入计算得到该方程组的解，其计算公式为

$$\begin{cases} x_n=\dfrac{b_n^{(n)}}{a_{nn}^{(n)}}, \\ x_i=\dfrac{1}{a_{ii}^{(i)}}\left(b_i^{(i)}-\displaystyle\sum_{j=i+1}^{n}a_{ij}^{(i)}x_j\right)\quad (i=n-1,n-2,\cdots,1). \end{cases} \tag{5.5}$$

利用(5.5)式求解三角形方程组(5.4)的过程称为**回代过程**.

上述由高斯消元过程和回代过程合起来求解方程组(5.1)的方法称为**高斯消去法**，其中元素 $a_{kk}^{(k)}(k=1,2,\cdots,n)$ 称为**主元**.

由上述讨论可知，利用高斯消去法求解方程组(5.1)时，第 $k(k=1,2,\cdots,n-1)$ 步消元需做除法运算 $n-k$ 次，乘法和减法运算各 $(n-k)(n+1-k)$ 次，所以整个消元过程共需做乘法或除法运算的次数为

$$\sum_{k=1}^{n-1}(n-k)+\sum_{k=1}^{n-1}(n-k)(n+1-k)=\frac{n^3}{3}+\frac{n^2}{2}-\frac{5n}{6},$$

加法或减法运算的次数为

$$\sum_{k=1}^{n-1}(n-k)(n+1-k)=\frac{n^3}{3}-\frac{n}{3};$$

而回代过程共需做乘法或除法运算 $\frac{n(n+1)}{2}$ 次，加法或减法运算 $\frac{n(n-1)}{2}$ 次. 所以，高斯消去法总共需做乘法或除法运算的次数为

$$\frac{n^3}{3}+n^2-\frac{n}{3},$$

加法或减法运算的次数为

$$\frac{n^3}{3}+\frac{n^2}{2}-\frac{5n}{6}.$$

如果我们用克拉默(Cramer)法则求解方程组(5.1)，那么需要计算 $n+1$ 个 n 阶行列式，并做 n 次除法运算. 而在计算 n 阶行列式时，如果用余子式展开的方法计算，那么计算每个 n 阶行列式需做 $n\cdot n!$ 次乘法运算. 所以，用克拉默法则求解大约需要做 $(n+1)!n+n$ 次乘法或除法运算. 例如，当 $n=10$ 时，约需做 4×10^8 次乘法或除法运算，而用高斯消去法求解只需做 430 次乘法或除法运算.

例 5.1

用高斯消去法求解线性方程组

$$\begin{cases} x_1+\frac{2}{3}x_2+\frac{1}{3}x_3=2, \\ \frac{9}{20}x_1+x_2+\frac{11}{20}x_3=2, \\ \frac{2}{3}x_1+\frac{1}{3}x_2+x_3=2. \end{cases}$$

解 第 1 步消元：令 $l_{21}=\frac{9}{20}, l_{31}=\frac{2}{3}$，经初等行变换后，增广矩阵变为

$$\begin{pmatrix} 1 & \frac{2}{3} & \frac{1}{3} & 2 \\ 0 & \frac{7}{10} & \frac{2}{5} & \frac{11}{10} \\ 0 & -\frac{1}{9} & \frac{7}{9} & \frac{2}{3} \end{pmatrix};$$

第 2 步消元：令 $l_{32}=-\frac{10}{63}$，经初等行变换后，增广矩阵变为

$$\begin{pmatrix} 1 & \frac{2}{3} & \frac{1}{3} & 2 \\ 0 & \frac{7}{10} & \frac{2}{5} & \frac{11}{10} \\ 0 & 0 & \frac{53}{63} & \frac{53}{63} \end{pmatrix}.$$

利用公式(5.5)，依次得到 $x_3=1, x_2=1, x_1=1$.

在这个例子中，我们写出的是分数运算的结果. 如果在计算机上进行计算，则系数矩阵和中间结果都将用经过舍入的机器数表示，故中间结果和线性方程组的解都可能存在误差.

5.1.2　矩阵的三角分解

从上面的高斯消元过程可以看出，消元能顺利进行的重要条件是主元 $a_{kk}^{(k)} \neq 0(k=1,2,\cdots,n-1)$. 关于主元，有如下定理 5.1 成立：

定理 5.1　**利用高斯消去法求解 n 元线性方程组 $\boldsymbol{Ax}=\boldsymbol{b}$ 时，消元过程中产生的主元 $a_{ii}^{(i)}(i=1,2,\cdots,k;k\leqslant n)$ 全不为零的充要条件是 $\boldsymbol{A}$ 的顺序主子式 $D_i=\det(\boldsymbol{A}_i)\neq 0(i=1,2,\cdots,k)$，其中 $\boldsymbol{A}_i$ 表示矩阵 $\boldsymbol{A}$ 的 i 阶顺序主子阵.**

证　*必要性*　设 $a_{ii}^{(i)}\neq 0(i=1,2,\cdots,k)$，则可进行 k 步消元过程. 显然，$D_1=a_{11}^{(1)}\neq 0$. 对于 $i\geqslant 2$，由于每步消元进行的初等行变换都不改变顺序主子式的值，所以第 $i-1$ 步消元后有

$$D_i=\begin{vmatrix} a_{11}^{(1)} & a_{12}^{(1)} & \cdots & a_{1i}^{(1)} \\ & a_{22}^{(2)} & \cdots & a_{2i}^{(2)} \\ & & \ddots & \vdots \\ & & & a_{ii}^{(i)} \end{vmatrix}=a_{11}^{(1)}a_{22}^{(2)}\cdots a_{ii}^{(i)}\neq 0.$$

充分性　用数学归纳法证明.

当 $k=1$ 时，命题显然成立.

现设命题对于 $k=m-1$ 是成立的，下面证明命题对于 $k=m$ 也是成立的. 设 $D_i\neq 0(i=1,2,\cdots,m)$，则由归纳假设有 $a_{ii}^{(i)}\neq 0(i=1,2,\cdots,m-1)$，此时可用高斯消去法将矩阵 $\boldsymbol{A}^{(1)}$ 变换为

$$\boldsymbol{A}^{(m)}=\begin{pmatrix} \boldsymbol{A}_{11}^{(m)} & \boldsymbol{A}_{12}^{(m)} \\ \boldsymbol{O} & \boldsymbol{A}_{22}^{(m)} \end{pmatrix},$$

其中 $\boldsymbol{A}_{11}^{(m)}$ 是主对角元为 $a_{11}^{(1)},a_{22}^{(2)},\cdots,a_{m-1,m-1}^{(m-1)}$ 的上三角形矩阵，$\boldsymbol{A}_{22}^{(m)}$ 首行的第一个元素为 $a_{mm}^{(m)}$. 因 $\boldsymbol{A}^{(m)}$ 是通过消元过程，由 $\boldsymbol{A}$ 经初等行变换得到的，故 $\boldsymbol{A}$ 的 m 阶顺序主子式等于 $\boldsymbol{A}^{(m)}$ 的 m 阶顺序主子式，即

$$D_m=a_{11}^{(1)}a_{22}^{(2)}\cdots a_{m-1,m-1}^{(m-1)}a_{mm}^{(m)}.$$

于是，由 $D_m\neq 0$ 可推出 $a_{mm}^{(m)}\neq 0$.

综上所述，由数学归纳法可知命题成立.

定理 5.2　**在线性方程组 $\boldsymbol{Ax}=\boldsymbol{b}$ 中，若 $\boldsymbol{A}$ 非奇异，则当 $\boldsymbol{A}$ 的所有顺序主子式均不为零时，可用高斯消去法求出该方程组的解.**

特别地，若 $\boldsymbol{A}$ 为对称正定矩阵，则由对称正定矩阵的性质可知，对于线性方程组 $\boldsymbol{Ax}=\boldsymbol{b}$，不必做任何处理，可直接用高斯消去法求解.

下面将消元过程用矩阵运算来表示. 对于第 $k(k=1,2,\cdots,n-1)$ 步消元，同前面一样，令乘数 $l_{ik}=\dfrac{a_{ik}^{(k)}}{a_{kk}^{(k)}}(i=k+1,k+2,\cdots,n)$，$\boldsymbol{l}^{(k)}=(0,\cdots,0,l_{k+1,k},\cdots,l_{nk})^{\mathrm{T}}$，$\boldsymbol{e}_k$ 为第 k 个分量为 1 的

n 维单位向量，即 $e_k = (\underbrace{0,\cdots,0}_{k-1\text{个}},1,0,\cdots,0)^{\mathrm{T}}$，并记

$$\boldsymbol{L}_k = \boldsymbol{I} - \boldsymbol{l}^{(k)}\boldsymbol{e}_k^{\mathrm{T}} = \begin{pmatrix} 1 & & & & & \\ & \ddots & & & & \\ & & 1 & & & \\ & & -l_{k+1,k} & 1 & & \\ & & \vdots & & \ddots & \\ & & -l_{nk} & & & 1 \end{pmatrix}, \tag{5.6}$$

其中 $\boldsymbol{I}$ 为单位矩阵. 不难验证，

$$(\boldsymbol{I} - \boldsymbol{l}^{(k)}\boldsymbol{e}_k^{\mathrm{T}})(\boldsymbol{I} + \boldsymbol{l}^{(k)}\boldsymbol{e}_k^{\mathrm{T}}) = (\boldsymbol{I} + \boldsymbol{l}^{(k)}\boldsymbol{e}_k^{\mathrm{T}})(\boldsymbol{I} - \boldsymbol{l}^{(k)}\boldsymbol{e}_k^{\mathrm{T}}) = \boldsymbol{I},$$

即 $\boldsymbol{L}_k^{-1} = \boldsymbol{I} + \boldsymbol{l}^{(k)}\boldsymbol{e}_k^{\mathrm{T}}$.

利用矩阵(5.6)，第 k 步消元可表示为

$$\boldsymbol{L}_k(\boldsymbol{A}^{(k)},\boldsymbol{b}^{(k)}) = (\boldsymbol{A}^{(k+1)},\boldsymbol{b}^{(k+1)}).$$

这样，经过 $n-1$ 步消元后可得

$$\boldsymbol{L}_{n-1}\boldsymbol{L}_{n-2}\cdots\boldsymbol{L}_1\boldsymbol{A}^{(1)} = \boldsymbol{A}^{(n)},\quad \boldsymbol{L}_{n-1}\boldsymbol{L}_{n-2}\cdots\boldsymbol{L}_1\boldsymbol{b}^{(1)} = \boldsymbol{b}^{(n)},$$

其中 $\boldsymbol{A}^{(n)}$ 是上三角形矩阵. 记 $\boldsymbol{U} = \boldsymbol{A}^{(n)}$，$\boldsymbol{L} = \boldsymbol{L}_1^{-1}\boldsymbol{L}_2^{-1}\cdots\boldsymbol{L}_{n-1}^{-1}$，即

$$\boldsymbol{L} = \begin{pmatrix} 1 & & & & \\ l_{21} & 1 & & & \\ l_{31} & l_{32} & 1 & & \\ \vdots & \vdots & \ddots & \ddots & \\ l_{n1} & l_{n2} & \cdots & l_{n,n-1} & 1 \end{pmatrix}.$$

这种主对角元均为 1 的下三角形矩阵称为**单位下三角形矩阵**. 矩阵 $\boldsymbol{L}$ 的主对角线以下的元素就是消元过程中的乘数. 最后，我们得到

$$\boldsymbol{A} = \boldsymbol{L}\boldsymbol{U}, \tag{5.7}$$

称该式为矩阵 $\boldsymbol{A}$ 的**三角分解**或 **LU 分解**.

定理 5.3 **设矩阵 $\boldsymbol{A} \in \mathbf{R}^{n\times n}$. 若 $\boldsymbol{A}$ 的顺序主子式 $D_i(i = 1,2,\cdots,n)$ 都不为零，则存在唯一的单位下三角形矩阵 $\boldsymbol{L}$ 和上三角形矩阵 $\boldsymbol{U}$，使得 $\boldsymbol{A} = \boldsymbol{L}\boldsymbol{U}$.**

证 前面的分析已证明了 $\boldsymbol{A}$ 可做 LU 分解，下面证明这种分解的唯一性. 设 $\boldsymbol{A}$ 有两个这种分解：

$$\boldsymbol{A} = \boldsymbol{L}\boldsymbol{U} = \widetilde{\boldsymbol{L}}\widetilde{\boldsymbol{U}},$$

其中 $\boldsymbol{L}$ 与 $\widetilde{\boldsymbol{L}}$ 都是单位下三角形矩阵，$\boldsymbol{U}$ 与 $\widetilde{\boldsymbol{U}}$ 都是上三角形矩阵. 因 $\boldsymbol{A}$ 非奇异，故 $\boldsymbol{L},\widetilde{\boldsymbol{L}},\boldsymbol{U},\widetilde{\boldsymbol{U}}$ 都可逆. 在等式 $\boldsymbol{L}\boldsymbol{U} = \widetilde{\boldsymbol{L}}\widetilde{\boldsymbol{U}}$ 两边同时左乘 $\boldsymbol{L}^{-1}$，右乘 $\widetilde{\boldsymbol{U}}^{-1}$，即得

$$\boldsymbol{U}\widetilde{\boldsymbol{U}}^{-1} = \boldsymbol{L}^{-1}\widetilde{\boldsymbol{L}}.$$

因 $\widetilde{\boldsymbol{U}}^{-1}$ 仍为上三角形矩阵，故 $\boldsymbol{U}\widetilde{\boldsymbol{U}}^{-1}$ 也是上三角形矩阵. 同理，$\boldsymbol{L}^{-1}\widetilde{\boldsymbol{L}}$ 是单位下三角形矩阵. 因此，有

$$\boldsymbol{U}\widetilde{\boldsymbol{U}}^{-1} = \boldsymbol{L}^{-1}\widetilde{\boldsymbol{L}} = \boldsymbol{I},$$

即

$$\boldsymbol{U} = \widetilde{\boldsymbol{U}},\quad \boldsymbol{L} = \widetilde{\boldsymbol{L}}.$$

分解式(5.7) 也称为**杜利特尔**(Doolittle) **分解**. 由(5.7) 式可求出矩阵 $\boldsymbol{A}$ 的行列式，即

$$\det(\boldsymbol{A}) = a_{11}^{(1)}a_{22}^{(2)}\cdots a_{nn}^{(n)}.$$

若将上三角形矩阵 $\boldsymbol{U}$ 写成 $\boldsymbol{U} = \boldsymbol{D}\overline{\boldsymbol{U}}$ 的形式，其中 $\overline{\boldsymbol{U}}$ 是主对角元均为 1 的上三角形矩阵(称为单

位上三角形矩阵)，则有

$$A = LD\bar{U}. \tag{5.8}$$

称该式为矩阵 A 的 **LD$\bar{\mathrm{U}}$ 分解**. 显然，这种分解也具有唯一性.

例 5.2

求矩阵

$$A = \begin{pmatrix} 1 & 1 & 1 \\ 0 & 4 & -1 \\ 2 & -2 & -1 \end{pmatrix}$$

的 LU 分解和 LD$\bar{\mathrm{U}}$ 分解.

解　根据高斯消去法，有 $l_{21} = 0, l_{31} = 2$，矩阵 $A^{(1)} = A$ 变换为

$$A^{(2)} = \begin{pmatrix} 1 & 1 & 1 \\ 0 & 4 & -1 \\ 0 & -4 & -3 \end{pmatrix}.$$

进一步，有 $l_{32} = -1$，矩阵 $A^{(2)}$ 变换为

$$A^{(3)} = \begin{pmatrix} 1 & 1 & 1 \\ 0 & 4 & -1 \\ 0 & 0 & -4 \end{pmatrix}.$$

所以，A 的 LU 分解为 $A = LU$，其中

$$L = \begin{pmatrix} 1 & 0 & 0 \\ 0 & 1 & 0 \\ 2 & -1 & 1 \end{pmatrix}, \quad U = A^{(3)} = \begin{pmatrix} 1 & 1 & 1 \\ 0 & 4 & -1 \\ 0 & 0 & -4 \end{pmatrix}.$$

又因为

$$U = \begin{pmatrix} 1 & 0 & 0 \\ 0 & 4 & 0 \\ 0 & 0 & -4 \end{pmatrix} \begin{pmatrix} 1 & 1 & 1 \\ 0 & 1 & -\frac{1}{4} \\ 0 & 0 & 1 \end{pmatrix},$$

所以 A 的 LD$\bar{\mathrm{U}}$ 分解为

$$A = \begin{pmatrix} 1 & 0 & 0 \\ 0 & 1 & 0 \\ 2 & -1 & 1 \end{pmatrix} \begin{pmatrix} 1 & 0 & 0 \\ 0 & 4 & 0 \\ 0 & 0 & -4 \end{pmatrix} \begin{pmatrix} 1 & 1 & 1 \\ 0 & 1 & -\frac{1}{4} \\ 0 & 0 & 1 \end{pmatrix}.$$

5.1.3　主元消去法

前面已经介绍，在高斯消去法中，消元过程能进行的前提条件是主元 $a_{ii}^{(i)} \neq 0 (i = 1, 2, \cdots, n-1)$. 例如，若 $a_{11}^{(1)} = 0$，则第 1 步消元就不能进行. 有时虽然 $a_{ii}^{(i)} \neq 0$，但是 $|a_{ii}^{(i)}|$ 很小(称之为**小主元**)，用其作除数时所产生的舍入误差会导致消元过程数值不稳定，以致结果也不可靠. 对

于这种情况,可以考虑用主元消去法.下面先看一个例子.

例 5.3

用三位十进制浮点运算求解线性方程组

$$\begin{cases} 1.00\times 10^{-5}x_1+1.00x_2=1.00, \\ 1.00x_1+1.00x_2=2.00. \end{cases}$$

解 所给方程组的精确解$(x_1,x_2)^{\mathrm{T}}$显然应接近$(1.00,1.00)^{\mathrm{T}}$.注意到该方程组系数矩阵的元素a_{11}是个小主元,若直接用高斯消去法求解,则有

$$\begin{aligned} l_{21}&=\frac{a_{21}}{a_{11}}=1.00\times 10^5, \\ a_{22}^{(2)}&=a_{22}-l_{21}a_{12}=1.00-1.00\times 10^5, \\ b_2^{(2)}&=b_2-l_{21}b_1=2.00-1.00\times 10^5. \end{aligned}$$

在三位十进制浮点运算的限制下,得到$x_2=\dfrac{b_2^{(2)}}{a_{22}^{(2)}}\approx 1.00$.代回第1个方程得$x_1=0$,这显然是不正确的解.因为用小主元$a_{11}$做除法时,乘数$l_{21}$是个大数,所以在$a_{22}^{(2)}$的计算中,$a_{22}$的值完全被掩盖了.

如果先把第1个方程和第2个方程的次序交换,再用高斯消去法,就不会出现上述问题.此时,可解得$x_1=1.00$,$x_2=1.00$.这个求解方法蕴含了主元消去法中常用的列主元消去法的思想方法.

列主元消去法是**按列部分选主元的消去法**的简称,其具体做法如下:

记$(\boldsymbol{A}^{(1)},\boldsymbol{b}^{(1)})=(\boldsymbol{A},\boldsymbol{b})$,在进行高斯消去法的第$k(k=1,2,\cdots,n-1)$步消元时,先在增广矩阵$(\boldsymbol{A}^{(k)},\boldsymbol{b}^{(k)})$的元素$a_{kk}^{(k)}$及第$k$列中位于该元素下方的所有元素里选择一个绝对值最大的元素作为主元(这一过程称为**按列选主元**),即若

$$|a_{i_k,k}^{(k)}|=\max_{k\leqslant i\leqslant n}\{|a_{ik}^{(k)}|\},$$

则以$a_{i_k,k}^{(k)}$为主元,这里$i_k\geqslant k$,且由于$\boldsymbol{A}^{(k)}$非奇异,有$a_{i_k,k}^{(k)}\neq 0$,因此有$|l_{ik}|=\dfrac{|a_{ik}^{(k)}|}{|a_{i_k,k}^{(k)}|}\leqslant 1$,从而起到控制舍入误差的作用.选出主元后,若$i_k=k$,则直接进行第$k$步消元;若$i_k>k$,则先将$(\boldsymbol{A}^{(k)},\boldsymbol{b}^{(k)})$的第$i_k$行与第$k$行交换,再进行第$k$步消元.

完成$n-1$步选主元、换行与消元后,得到$\boldsymbol{A}^{(n)}\boldsymbol{x}=\boldsymbol{b}^{(n)}$(这是与原方程组等价的方程组,其中$\boldsymbol{A}^{(n)}$是一个上三角形矩阵),再回代求解.这就是列主元消去法的求解过程.

除了列主元消去法外,还有一种主元消去法 —— **完全主元消去法**:在第$k(k=1,2,\cdots,n-1)$步消元中,不是按列选主元,而是在$\boldsymbol{A}^{(k)}$右下角的$n-k+1$阶子阵中选主元$a_{i_k,j_k}^{(k)}$,即

$$|a_{i_k,j_k}^{(k)}|=\max_{k\leqslant i,j\leqslant n}\{|a_{ij}^{(k)}|\},$$

此时将$(\boldsymbol{A}^{(k)},\boldsymbol{b}^{(k)})$的第$i_k$行与第$k$行交换,第$j_k$列与第$k$列交换,同时将自变量$x_k$与$x_{j_k}$的位置交换,并记录自变量的排列次序,直到回代求解完成,再按照记录将自变量恢复为自然次序.由于完全主元消去法的运算量比列主元消去法大很多,而列主元消去法的舍入误差一般都较小,具有良好的数值稳定性,所以在实际计算中多用列主元消去法.

例 5.4

用列主元消去法求解线性方程组 $\boldsymbol{Ax}=\boldsymbol{b}$,求解过程中取 5 位有效数字进行计算,其中

$$(\boldsymbol{A},\boldsymbol{b})=\begin{pmatrix}-0.002 & 2 & 2 & 0.4\\ 1 & 0.78125 & 0 & 1.3816\\ 3.996 & 5.5625 & 4 & 7.4178\end{pmatrix}.$$

解　记 $(\boldsymbol{A}^{(1)},\boldsymbol{b}^{(1)})=(\boldsymbol{A},\boldsymbol{b})$.

第 1 步消元:先按列选主元为 $a_{31}^{(1)}=3.996$,并交换第 1 行与第 3 行,再进行消元计算,可得

$$(\boldsymbol{A}^{(2)},\boldsymbol{b}^{(2)})=\begin{pmatrix}3.996 & 5.5625 & 4 & 7.4178\\ 0 & -0.61077 & -1.0010 & -0.47471\\ 0 & 2.0028 & 2.0020 & 0.40371\end{pmatrix};$$

第 2 步消元:先按列选主元为 $a_{32}^{(2)}=2.0028$,并交换第 2 行与第 3 行,再进行消元计算,可得

$$(\boldsymbol{A}^{(3)},\boldsymbol{b}^{(3)})=\begin{pmatrix}3.996 & 5.5625 & 4 & 7.4178\\ 0 & 2.0028 & 2.0020 & 0.40371\\ 0 & 0 & -0.39047 & -0.35160\end{pmatrix},$$

消元过程至此结束.

最后,进行回代计算,依次得到

$$x_3\approx 0.90045,\quad x_2\approx -0.69852,\quad x_1\approx 1.9273.$$

例 5.4 中线性方程组的精确解为

$$\boldsymbol{x}=(1.92730,-0.698496,0.9004233)^{\mathrm{T}}.$$

若用不选主元的高斯消去法,则解得

$$\boldsymbol{x}=(1.9341,-0.69257,0.89451)^{\mathrm{T}},$$

此结果误差较大.这是因为在第 1 步消元中,$a_{11}^{(1)}$ 的绝对值比同列其他元素小很多.此例说明,列主元消去法是有效的方法.

下面介绍矩阵的含换行变换的三角分解,由此给出列主元消去法中消元过程的矩阵表示.

一般地,将矩阵 $\boldsymbol{A}$ 的第 i 行与第 j 行交换,其结果相当于矩阵 $\boldsymbol{A}$ 左乘一个初等排列矩阵 $\boldsymbol{I}_{ij}$,即 $\boldsymbol{I}_{ij}\boldsymbol{A}$,这里初等排列矩阵 $\boldsymbol{I}_{ij}$ 是指交换单位矩阵 $\boldsymbol{I}$ 第 i 行与第 j 行后所得的矩阵.不难验证

$$\boldsymbol{I}_{ij}=\boldsymbol{I}_{ji},\quad \boldsymbol{I}_{ij}^{-1}=\boldsymbol{I}_{ij},\quad \det(\boldsymbol{I}_{ij})=-1.$$

若矩阵 $\boldsymbol{A}$ 右乘 $\boldsymbol{I}_{ij}$,则其结果 $\boldsymbol{AI}_{ij}$ 相当于将矩阵 $\boldsymbol{A}$ 的第 i 列与第 j 列交换.

我们把若干个初等排列矩阵的乘积矩阵称为**排列矩阵**,它是单位矩阵经过若干次行或列的交换后所得的矩阵.

列主元消去法的每一步消元,一般是先按列选主元,并交换行,再进行消元.所以,有

$$\boldsymbol{A}^{(k+1)}=\boldsymbol{L}_k\boldsymbol{I}_{k,i_k}\boldsymbol{A}^{(k)},$$

其中 $\boldsymbol{L}_k$ 由(5.6)式所定义,$\boldsymbol{I}_{k,i_k}$ 是初等排列矩阵,i_k 是第 k 步消元中选取的主元所在的行号.如果第 k 步消元不需要换行,则 $i_k=k$,$\boldsymbol{I}_{kk}=\boldsymbol{I}$.

列主元消去法的消元过程进行 $n-1$ 步后,得到上三角形矩阵 $\boldsymbol{A}^{(n)}$,记

$$\boldsymbol{U}=\boldsymbol{A}^{(n)}=\boldsymbol{L}_{n-1}\boldsymbol{I}_{n-1,i_{n-1}}\cdots\boldsymbol{L}_2\boldsymbol{I}_{2,i_2}\boldsymbol{L}_1\boldsymbol{I}_{1,i_1}\boldsymbol{A}.\tag{5.9}$$

这就是列主元消去法中消元过程的矩阵表示. 由于是按列选主元,我们可以知道$\boldsymbol{L}_k$及$\boldsymbol{L}_k^{-1}$中元素的绝对值不大于1.

定理 5.4 **若$\boldsymbol{A}$为非奇异矩阵,则存在排列矩阵$\boldsymbol{P}$、单位下三角形矩阵$\boldsymbol{L}$和上三角形矩阵$\boldsymbol{U}$,使得**

$$\boldsymbol{PA}=\boldsymbol{LU}.$$

证 由(5.9)式可得

$$\boldsymbol{A}=\boldsymbol{I}_{1,i_1}\boldsymbol{L}_1^{-1}\boldsymbol{I}_{2,i_2}\boldsymbol{L}_2^{-1}\cdots\boldsymbol{I}_{n-1,i_{n-1}}\boldsymbol{L}_{n-1}^{-1}\boldsymbol{U},$$

其中$\boldsymbol{U}$为上三角形矩阵. 令排列矩阵

$$\boldsymbol{P}=\boldsymbol{I}_{n-1,i_{n-1}}\cdots\boldsymbol{I}_{2,i_2}\boldsymbol{I}_{1,i_1},$$

则利用$\boldsymbol{I}_{ij}^{-1}=\boldsymbol{I}_{ij}$,有

$$\begin{aligned}\boldsymbol{PA}=&(\boldsymbol{I}_{n-1,i_{n-1}}\cdots\boldsymbol{I}_{2,i_2}\boldsymbol{L}_1^{-1}\boldsymbol{I}_{2,i_2}\cdots\boldsymbol{I}_{n-1,i_{n-1}})(\boldsymbol{I}_{n-1,i_{n-1}}\cdots\boldsymbol{I}_{3,i_3}\boldsymbol{L}_2^{-1}\boldsymbol{I}_{3,i_3}\cdots\boldsymbol{I}_{n-1,i_{n-1}})\\&\cdot\cdots\cdot(\boldsymbol{I}_{n-1,i_{n-1}}\boldsymbol{L}_{n-2}^{-1}\boldsymbol{I}_{n-1,i_{n-1}})\boldsymbol{L}_{n-1}^{-1}\boldsymbol{U}.\end{aligned}$$

由此可知,若记

$$\begin{aligned}&\widetilde{\boldsymbol{L}}_k=\boldsymbol{I}_{n-1,i_{n-1}}\cdots\boldsymbol{I}_{k+1,i_{k+1}}\boldsymbol{L}_k^{-1}\boldsymbol{I}_{k+1,i_{k+1}}\cdots\boldsymbol{I}_{n-1,i_{n-1}}\quad(k=1,2,\cdots,n-2),\\&\widetilde{\boldsymbol{L}}_{n-1}=\boldsymbol{L}_{n-1}^{-1},\\&\boldsymbol{L}=\widetilde{\boldsymbol{L}}_1\widetilde{\boldsymbol{L}}_2\cdots\widetilde{\boldsymbol{L}}_{n-1},\end{aligned}$$

则有$\boldsymbol{PA}=\boldsymbol{LU}$. 由初等排列矩阵的性质可知,$\widetilde{\boldsymbol{L}}_k$是一个单位下三角形矩阵,故$\boldsymbol{L}$也是一个单位下三角形矩阵.

例 5.5

给定矩阵

$$\boldsymbol{A}=\begin{pmatrix}0&0&1&2\\0&0&3&0\\1&-1&0&1\\2&0&-1&3\end{pmatrix},$$

求排列矩阵$\boldsymbol{P}$,使得$\boldsymbol{PA}=\boldsymbol{LU}$,其中$\boldsymbol{L}$为单位下三角形矩阵,$\boldsymbol{U}$为上三角形矩阵.

解 根据列主元消去法,取$\boldsymbol{I}_{14}$和$\boldsymbol{I}_{23}$,使得

$$\boldsymbol{I}_{23}\boldsymbol{I}_{14}\boldsymbol{A}=\begin{pmatrix}2&0&-1&3\\1&-1&0&1\\0&0&3&0\\0&0&1&2\end{pmatrix}.$$

不难看出,矩阵$\boldsymbol{I}_{23}\boldsymbol{I}_{14}\boldsymbol{A}$的所有顺序主子式都不为零,对其做LU分解,得

$$\boldsymbol{I}_{23}\boldsymbol{I}_{14}\boldsymbol{A}=\begin{bmatrix}1&&&\\\frac{1}{2}&1&&\\0&0&1&\\0&0&\frac{1}{3}&1\end{bmatrix}\begin{pmatrix}2&0&-1&3\\&-1&\frac{1}{2}&-\frac{1}{2}\\&&3&0\\&&&2\end{pmatrix}\triangleq\boldsymbol{LU},$$

于是有$\boldsymbol{PA}=\boldsymbol{LU}$,其中$\boldsymbol{L}$为单位下三角形矩阵,$\boldsymbol{U}$为上三角形矩阵,而

$$\boldsymbol{P}=\boldsymbol{I}_{23}\boldsymbol{I}_{14}=\begin{pmatrix}1&0&0&0\\0&0&1&0\\0&1&0&0\\0&0&0&1\end{pmatrix}\begin{pmatrix}0&0&0&1\\0&1&0&0\\0&0&1&0\\1&0&0&0\end{pmatrix}=\begin{pmatrix}0&0&0&1\\0&0&1&0\\0&1&0&0\\1&0&0&0\end{pmatrix},$$

它是排列矩阵.

当然,在实际计算中,不会像例 5.5 一样直接就能找到排列矩阵 $\boldsymbol{P}$,而是如同定理 5.4 的证明过程一样,需通过求若干初等排列矩阵与做 LU 分解穿插进行才能得到.

例 5.6

求排列矩阵 $\boldsymbol{P}$、单位下三角形矩阵 $\boldsymbol{L}$ 和上三角形矩阵 $\boldsymbol{U}$,使得 $\boldsymbol{PA}=\boldsymbol{LU}$,其中

$$\boldsymbol{A}=\begin{pmatrix}2&1&1&0\\4&3&3&1\\8&7&9&5\\6&7&9&8\end{pmatrix}.$$

解　易知,存在初等排列矩阵 $\boldsymbol{I}_{13}$ 和单位下三角形矩阵 $\boldsymbol{L}_1$,使得 $\boldsymbol{L}_1\boldsymbol{I}_{13}\boldsymbol{A}^{(1)}=\boldsymbol{L}_1\boldsymbol{I}_{13}\boldsymbol{A}=\boldsymbol{A}^{(2)}$,其中

$$\boldsymbol{L}_1=\begin{pmatrix}1&0&0&0\\-\frac{1}{2}&1&0&0\\-\frac{1}{4}&0&1&0\\-\frac{3}{4}&0&0&1\end{pmatrix},\quad \boldsymbol{A}^{(2)}=\begin{pmatrix}8&7&9&5\\0&-\frac{1}{2}&-\frac{3}{2}&-\frac{3}{2}\\0&-\frac{3}{4}&-\frac{5}{4}&-\frac{5}{4}\\0&\frac{7}{4}&\frac{9}{4}&\frac{17}{4}\end{pmatrix}.$$

进一步消元得到

$$\boldsymbol{L}_3\boldsymbol{I}_{34}\boldsymbol{L}_2\boldsymbol{I}_{24}\boldsymbol{A}^{(2)}=\boldsymbol{L}_3\boldsymbol{I}_{34}\boldsymbol{A}^{(3)}=\boldsymbol{U},$$

其中

$$\boldsymbol{L}_2=\begin{pmatrix}1&0&0&0\\0&1&0&0\\0&\frac{3}{7}&1&0\\0&\frac{2}{7}&0&1\end{pmatrix},\quad \boldsymbol{A}^{(3)}=\begin{pmatrix}8&7&9&5\\0&\frac{7}{4}&\frac{9}{4}&\frac{17}{4}\\0&0&-\frac{2}{7}&\frac{4}{7}\\0&0&-\frac{6}{7}&-\frac{2}{7}\end{pmatrix},$$

$$\boldsymbol{L}_3=\begin{pmatrix}1&0&0&0\\0&1&0&0\\0&0&1&0\\0&0&-\frac{1}{3}&1\end{pmatrix},\quad \boldsymbol{U}=\begin{pmatrix}8&7&9&5\\0&\frac{7}{4}&\frac{9}{4}&\frac{17}{4}\\0&0&-\frac{6}{7}&-\frac{2}{7}\\0&0&0&\frac{2}{3}\end{pmatrix}.$$

可见,$\boldsymbol{U}$ 为上三角形矩阵. 由于

$$\boldsymbol{U}=\boldsymbol{L}_3\boldsymbol{I}_{34}\boldsymbol{L}_2\boldsymbol{I}_{24}\boldsymbol{L}_1\boldsymbol{I}_{13}\boldsymbol{A}=\boldsymbol{L}_3(\boldsymbol{I}_{34}\boldsymbol{L}_2\boldsymbol{I}_{34})(\boldsymbol{I}_{34}\boldsymbol{I}_{24}\boldsymbol{L}_1\boldsymbol{I}_{24}\boldsymbol{I}_{34})(\boldsymbol{I}_{34}\boldsymbol{I}_{24}\boldsymbol{I}_{13})\boldsymbol{A},$$

故可令

$$\boldsymbol{P}=\boldsymbol{I}_{34}\boldsymbol{I}_{24}\boldsymbol{I}_{13},\quad \widetilde{\boldsymbol{L}}_1=\boldsymbol{I}_{34}\boldsymbol{I}_{24}\boldsymbol{L}_1^{-1}\boldsymbol{I}_{24}\boldsymbol{I}_{34},\quad \widetilde{\boldsymbol{L}}_2=\boldsymbol{I}_{34}\boldsymbol{L}_2^{-1}\boldsymbol{I}_{34},\quad \widetilde{\boldsymbol{L}}_3=\boldsymbol{L}_3^{-1},$$

此时有

$$\boldsymbol{PA}=\widetilde{\boldsymbol{L}}_1\widetilde{\boldsymbol{L}}_2\widetilde{\boldsymbol{L}}_3\boldsymbol{U}=\boldsymbol{LU},$$

其中 $\boldsymbol{P}$ 为排列矩阵,而 $\boldsymbol{L}=\widetilde{\boldsymbol{L}}_1\widetilde{\boldsymbol{L}}_2\widetilde{\boldsymbol{L}}_3$ 是单位下三角形矩阵:

$$\boldsymbol{P}=\begin{pmatrix}0&0&1&0\\0&0&0&1\\0&1&0&0\\1&0&0&0\end{pmatrix},\quad \boldsymbol{L}=\begin{pmatrix}1&0&0&0\\\frac{3}{4}&1&0&0\\\frac{1}{2}&-\frac{2}{7}&1&0\\\frac{1}{4}&-\frac{3}{7}&\frac{1}{3}&1\end{pmatrix}.$$

5.1.4 高斯-若尔当消去法

考虑高斯消去法的一种修正:在消元过程中,消去 $\boldsymbol{A}^{(k)}\,(k=1,2,\cdots,n-1)$ 中主对角线上、下方的元素. 称这种方法为**高斯-若尔当**(Gauss-Jordan) **消去法**. 假设应用高斯-若尔当消去法已对线性方程组 $\boldsymbol{Ax}=\boldsymbol{b}$ 完成 $k-1$ 步消元,得到与该方程组等价的线性方程组 $\boldsymbol{A}^{(k)}\boldsymbol{x}=\boldsymbol{b}^{(k)}$,此时对应的增广矩阵为

$$(\boldsymbol{A}^{(k)},\boldsymbol{b}^{(k)})=\begin{pmatrix}1&&&a_{1k}&\cdots&a_{1n}&b_1\\&\ddots&&\vdots&&\vdots&\vdots\\&&1&a_{k-1,k}&\cdots&a_{k-1,n}&b_{k-1}\\&&&a_{kk}&\cdots&a_{kn}&b_k\\&&&\vdots&&\vdots&\vdots\\&&&a_{nk}&\cdots&a_{nn}&b_n\end{pmatrix},$$

这里略去了矩阵元素的上标. 在进行第 k 步消元时,考虑对上述矩阵第 k 列中元素 a_{kk} 的上、下方元素都进行消元运算.

若用列主元消去法,则仍然是在上述矩阵的元素 a_{kk} 及第 k 列中位于该元素下方的所有元素里选择一个绝对值最大的元素作为主元. 所以,若

$$|a_{i_k k}|=\max_{k\leqslant i\leqslant n}\{|a_{ik}|\},$$

则交换第 k 行与第 i_k 行后,以 $a_{i_k k}$ 为主元,将第 k 列中其余元素均化为 0,再将主元 $a_{i_k k}$ 化为 1. 重复上述步骤,最后得到$(\boldsymbol{A}^{(n+1)},\boldsymbol{b}^{(n+1)})$,其中 $\boldsymbol{A}^{(n+1)}$ 是单位矩阵,$\boldsymbol{b}^{(n+1)}$ 就是计算解.

高斯-若尔当消去法不需要回代求解,它大约需要做 $\frac{n^3}{2}$ 次乘法或除法运算,与高斯消去法相比,需要更多的运算量. 但是,用高斯-若尔当消去法求矩阵的逆矩阵是很合适的.

定理 5.5 **设 $\boldsymbol{A}$ 为 n 阶非奇异矩阵,矩阵方程 $\boldsymbol{AX}=\boldsymbol{I}$ 的增广矩阵为 $\boldsymbol{C}=(\boldsymbol{A},\boldsymbol{I})$. 如果对**

C 用高斯-若尔当消去法将其化为$(\boldsymbol{I},\boldsymbol{T})$，则 $\boldsymbol{T}=\boldsymbol{A}^{-1}$.

证　设 $\boldsymbol{A}^{-1}=\boldsymbol{X}=(\boldsymbol{\alpha}_1,\boldsymbol{\alpha}_2,\cdots,\boldsymbol{\alpha}_n)$，则

$$\boldsymbol{AX}=\boldsymbol{I},\quad \boldsymbol{A\alpha}_j=\boldsymbol{e}_j\quad (j=1,2,\cdots,n),$$

其中 $\boldsymbol{e}_j$ 为单位矩阵 $\boldsymbol{I}$ 的第 j 列. 用高斯-若尔当消去法求解线性方程组 $\boldsymbol{Ax}=\boldsymbol{e}_j(j=1,2,\cdots,n)$，其解就是 $\boldsymbol{T}$ 的第 j 列，即 $\boldsymbol{Te}_j$. 因此，有 $\boldsymbol{\alpha}_j=\boldsymbol{Te}_j$，即

$$\boldsymbol{T}=(\boldsymbol{\alpha}_1,\boldsymbol{\alpha}_2,\cdots,\boldsymbol{\alpha}_n)=\boldsymbol{X}=\boldsymbol{A}^{-1}.$$

例 5.7

用高斯-若尔当消去法求矩阵

$$\boldsymbol{A}=\begin{pmatrix}1&2&3\\2&4&5\\3&5&6\end{pmatrix}$$

的逆矩阵.

解　$\boldsymbol{A}$ 为非奇异矩阵. 由列主元消去法有

$$\boldsymbol{C}=\boldsymbol{C}^{(1)}=(\boldsymbol{A},\boldsymbol{I})=\begin{pmatrix}1&2&3&1&0&0\\2&4&5&0&1&0\\3&5&6&0&0&1\end{pmatrix},\quad \boldsymbol{C}^{(2)}=\begin{pmatrix}1&\frac{5}{3}&2&0&0&\frac{1}{3}\\0&\frac{2}{3}&1&0&1&-\frac{2}{3}\\0&\frac{1}{3}&1&1&0&-\frac{1}{3}\end{pmatrix},$$

$$\boldsymbol{C}^{(3)}=\begin{pmatrix}1&0&-\frac{1}{2}&0&-\frac{5}{2}&2\\0&1&\frac{3}{2}&0&\frac{3}{2}&-1\\0&0&\frac{1}{2}&1&-\frac{1}{2}&0\end{pmatrix},\quad \boldsymbol{C}^{(4)}=\begin{pmatrix}1&0&0&1&-3&2\\0&1&0&-3&3&-1\\0&0&1&2&-1&0\end{pmatrix}=(\boldsymbol{I},\boldsymbol{A}^{-1}),$$

所以

$$\boldsymbol{A}^{-1}=\begin{pmatrix}1&-3&2\\-3&3&-1\\2&-1&0\end{pmatrix}.$$

在实际计算中，为了节省内存单元，不必存放单位矩阵. 例如，在上例中，可将 $\boldsymbol{C}^{(2)}$ 的最后 1 列存放在 $\boldsymbol{A}$ 的第 1 列，将 $\boldsymbol{C}^{(3)}$ 的第 5 列存放在 $\boldsymbol{A}$ 的第 2 列，将 $\boldsymbol{C}^{(4)}$ 的第 4 列存放在 $\boldsymbol{A}$ 的第 3 列. 一般地，第 k 步消元时，可将 $\boldsymbol{A}$ 的第 k 列

$$\boldsymbol{a}_k=(a_{1k},\cdots,a_{kk},\cdots,a_{nk})^{\mathrm{T}}$$

用向量

$$\boldsymbol{l}_k=\left(-\frac{a_{1k}}{a_{kk}},\cdots,-\frac{a_{k-1,k}}{a_{kk}},\frac{1}{a_{kk}},-\frac{a_{k+1,k}}{a_{kk}},\cdots,-\frac{a_{nk}}{a_{kk}}\right)^{\mathrm{T}}$$

取代，最后调整一下列的次序，就可以在 $\boldsymbol{A}$ 的位置得到 $\boldsymbol{A}^{-1}$. 事实上，最后在 $\boldsymbol{A}$ 的位置得到的矩阵是 $\boldsymbol{PA}=\widetilde{\boldsymbol{A}}$ 的逆矩阵 $\widetilde{\boldsymbol{A}}^{-1}$，其中 $\boldsymbol{P}$ 是排列矩阵，于是

$$\boldsymbol{A}^{-1}=\widetilde{\boldsymbol{A}}^{-1}\boldsymbol{P}.$$

§5.2 求解线性方程组的三角分解法

5.2.1 直接三角分解法

本小节先讨论矩阵 $\boldsymbol{A}$ 的三角分解的直接计算，再给出直接利用 $\boldsymbol{A}$ 的三角分解来求解线性方程组 $\boldsymbol{Ax}=\boldsymbol{b}$ 的方法.

1. LU 三角分解法

设 $\boldsymbol{A}=(a_{ij})_{n\times n}$ 为非奇异矩阵，且有分解式 $\boldsymbol{A}=\boldsymbol{LU}$，其中 $\boldsymbol{L}$ 为单位下三角形矩阵，$\boldsymbol{U}$ 为上三角形矩阵. 记 $\boldsymbol{L}=(l_{ij})_{n\times n}$，$\boldsymbol{U}=(u_{ij})_{n\times n}$. 我们可直接给出 $\boldsymbol{L}$ 和 $\boldsymbol{U}$ 的元素的计算公式.

由 $\boldsymbol{A}$ 的第 1 行和第 1 列元素可分别计算出 $\boldsymbol{U}$ 的第 1 行元素和 $\boldsymbol{L}$ 的第 1 列元素，即

$$u_{1j}=a_{1j}\quad(j=1,2,\cdots,n),\tag{5.10}$$

$$l_{k1}=\frac{a_{k1}}{u_{11}}\quad(k=2,3,\cdots,n).\tag{5.11}$$

设已经计算出 $\boldsymbol{U}$ 的第 1 至第 $k-1$ 行元素和 $\boldsymbol{L}$ 的第 1 至第 $k-1$ 列元素，则由

$$a_{kj}=\sum_{r=1}^{n}l_{kr}u_{rj}=\sum_{r=1}^{k-1}l_{kr}u_{rj}+u_{kj}\quad(j=k,k+1,\cdots,n)$$

可得 $\boldsymbol{U}$ 的第 k 行元素

$$u_{kj}=a_{kj}-\sum_{r=1}^{k-1}l_{kr}u_{rj}\quad(j=k,k+1,\cdots,n),\tag{5.12}$$

由

$$a_{ik}=\sum_{r=1}^{n}l_{ir}u_{rk}=\sum_{r=1}^{k-1}l_{ir}u_{rk}+l_{ik}u_{kk}\quad(i=k+1,k+2,\cdots,n)$$

可得 $\boldsymbol{L}$ 的第 k 列元素

$$l_{ik}=\frac{1}{u_{kk}}\left(a_{ik}-\sum_{r=1}^{k-1}l_{ir}u_{rk}\right)\quad(i=k+1,k+2,\cdots,n).\tag{5.13}$$

交替使用(5.12)式和(5.13)式，就能逐次计算出 $\boldsymbol{U}$(按行计算)和 $\boldsymbol{L}$(按列计算)的全部元素，并将它们存放在矩阵 $\boldsymbol{A}$ 中对应的位置上(不必存放 $\boldsymbol{L}$ 的主对角元). 这就是 $\boldsymbol{A}$ 的 LU 分解过程.

由(5.10)～(5.13)式求得 $\boldsymbol{L}$ 和 $\boldsymbol{U}$ 后，求解线性方程组 $\boldsymbol{Ax}=\boldsymbol{b}$ 就等价于求解线性方程组 $\boldsymbol{LUx}=\boldsymbol{b}$. 记 $\boldsymbol{Ux}=\boldsymbol{y}$，则有 $\boldsymbol{Ly}=\boldsymbol{b}$. 于是，可分两步求解线性方程组 $\boldsymbol{LUx}=\boldsymbol{b}$：第 1 步，求解线性方程组 $\boldsymbol{Ly}=\boldsymbol{b}$，这时只要逐次用向前代入的方法即可求得 $\boldsymbol{y}$；第 2 步，求解线性方程组 $\boldsymbol{Ux}=\boldsymbol{y}$，这时只要逐次用向后回代的方法即可求得 $\boldsymbol{x}$. 具体地，设 $\boldsymbol{x}=(x_1,x_2,\cdots,x_n)^{\mathrm{T}}$，$\boldsymbol{y}=(y_1,y_2,\cdots,y_n)^{\mathrm{T}}$，$\boldsymbol{b}=(b_1,b_2,\cdots,b_n)^{\mathrm{T}}$，则有计算公式

$$\begin{cases}y_1=b_1,\\ y_i=b_i-\displaystyle\sum_{r=1}^{i-1}l_{ir}y_r\quad(i=2,3,\cdots,n),\end{cases}\tag{5.14}$$

$$
\begin{cases} x_n = \dfrac{y_n}{u_{nn}}, \\ x_i = \dfrac{1}{u_{ii}}\left(y_i - \sum\limits_{r=i+1}^{n} u_{ir}x_r\right) \quad (i = n-1, n-2, \cdots, 1). \end{cases} \tag{5.15}
$$

这种求解线性方程组 $\boldsymbol{A}\boldsymbol{x} = \boldsymbol{b}$ 的方法称为**LU 三角分解法**(简称**LU 分解法**)，也称为**杜利特尔分解方法**.

以上求解线性方程组的运算量与用高斯消去法求解的运算量相当. 如果有一系列线性方程组，其系数矩阵都是相同的，只有右端向量不同，则只需进行一次 LU 分解计算即可.

例 5.8

用 LU 分解法求解线性方程组

$$
\begin{pmatrix} 6 & 2 & 1 & -1 \\ 2 & 4 & 1 & 0 \\ 1 & 1 & 4 & -1 \\ -1 & 0 & -1 & 3 \end{pmatrix} \begin{pmatrix} x_1 \\ x_2 \\ x_3 \\ x_4 \end{pmatrix} = \begin{pmatrix} 6 \\ -1 \\ 5 \\ -5 \end{pmatrix}.
$$

解　这里

$$
\boldsymbol{A} = \begin{pmatrix} 6 & 2 & 1 & -1 \\ 2 & 4 & 1 & 0 \\ 1 & 1 & 4 & -1 \\ -1 & 0 & -1 & 3 \end{pmatrix}, \quad \boldsymbol{x} = \begin{pmatrix} x_1 \\ x_2 \\ x_3 \\ x_4 \end{pmatrix}, \quad \boldsymbol{b} = \begin{pmatrix} 6 \\ -1 \\ 5 \\ -5 \end{pmatrix}.
$$

由(5.10)～(5.13)式计算可得

$$
\boldsymbol{L} = \begin{pmatrix} 1 & 0 & 0 & 0 \\ \dfrac{1}{3} & 1 & 0 & 0 \\ \dfrac{1}{6} & \dfrac{1}{5} & 1 & 0 \\ -\dfrac{1}{6} & \dfrac{1}{10} & -\dfrac{9}{37} & 1 \end{pmatrix}, \quad \boldsymbol{U} = \begin{pmatrix} 6 & 2 & 1 & -1 \\ 0 & \dfrac{10}{3} & \dfrac{2}{3} & \dfrac{1}{3} \\ 0 & 0 & \dfrac{37}{10} & -\dfrac{9}{10} \\ 0 & 0 & 0 & \dfrac{191}{74} \end{pmatrix},
$$

再由(5.14)式计算可得

$$
\boldsymbol{y} = \left(6, -3, \frac{23}{5}, -\frac{191}{74}\right)^{\mathrm{T}},
$$

最后由(5.15)式计算可得

$$
\boldsymbol{x} = (1, -1, 1, -1)^{\mathrm{T}}.
$$

2. 列选主元的三角分解法

设从 $\boldsymbol{A} = \boldsymbol{A}^{(1)}$ 开始已完成 $k-1$ 步分解计算，$\boldsymbol{U}$ 的元素(按行)和 $\boldsymbol{L}$ 的元素(按列)存放在 $\boldsymbol{A}$ 中对应的位置，得到

$$\widetilde{A}^{(k)}=\begin{pmatrix} u_{11} & u_{12} & \cdots & u_{1,k-1} & u_{1k} & \cdots & u_{1n} \\ l_{21} & u_{22} & \cdots & u_{2,k-1} & u_{2k} & \cdots & u_{2n} \\ \vdots & \vdots & & \vdots & \vdots & & \vdots \\ l_{k-1,1} & l_{k-1,2} & \cdots & u_{k-1,k-1} & u_{k-1,k} & \cdots & u_{k-1,n} \\ l_{k1} & l_{k2} & \cdots & l_{k,k-1} & a_{kk}^{(k)} & \cdots & a_{kn}^{(k)} \\ \vdots & \vdots & & \vdots & \vdots & & \vdots \\ l_{n1} & l_{n2} & \cdots & l_{n,k-1} & a_{nk}^{(k)} & \cdots & a_{nn}^{(k)} \end{pmatrix}.$$

该矩阵与高斯消去法中得到的 $\boldsymbol{A}^{(k)}$ 是不同的. 上述这种存储方式称为**紧凑形式**.

现做第 k 步分解计算. 为了避免用零或绝对值很小的数作为除数,由(5.13) 式引入量

$$s_i=a_{ik}^{(k)}-\sum_{r=1}^{k-1}l_{ir}u_{rk}\quad(i=k,k+1,\cdots,n).$$

当 $i=k$ 时,s_i 对应于(5.12) 式中的 u_{kk},它可能不宜在(5.13) 式中做除数. 当 $i=k+1$, $k+2,\cdots,n$ 时,s_i 对应于(5.13) 式中的被除数. 若

$$|s_{i_k}|=\max_{k\leqslant i\leqslant n}\{|s_i|\},$$

则交换$(\widetilde{\boldsymbol{A}}^{(k)},\boldsymbol{b}^{(k)})$ 的第 i 行与第 i_k 行元素,但每个位置上的元素仍用原记号表示,然后继续按照(5.12) 式计算 $u_{kj}\,(j=k+1,k+2,\cdots,n)$. 这样就得到 $\boldsymbol{U}$ 的第 k 行元素. l_{ik} 的值可通过

$$l_{ik}=\frac{s_i}{s_{i_k}}\quad(i=k+1,k+2,\cdots,n)$$

求得,由此就计算出 $\boldsymbol{L}$ 的第 k 列元素.

以上分解过程经过 $n-1$ 步可得到 $\boldsymbol{PA}=\boldsymbol{LU}$,其中 $\boldsymbol{P}$ 为排列矩阵,$\boldsymbol{L}$ 是单位下三角形矩阵,$\boldsymbol{U}$ 为上三角形矩阵. 因为 $\boldsymbol{b}$ 也参与了行交换,所以在其位置上可得到 $\boldsymbol{Pb}$. 最后,分两步求解线性方程组 $\boldsymbol{LUx}=\boldsymbol{Pb}$,即求解线性方程组 $\boldsymbol{Ly}=\boldsymbol{Pb}$ 和 $\boldsymbol{Ux}=\boldsymbol{y}$,就可得到线性方程组 $\boldsymbol{Ax}=\boldsymbol{b}$ 的解. 这种求解线性方程组的方法称为**列选主元的三角分解法**.

例 5.9

用列选主元的三角分解法求解线性方程组

$$\begin{pmatrix}1&2&3\\3&1&5\\2&5&2\end{pmatrix}\begin{pmatrix}x_1\\x_2\\x_3\end{pmatrix}=\begin{pmatrix}14\\20\\18\end{pmatrix}.$$

解 这里

$$\boldsymbol{A}=\begin{pmatrix}1&2&3\\3&1&5\\2&5&2\end{pmatrix},\quad \boldsymbol{x}=\begin{pmatrix}x_1\\x_2\\x_3\end{pmatrix},\quad \boldsymbol{b}=\begin{pmatrix}14\\20\\18\end{pmatrix}.$$

第 1 步分解计算的结果为

$$(\widetilde{\boldsymbol{A}}^{(2)},\boldsymbol{b}^{(2)})=\begin{pmatrix}3&1&5&20\\ \frac{1}{3}&2&3&14\\ \frac{2}{3}&5&2&18\end{pmatrix}.$$

由于 $s_2=\frac{5}{3}<s_3=\frac{13}{3}$，所以第 2 步分解计算前要进行行交换，分解计算的结果为

$$(\widetilde{\boldsymbol{A}}^{(3)},\boldsymbol{b}^{(3)})=\begin{pmatrix}3 & 1 & 5 & 20\\ \frac{2}{3} & \frac{13}{3} & -\frac{4}{3} & \frac{14}{3}\\ \frac{1}{3} & \frac{5}{13} & \frac{72}{39} & \frac{216}{39}\end{pmatrix}.$$

由此可知

$$\boldsymbol{L}=\begin{pmatrix}1 & 0 & 0\\ \frac{2}{3} & 1 & 0\\ \frac{1}{3} & \frac{5}{13} & 1\end{pmatrix},\quad \boldsymbol{U}=\begin{pmatrix}3 & 1 & 5\\ 0 & \frac{13}{3} & -\frac{4}{3}\\ 0 & 0 & \frac{72}{39}\end{pmatrix},\quad \boldsymbol{P}=\boldsymbol{I}_{23}\boldsymbol{I}_{12}=\begin{pmatrix}0 & 1 & 0\\ 0 & 0 & 1\\ 1 & 0 & 0\end{pmatrix}.$$

由于原方程组的右端向量 $\boldsymbol{b}$ 也参与了消元运算，所以线性方程组 $\boldsymbol{Ly}=\boldsymbol{Pb}$ 的解为

$$\boldsymbol{y}=\boldsymbol{b}^{(3)}=\left(20,\frac{14}{3},\frac{72}{13}\right)^{\mathrm{T}}.$$

最后，求解线性方程组 $\boldsymbol{Ux}=\boldsymbol{y}$，得原方程组的解

$$\boldsymbol{x}=(1,2,3)^{\mathrm{T}}.$$

5.2.2　追赶法

设有线性方程组 $\boldsymbol{Ax}=\boldsymbol{d}$，其中 $\boldsymbol{d}=(d_1,d_2,\cdots,d_n)^{\mathrm{T}}$，系数矩阵

$$\boldsymbol{A}=\begin{pmatrix}b_1 & c_1 & & & \\ a_2 & b_2 & c_2 & & \\ & \ddots & \ddots & \ddots & \\ & & a_{n-1} & b_{n-1} & c_{n-1}\\ & & & a_n & b_n\end{pmatrix}. \tag{5.16}$$

通常称 $\boldsymbol{A}$ 为**三对角矩阵**，而称 $\boldsymbol{Ax}=\boldsymbol{d}$ 为**三对角方程组**. 如果 $\boldsymbol{A}$ 满足高斯消去法可行的条件，当然可以用 LU 分解法求解三对角方程组 $\boldsymbol{Ax}=\boldsymbol{d}$，且 $\boldsymbol{L}$ 和 $\boldsymbol{U}$ 具有如下形式：

$$\boldsymbol{L}=\begin{pmatrix}1 & & & & \\ l_2 & 1 & & & \\ & l_3 & 1 & & \\ & & \ddots & \ddots & \\ & & & l_n & 1\end{pmatrix},\quad \boldsymbol{U}=\begin{pmatrix}u_1 & c_1 & & & \\ & u_2 & c_2 & & \\ & & \ddots & \ddots & \\ & & & u_{n-1} & c_{n-1}\\ & & & & u_n\end{pmatrix}. \tag{5.17}$$

利用(5.16) 式、(5.17) 式和 $\boldsymbol{A}=\boldsymbol{LU}$，可得

$$\begin{cases}u_1=b_1,\\ l_i=\dfrac{a_i}{u_{i-1}}, & (i=2,3,\cdots,n).\\ u_i=b_i-l_ic_{i-1}\end{cases} \tag{5.18}$$

由此可求得 $\boldsymbol{L}$ 和 $\boldsymbol{U}$ 的所有元素. 此时,求解三对角方程组 $\boldsymbol{Ax}=\boldsymbol{d}$ 的过程就可化为求解线性方程组 $\boldsymbol{Ly}=\boldsymbol{d}$ 和 $\boldsymbol{Ux}=\boldsymbol{y}$,具体计算公式为

$$\begin{cases} y_1 = d_1, \\ y_i = d_i - l_i y_{i-1} \quad (i=2,3,\cdots,n), \end{cases} \tag{5.19}$$

$$\begin{cases} x_n = \dfrac{y_n}{u_n}, \\ x_i = \dfrac{1}{u_i}(y_i - c_i x_{i+1}) \quad (i=n-1,n-2,\cdots,1). \end{cases} \tag{5.20}$$

上述求解三对角方程组的方法称为**追赶法**,也称为**托马斯**(Thomas)**算法**.

追赶法能实现的条件是 $u_i \neq 0 (i=1,2,\cdots,n)$. 下面给出一个使得追赶法可行的充分条件.

定理 5.6 **设三对角矩阵 $\boldsymbol{A}$ 如(5.16)式所示,且满足**

$$|b_1| > |c_1| > 0,$$
$$|b_n| > |a_n| > 0,$$
$$|b_i| \geqslant |a_i| + |c_i| \quad (a_i c_i \neq 0; i=2,3,\cdots,n-1),$$

则 $\boldsymbol{A}$ 非奇异,且有

$$0 < \frac{|c_i|}{|u_i|} < 1 \quad (i=1,2,\cdots,n), \tag{5.21}$$

$$|b_i| - |a_i| < |u_i| < |b_i| + |a_i| \quad (i=2,3,\cdots,n). \tag{5.22}$$

证 用数学归纳法证明(5.21)式.

当 $i=1$ 时,有 $|u_1| = |b_1| > |c_1| > 0$,所以 $|u_1| \neq 0, 0 < \dfrac{|c_1|}{|u_1|} < 1$.

现设 $u_{i-1} \neq 0, 0 < \dfrac{|c_{i-1}|}{|u_{i-1}|} < 1$,则根据(5.18)式,我们有

$$|u_i| = |b_i - l_i c_{i-1}| \geqslant |b_i| - \frac{|a_i c_{i-1}|}{|u_{i-1}|} > |b_i| - |a_i|. \tag{5.23}$$

利用所给条件可得 $|u_i| > |c_i| > 0$,故 $u_i \neq 0, 0 < \dfrac{|c_i|}{|u_i|} < 1$.

综上所述,由数学归纳法知,(5.21)式成立.

另外,有

$$|u_i| \leqslant |b_i| + |l_i c_{i-1}| = |b_i| + \frac{|a_i c_{i-1}|}{|u_{i-1}|} \leqslant |b_i| + |a_i| \quad (i=2,3,\cdots,n).$$

再结合(5.23)式,可知(5.22)式成立.

因为 $\det(\boldsymbol{A}) = \det(\boldsymbol{L})\det(\boldsymbol{U}) = u_1 u_2 \cdots u_n$,所以 $\det(\boldsymbol{A}) \neq 0$,即 $\boldsymbol{A}$ 非奇异.

在定理 5.6 的条件下,可以进行追赶法的相关计算. 由于计算过程的中间变量有界,不会产生数量级的巨大增长和舍入误差的严重累积,所以能有效地计算出结果.

追赶法公式简单,运算量和存储量都小. 整个求解过程仅需做 $5n-4$ 次乘法或除法运算与 $3(n-1)$ 次加法或减法运算,用 4 个一维数组来存储系数矩阵的元素和右端向量,而 l_i, u_i 和 x_i 可分别存放在表示系数矩阵元素的数组和右端向量的位置.

例 5.10

用追赶法求解三对角方程组 $\boldsymbol{Ax}=\boldsymbol{d}$，其中

$$\boldsymbol{A}=\begin{pmatrix}4&-1&0\\-1&4&-1\\0&-1&4\end{pmatrix},\quad \boldsymbol{d}=\begin{pmatrix}1\\3\\2\end{pmatrix}.$$

解　由(5.18)式可得

$$\boldsymbol{L}=\begin{pmatrix}1&0&0\\-0.25&1&0\\0&-0.2667&1\end{pmatrix},\quad \boldsymbol{U}=\begin{pmatrix}4&-1&0\\0&3.75&-1\\0&0&3.7333\end{pmatrix},$$

再由(5.19)式和(5.20)式可得

$$\boldsymbol{y}\approx(1,3.25,2.8667)^{\mathrm{T}},\quad \boldsymbol{x}\approx(0.5179,1.0714,0.7679)^{\mathrm{T}}.$$

对于另一类特殊的在周期样条插值等问题中会遇到的线性方程组——**循环三对角方程组**

$$\boldsymbol{Ax}=\boldsymbol{d},$$

其中

$$\boldsymbol{A}=\begin{pmatrix}b_1&c_1&&&a_1\\a_2&b_2&c_2&&\\&\ddots&\ddots&\ddots&\\&&a_{n-1}&b_{n-1}&c_{n-1}\\c_n&&&a_n&b_n\end{pmatrix},$$

我们也可以用三角分解法来求解. 这时，从矩阵零元素的位置不难验证 $\boldsymbol{L}$ 和 $\boldsymbol{U}$ 可写成下面的形式：

$$\boldsymbol{L}=\begin{pmatrix}1&&&&\\l_2&1&&&\\&l_3&1&&\\&&\ddots&\ddots&\\\sigma_1&\sigma_2&\cdots&\sigma_{n-1}+l_n&1\end{pmatrix},\quad \boldsymbol{U}=\begin{pmatrix}u_1&c_1&&&\rho_1\\&u_2&c_2&&\rho_2\\&&\ddots&\ddots&\vdots\\&&&u_{n-1}&c_{n-1}+\rho_{n-1}\\&&&&u_n\end{pmatrix}.$$

由此，不难得到 $\boldsymbol{L}$ 和 $\boldsymbol{U}$ 的元素的计算公式，这里不再做详细介绍.

5.2.3　平方根法

当 $\boldsymbol{A}$ 为对称正定矩阵时，对 $\boldsymbol{A}$ 可直接做 LU 分解. 进一步，由(5.8)式可得到下面的定理 5.7.

定理 5.7　**设 $\boldsymbol{A}$ 为 n 阶对称矩阵，且 $\boldsymbol{A}$ 的顺序主子式 $D_i\neq0(i=1,2,\cdots,n)$，则存在唯一的单位下三角形矩阵 $\boldsymbol{L}$ 和对角矩阵 $\boldsymbol{D}$，使得**

$$\boldsymbol{A}=\boldsymbol{LDL}^{\mathrm{T}}.\tag{5.24}$$

由定理 5.7 又可推导出下面的定理 5.8.

定理 5.8　**设 $\boldsymbol{A}$ 为 n 阶对称正定矩阵，则存在唯一一个主对角元均为正数的下三角形矩**

阵 $\boldsymbol{L}$,使得

$$\boldsymbol{A}=\boldsymbol{L}\boldsymbol{L}^{\mathrm{T}}. \tag{5.25}$$

证　由定理 5.7 可知,$\boldsymbol{A}$ 可唯一分解为如下形式:

$$\boldsymbol{A}=\boldsymbol{L}_1\boldsymbol{D}\boldsymbol{L}_1^{\mathrm{T}},$$

其中 $\boldsymbol{L}_1$ 为单位下三角形矩阵,$\boldsymbol{D}$ 为对角矩阵. 不妨设 $\boldsymbol{D}=\mathrm{diag}(d_1,d_2,\cdots,d_n)$. 令 $\boldsymbol{U}=\boldsymbol{D}\boldsymbol{L}_1^{\mathrm{T}}$,则 $\boldsymbol{A}=\boldsymbol{L}_1\boldsymbol{U}$ 为 $\boldsymbol{A}$ 的杜利特尔分解,$\boldsymbol{U}$ 的主对角元即为 $\boldsymbol{D}$ 的主对角元. 因此,$\boldsymbol{A}$ 的顺序主子式为 $D_i=d_1d_2\cdots d_i(i=1,2,\cdots,n)$. 因为 $\boldsymbol{A}$ 正定,所以 $D_i>0(i=1,2,\cdots,n)$. 由此推出 $d_i>0$ $(i=1,2,\cdots,n)$. 记

$$\boldsymbol{D}^{\frac{1}{2}}=\mathrm{diag}(\sqrt{d_1},\sqrt{d_2},\cdots,\sqrt{d_n}),$$

令 $\boldsymbol{L}=\boldsymbol{L}_1\boldsymbol{D}^{\frac{1}{2}}$,则 $\boldsymbol{L}$ 为下三角形矩阵,且有

$$\boldsymbol{A}=\boldsymbol{L}_1\boldsymbol{D}^{\frac{1}{2}}\boldsymbol{D}^{\frac{1}{2}}\boldsymbol{L}_1^{\mathrm{T}}=(\boldsymbol{L}_1\boldsymbol{D}^{\frac{1}{2}})(\boldsymbol{L}_1\boldsymbol{D}^{\frac{1}{2}})^{\mathrm{T}}=\boldsymbol{L}\boldsymbol{L}^{\mathrm{T}}.$$

由分解式 $\boldsymbol{L}_1\boldsymbol{D}\boldsymbol{L}_1^{\mathrm{T}}$ 的唯一性可得分解式(5.25)的唯一性.

(5.25)式称为矩阵 $\boldsymbol{A}$ 的**楚列斯基**(Cholesky)**分解**. 利用 $\boldsymbol{A}$ 的楚列斯基分解来求解线性方程组 $\boldsymbol{A}\boldsymbol{x}=\boldsymbol{b}$ 的方法称为**楚列斯基方法**. 楚列斯基方法通常又称为**平方根法**,因为计算过程中含有开方运算.

设矩阵

$$\boldsymbol{A}=\begin{pmatrix} a_{11} & a_{12} & \cdots & a_{1n} \\ a_{21} & a_{22} & \cdots & a_{2n} \\ \vdots & \vdots & & \vdots \\ a_{n1} & a_{n2} & \cdots & a_{nn} \end{pmatrix},\quad \boldsymbol{L}=\begin{pmatrix} l_{11} & & & \\ l_{21} & l_{22} & & \\ \vdots & \vdots & \ddots & \\ l_{n1} & l_{n2} & \cdots & l_{nn} \end{pmatrix}.$$

由(5.25)式可得

$$a_{ij}=\sum_{k=1}^{j-1}l_{ik}l_{jk}+l_{ij}l_{jj}\quad(i=j,j+1,\cdots,n).$$

下面按列的顺序计算 $\boldsymbol{L}$ 的元素. 设 $\boldsymbol{L}$ 的第 1 至第 $j-1$ 列元素已经计算得到,则有

$$l_{jj}=\Big(a_{jj}-\sum_{k=1}^{j-1}l_{jk}^2\Big)^{\frac{1}{2}}, \tag{5.26}$$

$$l_{ij}=\frac{1}{l_{jj}}\Big(a_{ij}-\sum_{k=1}^{j-1}l_{ik}l_{jk}\Big)\quad(i=j+1,j+2,\cdots,n). \tag{5.27}$$

当完成矩阵 $\boldsymbol{A}$ 的楚列斯基分解后,求解线性方程组 $\boldsymbol{A}\boldsymbol{x}=\boldsymbol{b}$ 就等价于依次求解三角形方程组 $\boldsymbol{L}\boldsymbol{y}=\boldsymbol{b}$ 和 $\boldsymbol{L}^{\mathrm{T}}\boldsymbol{x}=\boldsymbol{y}$,计算公式为

$$\begin{cases} y_1=\dfrac{b_1}{l_{11}},\quad y_i=\dfrac{1}{l_{ii}}\Big(b_i-\displaystyle\sum_{k=1}^{i-1}l_{ik}y_k\Big)\quad(i=2,3,\cdots,n), \\ x_n=\dfrac{y_n}{l_{nn}},\quad x_i=\dfrac{1}{l_{ii}}\Big(y_i-\displaystyle\sum_{k=i+1}^{n}l_{ki}x_k\Big)\quad(i=n-1,n-2,\cdots,1). \end{cases}$$

平方根法的原理基于矩阵的 LU 分解,所以它也是高斯消去法的变形. 但是,由于利用了对称正定矩阵的性质,所以该方法可减少运算量. 平方根法所需乘法或除法运算的次数为 $\dfrac{n^3+9n^2+2n}{6}$,加法或减法运算的次数为 $\dfrac{n^3+6n^2-7n}{6}$. 此外,还需做 n 次开方运算,而其所含乘法或除法、加法或减法运算的次数可分别看成 n 的常数倍. 因此,平方根法约需做 $\dfrac{n^3}{6}$ 次乘法

或除法运算. 与高斯消去法相比，平方根法的运算量减少了一半.

由(5.26)式可得 $a_{jj}=\sum_{k=1}^{j} l_{jk}^2 (j=1,2,\cdots,n)$，因此 $l_{jk}^2 \leqslant a_{jj}$，$|l_{jk}| \leqslant \sqrt{a_{jj}} (k=1,2,\cdots,j)$. 所以，平方根法的中间计算结果 l_{jk} 得以控制，不会数量级增长，从而不必选主元.

例 5.11

用平方根法求解线性方程组

$$\begin{cases} 4x_1 - x_2 + x_3 = 6, \\ -x_1 + 4.25x_2 + 2.75x_3 = -0.5, \\ x_1 + 2.75x_2 + 3.5x_3 = 1.25. \end{cases}$$

解　不难验证该方程组的系数矩阵是对称正定的. 按照(5.26)式和(5.27)式依次计算，可得

$$\boldsymbol{L}=\begin{pmatrix} 2 & 0 & 0 \\ -0.5 & 2 & 0 \\ 0.5 & 1.5 & 1 \end{pmatrix}.$$

这里 $\boldsymbol{b}=(6,-0.5,1.25)^{\mathrm{T}}$. 求解三角形方程组 $\boldsymbol{Ly}=\boldsymbol{b}$，得

$$\boldsymbol{y}=(3,0.5,-1)^{\mathrm{T}}.$$

再求解三角形方程组 $\boldsymbol{L}^{\mathrm{T}}\boldsymbol{x}=\boldsymbol{y}$，就可以得到原方程组的解

$$\boldsymbol{x}=(2,1,-1)^{\mathrm{T}}.$$

若对矩阵 $\boldsymbol{A}$ 采用分解式(5.24)，即

$$\boldsymbol{A}=\begin{pmatrix} 1 & & & \\ l_{21} & 1 & & \\ \vdots & \vdots & \ddots & \\ l_{n1} & l_{n2} & \cdots & 1 \end{pmatrix}\begin{pmatrix} d_1 & & & \\ & d_2 & & \\ & & \ddots & \\ & & & d_n \end{pmatrix}\begin{pmatrix} 1 & l_{21} & \cdots & l_{n1} \\ & 1 & \cdots & l_{n2} \\ & & \ddots & \vdots \\ & & & 1 \end{pmatrix},$$

则求解线性方程组 $\boldsymbol{Ax}=\boldsymbol{b}$ 时可避免开方运算. 这种求解线性方程组的方法称为**改进的平方根法**. 它既适合于求解系数矩阵对称正定的线性方程组，也适合于求解系数矩阵对称且顺序主子式全不为零的线性方程组. 分解式(5.24)的具体计算公式为

$$d_j = a_{jj} - \sum_{k=1}^{j-1} l_{jk}^2 d_k \quad (j=1,2,\cdots,n),$$

$$l_{ij} = \frac{1}{d_j}\left(a_{ij} - \sum_{k=1}^{j-1} d_k l_{ik} l_{jk}\right) \quad (i=j+1,j+2,\cdots,n;j=1,2,\cdots,n-1),$$

其中当 $j=1$ 时，求和部分为零. 这样，求解线性方程组 $\boldsymbol{Ax}=\boldsymbol{b}$ 就等价于求解三角形方程组 $\boldsymbol{Ly}=\boldsymbol{b}$ 和 $\boldsymbol{L}^{\mathrm{T}}\boldsymbol{x}=\boldsymbol{D}^{-1}\boldsymbol{y}$.

对于例 5.11 中给出的线性方程组，使用改进的平方根法，有

$$\boldsymbol{L}=\begin{pmatrix} 1 & 0 & 0 \\ -0.25 & 1 & 0 \\ 0.25 & 0.75 & 1 \end{pmatrix}, \quad \boldsymbol{D}=\begin{pmatrix} 4 & 0 & 0 \\ 0 & 4 & 0 \\ 0 & 0 & 1 \end{pmatrix}.$$

求解三角形方程组 $\boldsymbol{Ly}=\boldsymbol{b}$，得

$$\boldsymbol{y}=(6,1,-1)^{\mathrm{T}}.$$

再求解三角形方程组 $\boldsymbol{L}^{\mathrm{T}}\boldsymbol{x}=\boldsymbol{D}^{-1}\boldsymbol{y}$,得

$$\boldsymbol{x}=(2,1,-1)^{\mathrm{T}}.$$

§5.3 线性方程组的性态和误差估计

5.3.1 矩阵的条件数

将一个实际问题转化为数学问题时,给出的初始数据往往会有误差.这种误差的微小变化而引起的数据的微小变化称为扰动.下面我们通过一个例子,说明线性方程组 $\boldsymbol{Ax}=\boldsymbol{b}$ 的解对于系数矩阵 $\boldsymbol{A}$ 或右端向量 $\boldsymbol{b}$ 的扰动的敏感性问题.

例 5.12

线性方程组

$$\begin{pmatrix} 3 & 1 \\ 3.0001 & 1 \end{pmatrix}\begin{pmatrix} x_1 \\ x_2 \end{pmatrix}=\begin{pmatrix} 4 \\ 4.0001 \end{pmatrix}$$

的精确解是 $(1,1)^{\mathrm{T}}$.设这个方程组的系数矩阵和右端向量发生扰动,考虑扰动后的线性方程组(称为原方程组的**扰动方程组**)

$$\begin{pmatrix} 3 & 1 \\ 2.9999 & 1 \end{pmatrix}\begin{pmatrix} x_1 \\ x_2 \end{pmatrix}=\begin{pmatrix} 4 \\ 4.0002 \end{pmatrix},$$

可得其精确解是 $(-2,10)^{\mathrm{T}}$.

由上例可见,在线性方程组 $\boldsymbol{Ax}=\boldsymbol{b}$ 中,$\boldsymbol{A}$ 和 $\boldsymbol{b}$ 的微小变化会引起 $\boldsymbol{x}$ 很大的变化,即 $\boldsymbol{x}$ 对于 $\boldsymbol{A}$ 和 $\boldsymbol{b}$ 的扰动很敏感.这种现象的出现是完全由线性方程组的性态决定的.

定义 5.1 如果在线性方程组 $\boldsymbol{Ax}=\boldsymbol{b}$ 中,系数矩阵 $\boldsymbol{A}$ 和右端向量 $\boldsymbol{b}$ 的微小变化会引起解 $\boldsymbol{x}$ 很大的变化,那么称 $\boldsymbol{A}$ 为关于解方程组和求逆矩阵的**病态矩阵**,并称该方程组为**病态方程组**;否则,称 $\boldsymbol{A}$ 为关于解方程组和求逆矩阵的**良态矩阵**,并称该方程组为**良态方程组**.

我们需要一种能刻画矩阵和线性方程组"病态"程度的量.暂不考虑系数矩阵 $\boldsymbol{A}$ 的扰动,仅考虑右端向量 $\boldsymbol{b}$ 的扰动对于解的影响.设线性方程组 $\boldsymbol{Ax}=\boldsymbol{b}$ 的扰动方程组为 $\boldsymbol{A}(\boldsymbol{x}+\delta\boldsymbol{x})=\boldsymbol{b}+\delta\boldsymbol{b}$,则

$$\delta\boldsymbol{x}=\boldsymbol{A}^{-1}\delta\boldsymbol{b},\quad \|\delta\boldsymbol{x}\|\leqslant\|\boldsymbol{A}^{-1}\|\|\delta\boldsymbol{b}\|.$$

又由于 $\|\boldsymbol{b}\|\leqslant\|\boldsymbol{A}\|\|\boldsymbol{x}\|$,可得

$$\frac{\|\delta\boldsymbol{x}\|}{\|\boldsymbol{x}\|}\leqslant\|\boldsymbol{A}^{-1}\|\|\boldsymbol{A}\|\frac{\|\delta\boldsymbol{b}\|}{\|\boldsymbol{b}\|}.$$

上式表明,$\|\boldsymbol{A}^{-1}\|\|\boldsymbol{A}\|$ 是相对误差 $\dfrac{\|\delta\boldsymbol{b}\|}{\|\boldsymbol{b}\|}$ 的倍增因子,它越大,上述方程组右端向量变化所引起的关于解的相对误差就越大.

定义 5.2　设 $\boldsymbol{A}$ 为 n 阶可逆矩阵. 对于给定的矩阵范数 $\|\cdot\|$，称

$$\operatorname{cond}(\boldsymbol{A}) = \|\boldsymbol{A}^{-1}\| \|\boldsymbol{A}\| \tag{5.28}$$

为矩阵 $\boldsymbol{A}$ 的**条件数**.

显然，系数矩阵的条件数可用来刻画线性方程组病态的程度. 如果定义 5.2 中的矩阵范数取 2 范数，则对应的条件数记为

$$\operatorname{cond}_2(\boldsymbol{A}) = \|\boldsymbol{A}^{-1}\|_2 \|\boldsymbol{A}\|_2.$$

按照(5.28) 式，同样可以定义 $\operatorname{cond}_\infty(\boldsymbol{A})$ 和 $\operatorname{cond}_1(\boldsymbol{A})$.

设 $\boldsymbol{A}^{-1}$ 存在，则 $\boldsymbol{A}$ 的条件数有如下一些性质：

(1) $\operatorname{cond}(\boldsymbol{A}) \geqslant 1$，$\operatorname{cond}(\boldsymbol{A}) = \operatorname{cond}(\boldsymbol{A}^{-1})$，$\operatorname{cond}(\alpha\boldsymbol{A}) = \operatorname{cond}(\boldsymbol{A})$，其中 $\alpha \in \mathbf{R}$，$\alpha \neq 0$.

(2) 若 $\boldsymbol{U}$ 为与 $\boldsymbol{A}$ 同阶的正交矩阵，即 $\boldsymbol{U}^{\mathrm{T}}\boldsymbol{U} = \boldsymbol{I}$，则

$$\operatorname{cond}_2(\boldsymbol{U}) = 1,\quad \operatorname{cond}_2(\boldsymbol{A}) = \operatorname{cond}_2(\boldsymbol{AU}) = \operatorname{cond}_2(\boldsymbol{UA}).$$

(3) 设 λ_1 与 λ_n 分别为 $\boldsymbol{A}$ 的绝对值最大和绝对值最小的特征值，则

$$\operatorname{cond}_2(\boldsymbol{A}) \geqslant \frac{|\lambda_1|}{|\lambda_n|};$$

若 $\boldsymbol{A}$ 为实对称矩阵，则

$$\operatorname{cond}_2(\boldsymbol{A}) = \frac{|\lambda_1|}{|\lambda_n|}.$$

例 5.13

希尔伯特矩阵

$$\boldsymbol{H}_n = \begin{pmatrix} 1 & \frac{1}{2} & \cdots & \frac{1}{n} \\ \frac{1}{2} & \frac{1}{3} & \cdots & \frac{1}{n+1} \\ \vdots & \vdots & & \vdots \\ \frac{1}{n} & \frac{1}{n+1} & \cdots & \frac{1}{2n-1} \end{pmatrix}$$

是著名的病态矩阵. 它是一个 n 阶对称正定矩阵. 对于 $n=4,6,8$，计算 $\boldsymbol{H}_n$ 对应于 2 范数的条件数，得

$$\operatorname{cond}_2(\boldsymbol{H}_4) \approx 1.5514 \times 10^4,\quad \operatorname{cond}_2(\boldsymbol{H}_6) \approx 1.4951 \times 10^7,\quad \operatorname{cond}_2(\boldsymbol{H}_8) \approx 1.5258 \times 10^{10}.$$

由此可见，随着 n 的增加，$\boldsymbol{H}_n$ 的病态越来越严重. $\boldsymbol{H}_n$ 常常在数据拟合和函数逼近中出现.

在实际问题中，线性方程组 $\boldsymbol{Ax} = \boldsymbol{b}$ 的系数矩阵的条件数通常是很难计算的，一般通过可能产生病态的现象来判断该方程组是否病态. 例如：

(1) 如果系数矩阵 $\boldsymbol{A}$ 的绝对值最大的特征值与绝对值最小的特征值之比的绝对值很大，那么认为线性方程组 $\boldsymbol{Ax} = \boldsymbol{b}$ 可能是病态的；

(2) 如果系数矩阵 $\boldsymbol{A}$ 的元素间数量级相差很大，且无一定规则，那么认为线性方程组 $\boldsymbol{Ax} = \boldsymbol{b}$ 可能是病态的；

(3) 如果系数矩阵 $\boldsymbol{A}$ 的某些行或列是近似线性相关的，那么认为线性方程组 $\boldsymbol{Ax} = \boldsymbol{b}$ 可能是病态的；

(4) 如果在系数矩阵 $\boldsymbol{A}$ 的消元过程中出现小主元,那么认为线性方程组 $\boldsymbol{Ax}=\boldsymbol{b}$ 可能是病态的.

值得注意的是,不能用系数矩阵 $\boldsymbol{A}$ 的行列式是否很小来衡量线性方程组 $\boldsymbol{Ax}=\boldsymbol{b}$ 的病态程度. 例如,设 $\boldsymbol{A}$ 为主对角元全为 0.000 01 的 n 阶对角矩阵,则当 n 很大时,$\det(\boldsymbol{A})$ 很小,但其条件数 $\mathrm{cond}(\boldsymbol{A})=1$. 实际上,此时 $\boldsymbol{Ax}=\boldsymbol{b}$ 是良态方程组.

对于病态方程组,数值求解必须小心进行,否则达不到所要求的精度. 有时可以采用高精度(如双精度或扩充精度)的运算,以改善或减轻线性方程组的病态程度;有时也可以先对原方程组做某些预处理,以降低系数矩阵的条件数,即选择非奇异矩阵 $\boldsymbol{P}$ 和 $\boldsymbol{Q}$(一般选择 $\boldsymbol{P}$ 和 $\boldsymbol{Q}$ 为对角矩阵或三角形矩阵),使得

$$\mathrm{cond}(\boldsymbol{PAQ})<\mathrm{cond}(\boldsymbol{A}).$$

然后求解等价的方程组

$$\begin{cases}\boldsymbol{PAQy}=\boldsymbol{Pb},\\ \boldsymbol{y}=\boldsymbol{Q}^{-1}\boldsymbol{x}.\end{cases}$$

例如,对于矩阵

$$\boldsymbol{A}=\begin{pmatrix}1 & 10^5\\ 1 & 1\end{pmatrix},\quad \boldsymbol{A}^{-1}=\frac{1}{1-10^5}\begin{pmatrix}1 & -10^5\\ -1 & 1\end{pmatrix},$$

有 $\mathrm{cond}_\infty(\boldsymbol{A})\approx 10^5$,若对它进行预处理:

$$\boldsymbol{B}=\boldsymbol{PA}=\begin{pmatrix}10^{-5} & 0\\ 0 & 1\end{pmatrix}\boldsymbol{A}=\begin{pmatrix}10^{-5} & 1\\ 1 & 1\end{pmatrix},$$

则有 $\mathrm{cond}_\infty(\boldsymbol{B})=4$,此时条件数得到了改善.

5.3.2 线性方程组解的误差估计

由于存在舍入误差,我们求解线性方程组时往往得到的是近似解. 下面利用条件数给出近似解的事前误差估计和事后误差估计,即计算之前和计算之后的误差估计.

定理 5.9 **对于线性方程组 $\boldsymbol{Ax}=\boldsymbol{b}$,其中 $\boldsymbol{A}$ 为非奇异矩阵,$\boldsymbol{b}$ 为非零向量,设 $\boldsymbol{A}$ 和 $\boldsymbol{b}$ 分别有扰动 $\delta\boldsymbol{A}$ 和 $\delta\boldsymbol{b}$,即扰动方程组为 $(\boldsymbol{A}+\delta\boldsymbol{A})(\boldsymbol{x}+\delta\boldsymbol{x})=\boldsymbol{b}+\delta\boldsymbol{b}$. 若 $\|\boldsymbol{A}^{-1}\|\|\delta\boldsymbol{A}\|<1$,则有误差估计式**

$$\frac{\|\delta\boldsymbol{x}\|}{\|\boldsymbol{x}\|}\leqslant\frac{\mathrm{cond}(\boldsymbol{A})}{1-\|\boldsymbol{A}^{-1}\|\|\delta\boldsymbol{A}\|}\left(\frac{\|\delta\boldsymbol{A}\|}{\|\boldsymbol{A}\|}+\frac{\|\delta\boldsymbol{b}\|}{\|\boldsymbol{b}\|}\right).\tag{5.29}$$

证 将 $\boldsymbol{Ax}=\boldsymbol{b}$ 代入扰动方程组 $(\boldsymbol{A}+\delta\boldsymbol{A})(\boldsymbol{x}+\delta\boldsymbol{x})=\boldsymbol{b}+\delta\boldsymbol{b}$,整理得

$$\delta\boldsymbol{x}=\boldsymbol{A}^{-1}[\delta\boldsymbol{b}-(\delta\boldsymbol{A})\boldsymbol{x}-(\delta\boldsymbol{A})(\delta\boldsymbol{x})].$$

在上式两边同时取范数,则有

$$\|\delta\boldsymbol{x}\|\leqslant\|\boldsymbol{A}^{-1}\|(\|\delta\boldsymbol{b}\|+\|\delta\boldsymbol{A}\|\|\boldsymbol{x}\|+\|\delta\boldsymbol{A}\|\|\delta\boldsymbol{x}\|),$$

整理得

$$(1-\|\boldsymbol{A}^{-1}\|\|\delta\boldsymbol{A}\|)\|\delta\boldsymbol{x}\|\leqslant\|\boldsymbol{A}^{-1}\|(\|\delta\boldsymbol{b}\|+\|\delta\boldsymbol{A}\|\|\boldsymbol{x}\|).$$

由于 $\|\boldsymbol{A}^{-1}\|\|\delta\boldsymbol{A}\|<1$,因此有

$$\|\delta\boldsymbol{x}\|\leqslant\frac{\|\boldsymbol{A}^{-1}\|}{1-\|\boldsymbol{A}^{-1}\|\|\delta\boldsymbol{A}\|}(\|\delta\boldsymbol{b}\|+\|\delta\boldsymbol{A}\|\|\boldsymbol{x}\|).$$

再利用 $\|\boldsymbol{b}\| \leqslant \|\boldsymbol{A}\|\|\boldsymbol{x}\|$，即得所证.

若 $\|\delta\boldsymbol{A}\|=0$，$\|\delta\boldsymbol{b}\|\neq 0$，则由(5.29)式有

$$\frac{\|\delta\boldsymbol{x}\|}{\|\boldsymbol{x}\|} \leqslant \operatorname{cond}(\boldsymbol{A}) \frac{\|\delta\boldsymbol{b}\|}{\|\boldsymbol{b}\|};$$

若 $\|\delta\boldsymbol{A}\|\neq 0$，$\|\delta\boldsymbol{b}\|=0$，则由(5.29)式有

$$\frac{\|\delta\boldsymbol{x}\|}{\|\boldsymbol{x}\|} \leqslant \frac{\operatorname{cond}(\boldsymbol{A})}{1-\|\boldsymbol{A}^{-1}\|\|\delta\boldsymbol{A}\|} \cdot \frac{\|\delta\boldsymbol{A}\|}{\|\boldsymbol{A}\|} = \operatorname{cond}(\boldsymbol{A}) \frac{\|\delta\boldsymbol{A}\|}{\|\boldsymbol{A}\|}(1+O(\|\delta\boldsymbol{A}\|)).$$

例 5.14

设矩阵 $\boldsymbol{A}$ 可逆，$\delta\boldsymbol{A}$ 为 $\boldsymbol{A}$ 的扰动，试证：当 $\|\boldsymbol{A}^{-1}\delta\boldsymbol{A}\|<1$ 时，$\boldsymbol{A}+\delta\boldsymbol{A}$ 也可逆.

证　考虑行列式

$$\det(\boldsymbol{A}^{-1})\det(\boldsymbol{A}+\delta\boldsymbol{A}) = \det(\boldsymbol{A}^{-1}(\boldsymbol{A}+\delta\boldsymbol{A})) = \det(\boldsymbol{I}+\boldsymbol{A}^{-1}\delta\boldsymbol{A}).$$

因为 $\|\boldsymbol{A}^{-1}\delta\boldsymbol{A}\|<1$，所以 $\boldsymbol{I}+\boldsymbol{A}^{-1}\delta\boldsymbol{A}$ 可逆. 于是，$\det(\boldsymbol{A}+\delta\boldsymbol{A})\neq 0$，即 $\boldsymbol{A}+\delta\boldsymbol{A}$ 可逆.

例 5.15

设有线性方程组 $\boldsymbol{A}\boldsymbol{x}=\boldsymbol{b}$，其中

$$\boldsymbol{A}=\begin{pmatrix}1 & 0 & -1\\ 2 & 2 & 1\\ 0 & 2 & 2\end{pmatrix},\quad \boldsymbol{b}=\begin{pmatrix}\frac{1}{2}\\ \frac{1}{3}\\ -\frac{2}{3}\end{pmatrix}.$$

已知该方程组有解 $\boldsymbol{x}=\left(\frac{1}{2},-\frac{1}{3},0\right)^{\mathrm{T}}$，如果它的右端向量有扰动 $\delta\boldsymbol{b}$，且 $\|\delta\boldsymbol{b}\|_\infty=\frac{1}{2}\times 10^{-6}$，试估计由此引起的关于解的相对误差.

解　由于

$$\boldsymbol{A}^{-1}=\begin{pmatrix}-1 & 1 & -1\\ 2 & -1 & \frac{3}{2}\\ -2 & 1 & -1\end{pmatrix},$$

因此 $\operatorname{cond}_\infty(\boldsymbol{A})=22.5$. 于是，对于解 $\boldsymbol{x}=\left(\frac{1}{2},-\frac{1}{3},0\right)^{\mathrm{T}}$，有

$$\frac{\|\delta\boldsymbol{x}\|_\infty}{\|\boldsymbol{x}\|_\infty} \leqslant \operatorname{cond}_\infty(\boldsymbol{A}) \frac{\|\delta\boldsymbol{b}\|_\infty}{\|\boldsymbol{b}\|_\infty} = 22.5\times\frac{\frac{1}{2}\times 10^{-6}}{\frac{2}{3}} = 1.6875\times 10^{-5}.$$

定理 5.10　**设 $\tilde{\boldsymbol{x}}$ 是线性方程组 $\boldsymbol{A}\boldsymbol{x}=\boldsymbol{b}(\boldsymbol{b}\neq\boldsymbol{0})$ 的近似解，则对于近似解 $\tilde{\boldsymbol{x}}$，有误差估计式**

$$\frac{1}{\operatorname{cond}(\boldsymbol{A})}\cdot\frac{\|\boldsymbol{r}\|}{\|\boldsymbol{b}\|} \leqslant \frac{\|\boldsymbol{x}-\tilde{\boldsymbol{x}}\|}{\|\boldsymbol{x}\|} \leqslant \operatorname{cond}(\boldsymbol{A})\frac{\|\boldsymbol{r}\|}{\|\boldsymbol{b}\|},$$

其中 $\boldsymbol{r}=\boldsymbol{b}-\boldsymbol{A}\tilde{\boldsymbol{x}}$ 称为剩余向量.

证　由 $\boldsymbol{A}\boldsymbol{x}=\boldsymbol{b}$ 有 $\boldsymbol{r}=\boldsymbol{A}\boldsymbol{x}-\boldsymbol{A}\tilde{\boldsymbol{x}}=\boldsymbol{A}(\boldsymbol{x}-\tilde{\boldsymbol{x}})$，故

$$\frac{\| x-\tilde{x} \|}{\| x \|} \leqslant \| A^{-1} r \| \frac{\| A \|}{\| b \|} \leqslant \operatorname{cond}(A) \frac{\| r \|}{\| b \|}.$$

又由 $x = A^{-1}b$ 有

$$\frac{\| x-\tilde{x} \|}{\| x \|} \geqslant \frac{\| r \|}{\| A \|} \cdot \frac{1}{\| A^{-1} \| \| b \|} = \frac{1}{\operatorname{cond}(A)} \cdot \frac{\| r \|}{\| b \|}.$$

该定理说明，当条件数 cond(A) 很大时，即使剩余向量 r 的相对误差很小，近似解的相对误差仍然可能很大.

如果用直接解法得到的近似解 $\tilde{x}$ 的误差较大，我们可以利用迭代的方法对近似解进行修正. 设 $r = b - A\tilde{x}$，Δx 为修正量，$\bar{x} = \tilde{x} + \Delta x$ 为新的近似解. 这样，我们可以通过求解线性方程组

$$A\Delta x = r \tag{5.30}$$

得到 $\bar{x}$. 显然，在准确计算下有

$$A\bar{x} = A(\tilde{x} + \Delta x) = b - r + A\Delta x = b.$$

然而，在实际计算时，不太可能准确求解线性方程组(5.30)，所以求解线性方程组(5.30) 也只能提供部分的修正. 因此，需要反复求解形如(5.30) 式的线性方程组，不断对所得的近似解进行修正. 这种使得近似解逐渐接近精确解的过程称为**迭代改善**. 为了减少运算量，可事先对矩阵 A 进行 LU 分解，把反复求解形如(5.30) 式的线性方程组改为反复求解形如 $Ly = r$，$U\Delta x = y$ 的三角形方程组. 为了保证计算的精度，剩余向量 r 可采用高精度进行计算.

此外，我们也应当注重线性方程组直接解法的稳定性问题. 如果通过直接计算每一步舍入误差对解的影响来获得近似解的误差界，那将是非常困难的. 威尔金森等人提出了"向后误差分析法"，其基本思想是把计算过程中舍入误差对解的影响归结为原始数据扰动对解的影响. 下面给出一个定理来说明这方面的结论.

定理 5.11 **设矩阵 $A \in \mathbf{R}^{n\times n}$ 为非奇异矩阵，用列主元消去法或完全主元消去法求解线性方程组 $Ax = b$ 时近似解 $\tilde{x}$ 满足 $(A + \delta A)\tilde{x} = b$. 已知计算机尾数字长为 t，且 $n2^{-t} \leqslant 0.01$. 记**

$$\rho = \frac{\max\limits_{1\leqslant i,j\leqslant n} \{ | a_{ij}^{(k)} | \}}{\| A \|_\infty}$$

(称为 A 的元素增长因子)，其中 $a_{ij}^{(k)}\ (i,j = 1,2,\cdots,n)$ 是消元过程中 $A^{(k)}$ 的元素.

(1) 若 A 的 LU 分解计算结果为 $\tilde{L}$，$\tilde{U}$，则

$$\tilde{L}\tilde{U} = A + E, \quad \| E \|_\infty \leqslant \rho n^2 \| A \|_\infty 2^{-t};$$

(2) $\| \delta A \|_\infty \leqslant 1.01\rho(n^3 + 3n^2) \| A \|_\infty 2^{-t}$；

(3) 近似解 $\tilde{x}$ 有误差估计

$$\frac{\| x-\tilde{x} \|_\infty}{\| x \|_\infty} \leqslant \frac{\operatorname{cond}_\infty(A)}{1 - \| A^{-1} \|_\infty \| \delta A \|_\infty} [1.01\rho(n^3 + 3n^2)2^{-t}].$$

该定理说明，若系数矩阵的阶数、条件数、元素增长因子越大，计算机的字长越短，则舍入误差对解的影响越严重. 因此，计算结果的精度取决于系数矩阵的规模、线性方程组的性态、所选取的算法和所用计算机的字长.

内容小结与评注

本章的基本内容包括：高斯消去法、主元消去法、高斯-若尔当消去法、矩阵的 LU 分解、LU 分解法、追赶法、平方根法、矩阵条件数的定义和性质、病态方程组的性态和判别.

消去法是古典的方法，我国古代数学名著《九章算术》中就有关于用消去法求解方程组的叙述. 高斯消去法是一种最基本、最简单的消去法. 直到今天，用计算机求解系数矩阵阶数不太大或系数矩阵稀疏的 n 元线性方程组时，高斯消去法仍然是一种有力的工具，且一般情形下它的运算量为 $O(n^3)$.

在高斯消去法中引入选主元的技巧，就得到解线性方程组的完全主元消去法和列主元消去法. 这两种方法都是数值稳定的. 用完全主元消去法求解非病态方程组具有较高的精度，但它需要花费较多的机器时间. 列主元消去法是比完全主元消去法更实用的方法，一般使用较多. 用高斯-若尔当消去法求逆矩阵是比较方便的. 当线性方程组的系数矩阵是三对角矩阵，特别是严格对角占优矩阵（定义见 6.2.2 小节）时，追赶法通常是一种既快速又数值稳定的方法. 当线性方程组的系数矩阵是对称正定矩阵或严格对角占优矩阵时，则不必选主元，可直接用高斯消去法或 LU 分解法来求解. 在线性方程组的系数矩阵对称正定且非病态的情况下，平方根法是一种行之有效的方法.

矩阵的条件数、病态方程组、算法的数值稳定性、误差估计，这些概念都是数值计算方法中比较重要的概念，本章只做了简单的介绍. 对于病态问题，要想提高计算的精度，最好增大运算字长，如采用双精度或扩充精度.

习题 5

5.1　用高斯消去法和 LU 分解法求解线性方程组

$$\begin{pmatrix} 7 & 1 & -1 \\ 2 & 4 & 2 \\ -1 & 1 & 3 \end{pmatrix}\begin{pmatrix} x_1 \\ x_2 \\ x_3 \end{pmatrix}=\begin{pmatrix} 3 \\ 1 \\ 2 \end{pmatrix}.$$

5.2　用高斯消去法和列主元消去法求解线性方程组

$$\begin{pmatrix} 0.729 & 0.81 & 0.9 \\ 1 & 1 & 1 \\ 1.331 & 1.21 & 1.1 \end{pmatrix}\begin{pmatrix} x_1 \\ x_2 \\ x_3 \end{pmatrix}=\begin{pmatrix} 0.6867 \\ 0.8338 \\ 1.0000 \end{pmatrix},$$

计算过程取 4 位有效数字，并与该方程组的精确解 $(0.2245, 0.2814, 0.3279)^{\mathrm{T}}$ 进行比较.

5.3　设矩阵 $\boldsymbol{A}=(a_{ij})_{n\times n}$，其中 $a_{11}\neq 0$；对以 $\boldsymbol{A}$ 为系数矩阵的线性方程组使用高斯消去法，经过 1 步消元，得到

$$\boldsymbol{A}^{(2)}=\begin{pmatrix} a_{11} & \boldsymbol{a}_1^{\mathrm{T}} \\ \boldsymbol{0} & \boldsymbol{A}_2 \end{pmatrix}.$$

证明：

(1) 若 $\boldsymbol{A}$ 为对称矩阵，则 $\boldsymbol{A}_2$ 为对称矩阵；

(2) 若 $\boldsymbol{A}$ 为对称正定矩阵，则 $\boldsymbol{A}_2$ 为对称正定矩阵；

(3) 若$\boldsymbol{A}$为严格对角占优矩阵,即$|a_{ii}|>\sum_{\substack{j=1\\j\neq i}}^{n}|a_{ij}|(i=1,2,\cdots,n)$,则$\boldsymbol{A}_2$为严格对角占优矩阵.

5.4 设$\boldsymbol{A}=(a_{ij})_{n\times n}$是对称正定矩阵;对以$\boldsymbol{A}$为系数矩阵的线性方程组使用高斯消去法,经过$k-1$步消元,$\boldsymbol{A}$变换为$\boldsymbol{A}^{(k)}=(a_{ij}^{(k)})_{n\times n}$.证明:

(1) $a_{ii}>0(i=1,2,\cdots,n)$;

(2) $\boldsymbol{A}$中绝对值最大的元素必在主对角线上;

(3) $a_{ii}^{(2)}\leqslant a_{ii}(i=1,2,\cdots,n)$;

(4) $\max\limits_{1\leqslant i,j\leqslant n}\{|a_{ij}^{(k)}|\}\leqslant\max\limits_{1\leqslant i,j\leqslant n}\{|a_{ij}|\}(k=2,3,\cdots,n)$.

5.5 设矩阵$\boldsymbol{A}\in\mathbf{R}^{n\times n}$,其第$k$列为$(a_{1k},a_{2k},\cdots,a_{nk})^{\mathrm{T}}$,且$a_{kk}\neq 0$,其他各列依次为单位向量$\boldsymbol{e}_1,\boldsymbol{e}_2,\cdots,\boldsymbol{e}_{k-1},\boldsymbol{e}_{k+1},\cdots,\boldsymbol{e}_n$,证明:$\boldsymbol{A}^{-1}$的第$k$列为

$$-\frac{1}{a_{kk}}(a_{1k},a_{2k},\cdots,a_{k-1,k},-1,a_{k+1,k},\cdots,a_{nk})^{\mathrm{T}},$$

其他各列与$\boldsymbol{A}$的相应列相同.

5.6 用高斯-若尔当消去法求解线性方程组

$$\begin{pmatrix}2&3&4\\1&1&9\\1&2&-6\end{pmatrix}\begin{pmatrix}x_1\\x_2\\x_3\end{pmatrix}=\begin{pmatrix}0\\2\\1\end{pmatrix}.$$

5.7 下列矩阵能否进行LU分解?若能分解,分解式是否唯一?

$$\boldsymbol{A}=\begin{pmatrix}1&2&3\\2&4&1\\4&6&7\end{pmatrix},\quad \boldsymbol{B}=\begin{pmatrix}1&1&1\\2&2&1\\3&3&1\end{pmatrix},\quad \boldsymbol{C}=\begin{pmatrix}1&2&6\\2&5&15\\6&15&46\end{pmatrix}.$$

5.8 用追赶法求解线性方程组$\boldsymbol{Ax}=\boldsymbol{b}$,其中

$$\boldsymbol{A}=\begin{pmatrix}2&-1&0&0&0\\-1&2&-1&0&0\\0&-1&2&-1&0\\0&0&-1&2&-1\\0&0&0&-1&2\end{pmatrix},\quad \boldsymbol{b}=\begin{pmatrix}1\\0\\0\\0\\0\end{pmatrix}.$$

5.9 用平方根法求解线性方程组

$$\begin{pmatrix}15&-4&-2\\-4&10&3\\-2&3&20\end{pmatrix}\begin{pmatrix}x_1\\x_2\\x_3\end{pmatrix}=\begin{pmatrix}-2\\3\\5\end{pmatrix}.$$

5.10 用改进的平方根法求解线性方程组

$$\begin{pmatrix}2&-1&1\\-1&-2&3\\1&3&1\end{pmatrix}\begin{pmatrix}x_1\\x_2\\x_3\end{pmatrix}=\begin{pmatrix}4\\5\\6\end{pmatrix}.$$

5.11 计算$\mathrm{cond}_2(\boldsymbol{A})$和$\mathrm{cond}_\infty(\boldsymbol{A})$,其中

$$\boldsymbol{A}=\begin{pmatrix}100&99\\99&98\end{pmatrix}.$$

5.12　证明：如果 $\boldsymbol{A}$ 是正交矩阵，那么 $\mathrm{cond}_2(\boldsymbol{A})=1$.

5.13　设矩阵 $\boldsymbol{A},\boldsymbol{B}\in\mathbf{R}^{n\times n}$. 对于算子范数，证明：

$$\mathrm{cond}(\boldsymbol{AB})\leqslant\mathrm{cond}(\boldsymbol{A})\mathrm{cond}(\boldsymbol{B}).$$

5.14　设有线性方程组 $\boldsymbol{Ax}=\boldsymbol{b}$，其中

$$\boldsymbol{A}=\begin{pmatrix}2 & -1\\ -2 & 1.0001\end{pmatrix},\quad \boldsymbol{b}=\begin{pmatrix}-1\\ 1.0001\end{pmatrix}.$$

当右端向量 $\boldsymbol{b}$ 有扰动 $\delta\boldsymbol{b}=(0,0.0001)^{\mathrm{T}}$ 时，引起解 $\boldsymbol{x}$ 的误差为 $\delta\boldsymbol{x}$. 试求出 $\dfrac{\|\delta\boldsymbol{x}\|_\infty}{\|\boldsymbol{x}\|_\infty}$ 的界，并分析这个结果.

5.15　设有线性方程组 $\boldsymbol{Ax}=\boldsymbol{b}$，其中

$$\boldsymbol{A}=\begin{pmatrix}1 & 2\\ 1.0001 & 2\end{pmatrix},\quad \boldsymbol{b}=\begin{pmatrix}3\\ 3.0001\end{pmatrix}.$$

已知它的精确解为$(1,1)^{\mathrm{T}}$. 给 $\boldsymbol{A}$ 一个扰动

$$\delta\boldsymbol{A}=\begin{pmatrix}0 & 0\\ -0.00002 & 0\end{pmatrix},$$

引起解 $\boldsymbol{x}$ 的误差为 $\delta\boldsymbol{x}$. 试求出 $\dfrac{\|\delta\boldsymbol{x}\|_\infty}{\|\boldsymbol{x}\|_\infty}$ 的上界.

5.16　设 $\boldsymbol{A}$ 为非奇异矩阵，且 $\|\boldsymbol{A}^{-1}\|\|\delta\boldsymbol{A}\|<1$，证明：$(\boldsymbol{A}+\delta\boldsymbol{A})^{-1}$ 存在，且有

$$\frac{\|\boldsymbol{A}^{-1}-(\boldsymbol{A}+\delta\boldsymbol{A})^{-1}\|}{\|\boldsymbol{A}^{-1}\|}\leqslant\frac{\|\boldsymbol{A}^{-1}\|\|\delta\boldsymbol{A}\|}{1-\|\boldsymbol{A}^{-1}\|\|\delta\boldsymbol{A}\|}.$$

5.17　设 $\boldsymbol{A}$ 为非奇异矩阵，$\boldsymbol{B}$ 为奇异矩阵，证明：

$$\|\boldsymbol{A}\|\leqslant\|\boldsymbol{A}-\boldsymbol{B}\|\mathrm{cond}(\boldsymbol{A}).$$

数值实验题 5

5.1　设有线性方程组 $\boldsymbol{Ax}=\boldsymbol{b}$，其中

$$\boldsymbol{A}=\begin{pmatrix}0.3\times10^{-15} & 59.14 & 3 & 1\\ 5.291 & -6.13 & -1 & 2\\ 11.2 & 9 & 5 & 2\\ 1 & 2 & 1 & 1\end{pmatrix},\quad \boldsymbol{b}=\begin{pmatrix}59.17\\ 46.78\\ 1\\ 2\end{pmatrix},$$

分别用不选主元的三角分解法和列选主元的三角分解法求解这个方程组，并比较计算结果.

5.2　设有线性方程组 $\boldsymbol{Ax}=\boldsymbol{b}$，其中

$$\boldsymbol{A}=\begin{pmatrix}1 & x_0 & x_0^2 & x_0^3 & x_0^4 & x_0^5\\ 1 & x_1 & x_1^2 & x_1^3 & x_1^4 & x_1^5\\ 1 & x_2 & x_2^2 & x_2^3 & x_2^4 & x_2^5\\ 1 & x_3 & x_3^2 & x_3^3 & x_3^4 & x_3^5\\ 1 & x_4 & x_4^2 & x_4^3 & x_4^4 & x_4^5\\ 1 & x_5 & x_5^2 & x_5^3 & x_5^4 & x_5^5\end{pmatrix},$$

$x_k=1+0.1k(k=0,1,2,3,4,5)$，$\boldsymbol{b}=(b_1,b_2,b_3,b_4,b_5,b_6)^{\mathrm{T}}$ 由相应的矩阵元素计算，使得解

为 $x = (1,1,1,1,1,1)^{\mathrm{T}}$.

(1) 保持 A 不变,对 b 的元素 b_6 加一个扰动 10^{-4},应用数学软件求解相应的扰动方程组;

(2) 保持 b 不变,对 A 的元素 x_1 和 x_5^5 分别加一个扰动 10^{-6},应用数学软件求解相应的扰动方程组;

(3) 对上述两种扰动方程组的解做误差分析.

5.3 给定两个不同的线性方程组,第一个线性方程组的系数矩阵为十阶希尔伯特矩阵 H_{10},右端向量为 $b = (1,0,\cdots,0)^{\mathrm{T}}$,且有 $\|H_{10}\|_1 \approx 2.93$,$\|H_{10}^{-1}\|_1 \approx 1.21\times 10^{13}$;第二个线性方程组是一个三角形方程组,其系数矩阵为四阶威尔金森矩阵

$$A = \begin{pmatrix} 0.9143\times 10^{-4} & 0 & 0 & 0 \\ 0.8762 & 0.7156\times 10^{-4} & 0 & 0 \\ 0.7943 & 0.8143 & 0.9504\times 10^{-4} & 0 \\ 0.8017 & 0.6123 & 0.7165 & 0.7123\times 10^{-4} \end{pmatrix},$$

右端向量为 $b = (0.00009143, 0.87627156, 1.60869504, 2.13057123)^{\mathrm{T}}$,精确解为 $x = (1,1,1,1)^{\mathrm{T}}$,且有 $\|A\|_1 \approx 2.47$,$\|A^{-1}\|_1 \approx 1.15\times 10^{16}$.

(1) 对于上面两个线性方程组,用你掌握的解法求出近似解 $\tilde{x}$,并计算剩余向量.

(2) 分别对上面两个线性方程组的右端向量给定一个扰动 10^{-7},求解两个相应的扰动方程组;分别对上面两个线性方程组的系数矩阵和右端向量都给定一个扰动 10^{-7},求解两个相应的扰动方程组. 观察线性方程组的解的误差变化情况.

5.4 给定 n 元线性方程组 $Ax = b$,其中

$$A = \begin{pmatrix} 6 & 1 & & & \\ 8 & 6 & 1 & & \\ & \ddots & \ddots & \ddots & \\ & & 8 & 6 & 1 \\ & & & 8 & 6 \end{pmatrix}, \quad b = \begin{pmatrix} 7 \\ 15 \\ \vdots \\ 15 \\ 14 \end{pmatrix}.$$

已知该方程组有精确解 $x = (1,1,\cdots,1)^{\mathrm{T}}$.

(1) 对于 $n = 10$ 和 $n = 84$,分别用高斯消去法和列主元消去法求解该方程组,并比较计算结果;

(2) 试估计矩阵 A 的条件数.

第6章

线性方程组的迭代解法

对于大型线性方程组 $\boldsymbol{Ax}=\boldsymbol{b}$($\boldsymbol{A}\in\mathbf{R}^{n\times n}$ 为非奇异矩阵,$\boldsymbol{b}\in\mathbf{R}^{n}$),常常采用迭代法来求解.**迭代法**的基本原理是:从某些初始向量出发,用设计好的步骤逐次计算出近似解 $\boldsymbol{x}^{(k)}$,从而得到一个向量序列$\{\boldsymbol{x}^{(k)}\}$,使其极限向量是该方程组的精确解.一般地,$\boldsymbol{x}^{(k+1)}$ 的计算公式形如

$$\boldsymbol{x}^{(k+1)}=F_k(\boldsymbol{x}^{(k)},\boldsymbol{x}^{(k-1)},\cdots,\boldsymbol{x}^{(k-m)})\quad(k=m,m+1,\cdots),$$

这时称相应的迭代法为**多步迭代法**.若 $\boldsymbol{x}^{(k+1)}$ 只与 $\boldsymbol{x}^{(k)}$ 有关,且 F_k 是线性的,即

$$\boldsymbol{x}^{(k+1)}=\boldsymbol{B}_k\boldsymbol{x}^{(k)}+\boldsymbol{f}_k\quad(k=0,1,2,\cdots),$$

则称相应的迭代法为**单步线性迭代法**,其中 $\boldsymbol{B}_k\in\mathbf{R}^{n\times n}$ 称为**迭代矩阵**,$\boldsymbol{f}_k\in\mathbf{R}^{n}(k=0,1,2,\cdots)$.若 $\boldsymbol{B}_k$ 和 $\boldsymbol{f}_k$ 都与 k 无关,即

$$\boldsymbol{x}^{(k+1)}=\boldsymbol{B}\boldsymbol{x}^{(k)}+\boldsymbol{f}\quad(k=0,1,2,\cdots),$$

则称相应的迭代法为**单步定常线性迭代法**.本章主要讨论各种单步定常线性迭代法.

§6.1 基本迭代法

6.1.1 迭代公式的构造

设 $\boldsymbol{A} \in \mathbf{R}^{n\times n}$ 为非奇异矩阵,$\boldsymbol{b} \in \mathbf{R}^n$,又设 $\boldsymbol{x} \in \mathbf{R}^n$ 满足线性方程组

$$\boldsymbol{A}\boldsymbol{x} = \boldsymbol{b}. \tag{6.1}$$

如果能找到矩阵 $\boldsymbol{B} \in \mathbf{R}^{n\times n}$,向量 $\boldsymbol{f} \in \mathbf{R}^n$,使得 $\boldsymbol{I}-\boldsymbol{B}$ 可逆,且方程组

$$\boldsymbol{x} = \boldsymbol{B}\boldsymbol{x} + \boldsymbol{f} \tag{6.2}$$

与方程组(6.1)同解,则可由(6.2)式构造出一个迭代公式

$$\boldsymbol{x}^{(k+1)} = \boldsymbol{B}\boldsymbol{x}^{(k)} + \boldsymbol{f} \quad (k = 0,1,2,\cdots). \tag{6.3}$$

给定初始向量 $\boldsymbol{x}^{(0)} \in \mathbf{R}^n$,由(6.3)式可以生成一个向量序列$\{\boldsymbol{x}^{(k)}\}$.若当 $k \to \infty$ 时,$\{\boldsymbol{x}^{(k)}\}$ 有极限 $\boldsymbol{x}^*$,则 $\boldsymbol{x}^*$ 就是方程组(6.1)和方程组(6.2)的解.显然,一个形如(6.3)式的迭代公式对应了一个求解线性方程组的迭代法,所以我们通常也直接称迭代公式为迭代法.

定义 6.1 若对于任一初始向量 $\boldsymbol{x}^{(0)} \in \mathbf{R}^n$,由迭代公式(6.3)生成的向量序列$\{\boldsymbol{x}^{(k)}\}$都满足

$$\lim_{k\to\infty}\boldsymbol{x}^{(k)} = \boldsymbol{x}^*,$$

则称迭代法(6.3)是**收敛**的;否则,称迭代法(6.3)是**发散**的.

从(6.1)式出发,可以由不同的途径得到不同的等价方程组(6.2),从而得到不同的迭代法(6.3).例如,设矩阵 $\boldsymbol{A}$ 可以分解为 $\boldsymbol{A} = \boldsymbol{M} - \boldsymbol{N}$,其中 $\boldsymbol{M}$ 为非奇异矩阵,则由(6.1)式可得

$$\boldsymbol{x} = \boldsymbol{M}^{-1}\boldsymbol{N}\boldsymbol{x} + \boldsymbol{M}^{-1}\boldsymbol{b}.$$

令 $\boldsymbol{B} = \boldsymbol{M}^{-1}\boldsymbol{N}, \boldsymbol{f} = \boldsymbol{M}^{-1}\boldsymbol{b}$,就可以得到(6.2)式的形式.可见,由 $\boldsymbol{A}$ 的不同分解方式,可以得到不同的 $\boldsymbol{B}$ 和 $\boldsymbol{f}$.下面给出对应不同分解方式的常用迭代法.

6.1.2 雅可比迭代法和高斯-赛德尔迭代法

1. 雅可比迭代法

设矩阵 $\boldsymbol{A} = (a_{ij}) \in \mathbf{R}^{n\times n}$,可以把 $\boldsymbol{A}$ 分解为

$$\boldsymbol{A} = \boldsymbol{D} - \boldsymbol{L} - \boldsymbol{U}, \tag{6.4}$$

其中 $\boldsymbol{D} = \mathrm{diag}(a_{11}, a_{22}, \cdots, a_{nn})$,而

$$\boldsymbol{L} = -\begin{pmatrix} 0 & & & \\ a_{21} & 0 & & \\ \vdots & \ddots & \ddots & \\ a_{n1} & \cdots & a_{n,n-1} & 0 \end{pmatrix}, \quad \boldsymbol{U} = -\begin{pmatrix} 0 & a_{12} & \cdots & a_{1n} \\ & 0 & \ddots & \vdots \\ & & \ddots & a_{n-1,n} \\ & & & 0 \end{pmatrix}.$$

现设 $\boldsymbol{D}$ 为非奇异矩阵,即 $a_{ii} \neq 0 (i = 1,2,\cdots,n)$,则方程组(6.1)等价于

$$\boldsymbol{x} = \boldsymbol{D}^{-1}(\boldsymbol{L} + \boldsymbol{U})\boldsymbol{x} + \boldsymbol{D}^{-1}\boldsymbol{b}.$$

由此构造迭代公式

$$\boldsymbol{x}^{(k+1)} = \boldsymbol{B}_{\mathrm{J}}\boldsymbol{x}^{(k)} + \boldsymbol{f}_{\mathrm{J}} \quad (k = 0,1,2,\cdots), \tag{6.5}$$

其中迭代矩阵 $\boldsymbol{B}_{\mathrm{J}}$ 和向量 $\boldsymbol{f}_{\mathrm{J}}$ 分别为

$$\boldsymbol{B}_{\mathrm{J}} = \boldsymbol{D}^{-1}(\boldsymbol{L}+\boldsymbol{U}) = \boldsymbol{I} - \boldsymbol{D}^{-1}\boldsymbol{A}, \tag{6.6}$$

$$\boldsymbol{f}_{\mathrm{J}} = \boldsymbol{D}^{-1}\boldsymbol{b}. \tag{6.7}$$

称用迭代公式(6.5)来求解方程组(6.1)的方法为**雅可比**(Jacobi)**迭代法**,简称 **J 法**.

用 J 法计算向量序列 $\{\boldsymbol{x}^{(k)}\}$ 时,要用两组单元存放向量 $\boldsymbol{x}^{(k)}$ 和 $\boldsymbol{x}^{(k+1)}$. J 法可以写成分量形式:

$$x_i^{(k+1)} = \frac{1}{a_{ii}}\left(b_i - \sum_{j=1}^{i-1} a_{ij}x_j^{(k)} - \sum_{j=i+1}^{n} a_{ij}x_j^{(k)}\right) \quad (i = 1,2,\cdots,n;k = 0,1,2,\cdots). \tag{6.8}$$

2. 高斯-赛德尔迭代法

在 J 法中,当计算 $x_i^{(k+1)}$ 时,分量 $x_1^{(k+1)},x_2^{(k+1)},\cdots,x_{i-1}^{(k+1)}$ 已经计算出,所以可以考虑对 J 法进行修改:在一个分量计算出来之后,下一个分量的计算就利用最新的计算结果. 其分量形式的计算公式为

$$x_i^{(k+1)} = \frac{1}{a_{ii}}\left(b_i - \sum_{j=1}^{i-1} a_{ij}x_j^{(k+1)} - \sum_{j=i+1}^{n} a_{ij}x_j^{(k)}\right) \quad (i = 1,2,\cdots,n;k = 0,1,2,\cdots). \tag{6.9}$$

这种求解方程组(6.1)的迭代法称为**高斯-赛德尔**(Gauss - Seidel)**迭代法**,简称 **GS 法**. 这种方法在整个迭代过程中只要使用一组单元存放迭代向量.

将(6.9)式写成矩阵形式

$$\boldsymbol{x}^{(k+1)} = \boldsymbol{D}^{-1}(\boldsymbol{L}\boldsymbol{x}^{(k+1)} + \boldsymbol{U}\boldsymbol{x}^{(k)} + \boldsymbol{b}),$$

整理得

$$\boldsymbol{x}^{(k+1)} = \boldsymbol{B}_{\mathrm{GS}}\boldsymbol{x}^{(k)} + \boldsymbol{f}_{\mathrm{GS}} \quad (k = 0,1,2,\cdots), \tag{6.10}$$

其中迭代矩阵 $\boldsymbol{B}_{\mathrm{GS}}$ 和向量 $\boldsymbol{f}_{\mathrm{GS}}$ 分别为

$$\boldsymbol{B}_{\mathrm{GS}} = (\boldsymbol{D}-\boldsymbol{L})^{-1}\boldsymbol{U}, \tag{6.11}$$

$$\boldsymbol{f}_{\mathrm{GS}} = (\boldsymbol{D}-\boldsymbol{L})^{-1}\boldsymbol{b}. \tag{6.12}$$

J 法和 GS 法的分量形式适合于计算编程,而矩阵形式适合于讨论迭代序列是否收敛等理论分析.

例 6.1

分别用 J 法和 GS 法求解线性方程组

$$\begin{pmatrix} 10 & 3 & 1 \\ 2 & -10 & 3 \\ 1 & 3 & 10 \end{pmatrix}\begin{pmatrix} x_1 \\ x_2 \\ x_3 \end{pmatrix} = \begin{pmatrix} 14 \\ -5 \\ 14 \end{pmatrix},$$

已知其精确解为 $\boldsymbol{x}^* = (1,1,1)^{\mathrm{T}}$.

解　用 J 法计算时,按照(6.8)式,有

$$\begin{cases} x_1^{(k+1)} = \dfrac{1}{10}(-3x_2^{(k)} - x_3^{(k)} + 14), \\ x_2^{(k+1)} = \dfrac{1}{10}(2x_1^{(k)} + 3x_3^{(k)} + 5), \\ x_3^{(k+1)} = \dfrac{1}{10}(-x_1^{(k)} - 3x_2^{(k)} + 14); \end{cases}$$

用 GS 法计算时，按照(6.9) 式，有

$$\begin{cases} x_1^{(k+1)} = \frac{1}{10}(-3x_2^{(k)} - x_3^{(k)} + 14), \\ x_2^{(k+1)} = \frac{1}{10}(2x_1^{(k+1)} + 3x_3^{(k)} + 5), \\ x_3^{(k+1)} = \frac{1}{10}(-x_1^{(k+1)} - 3x_2^{(k+1)} + 14). \end{cases}$$

取 $\boldsymbol{x}^{(0)} = (0,0,0)^{\mathrm{T}}$，J 法迭代 4 次的计算结果是

$$\boldsymbol{x}^{(4)} = (0.990\,6, 0.964\,5, 0.990\,6)^{\mathrm{T}}, \quad \| \boldsymbol{x}^{(4)} - \boldsymbol{x}^* \|_\infty = 0.035\,5;$$

GS 法迭代 4 次的计算结果是

$$\boldsymbol{x}^{(4)} = (0.991\,54, 0.995\,78, 1.002\,1)^{\mathrm{T}}, \quad \| \boldsymbol{x}^{(4)} - \boldsymbol{x}^* \|_\infty = 0.008\,46.$$

从计算结果看，本例用 GS 法显然比用 J 法收敛快.

§6.2 迭代法的收敛性

6.2.1 一般迭代法的收敛性

设 $\boldsymbol{x}^*$ 是方程组(6.2)的解，即 $\boldsymbol{x}^* = \boldsymbol{B}\boldsymbol{x}^* + \boldsymbol{f}$. 将此式与(6.3)式相减，并记 $\boldsymbol{e}^{(k)} = \boldsymbol{x}^{(k)} - \boldsymbol{x}^*$（称为**误差向量**），则有

$$\boldsymbol{e}^{(k+1)} = \boldsymbol{B}\boldsymbol{e}^{(k)} \quad (k = 0,1,2,\cdots).$$

由此可递推得

$$\boldsymbol{e}^{(k)} = \boldsymbol{B}\boldsymbol{e}^{(k-1)} = \cdots = \boldsymbol{B}^k\boldsymbol{e}^{(0)}, \tag{6.13}$$

其中 $\boldsymbol{e}^{(0)} = \boldsymbol{x}^{(0)} - \boldsymbol{x}^*$ 与 k 无关. 所以，迭代法(6.3) 收敛就意味着对于任一初始向量 $\boldsymbol{x}^{(0)} \in \mathbf{R}^n$，都有

$$\lim_{k\to\infty} \boldsymbol{e}^{(k)} = \lim_{k\to\infty} \boldsymbol{B}^k\boldsymbol{e}^{(0)} = \boldsymbol{0}.$$

于是，要研究当 $\boldsymbol{B}$ 满足什么条件时，有 $\lim\limits_{k\to\infty} \boldsymbol{B}^k = \boldsymbol{O}$.

下面给出迭代法收敛的充要条件.

定理 6.1 **设矩阵 $\boldsymbol{B} \in \mathbf{R}^{n\times n}$，则 $\lim\limits_{k\to\infty} \boldsymbol{B}^k = \boldsymbol{O}$ 的充要条件是 $\boldsymbol{B}$ 的谱半径 $\rho(\boldsymbol{B}) < 1$.**

证 根据若尔当标准形矩阵的结论，对于矩阵 $\boldsymbol{B}$，存在非奇异矩阵 $\boldsymbol{P}$，使得

$$\boldsymbol{P}^{-1}\boldsymbol{B}\boldsymbol{P} = \boldsymbol{J} = \mathrm{diag}(\boldsymbol{J}_1, \boldsymbol{J}_2, \cdots, \boldsymbol{J}_r),$$

其中

$$\boldsymbol{J}_i = \begin{pmatrix} \lambda_i & 1 & & \\ & \lambda_i & \ddots & \\ & & \ddots & 1 \\ & & & \lambda_i \end{pmatrix}_{n_i\times n_i} \quad (i = 1,2,\cdots,r; n_1 + n_2 + \cdots + n_r = n),$$

这里 $\lambda_1, \lambda_2, \cdots, \lambda_r$ 为 $\boldsymbol{B}$ 的所有互异特征值. 显然，有 $\boldsymbol{B} = \boldsymbol{P}\boldsymbol{J}\boldsymbol{P}^{-1}$，$\boldsymbol{B}^k = \boldsymbol{P}\boldsymbol{J}^k\boldsymbol{P}^{-1}$，且

$$\boldsymbol{J}^k = \mathrm{diag}(\boldsymbol{J}_1^k, \boldsymbol{J}_2^k, \cdots, \boldsymbol{J}_r^k).$$

因此，$\lim\limits_{k\to\infty}\boldsymbol{B}^k=\boldsymbol{O}$ 的充要条件是

$$\lim_{k\to\infty}\boldsymbol{J}_i^k=\boldsymbol{O}\quad(i=1,2,\cdots,r).$$

记 $\boldsymbol{J}_i=\lambda_i\boldsymbol{I}+\boldsymbol{E}_i(i=1,2,\cdots,r)$，其中

$$\boldsymbol{E}_i=\begin{pmatrix}0&1&0&\cdots&0\\&0&1&\cdots&0\\&&\ddots&\ddots&\vdots\\&&&0&1\\&&&&0\end{pmatrix}_{n_i\times n_i},\quad \boldsymbol{E}_i^k=\begin{pmatrix}0&\cdots&0&1&0&\cdots&0\\&\ddots&\ddots&0&1&\ddots&\vdots\\&&\ddots&\ddots&\ddots&\ddots&0\\&&&\ddots&\ddots&\ddots&1\\&&&&\ddots&\ddots&0\\&&&&&\ddots&\vdots\\&&&&&&0\end{pmatrix}_{n_i\times n_i},$$

这里 $\boldsymbol{E}_i^k$ 中第 1 行的第 $k+1$ 个元素为 1. 于是，有

$$\boldsymbol{J}_i^k=(\lambda_i\boldsymbol{I}+\boldsymbol{E}_i)^k=\sum_{j=0}^{k}\mathrm{C}_k^j\lambda_i^{k-j}\boldsymbol{E}_i^j=\sum_{j=0}^{n_i-1}\mathrm{C}_k^j\lambda_i^{k-j}\boldsymbol{E}_i^j=\begin{pmatrix}\lambda_i^k&k\lambda_i^{k-1}&\cdots&\mathrm{C}_k^{n_i-1}\lambda_i^{k-n_i+1}\\&\lambda_i^k&\ddots&\vdots\\&&\ddots&k\lambda_i^{k-1}\\&&&\lambda_i^k\end{pmatrix}_{n_i\times n_i},$$

其中

$$\boldsymbol{E}_i^0=\boldsymbol{I},\quad \mathrm{C}_k^j=\frac{k!}{j!(k-j)!}.$$

由于 $\lim\limits_{k\to\infty}k^s\lambda^k=0(|\lambda|<1,s\geqslant 0)$，所以 $\lim\limits_{k\to\infty}\boldsymbol{J}_i^k=\boldsymbol{O}$ 的充要条件是

$$|\lambda_i|<1(i=1,2,\cdots,r),\quad 即\quad \rho(\boldsymbol{B})<1.$$

定理 6.2　**对于任意的初始向量 $\boldsymbol{x}^{(0)}$ 和右端向量 $\boldsymbol{f}$，求解方程组(6.2)的迭代法(6.3)收敛的充要条件是 $\rho(\boldsymbol{B})<1$.**

证　充分性　设 $\rho(\boldsymbol{B})<1$，则 $\boldsymbol{I}-\boldsymbol{B}$ 为非奇异矩阵，方程组(6.2)有唯一解 $\boldsymbol{x}^*$，从而得到(6.13)式. 又由定理 6.1 可知 $\lim\limits_{k\to\infty}\boldsymbol{B}^k=\boldsymbol{O}$，因此 $\lim\limits_{k\to\infty}\boldsymbol{e}^{(k)}=\boldsymbol{0}$，即 $\lim\limits_{k\to\infty}\boldsymbol{x}^{(k)}=\boldsymbol{x}^*$.

必要性　设对于任一初始向量 $\boldsymbol{x}^{(0)}$ 和右端向量 $\boldsymbol{f}$，均有 $\lim\limits_{k\to\infty}\boldsymbol{x}^{(k)}=\boldsymbol{x}^*$，则

$$\boldsymbol{x}^*=\boldsymbol{B}\boldsymbol{x}^*+\boldsymbol{f},\quad \boldsymbol{x}^{(k)}-\boldsymbol{x}^*=\boldsymbol{B}^k(\boldsymbol{x}^{(0)}-\boldsymbol{x}^*).$$

因此 $\lim\limits_{k\to\infty}\boldsymbol{B}^k(\boldsymbol{x}^{(0)}-\boldsymbol{x}^*)=\boldsymbol{0}$. 由 $\boldsymbol{x}^{(0)}$ 的任意性推出 $\lim\limits_{k\to\infty}\boldsymbol{B}^k=\boldsymbol{O}$，即得 $\rho(\boldsymbol{B})<1$.

例 6.2

判断求解线性方程组 $\boldsymbol{A}\boldsymbol{x}=\boldsymbol{b}$ 时 J 法和 GS 法的收敛性，其中

(1) $\boldsymbol{A}=\begin{pmatrix}1&-9&-10\\-9&1&5\\8&7&1\end{pmatrix}$;　　(2) $\boldsymbol{A}=\begin{pmatrix}10&4&5\\4&10&7\\5&7&10\end{pmatrix}$;

(3) $\boldsymbol{A}=\begin{pmatrix}1&2&-2\\1&1&1\\2&2&1\end{pmatrix}$;　　(4) $\boldsymbol{A}=\begin{pmatrix}4&3&0\\3&4&-1\\0&-1&4\end{pmatrix}$.

解　(1) 由(6.6)式和(6.11)式分别有

$$\boldsymbol{B}_{\mathrm{J}}=\begin{pmatrix}0&9&10\\9&0&-5\\-8&-7&0\end{pmatrix},\quad \boldsymbol{B}_{\mathrm{GS}}=\begin{pmatrix}0&9&10\\0&81&85\\0&-639&-675\end{pmatrix}.$$

$\boldsymbol{B}_{\mathrm{J}}$ 的特征值为 $\lambda_1 = 4.1412 + 3.9306\mathrm{i}, \lambda_2 = 4.1412 - 3.9306\mathrm{i}, \lambda_3 = -8.2825$，故

$$\rho(\boldsymbol{B}_{\mathrm{J}}) = 8.2825 > 1;$$

$\boldsymbol{B}_{\mathrm{GS}}$ 的特征值为 $\lambda_1 = 0, \lambda_2 = 0.6054, \lambda_3 = -594.6054$，故

$$\rho(\boldsymbol{B}_{\mathrm{GS}}) = 594.6054 > 1.$$

因此，J 法和 GS 法均发散.

(2) 由(6.6)式和(6.11)式分别有

$$\boldsymbol{B}_{\mathrm{J}} = \begin{pmatrix} 0 & -0.4 & -0.5 \\ -0.4 & 0 & -0.7 \\ -0.5 & -0.7 & 0 \end{pmatrix}, \quad \boldsymbol{B}_{\mathrm{GS}} = \begin{pmatrix} 0 & -0.4 & -0.5 \\ 0 & 0.16 & -0.5 \\ 0 & 0.088 & 0.6 \end{pmatrix}.$$

$\boldsymbol{B}_{\mathrm{J}}$ 的特征值为 $\lambda_1 = 0.3653, \lambda_2 = 0.7118, \lambda_3 = -1.0770$，故

$$\rho(\boldsymbol{B}_{\mathrm{J}}) = 1.0770 > 1;$$

$\boldsymbol{B}_{\mathrm{GS}}$ 的特征值为 $\lambda_1 = 0, \lambda_2 = 0.3137, \lambda_3 = 0.4463$，故

$$\rho(\boldsymbol{B}_{\mathrm{GS}}) = 0.4463 < 1.$$

因此，J 法发散，而 GS 法收敛.

(3) 由(6.6)式和(6.11)式分别有

$$\boldsymbol{B}_{\mathrm{J}} = \begin{pmatrix} 0 & -2 & 2 \\ -1 & 0 & -1 \\ -2 & -2 & 0 \end{pmatrix}, \quad \boldsymbol{B}_{\mathrm{GS}} = \begin{pmatrix} 0 & -2 & 2 \\ 0 & 2 & -3 \\ 0 & 0 & 2 \end{pmatrix}.$$

$\boldsymbol{B}_{\mathrm{J}}$ 的特征值为 $\lambda_1 = \lambda_2 = \lambda_3 = 0$，故

$$\rho(\boldsymbol{B}_{\mathrm{J}}) = 0 < 1;$$

$\boldsymbol{B}_{\mathrm{GS}}$ 的特征值为 $\lambda_1 = 0, \lambda_2 = \lambda_3 = 2$，故

$$\rho(\boldsymbol{B}_{\mathrm{GS}}) = 2 > 1.$$

因此，J 法收敛，而 GS 法发散.

(4) 由(6.6)式和(6.11)式分别有

$$\boldsymbol{B}_{\mathrm{J}} = \begin{pmatrix} 0 & -0.75 & 0 \\ -0.75 & 0 & 0.25 \\ 0 & 0.25 & 0 \end{pmatrix}, \quad \boldsymbol{B}_{\mathrm{GS}} = \begin{pmatrix} 0 & -0.75 & 0 \\ 0 & 0.5625 & 0.25 \\ 0 & 0.1406 & 0.0625 \end{pmatrix}.$$

$\boldsymbol{B}_{\mathrm{J}}$ 的特征值为 $\lambda_1 = 0, \lambda_2 = -0.7906, \lambda_3 = 0.7906$，故

$$\rho(\boldsymbol{B}_{\mathrm{J}}) = 0.7906 < 1;$$

$\boldsymbol{B}_{\mathrm{GS}}$ 的特征值为 $\lambda_1 = \lambda_2 = 0, \lambda_3 = 0.625$，故

$$\rho(\boldsymbol{B}_{\mathrm{GS}}) = 0.625 < 1.$$

因此，J 法和 GS 法均收敛.

例 6.3

证明：用 J 法和 GS 法求解线性方程组 $\boldsymbol{Ax} = \boldsymbol{b}$ 与 $\widetilde{\boldsymbol{D}}\boldsymbol{Ax} = \boldsymbol{b}$ 具有相同的收敛性，其中 $\widetilde{\boldsymbol{D}}$ 是非奇异对角矩阵.

证 设矩阵 $\boldsymbol{A}$ 分解为 $\boldsymbol{A} = \boldsymbol{D} - \boldsymbol{L} - \boldsymbol{U}$，其中 $\boldsymbol{D}, \boldsymbol{L}$ 和 $\boldsymbol{U}$ 分别为对角矩阵、下三角形矩阵和上三角形矩阵. 对于线性方程组 $\boldsymbol{Ax} = \boldsymbol{b}$，根据(6.6)式和(6.11)式，J 法和 GS 法的迭代矩阵分别为

$$\boldsymbol{B}_{\mathrm{J}} = \boldsymbol{D}^{-1}(\boldsymbol{L} + \boldsymbol{U}), \quad \boldsymbol{B}_{\mathrm{GS}} = (\boldsymbol{D} - \boldsymbol{L})^{-1}\boldsymbol{U}.$$

由于 $\widetilde{\boldsymbol{D}}\boldsymbol{A}=\widetilde{\boldsymbol{D}}\boldsymbol{D}-\widetilde{\boldsymbol{D}}\boldsymbol{L}-\widetilde{\boldsymbol{D}}\boldsymbol{U}$，因此线性方程组 $\widetilde{\boldsymbol{D}}\boldsymbol{A}\boldsymbol{x}=\boldsymbol{b}$ 对应于 J 法的迭代矩阵为

$$\widetilde{\boldsymbol{B}}_{\mathrm{J}}=(\widetilde{\boldsymbol{D}}\boldsymbol{D})^{-1}(\widetilde{\boldsymbol{D}}\boldsymbol{L}+\widetilde{\boldsymbol{D}}\boldsymbol{U})=\boldsymbol{D}^{-1}\widetilde{\boldsymbol{D}}^{-1}\widetilde{\boldsymbol{D}}(\boldsymbol{L}+\boldsymbol{U})=\boldsymbol{D}^{-1}(\boldsymbol{L}+\boldsymbol{U})=\boldsymbol{B}_{\mathrm{J}},$$

对应于 GS 法的迭代矩阵为

$$\widetilde{\boldsymbol{B}}_{\mathrm{GS}}=(\widetilde{\boldsymbol{D}}\boldsymbol{D}-\widetilde{\boldsymbol{D}}\boldsymbol{L})^{-1}\widetilde{\boldsymbol{D}}\boldsymbol{U}=[\widetilde{\boldsymbol{D}}(\boldsymbol{D}-\boldsymbol{L})]^{-1}\widetilde{\boldsymbol{D}}\boldsymbol{U}=(\boldsymbol{D}-\boldsymbol{L})^{-1}\boldsymbol{U}=\boldsymbol{B}_{\mathrm{GS}},$$

即线性方程组 $\boldsymbol{A}\boldsymbol{x}=\boldsymbol{b}$ 与 $\widetilde{\boldsymbol{D}}\boldsymbol{A}\boldsymbol{x}=\boldsymbol{b}$ 具有相同的 J 法迭代矩阵和 GS 法迭代矩阵. 因此，用这两种方法求解这两个线性方程组的收敛性相同.

实际中判定一个迭代法是否收敛时，可能很难验证条件 $\rho(\boldsymbol{B})<1$ 是否成立. 这时可以考虑另外的判定法. 下面的定理 6.3 给出了一个用矩阵 $\boldsymbol{B}$ 的范数 $\|\boldsymbol{B}\|$ 判定迭代法收敛的充分条件.

定理 6.3　**对于某种算子范数 $\|\cdot\|$，若 $\|\boldsymbol{B}\|<1$，则由迭代公式(6.3) 生成的向量序列 $\{\boldsymbol{x}^{(k)}\}$ 收敛到方程组(6.2) 的精确解 $\boldsymbol{x}^*$，且有误差估计式**

$$\|\boldsymbol{x}^{(k)}-\boldsymbol{x}^*\|\leqslant\frac{\|\boldsymbol{B}\|}{1-\|\boldsymbol{B}\|}\|\boldsymbol{x}^{(k)}-\boldsymbol{x}^{(k-1)}\|,\tag{6.14}$$

$$\|\boldsymbol{x}^{(k)}-\boldsymbol{x}^*\|\leqslant\frac{\|\boldsymbol{B}\|^k}{1-\|\boldsymbol{B}\|}\|\boldsymbol{x}^{(1)}-\boldsymbol{x}^{(0)}\|.\tag{6.15}$$

证　利用不等式 $\rho(\boldsymbol{B})\leqslant\|\boldsymbol{B}\|$，由 $\|\boldsymbol{B}\|<1$ 可知，迭代法(6.3) 是收敛的，且 $\lim\limits_{k\to\infty}\boldsymbol{x}^{(k)}=\boldsymbol{x}^*$. 由(6.3) 式和 $\boldsymbol{x}^*=\boldsymbol{B}\boldsymbol{x}^*+\boldsymbol{f}$ 易得

$$\boldsymbol{x}^{(k+1)}-\boldsymbol{x}^*=\boldsymbol{B}(\boldsymbol{x}^{(k)}-\boldsymbol{x}^*),\quad \boldsymbol{x}^{(k+1)}-\boldsymbol{x}^{(k)}=\boldsymbol{B}(\boldsymbol{x}^{(k)}-\boldsymbol{x}^{(k-1)}),$$

于是

$$\|\boldsymbol{x}^{(k+1)}-\boldsymbol{x}^*\|\leqslant\|\boldsymbol{B}\|\|\boldsymbol{x}^{(k)}-\boldsymbol{x}^*\|,$$
$$\|\boldsymbol{x}^{(k+1)}-\boldsymbol{x}^{(k)}\|\leqslant\|\boldsymbol{B}\|\|\boldsymbol{x}^{(k)}-\boldsymbol{x}^{(k-1)}\|.$$

由此可得

$$\begin{aligned}\|\boldsymbol{x}^{(k)}-\boldsymbol{x}^*\|&=\|\boldsymbol{x}^{(k)}-\boldsymbol{x}^{(k+1)}+\boldsymbol{x}^{(k+1)}-\boldsymbol{x}^*\|\\&\leqslant\|\boldsymbol{B}\|\|\boldsymbol{x}^{(k)}-\boldsymbol{x}^{(k-1)}\|+\|\boldsymbol{B}\|\|\boldsymbol{x}^{(k)}-\boldsymbol{x}^*\|.\end{aligned}$$

因 $1-\|\boldsymbol{B}\|>0$，故由上式即得(6.14) 式. 反复运用

$$\|\boldsymbol{x}^{(k)}-\boldsymbol{x}^{(k-1)}\|=\|\boldsymbol{B}(\boldsymbol{x}^{(k-1)}-\boldsymbol{x}^{(k-2)})\|\leqslant\|\boldsymbol{B}\|\|\boldsymbol{x}^{(k-1)}-\boldsymbol{x}^{(k-2)}\|,$$

即可得(6.15) 式.

(6.14) 式说明，若 $\|\boldsymbol{B}\|$ 小于 1 但不接近于 1，则当相邻两次迭代产生的向量 $\boldsymbol{x}^{(k-1)}$ 和 $\boldsymbol{x}^{(k)}$ 很接近时，$\boldsymbol{x}^{(k)}$ 与精确解很靠近. 因此，在实际计算中，用 $\|\boldsymbol{x}^{(k+1)}-\boldsymbol{x}^{(k)}\|\leqslant\varepsilon$ 作为迭代终止条件是合理的.

对于给定的精度要求，由(6.15) 式可以得到需要迭代的次数. 而且，由(6.15) 式可知，$\|\boldsymbol{B}\|$ 越小，向量序列 $\{\boldsymbol{x}^{(k)}\}$ 收敛越快. 由于 $\|\boldsymbol{B}\|$ 依赖于所选择的算子范数 $\|\cdot\|$，且 $\rho(\boldsymbol{B})\leqslant\|\boldsymbol{B}\|$，我们以 $\rho(\boldsymbol{B})$ 给出收敛速度的定义.

定义 6.2　称 $R(\boldsymbol{B})=-\ln\rho(\boldsymbol{B})$ 为迭代法(6.3) 的**渐近收敛速度**.

由此定义可以看出，$\rho(\boldsymbol{B})<1$ 越小，渐近收敛速度 $R(\boldsymbol{B})$ 就越大.

例 6.4

判断用 J 法和 GS 法求解线性方程组

$$\begin{cases} 10x_1 - 2x_2 - 2x_3 = 1, \\ -2x_1 + 10x_2 - x_3 = 0.5, \\ -x_1 - 2x_2 + 3x_3 = 1 \end{cases}$$

的收敛性.若收敛,比较这两种迭代法满足 $\|\boldsymbol{x}^{(k)} - \boldsymbol{x}^{(k-1)}\|_\infty \leqslant 10^{-5}$ 的迭代次数.

解 由(6.6)式和(6.11)式分别有

$$\boldsymbol{B}_{\mathrm{J}} = \begin{pmatrix} 0 & \frac{1}{5} & \frac{1}{5} \\ \frac{1}{5} & 0 & \frac{1}{10} \\ \frac{1}{3} & \frac{2}{3} & 0 \end{pmatrix}, \quad \boldsymbol{B}_{\mathrm{GS}} = \frac{1}{150}\begin{pmatrix} 0 & 30 & 30 \\ 0 & 6 & 21 \\ 0 & 14 & 24 \end{pmatrix}.$$

由于 $\|\boldsymbol{B}_{\mathrm{J}}\|_1 = \frac{13}{15} < 1$, $\|\boldsymbol{B}_{\mathrm{GS}}\|_1 = \frac{1}{2} < 1$,所以用 J 法和 GS 法求解上述线性方程组是收敛的.又因为 $\|\boldsymbol{B}_{\mathrm{GS}}\|_1 < \|\boldsymbol{B}_{\mathrm{J}}\|_1$,所以 GS 法比 J 法收敛快.

取 $\boldsymbol{x}^{(0)} = (0,0,0)^{\mathrm{T}}$,J 法的计算结果如表 6-1 所示,GS 法的计算结果如表 6-2 所示.对于 J 法,迭代 15 次后有 $\|\boldsymbol{x}^{(15)} - \boldsymbol{x}^{(14)}\|_\infty = 10^{-5}$;对于 GS 法,迭代 9 次后有 $\|\boldsymbol{x}^{(9)} - \boldsymbol{x}^{(8)}\|_\infty = 0.3 \times 10^{-5}$.实际计算结果也表明 GS 法比 J 法收敛快.

表 6-1

k	$x_1^{(k)}$	$x_2^{(k)}$	$x_3^{(k)}$
0	0	0	0
1	0.100 000	0.050 000	0.333 333
2	0.176 667	0.103 333	0.400 000
⋮	⋮	⋮	⋮
13	0.231 069	0.147 041	0.508 363
14	0.231 081	0.147 050	0.508 384
15	0.231 087	0.147 055	0.508 394

表 6-2

k	$x_1^{(k)}$	$x_2^{(k)}$	$x_3^{(k)}$
0	0	0	0
1	0.100 000	0.070 000	0.413 333
2	0.196 667	0.130 667	0.486 000
⋮	⋮	⋮	⋮
7	0.231 071	0.147 048	0.508 389
8	0.231 088	0.147 056	0.508 400
9	0.231 091	0.147 058	0.508 403

6.2.2　雅可比迭代法和高斯-赛德尔迭代法的收敛性

显然,利用定理 6.2 和定理 6.3 都可以判定 J 法和 GS 法的收敛性,但其中只有定理 6.3 对于 J 法使用比较方便. 对于大型线性方程组,要想求出迭代矩阵 $\boldsymbol{B}_{\mathrm{GS}}$ 和谱半径 $\rho(\boldsymbol{B}_{\mathrm{J}})$,$\rho(\boldsymbol{B}_{\mathrm{GS}})$ 都是不容易的. 下面我们将给出一些容易验证 J 法和 GS 法收敛性的充分条件. 为此,先讨论严格对角占优矩阵的性质.

定义 6.3　设矩阵 $\boldsymbol{A}=(a_{ij})\in\mathbf{R}^{n\times n}$.

(1) 若 $\boldsymbol{A}$ 的元素满足

$$|a_{ii}|>\sum_{\substack{j=1\\j\neq i}}^{n}|a_{ij}|\quad(i=1,2,\cdots,n),$$

则称 $\boldsymbol{A}$ 为**严格对角占优矩阵**;

(2) 若 $\boldsymbol{A}$ 的元素满足

$$|a_{ii}|\geqslant\sum_{\substack{j=1\\j\neq i}}^{n}|a_{ij}|\quad(i=1,2,\cdots,n),$$

且其中至少有一个严格不等式成立,则称 $\boldsymbol{A}$ 为**弱对角占优矩阵**.

定义 6.4　设矩阵 $\boldsymbol{A}\in\mathbf{R}^{n\times n}(n\geqslant 2)$. 若存在排列矩阵 $\boldsymbol{P}$,使得

$$\boldsymbol{P}^{\mathrm{T}}\boldsymbol{A}\boldsymbol{P}=\begin{pmatrix}\boldsymbol{A}_{11}&\boldsymbol{A}_{12}\\\boldsymbol{O}&\boldsymbol{A}_{22}\end{pmatrix},\tag{6.16}$$

其中 $\boldsymbol{A}_{11}$ 为 $r(1\leqslant r\leqslant n-1)$ 阶矩阵,$\boldsymbol{A}_{22}$ 为 $n-r$ 阶矩阵,则称 $\boldsymbol{A}$ 为**可约矩阵**;若不存在这样的排列矩阵 $\boldsymbol{P}$,使得(6.16) 式成立,则称 $\boldsymbol{A}$ 为**不可约矩阵**.

例如,设矩阵

$$\boldsymbol{A}=\begin{pmatrix}5&3&1&2\\0&1&0&3\\3&2&1&4\\0&2&0&3\end{pmatrix},\quad\boldsymbol{B}=\begin{pmatrix}4&-1&0&0\\-1&4&-1&0\\0&-1&4&-1\\0&0&-1&4\end{pmatrix},$$

则 $\boldsymbol{A}$ 是可约矩阵,$\boldsymbol{B}$ 是不可约矩阵. 事实上,对于矩阵 $\boldsymbol{A}$,有

$$\boldsymbol{P}=\begin{pmatrix}1&0&0&0\\0&0&1&0\\0&1&0&0\\0&0&0&1\end{pmatrix},\quad\boldsymbol{P}^{\mathrm{T}}\boldsymbol{A}\boldsymbol{P}=\begin{pmatrix}5&1&3&2\\3&1&2&4\\0&0&1&3\\0&0&2&3\end{pmatrix};$$

而对于矩阵 $\boldsymbol{B}$,不存在排列矩阵 $\boldsymbol{P}$,使得(6.16) 式成立.

定理 6.4　**若 $\boldsymbol{A}=(a_{ij})\in\mathbf{R}^{n\times n}$ 为严格对角占优矩阵,则 $a_{ii}\neq 0(i=1,2,\cdots,n)$,且 $\boldsymbol{A}$ 为非奇异矩阵.**

证　由严格对角占优矩阵的定义可知 $a_{ii}\neq 0(i=1,2,\cdots,n)$.

利用反证法,假设 $\boldsymbol{A}$ 为奇异矩阵,则存在 $\boldsymbol{x}=(x_1,x_2,\cdots,x_n)^{\mathrm{T}}\neq\boldsymbol{0}$,使得 $\boldsymbol{A}\boldsymbol{x}=\boldsymbol{0}$. 此时,可设 $|x_k|=\|\boldsymbol{x}\|_\infty>0$,则 $\boldsymbol{A}\boldsymbol{x}=\boldsymbol{0}$ 的第 k 个方程为

$$a_{kk}x_k = -\sum_{\substack{j=1\\j\neq k}}^{n} a_{kj}x_j.$$

由此得到

$$|a_{kk}| \leqslant \sum_{\substack{j=1\\j\neq k}}^{n} |a_{kj}| \frac{|x_j|}{|x_k|} \leqslant \sum_{\substack{j=1\\j\neq k}}^{n} |a_{kj}|.$$

这与条件矛盾,故假设不成立,从而 $\boldsymbol{A}$ 为非奇异矩阵.

定理 6.5 **若 $\boldsymbol{A} = (a_{ij}) \in \mathbf{R}^{n\times n}$ 为不可约弱对角占优矩阵,则 $a_{ii} \neq 0 (i = 1,2,\cdots,n)$,且 $\boldsymbol{A}$ 为非奇异矩阵.**

证 利用反证法,假设有某个 $a_{kk} = 0$,则由 $\boldsymbol{A}$ 是弱对角占优矩阵可知,$\boldsymbol{A}$ 的第 k 行元素均为零. 交换 $\boldsymbol{A}$ 的第 k 行和第 n 行,并交换 $\boldsymbol{A}$ 的第 k 列和第 n 列,就得到(6.16) 式右端矩阵的形式. 这与 $\boldsymbol{A}$ 是不可约矩阵矛盾,故 $a_{ii} \neq 0 (i = 1,2,\cdots,n)$.

同样利用反证法,假设 $\boldsymbol{A}$ 是奇异矩阵,则存在 $\boldsymbol{x} = (x_1, x_2, \cdots, x_n)^{\mathrm{T}} \neq \boldsymbol{0}$,使得 $\boldsymbol{Ax} = \boldsymbol{0}$. 下面分两种情况考虑:

(1) 设 $|x_1| = |x_2| = \cdots = |x_n| \neq 0$,则由 $\boldsymbol{Ax} = \boldsymbol{0}$ 的第 k 个方程有

$$|a_{kk}| \leqslant \sum_{\substack{j=1\\j\neq k}}^{n} |a_{kj}| \quad (k = 1,2,\cdots,n).$$

这与 $\boldsymbol{A}$ 是弱对角占优矩阵矛盾.

(2) 设 $|x_i| (i = 1,2,\cdots,n)$ 不全相等,记 $J = \{k \mid |x_k| \geqslant |x_i|\}, i = 1,2,\cdots,n$,显然 J 非空,J 的补集也非空. 若有 $k \in J, m \notin J$,使得 $a_{km} \neq 0$,则由 $\left|\dfrac{x_m}{x_k}\right| < 1$ 知

$$|a_{kk}| \leqslant \sum_{\substack{j=1\\j\neq k}}^{n} |a_{kj}| \frac{|x_j|}{|x_k|} < \sum_{\substack{j=1\\j\neq k}}^{n} |a_{kj}|.$$

这与 $\boldsymbol{A}$ 是弱对角占优矩阵矛盾. 因此,对于任意 $k \in J, m \notin J$,都有

$$a_{km} = 0.$$

这与 $\boldsymbol{A}$ 是不可约矩阵矛盾.

所以,假设不成立,线性方程组 $\boldsymbol{Ax} = \boldsymbol{0}$ 只有零解,从而 $\boldsymbol{A}$ 为非奇异矩阵.

以上两个定理说明,若 $\boldsymbol{A}$ 为严格对角占优矩阵或不可约弱对角占优矩阵,则 J 法和 GS 法都可以求解线性方程组 $\boldsymbol{Ax} = \boldsymbol{b}$. 事实上,有如下定理:

定理 6.6 **若 $\boldsymbol{A} = (a_{ij}) \in \mathbf{R}^{n\times n}$ 为严格对角占优矩阵或不可约弱对角占优矩阵,则用 J 法和 GS 法求解线性方程组 $\boldsymbol{Ax} = \boldsymbol{b}$ 均收敛.**

证 这里只给出 $\boldsymbol{A}$ 为严格对角占优矩阵时的证明. 设 $\boldsymbol{A} = \boldsymbol{D} - \boldsymbol{L} - \boldsymbol{U}$,其中 $\boldsymbol{D}, \boldsymbol{L}, \boldsymbol{U}$ 与 (6.4) 式中的 $\boldsymbol{D}, \boldsymbol{L}, \boldsymbol{U}$ 相同.

对于 J 法,迭代矩阵为 $\boldsymbol{B}_{\mathrm{J}} = \boldsymbol{D}^{-1}(\boldsymbol{L} + \boldsymbol{U})$,进而易得

$$\|\boldsymbol{B}_{\mathrm{J}}\|_{\infty} = \max_{1\leqslant i\leqslant n}\left\{\sum_{\substack{j=1\\j\neq i}}^{n} \frac{|a_{ij}|}{|a_{ii}|}\right\}.$$

由 $\boldsymbol{A}$ 是严格对角占优矩阵得到 $\|\boldsymbol{B}_{\mathrm{J}}\|_{\infty} < 1$,所以 J 法收敛.

对于 GS 法,迭代矩阵为 $\boldsymbol{B}_{\mathrm{GS}} = (\boldsymbol{D} - \boldsymbol{L})^{-1}\boldsymbol{U}$,这里 $\det(\boldsymbol{D} - \boldsymbol{L})^{-1} = \prod_{i=1}^{n} a_{ii}^{-1} \neq 0$. 由于

$$\begin{aligned}\det(\lambda \boldsymbol{I}-\boldsymbol{B}_{GS}) &= \det(\lambda \boldsymbol{I}-(\boldsymbol{D}-\boldsymbol{L})^{-1}\boldsymbol{U}) \\ &= \det(\boldsymbol{D}-\boldsymbol{L})^{-1}\det(\lambda(\boldsymbol{D}-\boldsymbol{L})-\boldsymbol{U}),\end{aligned}$$

所以只要证明方程 $\det(\lambda(\boldsymbol{D}-\boldsymbol{L})-\boldsymbol{U})=0$ 的任一根 λ 满足 $|\lambda|<1$ 即可. 利用反证法,假设 $|\lambda|\geqslant 1$,则由 $\boldsymbol{A}$ 是严格对角占优矩阵有

$$|\lambda||a_{ii}|>\sum_{\substack{j=1\\j\neq i}}^{n}|\lambda||a_{ij}|\geqslant\sum_{j=1}^{i-1}|\lambda||a_{ij}|+\sum_{j=i+1}^{n}|a_{ij}|\quad(i=1,2,\cdots,n).$$

这说明矩阵

$$\lambda(\boldsymbol{D}-\boldsymbol{L})-\boldsymbol{U}=\begin{pmatrix}\lambda a_{11} & a_{12} & \cdots & a_{1n}\\ \lambda a_{21} & \lambda a_{22} & \cdots & a_{2n}\\ \vdots & \vdots & & \vdots\\ \lambda a_{n1} & \lambda a_{n2} & \cdots & \lambda a_{nn}\end{pmatrix}$$

是严格对角占优矩阵,因此 $\det(\lambda(\boldsymbol{D}-\boldsymbol{L})-\boldsymbol{U})\neq 0$. 所以,只有当 $|\lambda|<1$ 时,才能使得 $\det(\lambda(\boldsymbol{D}-\boldsymbol{L})-\boldsymbol{U})=0$,从而有 $\rho(\boldsymbol{B}_{GS})<1$,GS 法收敛.

由定理 6.6 的证明可知,$\boldsymbol{A}$ 是严格对角占优矩阵等价于 $\|\boldsymbol{B}_J\|_\infty<1$. 因此,由定理 6.6 可得到结论:若 $\|\boldsymbol{B}_J\|_\infty<1$,则相应的 GS 法也收敛.

因为例 6.1 中所给方程组的系数矩阵是严格对角占优的,例 6.4 中所给方程组的系数矩阵是不可约弱对角占优的,所以用 J 法和 GS 法求解这两个方程组都收敛.

§ 6.3　超松弛迭代法

在很多情况下 GS 法的收敛速度较慢,因此需要考虑对 GS 法进行改进.

设在计算第 $k+1(k=0,1,2,\cdots)$ 个近似解 $\boldsymbol{x}^{(k+1)}$ 时,其前 $i-1$ 个分量 $x_1^{(k+1)},x_2^{(k+1)},\cdots,x_{i-1}^{(k+1)}$ 已经计算出,则对于第 i 个分量,按照 GS 法有

$$\bar{x}_i^{(k+1)}=\frac{1}{a_{ii}}\Big(b_i-\sum_{j=1}^{i-1}a_{ij}x_j^{(k+1)}-\sum_{j=i+1}^{n}a_{ij}x_j^{(k)}\Big).$$

再用参数 $\omega(\omega>0)$ 对 $x_i^{(k)}$ 与 $\bar{x}_i^{(k+1)}$ 做加权平均,并取

$$x_i^{(k+1)}=(1-\omega)x_i^{(k)}+\omega\bar{x}_i^{(k+1)}=x_i^{(k)}+\omega(\bar{x}_i^{(k+1)}-x_i^{(k)}),\tag{6.17}$$

整理得

$$x_i^{(k+1)}=x_i^{(k)}+\frac{\omega}{a_{ii}}\Big(b_i-\sum_{j=1}^{i-1}a_{ij}x_j^{(k+1)}-\sum_{j=i}^{n}a_{ij}x_j^{(k)}\Big)\quad(i=1,2,\cdots,n).\tag{6.18}$$

称这种求解线性方程组 $\boldsymbol{A}\boldsymbol{x}=\boldsymbol{b}$ 的方法为**逐次超松弛**(successive overrelaxation)**迭代法**,简称 **SOR 法**,其中参数 ω 称为**松弛因子**. 当 $\omega=1$ 时,该方法即为 GS 法;当 $\omega<1$ 时,该方法称为**低松弛迭代法**;当 $\omega>1$ 时,该方法称为**超松弛迭代法**.

记 $\boldsymbol{A}=\boldsymbol{D}-\boldsymbol{L}-\boldsymbol{U}$,其中 $\boldsymbol{D},\boldsymbol{L},\boldsymbol{U}$ 与(6.4)式中的 $\boldsymbol{D},\boldsymbol{L},\boldsymbol{U}$ 相同,则(6.17)式可写成矩阵形式

$$\boldsymbol{x}^{(k+1)}=(1-\omega)\boldsymbol{x}^{(k)}+\omega\boldsymbol{D}^{-1}(\boldsymbol{b}+\boldsymbol{L}\boldsymbol{x}^{(k+1)}+\boldsymbol{U}\boldsymbol{x}^{(k)}),$$

整理得

$$\boldsymbol{x}^{(k+1)}=\boldsymbol{L}_\omega\boldsymbol{x}^{(k)}+\omega(\boldsymbol{D}-\omega\boldsymbol{L})^{-1}\boldsymbol{b},\tag{6.19}$$

其中迭代矩阵为

$$L_\omega=(D-\omega L)^{-1}[(1-\omega)D+\omega U].\tag{6.20}$$

例 6.5

已知线性方程组

$$\begin{pmatrix}4&3&0\\3&4&-1\\0&-1&4\end{pmatrix}\begin{pmatrix}x_1\\x_2\\x_3\end{pmatrix}=\begin{pmatrix}24\\30\\-24\end{pmatrix}$$

的精确解为$(3,4,-5)^T$. 如果用$\omega=1$的 SOR 法(GS 法) 求解该方程组,则计算公式是

$$\begin{cases}x_1^{(k+1)}=-0.75x_2^{(k)}+6,\\x_2^{(k+1)}=-0.75x_1^{(k+1)}+0.25x_3^{(k)}+7.5,\quad(k=0,1,2,\cdots).\\x_3^{(k+1)}=0.25x_2^{(k+1)}-6\end{cases}$$

如果用$\omega=1.25$的 SOR 法(超松弛迭代法) 求解该方程组,则计算公式是

$$\begin{cases}x_1^{(k+1)}=-0.25x_1^{(k)}-0.9375x_2^{(k)}+7.5,\\x_2^{(k+1)}=-0.9375x_1^{(k+1)}-0.25x_2^{(k)}+0.3125x_3^{(k)}+9.375,\quad(k=0,1,2,\cdots).\\x_3^{(k+1)}=0.3125x_2^{(k+1)}-0.25x_3^{(k)}-7.5\end{cases}$$

取$x^{(0)}=(1,1,1)^T$,迭代 7 次,则当$\omega=1$时,得

$$x^{(7)}=(3.0134110,3.9888241,-5.0027940)^T;$$

当$\omega=1.25$时,得

$$x^{(7)}=(3.0000498,4.0002586,-5.0003486)^T.$$

要想达到 7 位有效数字,当$\omega=1$时,需迭代 34 次;而当$\omega=1.25$时,只需迭代 14 次. 显然,当$\omega=1.25$时,SOR 法收敛比较快.

根据一般迭代法收敛的理论,SOR 法收敛的充要条件是$\rho(L_\omega)<1$,而$\rho(L_\omega)$与松弛因子ω有关. 下面我们讨论松弛因子ω在什么范围内取值时,SOR 法才可能收敛.

定理 6.7 **如果求解线性方程组$Ax=b$的 SOR 法收敛,那么有$0<\omega<2$.**

证 设L_ω的特征值为$\lambda_1,\lambda_2,\cdots,\lambda_n$,则

$$\begin{aligned}\det(L_\omega)&=\det((D-\omega L)^{-1})\det((1-\omega)D+\omega U)\\&=\det(D^{-1})\det((1-\omega)D)=(1-\omega)^n.\end{aligned}$$

由于 SOR 法收敛,所以有

$$|1-\omega|=|\det(L_\omega)|^{\frac{1}{n}}=|\lambda_1\lambda_2\cdots\lambda_n|^{\frac{1}{n}}\leqslant\rho(L_\omega)<1.$$

由此即得$0<\omega<2$.

该定理给出了 SOR 法收敛的必要条件,它说明只有松弛因子ω在区间$(0,2)$内取值时,SOR 法才可能收敛. 下面给出 SOR 法收敛的充分条件.

定理 6.8 **如果A为对称正定矩阵,且$0<\omega<2$,那么求解线性方程组$Ax=b$的 SOR 法收敛.**

证 设λ是L_ω的一个特征值,x为对应的特征向量. 由(6.20) 式可得

$$[(1-\omega)D+\omega U]x=\lambda(D-\omega L)x,$$

这里 $\boldsymbol{A}=\boldsymbol{D}-\boldsymbol{L}-\boldsymbol{U}$ 是实对称矩阵，所以有 $\boldsymbol{L}^{\mathrm{T}}=\boldsymbol{U}$. 上式两边与 $\boldsymbol{x}$ 做内积，得

$$(1-\omega)(\boldsymbol{Dx},\boldsymbol{x})+\omega(\boldsymbol{Ux},\boldsymbol{x})=\lambda((\boldsymbol{Dx},\boldsymbol{x})-\omega(\boldsymbol{Lx},\boldsymbol{x})). \tag{6.21}$$

因为 $\boldsymbol{A}$ 正定，所以 $\boldsymbol{D}$ 亦正定. 记 $p=(\boldsymbol{Dx},\boldsymbol{x})$，显然 $p>0$. 又记$(\boldsymbol{Lx},\boldsymbol{x})=\alpha+\mathrm{i}\beta$,则有

$$(\boldsymbol{Ux},\boldsymbol{x})=(\boldsymbol{x},\boldsymbol{Lx})=\overline{(\boldsymbol{Lx},\boldsymbol{x})}=\alpha-\mathrm{i}\beta.$$

于是，由(6.21) 式有

$$\lambda=\frac{(1-\omega)p+\omega\alpha-\mathrm{i}\omega\beta}{p-\omega\alpha-\mathrm{i}\omega\beta},$$

$$|\lambda|^2=\frac{[p-\omega(p-\alpha)]^2+\omega^2\beta^2}{(p-\omega\alpha)^2+\omega^2\beta^2}.$$

因为 $\boldsymbol{A}$ 正定，$(\boldsymbol{Ax},\boldsymbol{x})=p-2\alpha>0$，$0<\omega<2$，所以

$$[p-\omega(p-\alpha)]^2-(p-\omega\alpha)^2=p\omega(2-\omega)(2\alpha-p)<0,$$

即 $|\lambda|^2<1$，从而 $\rho(\boldsymbol{L}_\omega)<1$. 因此，SOR 法收敛.

当 $\omega=1$ 时，SOR 法就是 GS 法，所以定理 6.8 也说明，当系数矩阵 $\boldsymbol{A}$ 是对称正定矩阵时，GS 法收敛.

对于例 6.5 中所给的方程组，其系数矩阵是对称正定的，因此当 $\omega=1$ 和 $\omega=1.25$ 时，SOR 法都收敛.

例 6.6

设矩阵 $\boldsymbol{A}$ 为非奇异矩阵，求证：用 GS 法求解线性方程组 $\boldsymbol{A}^{\mathrm{T}}\boldsymbol{Ax}=\boldsymbol{b}$ 是收敛的.

证　对于 $\boldsymbol{x}\neq\boldsymbol{0}$，由 $\boldsymbol{A}$ 非奇异可知 $\boldsymbol{Ax}\neq\boldsymbol{0}$，从而

$$(\boldsymbol{Ax},\boldsymbol{Ax})=(\boldsymbol{Ax})^{\mathrm{T}}(\boldsymbol{Ax})=\boldsymbol{x}^{\mathrm{T}}\boldsymbol{A}^{\mathrm{T}}\boldsymbol{Ax}>0,$$

即 $\boldsymbol{A}^{\mathrm{T}}\boldsymbol{A}$ 是对称正定的. 因此，用 GS 法求解线性方程组 $\boldsymbol{A}^{\mathrm{T}}\boldsymbol{Ax}=\boldsymbol{b}$ 是收敛的.

对于超松弛迭代法，我们自然希望能找到一个松弛因子 ω，使得对应于 ω 的 SOR 法收敛最快. 这时的松弛因子 ω 称为**最优松弛因子**，记为 ω_{opt}. 对于一些具有特殊性质的矩阵——2-循环矩阵和相容次序矩阵（它们常常在偏微分方程的数值解法中出现），有关 ω_{opt} 的理论在 20 世纪 50 年代已得到证实. 由于证明过程较复杂，这里只叙述其结果，即

$$\omega_{\mathrm{opt}}=\frac{2}{1+\sqrt{1-\mu^2}},$$

其中 $\mu=\rho(\boldsymbol{B}_{\mathrm{J}})$ 是 J 法中迭代矩阵 $\boldsymbol{B}_{\mathrm{J}}$ 的谱半径.

可以证明，对于系数矩阵对称正定的三对角方程组，可以找到最优松弛因子 ω_{opt}. 在实际应用中，计算 $\rho(\boldsymbol{B}_{\mathrm{J}})$ 一般比较困难. 对于某些常微分方程数值解问题，可考虑用求特征值近似值的方法，也可由计算实践摸索出近似最优松弛因子.

例 6.7

用 SOR 法求解线性方程组

$$\begin{pmatrix}10&-1&-2\\-1&10&-2\\-1&-1&5\end{pmatrix}\begin{pmatrix}x_1\\x_2\\x_3\end{pmatrix}=\begin{pmatrix}7.2\\8.3\\4.2\end{pmatrix}.$$

解 取 $\boldsymbol{x}^{(0)}=(0,0,0)^{\mathrm{T}}$，迭代公式为

$$\begin{cases}x_1^{(k+1)}=x_1^{(k)}+\omega(0.72-x_1^{(k)}+0.1x_2^{(k)}+0.2x_3^{(k)}),\\ x_2^{(k+1)}=x_2^{(k)}+\omega(0.83+0.1x_1^{(k+1)}-x_2^{(k)}+0.2x_3^{(k)}),\\ x_3^{(k+1)}=x_3^{(k)}+\omega(0.84+0.2x_1^{(k+1)}+0.2x_2^{(k+1)}-x_3^{(k)})\end{cases}\quad(k=0,1,2,\cdots).$$

对 ω 取不同值，计算结果满足

$$\|\boldsymbol{x}^{(k)}-\boldsymbol{x}^*\|_\infty\leqslant 10^{-5}$$

的迭代次数 k 如表 6-3 所示，这里所给方程组的精确解为 $\boldsymbol{x}^*=(1.1,1.2,1.3)^{\mathrm{T}}$.

表 6-3

ω	0.1	0.2	0.3	0.4	0.5	0.6	0.7	0.8	0.9	1
k	163	77	49	34	26	20	15	12	9	6
ω	1.1	1.2	1.3	1.4	1.5	1.6	1.7	1.8	1.9	
k	6	8	10	13	17	22	31	51	105	

从表 6-3 可知，本例的最优松弛因子应在 1 与 1.1 之间. 当 $\omega=1.055$ 时，计算结果如表 6-4 所示.

表 6-4

k	0	1	2	3	4	5
$x_1^{(k)}$	0	0.759 60	1.082 02	1.100 88	1.099 98	1.1
$x_2^{(k)}$	0	0.955 79	1.200 59	1.199 89	1.200 05	1.2
$x_3^{(k)}$	0	1.248 15	1.299 18	1.300 21	1.300 00	1.3

§6.4 块迭代法

前面所讨论的迭代法，一次计算只得到一个分量，要完成一次迭代，需要逐个计算迭代解向量中的分量，在计算出全部分量后，再进行下一次迭代，直到解向量达到计算精度为止. 这种迭代法通常称为**点迭代法**.

下面介绍更一般的迭代法，其基本思想是：将线性方程组 $\boldsymbol{Ax}=\boldsymbol{b}$ 中的 $\boldsymbol{A}$ 分块，并将 $\boldsymbol{x}$ 和 $\boldsymbol{b}$ 做相应的分块，然后将每个子块视为一个元素，按照点迭代法的思想类似地进行迭代. 这种迭代法通常称为**块迭代法**. 下面给出具体描述.

设 n 阶矩阵 $\boldsymbol{A}$ 可写成分块形式

$$\boldsymbol{A}=\begin{pmatrix}\boldsymbol{A}_{11}&\boldsymbol{A}_{12}&\cdots&\boldsymbol{A}_{1r}\\ \boldsymbol{A}_{21}&\boldsymbol{A}_{22}&\cdots&\boldsymbol{A}_{2r}\\ \vdots&\vdots&&\vdots\\ \boldsymbol{A}_{r1}&\boldsymbol{A}_{r2}&\cdots&\boldsymbol{A}_{rr}\end{pmatrix},$$

其中 $\boldsymbol{A}_{ii}(i=1,2,\cdots,r)$ 为 n_i 阶矩阵，$n_1+n_2+\cdots+n_r=n$. 向量 $\boldsymbol{x}$ 和 $\boldsymbol{b}$ 也相应地进行分块：

$$\boldsymbol{x}=(\boldsymbol{x}_1,\boldsymbol{x}_2,\cdots,\boldsymbol{x}_r)^{\mathrm{T}},\quad \boldsymbol{b}=(\boldsymbol{b}_1,\boldsymbol{b}_2,\cdots,\boldsymbol{b}_r)^{\mathrm{T}},$$

其中 $\boldsymbol{x}_i$ 和 $\boldsymbol{b}_i(i=1,2,\cdots,r)$ 都是 n_i 维向量. 令 $\boldsymbol{A}=\boldsymbol{D}_B-\boldsymbol{L}_B-\boldsymbol{U}_B$，其中 $\boldsymbol{D}_B=\mathrm{diag}(\boldsymbol{A}_{11},\boldsymbol{A}_{22},\cdots,\boldsymbol{A}_{rr})$，

$$\boldsymbol{L}_B=-\begin{pmatrix}\boldsymbol{O} & & & \\ \boldsymbol{A}_{21} & \boldsymbol{O} & & \\ \vdots & \ddots & \ddots & \\ \boldsymbol{A}_{r1} & \cdots & \boldsymbol{A}_{r,r-1} & \boldsymbol{O}\end{pmatrix},\quad \boldsymbol{U}_B=-\begin{pmatrix}\boldsymbol{O} & \boldsymbol{A}_{12} & \cdots & \boldsymbol{A}_{1r} \\ & \boldsymbol{O} & \ddots & \vdots \\ & & \ddots & \boldsymbol{A}_{r-1,r} \\ & & & \boldsymbol{O}\end{pmatrix}.$$

类似于点迭代法，可分别得到求解线性方程组 $\boldsymbol{Ax}=\boldsymbol{b}$ 的**块雅可比迭代法**(简称**块 J 法**)：

$$\boldsymbol{A}_{ii}\boldsymbol{x}_i^{(k+1)}=\boldsymbol{b}_i-\sum_{\substack{j=1\\ j\neq i}}^{r}\boldsymbol{A}_{ij}\boldsymbol{x}_j^{(k)}\quad (i=1,2,\cdots,r;k=0,1,2,\cdots);\tag{6.22}$$

块高斯-赛德尔迭代法(简称**块 GS 法**)：

$$\boldsymbol{A}_{ii}\boldsymbol{x}_i^{(k+1)}=\boldsymbol{b}_i-\sum_{j=1}^{i-1}\boldsymbol{A}_{ij}\boldsymbol{x}_j^{(k+1)}-\sum_{j=i+1}^{r}\boldsymbol{A}_{ij}\boldsymbol{x}_j^{(k)}\quad (i=1,2,\cdots,r;k=0,1,2,\cdots);\tag{6.23}$$

块超松弛迭代法：

$$\boldsymbol{A}_{ii}\boldsymbol{x}_i^{(k+1)}=\boldsymbol{A}_{ii}\boldsymbol{x}_i^{(k)}+\omega\Big(\boldsymbol{b}_i-\sum_{j=1}^{i-1}\boldsymbol{A}_{ij}\boldsymbol{x}_j^{(k+1)}-\sum_{j=i}^{r}\boldsymbol{A}_{ij}\boldsymbol{x}_j^{(k)}\Big)\tag{6.24}$$
$$(i=1,2,\cdots,r;k=0,1,2,\cdots).$$

在实际计算中，对于每个 $i(i=1,2,\cdots,r)$，(6.22) 式、(6.23) 式和 (6.24) 式都是含有 n_i 个未知数和 n_i 个方程的线性方程组，一般可用直接方法求解. 对于大型线性方程组，n 是大数，而 n_i 是相对较小的数. 当 $n_1=n_2=\cdots=n_r=1$ 时，就是点迭代法.

类似于点迭代法，也有相应于块迭代法的收敛性判定定理. 另外，在偏微分方程数值解中，常常会遇到特殊形状的分块矩阵.

内容小结与评注

本章的基本内容包括：J 法、GS 法、超松弛迭代法、块迭代法，迭代法收敛的充要条件，由范数判定迭代法的收敛性及误差估计，J 法和 GS 法的收敛性定理. 这里介绍的迭代法都是单步定常线性迭代法，它们的理论在 20 世纪 50 年代已经形成. 对于其他相关内容，如加速收敛的方法等，本章没有叙述.

在集成电路设计、结构分析、网络理论、电力分布系统、图论相关问题中，常常会遇到大型稀疏线性方程组(其系数矩阵是非零元素占很小百分比的稀疏矩阵)，这时常用点迭代法或块迭代法在计算机上进行求解. 迭代法有存储空间小、程序简单等特点，在使用时能保持系数矩阵的稀疏性不变.

迭代法的收敛性和收敛速度是选择迭代法的关键，实际中常选用收敛速度快的方法. 一般来说，GS 法比 J 法收敛快. 对于 SOR 法，如果松弛因子选择适当，那么它的收敛速度更快. 对于一些特殊类型的线性方程组，松弛因子的选择已有成熟的方法或经验，因此常常使用 SOR 法进行求解. 迭代法的收敛性与线性方程组系数矩阵的性质有密切的关系，因此一些具有特殊性质的矩阵的应用在实际工作中也是很重要的.

习 题 6

6.1　给定线性方程组：

$$(1)\ \begin{pmatrix}1 & 0 & 1\\ -1 & 1 & 0\\ 1 & 2 & -3\end{pmatrix}\begin{pmatrix}x_1\\ x_2\\ x_3\end{pmatrix}=\begin{pmatrix}1\\ 0\\ 2\end{pmatrix};\qquad (2)\ \begin{pmatrix}1 & 0.5 & 0.5\\ 0.5 & 1 & 0.5\\ 0.5 & 0.5 & 1\end{pmatrix}\begin{pmatrix}x_1\\ x_2\\ x_3\end{pmatrix}=\begin{pmatrix}4\\ 10\\ 1\end{pmatrix}.$$

证明：对于方程组(1)，J 法收敛，而 GS 法发散；对于方程组(2)，J 法发散，而 GS 法收敛.

6.2　设有线性方程组

$$\begin{cases}a_{11}x_1+a_{12}x_2=b_1,\\ a_{21}x_1+a_{22}x_2=b_2,\end{cases}$$

其中 $a_{11}a_{22}\neq 0$，求用 J 法求解该方程组时收敛的充要条件.

6.3　给定线性方程组

$$\begin{pmatrix}8 & -1 & 1\\ 2 & 10 & -1\\ 1 & 1 & -5\end{pmatrix}\begin{pmatrix}x_1\\ x_2\\ x_3\end{pmatrix}=\begin{pmatrix}1\\ 4\\ 3\end{pmatrix},$$

试判别用 J 法和 GS 法求解该方程组的收敛性. 若收敛，取初始向量 $\boldsymbol{x}^{(0)}=(0,0,0)^{\mathrm{T}}$，求满足 $\|\boldsymbol{x}^{(k+1)}-\boldsymbol{x}^{(k)}\|_\infty<10^{-3}$ 的解.

6.4　证明：矩阵

$$\boldsymbol{A}=\begin{pmatrix}1 & a & a\\ a & 1 & a\\ a & a & 1\end{pmatrix}$$

对 $-0.5<a<1$ 是正定的，而 J 法只对 $-0.5<a<0.5$ 是收敛的.

6.5　给定迭代法 $\boldsymbol{x}^{(k+1)}=\boldsymbol{C}\boldsymbol{x}^{(k)}+\boldsymbol{g}$，其中 $\boldsymbol{C}\in\mathbf{R}^{n\times n}$，$k=0,1,2,\cdots$，证明：如果矩阵 $\boldsymbol{C}$ 的特征值 $\lambda_i=0(i=1,2,\cdots,n)$，那么用此迭代法求解线性方程组时，最多迭代 n 次就收敛到线性方程组的解.

6.6　用 SOR 法求解线性方程组

$$\begin{cases}5x_1+2x_2+x_3=-12,\\ -x_1+4x_2+2x_3=20,\\ 2x_1-3x_2+10x_3=3,\end{cases}$$

取松弛因子 $\omega=0.9$，要求当 $\|\boldsymbol{x}^{(k+1)}-\boldsymbol{x}^{(k)}\|_\infty<10^{-4}$ 时终止迭代.

6.7　用 SOR 法求解线性方程组

$$\begin{cases}4x_1-x_2=1,\\ -x_1+4x_2-x_3=4,\\ -x_2+4x_3=-3,\end{cases}$$

分别取松弛因子 $\omega=1.03$，$\omega=1$，$\omega=1.1$，要求 $\|\boldsymbol{x}^*-\boldsymbol{x}^{(k)}\|_\infty<0.5\times10^{-5}$，并对每个 ω 指出迭代次数，其中 $\boldsymbol{x}^*=(0.5,1,-0.5)^{\mathrm{T}}$ 为该方程组的精确解.

6.8　设有线性方程组 $\boldsymbol{A}\boldsymbol{x}=\boldsymbol{b}$，其中 $\boldsymbol{A}$ 为对称正定矩阵，其特征值 $\lambda\leqslant\beta$，证明：迭代法

$$\boldsymbol{x}^{(k+1)}=\boldsymbol{x}^{(k)}+\omega(\boldsymbol{b}-\boldsymbol{A}\boldsymbol{x}^{(k)})\quad(k=0,1,2,\cdots)$$

当 $0<\omega<\dfrac{2}{\beta}$ 时收敛.

6.9　设 $\boldsymbol{A}$ 和 $\boldsymbol{B}$ 为 n 阶矩阵，且 $\boldsymbol{A}$ 为非奇异矩阵. 考虑线性方程组

$$\boldsymbol{A}\boldsymbol{z}_1+\boldsymbol{B}\boldsymbol{z}_2=\boldsymbol{b}_1,\quad \boldsymbol{B}\boldsymbol{z}_1+\boldsymbol{A}\boldsymbol{z}_2=\boldsymbol{b}_2,$$

其中 $\boldsymbol{z}_1,\boldsymbol{z}_2,\boldsymbol{b}_1,\boldsymbol{b}_2\in\mathbf{R}^n$. 找出下列迭代法收敛的充要条件：

(1) $\boldsymbol{A}\boldsymbol{z}_1^{(m+1)}=\boldsymbol{b}_1-\boldsymbol{B}\boldsymbol{z}_2^{(m)},\boldsymbol{A}\boldsymbol{z}_2^{(m+1)}=\boldsymbol{b}_2-\boldsymbol{B}\boldsymbol{z}_1^{(m)}\,(m=0,1,2,\cdots)$；

(2) $\boldsymbol{A}\boldsymbol{z}_1^{(m+1)}=\boldsymbol{b}_1-\boldsymbol{B}\boldsymbol{z}_2^{(m)},\boldsymbol{A}\boldsymbol{z}_2^{(m+1)}=\boldsymbol{b}_2-\boldsymbol{B}\boldsymbol{z}_1^{(m+1)}\,(m=0,1,2,\cdots)$.

6.10　用块 GS 法求解线性方程组 $\boldsymbol{A}\boldsymbol{x}=\boldsymbol{b}$，其中

$$\boldsymbol{A}=\begin{pmatrix}1 & 0 & -\frac{1}{4} & -\frac{1}{4}\\ 0 & 1 & -\frac{1}{4} & -\frac{1}{4}\\ -\frac{1}{4} & -\frac{1}{4} & 1 & 0\\ -\frac{1}{4} & -\frac{1}{4} & 0 & 1\end{pmatrix},\quad \boldsymbol{b}=\begin{pmatrix}1\\1\\1\\1\end{pmatrix},$$

取初始向量 $\boldsymbol{x}^{(0)}=\boldsymbol{b}$，要求当 $\|\boldsymbol{x}^{(k+1)}-\boldsymbol{x}^{(k)}\|_\infty<10^{-3}$ 时终止迭代.

数值实验题 6

6.1　讨论用 J 法求解线性方程组 $\boldsymbol{A}\boldsymbol{x}=\boldsymbol{b}$ 的收敛性，并写出简单的理由，其中 $\boldsymbol{A},\boldsymbol{b}$ 分别为如下的 100 阶矩阵和 100 维列向量：

$$\boldsymbol{A}=\begin{pmatrix}\frac{1}{1}+\frac{1}{2} & \frac{1}{2} & \frac{1}{3} & \cdots & \frac{1}{100}\\ \frac{1}{2} & \frac{1}{3}+\frac{1}{2} & \frac{1}{4} & \cdots & \frac{1}{101}\\ \vdots & \vdots & \vdots & & \vdots\\ \frac{1}{100} & \frac{1}{101} & \frac{1}{102} & \cdots & \frac{1}{199}+\frac{1}{2}\end{pmatrix},\quad \boldsymbol{b}=\begin{pmatrix}1\\1\\\vdots\\1\end{pmatrix}.$$

6.2　设有线性方程组 $\boldsymbol{A}\boldsymbol{x}=\boldsymbol{b}$，其中 $\boldsymbol{A}$ 为如下的 20 阶矩阵：

$$\boldsymbol{A}=\begin{pmatrix}3 & -0.5 & -0.25 & & & & \\ -0.5 & 3 & -0.5 & \ddots & & & \\ -0.25 & -0.5 & \ddots & \ddots & \ddots & & \\ & \ddots & \ddots & \ddots & \ddots & \ddots & \\ & & \ddots & \ddots & \ddots & -0.5 & -0.25\\ & & & \ddots & -0.5 & 3 & -0.5\\ & & & & -0.25 & -0.5 & 3\end{pmatrix}.$$

(1) 选取不同的初始向量 $\boldsymbol{x}^{(0)}$ 和不同的右端向量 $\boldsymbol{b}$，给定迭代误差要求，用 J 法和 GS 法求解上述方程组，讨论得出的向量序列 $\{\boldsymbol{x}^{(k)}\}$ 是否均收敛. 若收敛，记录迭代次数，分析计算结果，并得出你的结论.

(2) 取定初始向量 $\boldsymbol{x}^{(0)}$ 和右端向量 $\boldsymbol{b}$，如取 $\boldsymbol{x}^{(0)}=\boldsymbol{0},\boldsymbol{b}=\boldsymbol{A}\boldsymbol{e},\boldsymbol{e}=(1,1,\cdots,1)^{\mathrm{T}}$. 将 $\boldsymbol{A}$ 的主

对角元成倍增长若干次，而保持非主对角元不变，每次用 J 法求解上述方程组，要求迭代误差满足 $\|x^{(k+1)}-x^{(k)}\|_\infty<10^{-6}$. 比较各次求解的收敛速度，分析现象，并得出你的结论.

6.3 用 SOR 法求解线性方程组

$$\begin{pmatrix} 5 & -1 & -1 & -1 & -1 \\ -1 & 5 & -1 & -1 & -1 \\ -1 & -1 & 5 & -1 & -1 \\ -1 & -1 & -1 & 5 & -1 \\ -1 & -1 & -1 & -1 & 5 \end{pmatrix}\begin{pmatrix} x_1 \\ x_2 \\ x_3 \\ x_4 \\ x_5 \end{pmatrix}=\begin{pmatrix} 1 \\ 1 \\ 1 \\ 1 \\ 1 \end{pmatrix}.$$

已知该方程组的精确解是 $x^*=(1,1,1,1,1)^{\mathrm{T}}$. 取不同的松弛因子 ω，要求每次迭代的误差满足 $\|x^{(k+1)}-x^{(k)}\|_\infty<10^{-6}$. 记录迭代次数，并给出最优松弛因子.

第7章

非线性方程和非线性方程组的数值解法

一般的含 n 个未知数和 n 个方程的非线性方程组可写成如下形式：

$$f_i(x_1,x_2,\cdots,x_n)=0 \quad (i=1,2,\cdots,n),$$

这里 $f_1,f_2,\cdots,f_n$ 中至少有一个是 $x_1,x_2,\cdots,x_n$ 的非线性函数. 当 $n=1$ 时，这个非线性方程组就是一元非线性方程. 所以，一元非线性方程具有如下形式：

$$f(x)=0,$$

其中 $f(x)$ 是非线性函数. 非线性方程和非线性方程组的求解是科学计算与工程计算领域中最常见的问题之一.

与线性方程组不同，除特殊情况外，非线性方程组很难直接求得其数值解，而是要用迭代法来求解. 迭代法的基本问题是收敛性、收敛速度和计算效率. 对于线性方程组，若某种迭代法收敛，则取任何初值都收敛. 但是，对于非线性方程组，同一迭代法在不同的初值下可能有不同的收敛性，有的初值使得迭代法收敛，有的初值则使得迭代法发散. 一般来说，为了使迭代法收敛，初值应取在解的附近.

另外，非线性方程的数值解法的收敛性，也与方程根的重数有关. 对于一般的函数 $f(x)\in C[a,b]$，如果有

$$f(x)=(x-x^*)^m g(x), \quad g(x^*)\neq 0,$$

其中 m 为正整数，那么我们称 x^* 为函数 $f(x)$ 的 m **重零点**，或者称 x^* 为方程 $f(x)=0$ 的 m **重根**. 显然，若 x^* 是 $f(x)$ 的 m 重零点，且 $g(x)$ 充分光滑，则有

$$f(x^*)=f'(x^*)=\cdots=f^{(m-1)}(x^*)=0, \quad f^{(m)}(x^*)\neq 0.$$

当 m 为奇数时，$f(x)$ 在点 x^* 处变号；当 m 为偶数时，$f(x)$ 在点 x^* 处不变号.

§7.1 一元非线性方程求根的二分法

设函数 $f(x) \in C[a,b]$. 若 $f(a)f(b) < 0$,则方程 $f(x) = 0$ 在区间 $[a,b]$ 内至少有一个根,此时称 $[a,b]$ 为该方程的**有根区间**.

通过缩小有根区间,我们可以得到一元非线性方程的数值解法 —— **二分法**. 下面给出具体的做法.

设 $[a_0,b_0] = [a,b]$ 为方程 $f(x) = 0$ 的有根区间. 取有根区间 $[a_0,b_0]$ 的中点 x_0,若 $f(a_0)f(x_0) < 0$,则令新的有根区间 $[a_1,b_1] = [a_0,x_0]$;若 $f(a_0)f(x_0) > 0$,则令新的有根区间 $[a_1,b_1] = [x_0,b_0]$. 再对有根区间 $[a_1,b_1]$ 重复上述步骤,可得到有根区间 $[a_2,b_2]$. 继续重复下去,即可得到一系列有根区间:

$$[a_0,b_0] \supset [a_1,b_1] \supset [a_2,b_2] \supset \cdots \supset [a_k,b_k] \supset \cdots,$$

其中每个区间都是前一个区间的一半. 上述过程称为有根区间的**二分过程**,每进行一次二分就得到一个新的有根区间. 因此,当 $k \to \infty$ 时,$[a_k,b_k]$ 的长度

$$b_k - a_k = \frac{b-a}{2^k}$$

无限趋近于零. 由此可见,如果二分过程能无限地继续下去,这些区间最终必收敛到一点 x^*,该点显然就是所求的根.

若每次二分后取有根区间 $[a_k,b_k]$ 的中点 $x_k = \dfrac{a_k+b_k}{2}$ 作为根的近似值,则在二分过程中可以获得一个近似根的序列

$$x_0,\ x_1,\ x_2,\ \cdots,\ x_k,\ \cdots.$$

该序列必以根 x^* 为极限.

然而,在实际计算时,我们不可能完成这个无限过程,其实也没有必要这样做,因为数值计算的结果允许带有一定的误差. 由于

$$|x^* - x_k| \leqslant \frac{b_k - a_k}{2} = \frac{b-a}{2^{k+1}},$$

所以只要二分足够多次,即 k 充分大,就有

$$|x^* - x_k| < \varepsilon,$$

这里 ε 为预定的精度.

例 7.1

求方程 $f(x) = x^3 - x - 1 = 0$ 在区间 $[1,1.5]$ 内的一个根,要求精确到小数点后 2 位.

解 这里 $a = 1, b = 1.5$,于是 $a_0 = 1, b_0 = 1.5, f(a_0) = f(1) < 0, f(b_0) = f(1.5) > 0$. 取 $[a_0,b_0]$ 的中点 $x_0 = 1.25$,对有根区间 $[a_0,b_0]$ 进行二分. 由于 $f(x_0) = f(1.25) < 0$,即 $f(a_0)$ 与 $f(x_0)$ 同号,故在点 x_0 的右侧有该方程的一个根. 这时,令 $a_1 = x_0 = 1.25, b_1 = b_0 = 1.5$,而新的有根区间为 $[a_1,b_1]$. 二分过程可如此重复下去,计算结果如表 7-1 所示.

表　7－1

k	0	1	2	3	4	5	6	…
a_k	1	1.25	1.25	1.312 5	1.312 5	1.312 5	1.320 4	…
b_k	1.5	1.5	1.375	1.375	1.343 8	1.328 2	1.328 2	…
x_k	1.25	1.375	1.312 5	1.343 8	1.328 2	1.320 4	1.324 3	…
$f(x_k)$	−	+	−	+	+	−	−	…

为了预估达到要求的二分次数，令

$$\frac{b-a}{2^{k+1}}=\frac{1.5-1}{2^{k+1}}\leqslant 0.005,$$

可得 $k\geqslant 6$，即二分 6 次就能达到预定的精度要求 $|x^*-x_6|\leqslant 0.005$. 这与实际计算结果相符.

上述二分法的优点是算法简单，而且在有根区间内，收敛性总能得到保证. 值得注意的是，为了求出足够精确的近似解，二分法往往需要计算很多次函数值，因此它是一种收敛较慢的方法，通常用来求方程根的粗略近似值，并把它作为后面要讨论的迭代法的初值.

二分法中是逐次将有根区间折半. 更一般的方法是：先从有根区间的左端点出发，按照预定的步长 h 一步一步地向右跨，每跨一步进行一次根的"搜索"，即检查所在节点处的函数值的符号，一旦发现其与左端的函数值异号，则可确定一个新的有根区间(其长度等于预定的步长 h)；再对新的有根区间取新的更小的预定步长，继续"搜索"，直到有根区间的长度足够小. 称这种方法为**逐步搜索法**.

§7.2　一元非线性方程的不动点迭代法

7.2.1　不动点迭代法及其收敛性

设一元函数 $f(x)$ 是连续的. 为了求一元非线性方程

$$f(x)=0 \tag{7.1}$$

的根，先将它转换成等价形式

$$x=\varphi(x), \tag{7.2}$$

其中 $\varphi(x)$ 是一个连续函数. 然后，构造迭代公式

$$x_{k+1}=\varphi(x_k)\quad (k=0,1,2,\cdots). \tag{7.3}$$

对于给定的初值 x_0，若由此迭代公式生成的序列 $\{x_k\}$(称为**迭代序列**) 的极限存在，即

$$\lim_{k\to\infty}x_k=x^*,$$

则有 $x^*=\varphi(x^*)$，即 x^* 满足方程(7.2)，从而根据等价性，x^* 也是方程(7.1) 的根.

迭代公式(7.3) 称为**基本迭代法**，其中 $\varphi(x)$ 称为**迭代函数**. 通常称 x^* 为 $\varphi(x)$ 的**不动点**，所以(7.3) 式也称为**不动点迭代法**. 在迭代过程中，x_{k+1} 仅由 x_k 决定，因此这是一种单步迭代法.

把(7.1)式转换成等价形式(7.2)式的方法有多种.迭代函数的不同选择对应不同的不动点迭代法,它们的收敛性可能有很大的差异.当方程 $f(x)=0$ 有多个根时,同一种不动点迭代法取不同的初值,所得到的迭代序列也可能会收敛到不同的根.下面举例来说明.

例 7.2

求方程 $f(x)=x^3-x-1=0$ 的一个根.

解 把方程 $f(x)=0$ 转换成以下两种等价形式:

$$x=\varphi_1(x)=\sqrt[3]{x+1},\quad x=\varphi_2(x)=x^3-1.$$

对应的不动点迭代法分别为

$$x_{k+1}=\sqrt[3]{x_k+1},\quad x_{k+1}=x_k^3-1\quad(k=0,1,2,\cdots).$$

由于 $f(1)=-1,f(2)=5$,即连续函数 $f(x)$ 在区间$[1,2]$内变号,从而$[1,2]$为有根区间.取它的中点为初值,即令 $x_0=1.5$,计算结果如表 7-2 所示.此方程有唯一根 $x^*=1.324\,717\,957\,244\,75$.显然,第一种不动点迭代法收敛,第二种不动点迭代法发散.

表 7-2

k	0	1	2	…	11	…
$\varphi_1(x_k)$	1.5	1.357 208 81	1.330 860 96	…	1.324 717 96	…
$\varphi_2(x_k)$	1.5	2.375 000 00	12.396 484 4	…	$\to\infty$	…

例 7.3

求方程 $f(x)=x^2-2=0$ 的根.

解 把方程 $f(x)=0$ 转换成等价形式

$$x=\varphi(x)=\frac{1}{2}\left(x+\frac{2}{x}\right),$$

对应的不动点迭代法为

$$x_{k+1}=\frac{1}{2}\left(x_k+\frac{2}{x_k}\right)\quad(k=0,1,2,\cdots).$$

取初值 $x_0=\pm1$,则迭代序列分别收敛到 $x^*=\pm\sqrt{2}$,计算结果如表 7-3 所示.

表 7-3

k	0	1	2	3	4	5	…
$x_k(x_0=1)$	1	1.5	1.416 666 67	1.414 215 69	1.414 213 56	1.414 213 56	…
$x_k(x_0=-1)$	−1	−1.5	−1.416 666 67	−1.414 215 69	−1.414 213 56	−1.414 213 56	…

由此可见,不动点迭代法的收敛性取决于迭代函数 $\varphi(x)$ 和初值 x_0 的选取.下面给出不动点迭代法(7.3)的收敛性基本定理.

定理 7.1 **设函数 $\varphi(x)$ 在闭区间$[a,b]$上连续,并且满足:**

(1) 对于任意 $x\in[a,b]$,都有 $\varphi(x)\in[a,b]$;

(2) 存在常数 $L(0<L<1)$，使得对于任意 $x,y\in[a,b]$，都有

$$|\varphi(x)-\varphi(y)|\leqslant L|x-y|, \tag{7.4}$$

则函数 $\varphi(x)$ 在闭区间 $[a,b]$ 上存在唯一的不动点 x^*；对于任一初值 $x_0\in[a,b]$，由不动点迭代法(7.3) 生成的迭代序列 $\{x_k\}$ 收敛到不动点 x^*，且有误差估计式

$$|x_k-x^*|\leqslant\frac{L}{1-L}|x_k-x_{k-1}|. \tag{7.5}$$

证　令 $\psi(x)=x-\varphi(x)$，则由 $\varphi(x)\in[a,b]$ 且连续可知，$\psi(x)$ 是连续函数，且 $\psi(a)\leqslant 0$，$\psi(b)\geqslant 0$. 故 $\psi(x)$ 在$[a,b]$ 上有零点，即 $\varphi(x)$ 在$[a,b]$ 上有不动点 x^*. 若 $\varphi(x)$ 在$[a,b]$ 上有两个相异的不动点 x_1^*，x_2^*，则有

$$|x_1^*-x_2^*|=|\varphi(x_1^*)-\varphi(x_2^*)|\leqslant L|x_1^*-x_2^*|<|x_1^*-x_2^*|.$$

这是个矛盾式，因此 $\varphi(x)$ 在$[a,b]$ 上只有一个不动点.

显然，有 $x_k\in[a,b](k=0,1,2,\cdots)$，从而有

$$|x_k-x^*|=|\varphi(x_{k-1})-\varphi(x^*)|\leqslant L|x_{k-1}-x^*|\leqslant\cdots\leqslant L^k|x_0-x^*|,$$

于是 $\lim\limits_{k\to\infty}|x_k-x^*|=0$，即 $\lim\limits_{k\to\infty}x_k=x^*$.

又有

$$|x_{k+1}-x_k|=|\varphi(x_k)-\varphi(x_{k-1})|\leqslant L|x_k-x_{k-1}|.$$

对于任意正整数 p，同理可得

$$\begin{aligned}|x_{k+p}-x_k|&\leqslant|x_{k+p}-x_{k+p-1}|+\cdots+|x_{k+2}-x_{k+1}|+|x_{k+1}-x_k|\\&\leqslant(L^{p-1}+\cdots+L+1)|x_{k+1}-x_k|.\end{aligned}$$

因为 $0<L<1$，从而 $(1-L)^{-1}=\sum\limits_{k=0}^{\infty}L^k>1+L+\cdots+L^{p-1}$，所以有

$$|x_{k+p}-x_k|\leqslant\frac{1}{1-L}|x_{k+1}-x_k|\leqslant\frac{L}{1-L}|x_k-x_{k-1}|.$$

令 $p\to\infty$，由收敛性即得(7.5) 式.

如果函数 $\varphi(x)$ 在开区间(a,b) 内可导，那么定理 7.1 中的条件(2) 可用条件

$$|\varphi'(x)|\leqslant L<1\quad(x\in(a,b)) \tag{7.6}$$

代替. 事实上，若上式成立，则由微分中值定理，对于任意 $x,y\in[a,b]$，都有

$$|\varphi(x)-\varphi(y)|=|\varphi'(\xi)(x-y)|\leqslant L|x-y|,$$

其中 ξ 在 x 与 y 之间，从而条件(7.4) 成立.

由估计式(7.5) 可知，只要相邻两次计算结果的偏差 $|x_k-x_{k-1}|$ 足够小，且 L 不太接近于 1，即可保证近似值 x_k 具有足够的精度. 因此，可以通过检查 $|x_k-x_{k-1}|$ 的大小来判断迭代是否终止，并且由(7.5) 式有

$$|x_k-x^*|\leqslant\frac{L^k}{1-L}|x_1-x_0|. \tag{7.7}$$

如果能恰当地估计出 L 的值，则由(7.7) 式，我们可对给定的精度确定需要迭代的次数.

函数 $\varphi(x)$ 的不动点 x^*，在几何上是直线 $y=x$ 与曲线 $y=\varphi(x)$ 的交点的横坐标. 因此，不动点迭代法(7.3) 的几何解释如图 7－1 所示，其中(a) 是收敛的情形，(b) 是发散的情形.

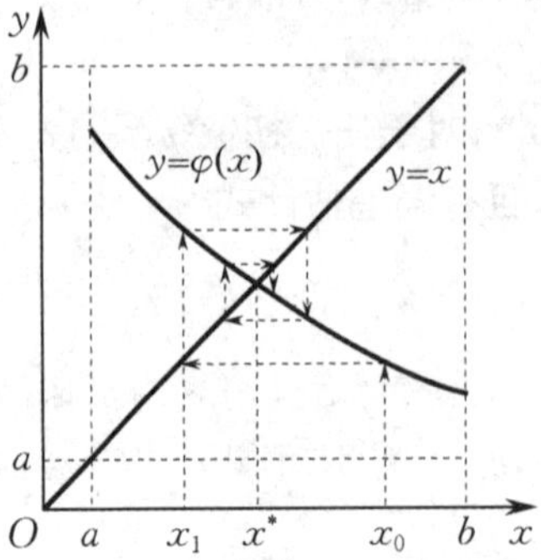

(a)

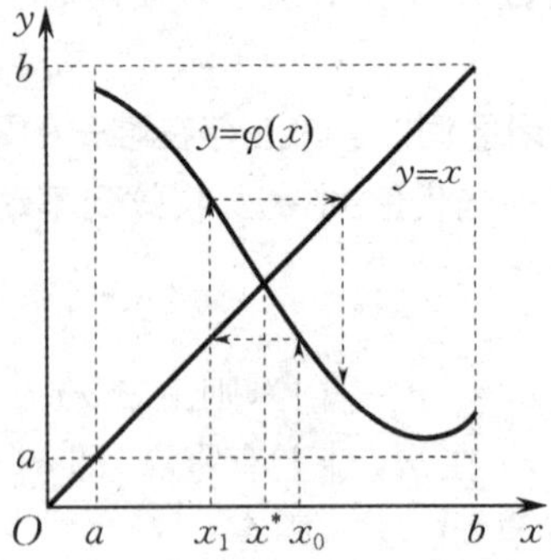

(b)

图 7-1

例 7.4

对于例 7.2 中的两种不动点迭代法，讨论它们的收敛性.

解 对于迭代函数 $\varphi_1(x)=\sqrt[3]{x+1}$，其导数为 $\varphi_1'(x)=\dfrac{1}{3}(x+1)^{-\frac{2}{3}}$. 容易验证，对于任意 $x\in[1,2]$，都有

$$\varphi_1(x)\in[1.25,1.45]\subset[1,2],\quad \varphi_1'(x)\leqslant 0.21<1.$$

因此，对于任一初值 $x_0\in[1,2]$，由 $\varphi_1(x)$ 给出的不动点迭代法生成的迭代序列 $\{x_k\}$ 都收敛到区间 $[1,2]$ 上的唯一不动点 x^*.

对于迭代函数 $\varphi_2(x)=x^3-1$，其导数为 $\varphi_2'(x)=3x^2$. 显然，对于任意 $x\in[1,2]$，都有 $\varphi_2(x)\in[0,7]$，$\varphi_2'(x)>1$，不满足定理 7.1 的条件. 从几何上可以说明，只要初值 $x_0\neq x^*$，相应的不动点迭代法都是发散的.

例 7.5

对方程 $2\cos x-3x+12=0$ 构造不动点迭代法

$$x_{k+1}=\frac{2}{3}\cos x_k+4\quad (k=0,1,2,\cdots).$$

(1) 证明：对于任意实数 x_0，迭代序列 $\{x_k\}$ 都收敛到该方程的根 x^*；

(2) 取 $x_0=4$，用此不动点迭代法求该方程根的近似值，使误差不超过 10^{-3}.

解 (1) 迭代函数为 $\varphi(x)=\dfrac{2}{3}\cos x+4$. 对于任意 x，都有 $3<\varphi(x)<5$. 又有

$$\varphi'(x)=-\frac{2}{3}\sin x,\quad L=\max_{-\infty\leqslant x\leqslant+\infty}\{|\varphi'(x)|\}=\frac{2}{3}<1,$$

故此不动点迭代法在 $(-\infty,+\infty)$ 上满足定理 7.1 的条件. 所以，$\varphi(x)$ 在 $(-\infty,+\infty)$ 上存在唯一不动点 x^*，且对于任意实数 x_0，$\{x_k\}$ 都收敛到 x^*. 而 x^* 就是所给方程的根，故结论成立.

(2) 由 $x_0=4$ 进行迭代，计算结果如表 7-4 所示.

表 7-4

k	0	1	2	3	…
x_k	4	4.665 042 7	4.664 458 1	4.664 458 7	…

根据定理 7.1 给出的误差估计式,可知

$$|x^*-4.6644587|\leqslant\frac{\frac{2}{3}}{1-\frac{2}{3}}|4.6644587-4.6644581|<10^{-3},$$

所以 $x^*\approx 4.6644587$.

对于一些不满足定理 7.1 条件的迭代函数,有时可以通过转化,将其化为适合迭代的形式.这要针对具体情况进行讨论.

例 7.6

已知 $x=\varphi(x)$ 满足 $|\varphi'(x)-3|<1$,试问:如何利用 $\varphi(x)$ 构造一个简单迭代函数,使相应的不动点迭代法收敛?

解　由 $x=\varphi(x)$ 可得

$$x-3x=\varphi(x)-3x,$$

即可得等价的方程

$$x=\frac{1}{2}(3x-\varphi(x)).$$

因此,令

$$\psi(x)=\frac{1}{2}(3x-\varphi(x)),$$

则有

$$|\psi'(x)|=\frac{1}{2}|3-\varphi'(x)|<\frac{1}{2}.$$

所以,不动点迭代法 $x_{k+1}=\psi(x_k)(k=0,1,2,\cdots)$ 收敛.

7.2.2　局部收敛性和加速收敛法

由于定理 7.1 讨论的是不动点迭代法(7.3)在迭代函数 $\varphi(x)$ 连续的闭区间 $[a,b]$ 上的收敛性,因而也称其为**全局收敛性定理**.全局收敛性也包括在无穷区间上收敛的情形.但是,一般来说,全局收敛性的情形不易检验,所以常常讨论在根 x^* 附近的收敛性问题.为此,我们给出如下定义:

定义 7.1　设 x^* 是函数 $\varphi(x)$ 的不动点.若存在闭区间 $S(x^*,\delta)=[x^*-\delta,x^*+\delta]$ $(\delta>0)$,称之为 x^* 的一个**闭邻域**,使得对于任一初值 $x_0\in S(x^*,\delta)$,由不动点迭代法(7.3)生成的迭代序列 $\{x_k\}\subset S(x^*,\delta)$,且 $\{x_k\}$ 收敛到 x^*,则称不动点迭代法(7.3)是**局部收敛**的.

定理 7.2　**设 x^* 是函数 $\varphi(x)$ 的一个不动点,$\varphi'(x)$ 在 x^* 的某个邻域上连续,且有 $|\varphi'(x^*)|<1$,则不动点迭代法(7.3)局部收敛.**

证　由连续函数的性质及 $|\varphi'(x^*)|<1$ 可知,存在 x^* 的一个闭邻域 $[x^*-\delta,x^*+\delta]$,使得在其上有 $|\varphi'(x)|\leqslant L<1$,并且

$$|\varphi(x)-x^*|=|\varphi(x)-\varphi(x^*)|\leqslant L|x-x^*|<\delta,$$

即对于一切 $x \in [x^* - \delta, x^* + \delta]$，都有 $\varphi(x) \in [x^* - \delta, x^* + \delta]$. 于是，根据定理 7.1，对于任意 $x_0 \in [x^* - \delta, x^* + \delta]$，不动点迭代法(7.3) 收敛，即定理结论成立.

上述定理称为**局部收敛性定理**，它给出了局部收敛的一个充分条件. 当不动点迭代法收敛时，收敛的快慢程度可用下述收敛阶来衡量.

定义 7.2 设由不动点迭代法(7.3) 生成的迭代序列 $\{x_k\}$ 收敛到方程 $x = \varphi(x)$ 的根 x^*，记误差 $e_k = x_k - x^*$. 若存在常数 $p \geqslant 1$ 和常数 $C \neq 0$，使得

$$\lim_{k \to \infty} \frac{e_{k+1}}{e_k^p} = C, \tag{7.8}$$

则称该不动点迭代法是 p **阶收敛**的，也称 $\{x_k\}$ 是 p **阶收敛**的. 特别地，当 $p = 1$ 时，称为**线性收敛**的；当 $p > 1$ 时，称为**超线性收敛**的；当 $p = 2$ 时，称为**平方收敛**的.

(7.8) 式表明，当 $k \to \infty$ 时，e_{k+1} 是 e_k 的 p 阶无穷小量. 因此，阶数 p 越大，不动点迭代法的收敛速度就越快. 如果不动点迭代法(7.3) 是线性收敛的，则(7.8) 式中的常数 C 满足 $0 < |C| \leqslant 1$.

如果在定理 7.2 中还有 $\varphi'(x^*) \neq 0$，即 $\varphi'(x^*)$ 满足 $0 < |\varphi'(x^*)| < 1$，那么对于 $x_0 \neq x^*$，必有 $x_k \neq x^* (k = 1, 2, \cdots)$，而且

$$e_{k+1} = x_{k+1} - x^* = \varphi(x_k) - \varphi(x^*) = \varphi'(\xi_k) e_k,$$

其中 ξ_k 在 x_k 与 x^* 之间. 于是

$$\lim_{k \to \infty} \frac{e_{k+1}}{e_k} = \lim_{k \to \infty} \varphi'(\xi_k) = \varphi'(x^*) \neq 0,$$

从而在这种情况下不动点迭代法(7.3) 是线性收敛的. 可见，提高收敛阶的一个途径是选择迭代函数 $\varphi(x)$，使得它满足 $\varphi'(x^*) = 0$. 下面给出整数阶超线性收敛的一个充分条件.

定理 7.3 **设 x^* 是函数 $\varphi(x)$ 的一个不动点. 若存在正整数 $p \geqslant 2$，使得 $\varphi^{(p)}(x)$ 在 x^* 的某个邻域上连续，并且满足**

$$\varphi'(x^*) = \varphi''(x^*) = \cdots = \varphi^{(p-1)}(x^*) = 0, \quad \varphi^{(p)}(x^*) \neq 0, \tag{7.9}$$

则不动点迭代法(7.3) 在 x^* 的某个邻域上是 p 阶收敛的，且有

$$\lim_{k \to \infty} \frac{e_{k+1}}{e_k^p} = \frac{\varphi^{(p)}(x^*)}{p!}. \tag{7.10}$$

证 因 $\varphi'(x^*) = 0$，故由定理 7.2 可知，不动点迭代法(7.3) 是局部收敛的. 取充分接近 x^* 的 x_0，设 $x_0 \neq x^*$，有 $x_k \neq x^* (k = 1, 2, \cdots)$. 由泰勒定理有

$$\begin{aligned} x_{k+1} &= \varphi(x_k) \\ &= \varphi(x^*) + \varphi'(x^*)(x_k - x^*) + \cdots + \frac{\varphi^{(p-1)}(x^*)}{(p-1)!}(x_k - x^*)^{p-1} + \frac{\varphi^{(p)}(\xi_k)}{p!}(x_k - x^*)^p, \end{aligned}$$

其中 ξ_k 在 x_k 与 x^* 之间. 由(7.9) 式有

$$x_{k+1} - x^* = \frac{\varphi^{(p)}(\xi_k)}{p!}(x_k - x^*)^p.$$

由 $\varphi^{(p)}(x)$ 的连续性可得(7.10) 式，这也说明了不动点迭代法(7.3) 在 x^* 的某个邻域上是 p 阶收敛的.

对于线性收敛的不动点迭代法，其收敛速度很慢，因此我们在这些不动点迭代法的基础上考虑加速收敛的方法. 设迭代序列 $\{x_k\}$ 线性收敛到 x^*，则迭代误差 $e_k = x_k - x^*$ 满足

$$\lim_{k \to \infty} \frac{e_{k+1}}{e_k} = \lim_{k \to \infty} \frac{x_{k+1} - x^*}{x_k - x^*} = C \neq 0.$$

因此，当 k 充分大时，有

$$\frac{x_{k+1}-x^*}{x_k-x^*}\approx\frac{x_{k+2}-x^*}{x_{k+1}-x^*},$$

从中解得

$$x^*\approx x_{k+2}-\frac{(x_{k+2}-x_{k+1})^2}{x_{k+2}-2x_{k+1}+x_k}.$$

所以，我们在计算了 x_k,x_{k+1},x_{k+2} 之后，可以用上式右端作为 x_{k+2} 的一个修正值. 这样，我们可将不动点迭代法 $x_{k+1}=\varphi(x_k)$ 改造成如下的迭代法，称之为**斯特芬森**(Steffensen) **迭代法**：

$$\begin{cases} y_k=\varphi(x_k), \\ z_k=\varphi(y_k), \\ x_{k+1}=z_k-\dfrac{(z_k-y_k)^2}{z_k-2y_k+x_k} \end{cases} \quad (k=0,1,2,\cdots). \tag{7.11}$$

它的不动点迭代法形式是

$$x_{k+1}=\psi(x_k)\quad(k=0,1,2,\cdots), \tag{7.12}$$

迭代函数为

$$\psi(x)=\frac{x\varphi(\varphi(x))-\varphi^2(x)}{\varphi(\varphi(x))-2\varphi(x)+x}=x-\frac{(\varphi(x)-x)^2}{\varphi(\varphi(x))-2\varphi(x)+x}. \tag{7.13}$$

例 7.7

求方程 $f(x)=xe^x-1=0$ 的根.

解　所给方程等价于 $x=\varphi(x)=e^{-x}$. 由函数 $y=x$ 和 $y=e^{-x}$ 的图形可以看出，$\varphi(x)$ 只有一个不动点 x^*，且 $x^*>0$. 因为对于任意 $x>0$，都有 $0<|\varphi'(x)|=e^{-x}<1$，所以不动点迭代法 $x_{k+1}=e^{-x_k}(k=0,1,2,\cdots)$ 线性收敛. 取初值 $x_0=0.5$，计算结果如表 7-5 所示. 已知该方程的精确解是 $x^*=0.567\,143\,290\,409\,78\cdots$，可见线性收敛的速度是很慢的.

表　7-5

k	0	1	…	28	29	…
x_k	0.5	0.606 530 660	…	0.567 143 282	0.567 143 295	…

如果使用斯特芬森迭代法：

$$\begin{cases} y_k=e^{-x_k}, \\ z_k=e^{-y_k}, \\ x_{k+1}=z_k-\dfrac{(z_k-y_k)^2}{z_k-2y_k+x_k} \end{cases} \quad (k=0,1,2,\cdots),$$

仍取初值 $x_0=0.5$，则计算结果如表 7-6 所示. 可见，斯特芬森迭代法的收敛速度比原不动点迭代法的收敛速度快很多，仅迭代 3 次就得到与原不动点迭代法迭代 29 次几乎相同的结果.

表　7-6

k	0	1	2	3	…
x_k	0.5	0.567 623 876	0.567 143 314	0.567 143 290	…

定理 7.4 设函数 $\psi(x)$ 由函数 $\varphi(x)$ 按照(7.13)式定义.

(1) 若 x^* 是 $\varphi(x)$ 的不动点，$\varphi''(x)$ 存在，且 $\varphi'(x^*) \neq 1$，则 x^* 也是 $\psi(x)$ 的不动点；反之，若 x^* 是 $\psi(x)$ 的不动点，则 x^* 也是 $\varphi(x)$ 的不动点.

(2) 若 x^* 是 $\varphi(x)$ 的不动点，$\varphi''(x)$ 存在，且 $\varphi'(x^*) \neq 1$，则斯特芬森迭代法(7.11)至少具有二阶局部收敛性.

证 (1) 若 $x^* = \varphi(x^*)$，则当 $x = x^*$ 时，(7.13)式的分子与分母都为零. 对 $\psi(x)$ 取极限，利用洛必达(L'Hospital)法则及 $\varphi'(x^*) \neq 1$，得

$$\begin{aligned}\lim_{x\to x^*}\psi(x) &= \lim_{x\to x^*}\frac{\varphi(\varphi(x)) + x\varphi'(\varphi(x))\varphi'(x) - 2\varphi(x)\varphi'(x)}{\varphi'(\varphi(x))\varphi'(x) - 2\varphi'(x) + 1}\\ &= \frac{x^*(\varphi'(x^*) - 1)^2}{(\varphi'(x^*) - 1)^2} = x^*,\end{aligned}$$

从而 $x^* = \psi(x^*)$. 反之，若 $x^* = \psi(x^*)$，则由(7.13)式可得 $x^* = \varphi(x^*)$. 所以，结论成立.

(2) 由(1)可知，x^* 是 $\psi(x)$ 的不动点. 于是，由定理7.3可知，只要证明 $\psi'(x^*) = 0$ 即可. 对(7.13)式两边同时求导数，并移项，得

$$1 - \psi'(x) = \frac{p(x)}{q(x)}, \tag{7.14}$$

其中

$$\begin{aligned}p(x) &= 2(\varphi(x) - x)(\varphi'(x) - 1)(\varphi(\varphi(x)) - 2\varphi(x) + x)\\ &\quad - (\varphi(x) - x)^2(\varphi'(\varphi(x))\varphi'(x) - 2\varphi'(x) + 1),\\ q(x) &= (\varphi(\varphi(x)) - 2\varphi(x) + x)^2,\end{aligned}$$

并且容易求得

$$p''(x^*) = q''(x^*) = 2(\varphi'(x^*) - 1)^4.$$

于是，由 $\varphi'(x^*) \neq 1$ 可知 $p''(x^*) = q''(x^*) \neq 0$. 对(7.14)式两边同时求极限，因为 x^* 至少是 $p(x)$ 和 $q(x)$ 的二重根，所以使用两次洛必达法则，得

$$1 - \psi'(x^*) = \lim_{x\to x^*}(1 - \psi'(x)) = \lim_{x\to x^*}\frac{p''(x)}{q''(x)} = 1,$$

从而

$$\psi'(x^*) = 0.$$

可见，在定理7.4的条件下，不管不动点迭代法 $x_{k+1} = \varphi(x_k)(k = 0,1,2,\cdots)$ 收敛，还是发散，由它改造成的斯特芬森迭代法(7.11)至少二阶收敛. 因此，斯特芬森迭代法是不动点迭代法的一种改善方法.

关于不动点迭代法发散的情形，举例如下：

例 7.8

用斯特芬森迭代法求方程 $f(x) = x^3 - x - 1 = 0$ 的根.

解 由例7.4可知，不动点迭代法 $x_{k+1} = x_k^3 - 1(k = 0,1,2,\cdots)$ 发散. 现用 $\varphi_2(x) = x^3 - 1$ 构造斯特芬森迭代法：

$$\begin{cases} y_k = x_k^3 - 1,\\ z_k = y_k^3 - 1,\\ x_{k+1} = z_k - \dfrac{(z_k - y_k)^2}{z_k - 2y_k + x_k}\end{cases} \quad (k = 0,1,2,\cdots).$$

仍取初值 $x_0=1.5$,计算结果如表 7-7 所示. 可见,斯特芬森迭代法对这种不动点迭代法发散的情形同样有效.

表　7-7

k	0	1	…	5	6	…
x_k	1.5	1.416 292 97	…	1.324 717 99	1.324 717 96	…

§7.3　一元非线性方程的常用迭代法

7.3.1　牛顿迭代法

设 x^* 是方程 $f(x)=0$ 的根,x_k 是 x^* 的一个近似值,即 $x_k\approx x^*$. 由泰勒定理有

$$0=f(x^*)=f(x_k)+f'(x_k)(x^*-x_k)+\frac{f''(\xi)}{2}(x^*-x_k)^2,$$

这里假设 $f''(x)$ 存在且连续,其中 ξ 在 x^* 与 x_k 之间. 若 $f'(x_k)\neq 0$,则有

$$x^*=x_k-\frac{f(x_k)}{f'(x_k)}-\frac{f''(\xi)}{2f'(x_k)}(x^*-x_k)^2. \tag{7.15}$$

若忽略不计(7.15)式右端最后一项,将其余部分作为 x^* 的一个新近似值,则有

$$x_{k+1}=x_k-\frac{f(x_k)}{f'(x_k)}\quad (k=0,1,2,\cdots). \tag{7.16}$$

这就是**牛顿迭代法**.

对于(7.16)式,有如下几何解释:x_{k+1} 为曲线 $y=f(x)$ 在点 x_k 处的切线与 x 轴的交点,如图 7-2 所示. 因此,牛顿迭代法也称为**切线法**.

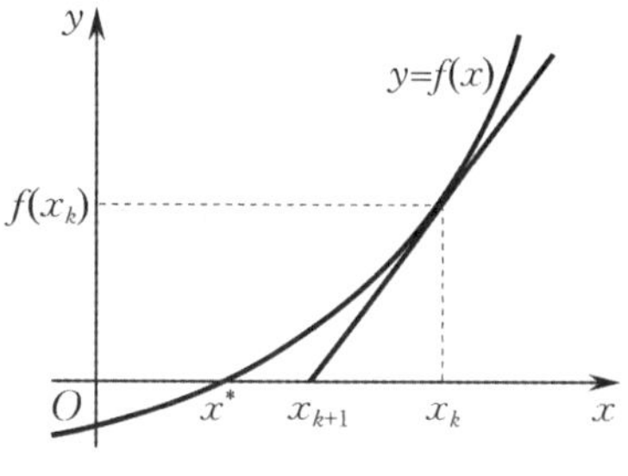

图　7-2

将(7.16)式写成一般的不动点迭代法(7.3)的形式,有

$$\varphi(x)=x-\frac{f(x)}{f'(x)},\quad \varphi'(x)=\frac{f(x)f''(x)}{(f'(x))^2}.$$

由于 $\varphi'(x^*)=0\,(f'(x^*)\neq 0)$,所以牛顿迭代法是超线性收敛的. 更准确地,从(7.15)式和(7.16)式可得下面的定理.

定理 7.5　**设 $f(x^*)=0$,$f'(x^*)\neq 0$,且函数 $f(x)$ 在 x^* 的某个邻域上有二阶连续导数. 若由牛顿迭代法(7.16)生成的迭代序列 $\{x_k\}$ 收敛到 x^*,则牛顿迭代法(7.16)至少是二阶收敛的,并且**

$$\lim_{k\to\infty}\frac{x_{k+1}-x^*}{(x_k-x^*)^2}=\frac{f''(x^*)}{2f'(x^*)}.$$

以上讨论的是牛顿迭代法的局部收敛性. 对于某些非线性方程,牛顿迭代法具有全局收敛性.

例 7.9

设 $a>0$. 对于方程 $x^2-a=0$,试证:对于任一初值 $x_0>0$,牛顿迭代法生成的迭代序列 $\{x_k\}$ 都收敛到算术根 $\sqrt{a}$.

证 对于 $f(x)=x^2-a$,牛顿迭代法为

$$x_{k+1}=\frac{1}{2}\left(x_k+\frac{a}{x_k}\right)\quad(k=0,1,2,\cdots).\tag{7.17}$$

由此可知

$$x_{k+1}-\sqrt{a}=\frac{1}{2x_k}(x_k^2-2x_k\sqrt{a}+a)=\frac{1}{2x_k}(x_k-\sqrt{a})^2\quad(k=0,1,2,\cdots),$$

即

$$x_k-x_{k+1}=\frac{1}{2x_k}(x_k^2-a)\quad(k=0,1,2,\cdots).$$

可见,对于任一 $x_0>0$,都有 $x_k\geqslant\sqrt{a}\,(k=1,2,\cdots)$,并且 $\{x_k\}$ 单调递减. 因此,$\{x_k\}$ 是有下界的单调递减序列,从而有极限 x^*. 对(7.17)式两边同时取极限,得到

$$(x^*)^2-a=0,$$

因为 $x_k>0$,故有 $x^*=\sqrt{a}$.

在定理7.5中,要求 $f(x^*)=0, f'(x^*)\neq 0$. 也就是说,当 x^* 是方程 $f(x)=0$ 的单根时,牛顿迭代法(7.16)至少具有二阶收敛性. 下面讨论重根的情形.

设 x^* 是 $f(x)=0$ 的 $m\,(m\geqslant 2)$ 重根,即

$$f(x)=(x-x^*)^m g(x),\quad g(x^*)\neq 0.$$

由牛顿迭代法(7.16)的迭代函数 $\varphi(x)=x-\dfrac{f(x)}{f'(x)}$ 的导数表达式,容易求出

$$\varphi'(x^*)=1-\frac{1}{m},$$

从而有 $0<\varphi'(x^*)<1$. 因此,只要 $f'(x_k)\neq 0$,这时牛顿迭代法(7.16)就线性收敛.

改善重根时牛顿迭代法的收敛性,有如下两种方法:

(1) 取迭代函数

$$\varphi(x)=x-\frac{mf(x)}{f'(x)},\tag{7.18}$$

则容易验证 $\varphi'(x^*)=0$,从而这时构造的迭代法至少是二阶收敛的.

(2) 令 $\mu(x)=\dfrac{f(x)}{f'(x)}$,则由 x^* 是 $f(x)$ 的 m 重根有

$$\mu(x)=\frac{(x-x^*)g(x)}{mg(x)+(x-x^*)g'(x)}.$$

所以,x^* 是方程 $\mu(x)=0$ 的单根. 对此方程用牛顿迭代法,其迭代函数为

$$\varphi(x)=x-\frac{\mu(x)}{\mu'(x)}=x-\frac{f(x)f'(x)}{(f'(x))^2-f(x)f''(x)}.\tag{7.19}$$

这时构造的迭代法也至少是二阶收敛的.

例 7.10

已知方程 $x^4-4x^2+4=0$ 的根 $x^*=\sqrt{2}$ 是二重根,试用三种迭代法求解此方程.

解　(1) 由牛顿迭代法有

$$x_{k+1}=x_k-\frac{x_k^2-2}{4x_k}\quad(k=0,1,2,\cdots).$$

(2) 这里 $m=2$,故由(7.18) 式得迭代法

$$x_{k+1}=x_k-\frac{x_k^2-2}{2x_k}\quad(k=0,1,2,\cdots).$$

(3) 这里 $m=2$,故由(7.19) 式得迭代法

$$x_{k+1}=x_k-\frac{x_k(x_k^2-2)}{x_k^2+2}\quad(k=0,1,2,\cdots).$$

取 $x_0=1.5$,上述三种迭代法的计算结果如表 7－8 所示. 迭代法(2) 和迭代法(3) 都是二阶收敛的,x_3 都达到了误差界为 10^{-9} 的精度,而迭代法(1)(牛顿迭代法) 是线性收敛的,要进行近 30 次迭代才能达到相同精度.

表　7－8

x_k	x_0	x_1	x_2	x_3	…
迭代法(1)	1.5	1.458 333 333	1.436 607 143	1.425 497 619	…
迭代法(2)	1.5	1.416 666 667	1.414 215 686	1.414 213 562	…
迭代法(3)	1.5	1.411 764 706	1.414 211 438	1.414 213 562	…

牛顿迭代法(7.16) 的每一步计算都要求提供函数 $f(x)$ 的导数值,当函数 $f(x)$ 比较复杂时,提供它的导数值往往是有困难的. 此时,在牛顿迭代法(7.16) 中,可用 $f'(x_0)$ 或常数 D 取代 $f'(x_k)$,得到迭代法

$$x_{k+1}=x_k-\frac{f(x_k)}{f'(x_0)}\quad\text{或}\quad x_{k+1}=x_k-\frac{f(x_k)}{D}\quad(k=0,1,2,\cdots).$$

这种迭代法称为**简化牛顿迭代法**,其迭代函数为

$$\varphi(x)=x-\frac{f(x)}{f'(x_0)}\quad\text{或}\quad\varphi(x)=x-\frac{f(x)}{D}.$$

通常 $\varphi'(x^*)\neq 0$,所以简化牛顿迭代法一般为线性收敛的.

7.3.2　割线法和抛物线法

为了避免导数值 $f'(x_k)$ 的计算,除采用前面的简化牛顿迭代法以外,我们也可用关于节点 x_k,x_{k-1} 的一阶均差来代替 $f'(x_k)$,得到迭代法

$$x_{k+1}=x_k-\frac{x_k-x_{k-1}}{f(x_k)-f(x_{k-1})}f(x_k)\quad(k=1,2,\cdots).\tag{7.20}$$

这种迭代法称为**割线法**,其几何意义是:通过点$(x_k,f(x_k))$ 和$(x_{k-1},f(x_{k-1}))$ 作曲线 $y=f(x)$ 的割线,则割线与 x 轴交点的横坐标就是 x_{k+1}.

与牛顿迭代法不同的是，用割线法计算 x_{k+1} 时，需要有两个初值 x_0 和 x_1，且在计算 x_{k+1} 时，要保留上一步的 x_{k-1} 和 $f(x_{k-1})$，并且再计算一次函数值 $f(x_k)$. 因此，割线法是一种两步迭代法，不能直接使用不动点迭代法（单步迭代法）收敛性分析的结果. 下面给出割线法的收敛性定理.

定理 7.6 **设** $f(x^*)=0$，**在** x^* **的某个闭邻域** $I=[x^*-\delta,x^*+\delta](\delta>0)$ **上函数** $f(x)$ **的二阶导数连续，且** $f'(x)\neq 0$. **若** $M\delta<1$，**其中**

$$M=\frac{\max\limits_{x\in I}\{|f''(x)|\}}{2\min\limits_{x\in I}\{|f'(x)|\}},\tag{7.21}$$

则当 $x_0,x_1\in I$ **时，由迭代法(7.20)生成的迭代序列** $\{x_k\}\subset I$，**并且按** $p=\frac{1+\sqrt{5}}{2}\approx 1.618$ **阶收敛到根** x^*.

证 在(7.20)式两边同时减去 x^*，利用均差的记号，有

$$\begin{aligned}x_{k+1}-x^*&=x_k-x^*-\frac{f(x_k)-f(x^*)}{f[x_{k-1},x_k]}=(x_k-x^*)\left(1-\frac{f[x_k,x^*]}{f[x_{k-1},x_k]}\right)\\&=(x_k-x^*)(x_{k-1}-x^*)\frac{f[x_{k-1},x_k,x^*]}{f[x_{k-1},x_k]}\quad(k=1,2,\cdots).\end{aligned}\tag{7.22}$$

因为 $f(x)$ 在 I 上具有二阶连续导数，所以有

$$f[x_{k-1},x_k]=f'(\eta_k),\quad f[x_{k-1},x_k,x^*]=\frac{1}{2}f''(\xi_k),$$

其中 η_k 在 x_{k-1} 与 x_k 之间，ξ_k 在包含 x_{k-1},x_k,x^* 的最小区间上. 仍记 $e_k=x_k-x^*$，由(7.22)式有

$$e_{k+1}=\frac{f''(\xi_k)}{2f'(\eta_k)}e_ke_{k-1}.\tag{7.23}$$

若 $|e_{k-1}|<\delta$，$|e_k|<\delta$，则利用(7.21)式和 $M\delta<1$，得

$$|e_{k+1}|\leqslant M|e_k||e_{k-1}|\leqslant M\delta^2<\delta.$$

这说明，当 $x_0,x_1\in I$ 时，$\{x_k\}\subset I$. 又由于

$$|e_k|\leqslant M|e_{k-1}||e_{k-2}|\leqslant M\delta|e_{k-1}|\leqslant\cdots\leqslant(M\delta)^k|e_0|,$$

所以当 $k\to\infty$ 时，$e_k\to 0$，即 $\{x_k\}$ 收敛到 x^*. 从上式也可知，割线法至少是一阶收敛的.

进一步确定收敛阶. 这里我们只给出一个大概的说明，不做严格的证明. 由(7.23)式有

$$|e_{k+1}|\approx M^*|e_k||e_{k-1}|,\tag{7.24}$$

其中 $M^*=\frac{|f''(x^*)|}{|2f'(x^*)|}$. 令 $d^{m_k}=M^*|e_k|$，代入(7.24)式得

$$m_{k+1}\approx m_k+m_{k-1},\quad m_0=M^*|e_0|,\quad m_1=M^*|e_1|.$$

我们知道，差分方程 $z_{k+1}=z_k+z_{k-1}$ 的通解为 $z_k=c_1\lambda_1^k+c_2\lambda_2^k$，这里 c_1,c_2 为任意常数，而

$$\lambda_1=\frac{1+\sqrt{5}}{2}\approx 1.618,\quad \lambda_2=\frac{1-\sqrt{5}}{2}\approx -0.618,$$

它们是方程 $\lambda^2-\lambda-1=0$ 的两个根. 当 k 充分大时，设 $m_k\approx c\lambda_1^k$，c 为常数，则有

$$\frac{|e_{k+1}|}{|e_k^{\lambda_1}|}=(M^*)^{\lambda_1-1}d^{m_{k+1}-\lambda_1 m_k}\approx(M^*)^{\lambda_1-1}.$$

这说明，割线法的收敛阶为 $\lambda_1 \approx 1.618$.

类似于简单牛顿迭代法，有如下的**单点割线法**：

$$x_{k+1} = x_k - \frac{x_k - x_0}{f(x_k) - f(x_0)} f(x_k) \quad (k = 1,2,\cdots).$$

单点割线法的迭代函数为

$$\varphi(x) = x - \frac{f(x)(x - x_0)}{f(x) - f(x_0)},$$

于是

$$\varphi'(x^*) = 1 - \frac{f'(x^*)}{f'(\xi)},$$

其中 ξ 在 x_0 与 x^* 之间. 由此可见，单点割线法一般为线性收敛的，但当 $f'(x)$ 变化不大时，$\varphi'(x^*) \approx 0$，收敛仍可能很快.

例 7.11

分别用单点割线法、割线法和牛顿迭代法求解方程

$$f(x) = x^3 + 2x^2 + 10x - 20 = 0.$$

解　$f'(x) = 3x^2 + 4x + 10, f''(x) = 6x + 4$. 由于 $f'(x) > 0, f(1) = -7 < 0, f(2) = 12 > 0$，故 $f(x) = 0$ 在区间$[1,2]$内仅有一个根. 对于单点割线法和割线法，都取 $x_0 = 1, x_1 = 2$，计算结果如表 7－9 所示. 对于牛顿迭代法，由于在区间$(0,2)$内 $f''(x) > 0, f(2) > 0$，故取 $x_0 = 2$，计算结果如表 7－9 所示.

表　7－9

x_k	单点割线法	割线法	牛顿迭代法
x_2	1.368 421 053	1.368 421 053	1.383 388 704
x_3	1.368 851 263	1.368 850 469	1.368 869 419
x_4	1.368 803 298	1.368 808 104	1.368 808 109
x_5	1.368 808 644	1.368 808 108	1.368 808 108
⋮	⋮	⋮	⋮

由计算结果可知，对于单点割线法，有 $|x_5 - x_4| \approx 0.5 \times 10^{-5}$；对于割线法，有 $|x_5 - x_4| = 0.4 \times 10^{-8}$；对于牛顿迭代法，有 $|x_5 - x_4| = 0.1 \times 10^{-8}$. 故取 $x^* \approx 1.368\,808\,108$.

割线法的收敛阶数虽然低于牛顿迭代法的收敛阶数，但它迭代一次只需计算一次函数值 $f(x_k)$，不需计算导数值 $f'(x_k)$，所以效率更高，在实际问题中经常使用.

与割线法类似，我们可通过三点$(x_i, f(x_i))$ $(i = k-2, k-1, k)$ 作一条抛物线，适当选取它与 x 轴交点的横坐标作为 x_{k+1}. 这样生成迭代序列的迭代法称为**抛物线法**，也称为**米勒**(Müller) **方法**.

下面给出抛物线法的迭代公式. 过三点$(x_i, f(x_i))$ $(i = k-2, k-1, k)$ 的插值多项式为

$$\begin{aligned} P_2(x) &= f(x_k) + f[x_k, x_{k-1}](x - x_k) + f[x_k, x_{k-1}, x_{k-2}](x - x_k)(x - x_{k-1}) \\ &= f(x_k) + \omega_k (x - x_k) + f[x, x_{k-1}, x_{k-2}](x - x_k)^2, \end{aligned}$$

其中

$$\omega_k = f[x_k, x_{k-1}] + (x_k - x_{k-1}) f[x_k, x_{k-1}, x_{k-2}].$$

二次方程 $P_2(x)=0$ 有两个根,我们选择接近 x_k 的一个根作为 x_{k+1},即得迭代公式

$$x_{k+1} = x_k - \frac{2f(x_k)}{\omega_k + \operatorname{sgn}(\omega_k)\sqrt{\omega_k^2 - 4f(x_k)f[x_k, x_{k-1}, x_{k-2}]}} \quad (k=2,3,\cdots). \tag{7.25}$$

把根式写在分母是为了避免有效数字的损失.

可以证明,抛物线法(7.25)生成的迭代序列 $\{x_k\}$ 收敛到 $f(x)$ 的零点 x^*,从而有类似于定理 7.6 的结论. 这里要假设 $f(x)$ 在 x^* 的某个邻域内具有三阶连续导数,$f'(x^*) \neq 0$. 抛物线法(7.25)的收敛阶是 $p \approx 1.839$,这是方程 $\lambda^3 - \lambda^2 - \lambda - 1 = 0$ 的根. 抛物线法的收敛速度比割线法更接近于牛顿迭代法.

§7.4 非线性方程组的数值解法

7.4.1 非线性方程组的不动点迭代法

考虑含有 $n(n \geqslant 2)$ 个未知数和 n 个方程的非线性方程组

$$f_i(x_1, x_2, \cdots, x_n) = 0 \quad (i = 1, 2, \cdots, n),$$

这里 $f_i(x_1, x_2, \cdots, x_n)(i=1,2,\cdots,n)$ 中至少有一个是自变量 $x_1, x_2, \cdots, x_n$ 的非线性函数,并假设自变量和函数值都是实数. 此方程组可写成如下形式:

$$\boldsymbol{F}(\boldsymbol{x}) = \boldsymbol{0}, \tag{7.26}$$

其中 $\boldsymbol{x} = (x_1, x_2, \cdots, x_n)^{\mathrm{T}}$,$\boldsymbol{F}(\boldsymbol{x}) = (f_1(\boldsymbol{x}), f_2(\boldsymbol{x}), \cdots, f_n(\boldsymbol{x}))^{\mathrm{T}}$ 均为 n 维列向量.

多元非线性方程组(7.26)与一元非线性方程 $f(x)=0$ 具有相同的形式,故可以与一元非线性方程并行地讨论它的迭代解法,如不动点迭代法与牛顿迭代法. 但是,这里某些定理的证明较为复杂,我们将略去其证明.

把方程组(7.26)改写成下面便于迭代的等价形式

$$\boldsymbol{x} = \boldsymbol{\Phi}(\boldsymbol{x}) = (\varphi_1(\boldsymbol{x}), \varphi_2(\boldsymbol{x}), \cdots, \varphi_n(\boldsymbol{x}))^{\mathrm{T}}, \tag{7.27}$$

并构造迭代法

$$\boldsymbol{x}^{(k+1)} = \boldsymbol{\Phi}(\boldsymbol{x}^{(k)}) \quad (k = 0, 1, 2, \cdots). \tag{7.28}$$

这时,称 $\boldsymbol{\Phi}(\boldsymbol{x})$ 为**迭代函数**. 对于给定的初始向量 $\boldsymbol{x}^{(0)}$,若由此生成的序列 $\{\boldsymbol{x}^{(k)}\}$(称为**迭代序列**)满足 $\lim\limits_{k\to\infty}\boldsymbol{x}^{(k)} = \boldsymbol{x}^*$,且 $\boldsymbol{\Phi}(\boldsymbol{x})$ 是连续的,即 $\varphi_1(\boldsymbol{x}), \varphi_2(\boldsymbol{x}), \cdots, \varphi_n(\boldsymbol{x})$ 是连续函数,则 $\boldsymbol{x}^*$ 满足 $\boldsymbol{x}^* = \boldsymbol{\Phi}(\boldsymbol{x}^*)$,从而 $\boldsymbol{x}^*$ 是方程组(7.26)的解. 我们称 $\boldsymbol{x}^*$ 为迭代函数 $\boldsymbol{\Phi}(\boldsymbol{x})$ 的**不动点**,并称迭代法(7.28)为**不动点迭代法**.

例 7.12

设有非线性方程组

$$\begin{cases} x_1^2 - 10x_1 + x_2^2 + 8 = 0, \\ x_1 x_2^2 + x_1 - 10x_2 + 8 = 0. \end{cases} \tag{7.29}$$

把它写成等价形式

$$\begin{cases} x_1 = \varphi_1(x_1, x_2) = \dfrac{1}{10}(x_1^2 + x_2^2 + 8), \\ x_2 = \varphi_2(x_1, x_2) = \dfrac{1}{10}(x_1 x_2^2 + x_1 + 8), \end{cases}$$

并由此构造不动点迭代法

$$\begin{cases} x_1^{(k+1)} = \varphi_1(x_1^{(k)}, x_2^{(k)}) = \dfrac{1}{10}[(x_1^{(k)})^2 + (x_2^{(k)})^2 + 8], \\ x_2^{(k+1)} = \varphi_2(x_1^{(k)}, x_2^{(k)}) = \dfrac{1}{10}[x_1^{(k)}(x_2^{(k)})^2 + x_1^{(k)} + 8] \end{cases} \quad (k = 0, 1, 2, \cdots). \tag{7.30}$$

取初始向量 $\boldsymbol{x}^{(0)} = (0,0)^{\mathrm{T}}$，计算结果如表 7－10 所示. 可见，迭代序列收敛到所给方程组的解 $\boldsymbol{x}^* = (1,1)^{\mathrm{T}}$.

表　7－10

k	0	1	2	…	18	19	…
$x_1^{(k)}$	0	0.8	0.928 0	…	0.999 999 972	0.999 999 989	…
$x_2^{(k)}$	0	0.8	0.931 2	…	0.999 999 972	0.999 999 989	…

函数也称为映射. 若函数 $\boldsymbol{\Phi}(\boldsymbol{x})$ 的定义域为 $D \subset \mathbf{R}^n$，则该函数可用映射符号表示为

$$\boldsymbol{\Phi}: D \subset \mathbf{R}^n \to \mathbf{R}^n.$$

为了讨论不动点迭代法(7.28) 的收敛性，先定义向量值函数的映内性和压缩性.

定义 7.3　设函数 $\boldsymbol{\Phi}: D \subset \mathbf{R}^n \to \mathbf{R}^n$. 若对于任意 $\boldsymbol{x} \in D$，都有

$$\boldsymbol{\Phi}(\boldsymbol{x}) \in D,$$

则称函数 $\boldsymbol{\Phi}$ 在 D 上是**映内**的，记作 $\boldsymbol{\Phi}(D) \subset D$. 若对于任意 $\boldsymbol{x}, \boldsymbol{y} \in D$，存在常数 $L \in (0,1)$，使得对于给定的向量范数 $\|\cdot\|$，有

$$\|\boldsymbol{\Phi}(\boldsymbol{x}) - \boldsymbol{\Phi}(\boldsymbol{y})\| \leqslant L \|\boldsymbol{x} - \boldsymbol{y}\|,$$

则称函数 $\boldsymbol{\Phi}$ 在 D 上是**压缩**的，并称 L 为**压缩系数**.

压缩性与所用的向量范数有关，函数 $\boldsymbol{\Phi}(\boldsymbol{x})$ 对于某种范数是压缩的，对于另一种范数可能不是压缩的.

定理 7.7（布劳威尔（Brouwer）不动点定理）　**若函数 $\boldsymbol{\Phi}(\boldsymbol{x})$ 在有界闭凸集 $D_0 \subset D$ 上连续且映内，则 $\boldsymbol{\Phi}(\boldsymbol{x})$ 在 D_0 上存在不动点.**

映内性可保证不动点的存在性，但不能保证其唯一性. 为了保证唯一性，还需要附加压缩性条件.

定理 7.8（压缩映射原理）　**设函数 $\boldsymbol{\Phi}(\boldsymbol{x})$ 在有界闭凸集 $D_0 \subset D \subset \mathbf{R}^n$ 上是映内的，并且对于某种向量范数是压缩的，压缩系数为 L，则**

(1) $\boldsymbol{\Phi}(\boldsymbol{x})$ 在 D_0 上存在唯一的不动点 $\boldsymbol{x}^*$；

(2) 对于任意初始向量 $\boldsymbol{x}^{(0)} \in D_0$，由不动点迭代法(7.28) 生成的迭代序列 $\{\boldsymbol{x}^{(k)}\} \subset D_0$ 并收敛到 $\boldsymbol{x}^*$，且有误差估计式

$$\|\boldsymbol{x}^{(k)} - \boldsymbol{x}^*\| \leqslant \frac{L}{1-L} \|\boldsymbol{x}^{(k)} - \boldsymbol{x}^{(k-1)}\|.$$

例 7.13

对于例 7.12，设 $D_0=\{(x_1,x_2)^{\mathrm{T}}\mid -1.5\leqslant x_1\leqslant 1.5,\ -1.5\leqslant x_2\leqslant 1.5\}$，试证：对于任意初始向量 $\boldsymbol{x}^{(0)}\in D_0$，由不动点迭代法(7.30)生成的迭代序列$\{\boldsymbol{x}^{(k)}\}$都收敛到方程组(7.29)在 D_0 中的唯一解 $\boldsymbol{x}^*=(1,1)^{\mathrm{T}}$.

证 首先，容易得到，对于任意 $\boldsymbol{x}=(x_1,x_2)^{\mathrm{T}}\in D_0$，都有

$$0.8\leqslant\varphi_1(x_1,x_2)\leqslant 1.25,\quad 0.3125\leqslant\varphi_2(x_1,x_2)\leqslant 1.2875.$$

因此，迭代函数 $\boldsymbol{\Phi}(\boldsymbol{x})=(\varphi_1(\boldsymbol{x}),\varphi_2(\boldsymbol{x}))^{\mathrm{T}}$ 在 D_0 上是映内的. 其次，对于任意

$$\boldsymbol{x}=(x_1,x_2)^{\mathrm{T}}\in D_0,\quad \boldsymbol{y}=(y_1,y_2)^{\mathrm{T}}\in D_0,$$

都有

$$\begin{aligned}
|\varphi_1(\boldsymbol{x})-\varphi_1(\boldsymbol{y})| &= \frac{1}{10}|(x_1+y_1)(x_1-y_1)+(x_2+y_2)(x_2-y_2)|\\
&\leqslant \frac{3}{10}(|x_1-y_1|+|x_2-y_2|)\\
&= 0.3\|\boldsymbol{x}-\boldsymbol{y}\|_1,\\
|\varphi_2(\boldsymbol{x})-\varphi_2(\boldsymbol{y})| &= \frac{1}{10}|x_1-y_1+x_1x_2^2-y_1y_2^2|\\
&= \frac{1}{10}|x_1-y_1+x_1x_2^2-y_1x_2^2+y_1x_2^2-y_1y_2^2|\\
&= \frac{1}{10}|(1+x_2^2)(x_1-y_1)+y_1(x_2+y_2)(x_2-y_2)|\\
&\leqslant \frac{1}{10}(3.25|x_1-y_1|+4.5|x_2-y_2|)\\
&\leqslant 0.45\|\boldsymbol{x}-\boldsymbol{y}\|_1,
\end{aligned}$$

从而

$$\|\boldsymbol{\Phi}(\boldsymbol{x})-\boldsymbol{\Phi}(\boldsymbol{y})\|_1=|\varphi_1(\boldsymbol{x})-\varphi_1(\boldsymbol{y})|+|\varphi_2(\boldsymbol{x})-\varphi_2(\boldsymbol{y})|\leqslant 0.75\|\boldsymbol{x}-\boldsymbol{y}\|_1.$$

可见，函数 $\boldsymbol{\Phi}(\boldsymbol{x})$ 在 D_0 上是压缩的. 因此，由定理 7.8 可知结论成立.

以上讨论了不动点迭代法(7.28)在 D_0 上的收敛性，下面讨论其局部收敛性.

定义 7.4 设 $\boldsymbol{x}^*$ 为函数 $\boldsymbol{\Phi}(\boldsymbol{x})$ 在 $D\subset\mathbf{R}^n$ 内的不动点. 若存在 $\boldsymbol{x}^*$ 的闭邻域

$$S=S(\boldsymbol{x}^*,\delta)=\{\boldsymbol{x}\mid\|\boldsymbol{x}-\boldsymbol{x}^*\|\leqslant\delta\}\subset D,$$

使得对于一切 $\boldsymbol{x}^{(0)}\in S$，由不动点迭代法(7.28)生成的迭代序列$\{\boldsymbol{x}^{(k)}\}\subset S$，且 $\lim\limits_{k\to\infty}\boldsymbol{x}^{(k)}=\boldsymbol{x}^*$，则称不动点迭代法(7.28)是**局部收敛**的.

定义 7.5 设由不动点迭代法(7.28)生成的迭代序列$\{\boldsymbol{x}^{(k)}\}$收敛到方程组(7.26)的解 $\boldsymbol{x}^*$. 若存在常数 $p\geqslant 1$ 及常数 $C>0$，使得

$$\lim_{k\to\infty}\frac{\|\boldsymbol{x}^{(k+1)}-\boldsymbol{x}^*\|}{\|\boldsymbol{x}^{(k)}-\boldsymbol{x}^*\|^p}=C,$$

则称不动点迭代法(7.28)是 p **阶收敛的**，也称$\{\boldsymbol{x}^{(k)}\}$是 p **阶收敛的**.

定理 7.9 **设 $\boldsymbol{x}^*$ 为函数 $\boldsymbol{\Phi}(\boldsymbol{x})$ 在 $D\subset\mathbf{R}^n$ 内的不动点. 若存在 $\boldsymbol{x}^*$ 的闭邻域 $S=S(\boldsymbol{x}^*,\delta)\subset D$ 及常数 $L\in(0,1)$，使得对于任意 $\boldsymbol{x}\in S$，都有**

$$\| \boldsymbol{\Phi}(\boldsymbol{x}) - \boldsymbol{\Phi}(\boldsymbol{x}^*) \| \leqslant L \| \boldsymbol{x} - \boldsymbol{x}^* \|,$$

则由不动点迭代法(7.28)生成的迭代序列$\{\boldsymbol{x}^{(k)}\}$局部收敛到$\boldsymbol{x}^*$.

证　任给初始向量$\boldsymbol{x}^{(0)} \in S$. 首先,设$\boldsymbol{x}^{(k)} \in S$,即$\| \boldsymbol{x}^{(k)} - \boldsymbol{x}^* \| \leqslant \delta$,则有

$$\| \boldsymbol{x}^{(k+1)} - \boldsymbol{x}^* \| = \| \boldsymbol{\Phi}(\boldsymbol{x}^{(k)}) - \boldsymbol{\Phi}(\boldsymbol{x}^*) \| \leqslant L \| \boldsymbol{x}^{(k)} - \boldsymbol{x}^* \| < L\delta < \delta,$$

即$\boldsymbol{x}^{(k+1)} \in S$. 其次,由

$$\| \boldsymbol{x}^{(k)} - \boldsymbol{x}^* \| \leqslant L \| \boldsymbol{x}^{(k-1)} - \boldsymbol{x}^* \| \leqslant \cdots \leqslant L^k \| \boldsymbol{x}^{(0)} - \boldsymbol{x}^* \|$$

知$\lim\limits_{k\to\infty} \| \boldsymbol{x}^{(k)} - \boldsymbol{x}^* \| = 0$,从而有$\lim\limits_{k\to\infty} \boldsymbol{x}^{(k)} = \boldsymbol{x}^*$. 因此,由定义 7.4 可知,不动点迭代法(7.28)局部收敛.

与单个方程的情形类似,有时可以用关于导数的条件代替压缩条件来判定不动点迭代法(7.28)的收敛性.

定理 7.10　**设函数$\boldsymbol{\Phi}(\boldsymbol{x})$在$D \subset \mathbf{R}^n$内有不动点$\boldsymbol{x}^*$,且在点$\boldsymbol{x}^*$处可导,并有谱半径$\rho(\boldsymbol{\Phi}'(\boldsymbol{x}^*)) = \sigma < 1$,其中$\boldsymbol{\Phi}(\boldsymbol{x})$的导数为雅可比矩阵**

$$\boldsymbol{\Phi}'(\boldsymbol{x}) = \begin{pmatrix} \nabla \varphi_1(\boldsymbol{x})^{\mathrm{T}} \\ \nabla \varphi_2(\boldsymbol{x})^{\mathrm{T}} \\ \vdots \\ \nabla \varphi_n(\boldsymbol{x})^{\mathrm{T}} \end{pmatrix} = \begin{pmatrix} \dfrac{\partial \varphi_1(\boldsymbol{x})}{\partial x_1} & \dfrac{\partial \varphi_1(\boldsymbol{x})}{\partial x_2} & \cdots & \dfrac{\partial \varphi_1(\boldsymbol{x})}{\partial x_n} \\ \dfrac{\partial \varphi_2(\boldsymbol{x})}{\partial x_1} & \dfrac{\partial \varphi_2(\boldsymbol{x})}{\partial x_2} & \cdots & \dfrac{\partial \varphi_2(\boldsymbol{x})}{\partial x_n} \\ \vdots & \vdots & & \vdots \\ \dfrac{\partial \varphi_n(\boldsymbol{x})}{\partial x_1} & \dfrac{\partial \varphi_n(\boldsymbol{x})}{\partial x_2} & \cdots & \dfrac{\partial \varphi_n(\boldsymbol{x})}{\partial x_n} \end{pmatrix},$$

则不动点迭代法(7.28)局部收敛.

利用谱半径与矩阵范数的关系式$\rho(\mathbf{A}) \leqslant \| \mathbf{A} \|$,我们可用$\| \boldsymbol{\Phi}'(\boldsymbol{x}^*) \| < 1$代替定理 7.10 中的条件$\rho(\boldsymbol{\Phi}'(\boldsymbol{x}^*)) < 1$.

例如,对于例 7.12,有

$$\boldsymbol{\Phi}'(\boldsymbol{x}) = \frac{1}{10} \begin{pmatrix} 2x_1 & 2x_2 \\ x_2^2 + 1 & 2x_1 x_2 \end{pmatrix}.$$

对于例 7.13 所取的区域D_0,$\boldsymbol{\Phi}(\boldsymbol{x})$的不动点$\boldsymbol{x}^*$在它的内部. 容易验证,在$D_0$上,有

$$\| \boldsymbol{\Phi}'(\boldsymbol{x}^*) \|_1 \leqslant 0.75.$$

因此,不动点迭代法(7.30)局部收敛.

7.4.2　非线性方程组的牛顿迭代法

对于非线性方程组,也可以构造类似于一元非线性方程的牛顿迭代法. 设$\boldsymbol{x}^*$是方程组(7.26)的解,$\boldsymbol{x}^{(k)}$是方程组(7.26)的一个近似解. 用点$\boldsymbol{x}^{(k)}$处的一阶泰勒展开式近似每个分量函数值$f_i(\boldsymbol{x}^*)$,有

$$f_i(\boldsymbol{x}^*) \approx f_i(\boldsymbol{x}^{(k)}) + \sum_{j=1}^{n} \frac{\partial f_i(\boldsymbol{x}^{(k)})}{\partial x_j}(x_j^* - x_j^{(k)}) \quad (i = 1, 2, \cdots, n).$$

写成矩阵形式,得

$$\boldsymbol{F}(\boldsymbol{x}^*) \approx \boldsymbol{F}(\boldsymbol{x}^{(k)}) + \boldsymbol{F}'(\boldsymbol{x}^{(k)})(\boldsymbol{x}^* - \boldsymbol{x}^{(k)}), \tag{7.31}$$

其中 $\boldsymbol{F}'(\boldsymbol{x}^{(k)})$ 为 $\boldsymbol{F}(\boldsymbol{x})$ 的导数 $\boldsymbol{F}'(\boldsymbol{x})$ 在点 $\boldsymbol{x}^{(k)}$ 处的值,而

$$\boldsymbol{F}'(\boldsymbol{x})=\begin{pmatrix}\nabla f_1(\boldsymbol{x})^{\mathrm{T}}\\\nabla f_2(\boldsymbol{x})^{\mathrm{T}}\\\vdots\\\nabla f_n(\boldsymbol{x})^{\mathrm{T}}\end{pmatrix}=\begin{pmatrix}\dfrac{\partial f_1(\boldsymbol{x})}{\partial x_1} & \dfrac{\partial f_1(\boldsymbol{x})}{\partial x_2} & \cdots & \dfrac{\partial f_1(\boldsymbol{x})}{\partial x_n}\\\dfrac{\partial f_2(\boldsymbol{x})}{\partial x_1} & \dfrac{\partial f_2(\boldsymbol{x})}{\partial x_2} & \cdots & \dfrac{\partial f_2(\boldsymbol{x})}{\partial x_n}\\\vdots & \vdots & & \vdots\\\dfrac{\partial f_n(\boldsymbol{x})}{\partial x_1} & \dfrac{\partial f_n(\boldsymbol{x})}{\partial x_2} & \cdots & \dfrac{\partial f_n(\boldsymbol{x})}{\partial x_n}\end{pmatrix}.$$

若矩阵 $\boldsymbol{F}'(\boldsymbol{x}^{(k)})$ 为非奇异矩阵,则可以用使(7.31)式右端为零向量的向量作为 $\boldsymbol{x}^*$ 的一个新的近似值,记为 $\boldsymbol{x}^{(k+1)}$,于是得到如下的**牛顿迭代法**:

$$\boldsymbol{x}^{(k+1)}=\boldsymbol{x}^{(k)}-(\boldsymbol{F}'(\boldsymbol{x}^{(k)}))^{-1}\boldsymbol{F}(\boldsymbol{x}^{(k)})\quad(k=0,1,2,\cdots),\tag{7.32}$$

其中 $\boldsymbol{x}^{(0)}$ 是给定的初始向量.将(7.32)式写成一般的不动点迭代法 $\boldsymbol{x}^{(k+1)}=\boldsymbol{\Phi}(\boldsymbol{x}^{(k)})(k=0,1,2,\cdots)$ 的形式,可知牛顿迭代法中的迭代函数为

$$\boldsymbol{\Phi}(\boldsymbol{x})=\boldsymbol{x}-(\boldsymbol{F}'(\boldsymbol{x}))^{-1}\boldsymbol{F}(\boldsymbol{x}).\tag{7.33}$$

在牛顿迭代法的实际计算过程中,记 $\Delta\boldsymbol{x}^{(k)}=\boldsymbol{x}^{(k+1)}-\boldsymbol{x}^{(k)}$,第 k 步是先求解线性方程组

$$\boldsymbol{F}'(\boldsymbol{x}^{(k)})\Delta\boldsymbol{x}^{(k)}=-\boldsymbol{F}(\boldsymbol{x}^{(k)}),\tag{7.34}$$

得到向量 $\Delta\boldsymbol{x}^{(k)}$ 后,再令 $\boldsymbol{x}^{(k+1)}=\boldsymbol{x}^{(k)}+\Delta\boldsymbol{x}^{(k)}$.这里包括了计算向量 $\boldsymbol{F}(\boldsymbol{x}^{(k)})$ 和矩阵 $\boldsymbol{F}'(\boldsymbol{x}^{(k)})$.

例 7.14

用牛顿迭代法求解例 7.12 中的方程组(7.29).

解 对于该方程组,有

$$\boldsymbol{F}(\boldsymbol{x})=\begin{pmatrix}x_1^2-10x_1+x_2^2+8\\x_1x_2^2+x_1-10x_2+8\end{pmatrix},\quad\boldsymbol{F}'(\boldsymbol{x})=\begin{pmatrix}2x_1-10 & 2x_2\\x_2^2+1 & 2x_1x_2-10\end{pmatrix}.$$

取初始向量 $\boldsymbol{x}^{(0)}=(0,0)^{\mathrm{T}}$,求解线性方程组 $\boldsymbol{F}'(\boldsymbol{x}^{(0)})\Delta\boldsymbol{x}^{(0)}=-\boldsymbol{F}(\boldsymbol{x}^{(0)})$,即

$$\begin{pmatrix}-10 & 0\\1 & -10\end{pmatrix}\Delta\boldsymbol{x}^{(0)}=-\begin{pmatrix}8\\8\end{pmatrix},$$

得 $\Delta\boldsymbol{x}^{(0)}=(0.8,0.88)^{\mathrm{T}}$,$\boldsymbol{x}^{(1)}=\boldsymbol{x}^{(0)}+\Delta\boldsymbol{x}^{(0)}=(0.8,0.88)^{\mathrm{T}}$.同理,可求出 $\boldsymbol{x}^{(2)},\boldsymbol{x}^{(3)},\cdots$,计算结果如表 7-11 所示.可见,牛顿迭代法的收敛速度比例 7.12 中所用的不动点迭代法(7.30)的收敛速度快得多.

表 7-11

k	0	1	2	3	4	$\cdots$
$x_1^{(k)}$	0	0.80	0.991 787 221	0.999 975 229	1.000 000 000	$\cdots$
$x_2^{(k)}$	0	0.88	0.991 711 737	0.999 968 524	1.000 000 000	$\cdots$

关于牛顿迭代法的收敛性,有下面的局部收敛性定理.

定理 7.11 **设函数 $\boldsymbol{F}:D\subset\mathbf{R}^n\to\mathbf{R}^n$,$\boldsymbol{x}^*\in D$ 满足 $\boldsymbol{F}(\boldsymbol{x}^*)=\boldsymbol{0}$.若在 $\boldsymbol{x}^*$ 的邻域 $S_0\subset D$ 内,$\boldsymbol{F}'(\boldsymbol{x})$ 存在且连续,雅可比矩阵 $\boldsymbol{F}'(\boldsymbol{x}^*)$ 非奇异,则**

(1) 存在 $\boldsymbol{x}^*$ 的闭邻域 $S=S(\boldsymbol{x}^*,\delta)\subset S_0$,使得由(7.33)式给出的函数 $\boldsymbol{\Phi}(\boldsymbol{x})$ 对于一切

$x \in S$ 都有意义，并且 $\boldsymbol{\Phi}(x) \in S$；

(2) 由牛顿迭代法生成的迭代序列 $\{x^{(k)}\}$ 在闭邻域 S 上超线性收敛到 x^*；

(3) 如果存在常数 $L > 0$，使得对于任意 $x \in S$，都有

$$\|F'(x) - F'(x^*)\| \leqslant L\|x - x^*\|,$$

那么由牛顿迭代法生成的迭代序列 $\{x^{(k)}\}$ 至少二阶局部收敛到 x^*.

虽然牛顿迭代法具有二阶局部收敛性，但是它要求雅可比矩阵 $F'(x^*)$ 非奇异. 如果矩阵 $F'(x^*)$ 奇异或病态，那么 $F'(x^{(k)})$ 也可能奇异或病态，从而可能导致数值计算失败或数值不稳定. 这时可采用**阻尼牛顿法**：在牛顿迭代法中，把(7.34)式改成

$$(F'(x^{(k)}) + \mu_k I)\Delta x^{(k)} = -F(x^{(k)}),$$

其中参数 μ_k 称为**阻尼因子**，$\mu_k I$ 称为**阻尼项**. 解得 $\Delta x^{(k)}$ 后，令 $x^{(k+1)} = x^{(k)} + \Delta x^{(k)}$. 引入阻尼项的目的，是为了使线性方程组(7.34)的系数矩阵非奇异且良态. 当 μ_k 的选取合适时，阻尼牛顿法是线性收敛的.

例 7.15

用牛顿迭代法和阻尼牛顿法求解方程组 $F(x) = \mathbf{0}$，其中

$$F(x) = \begin{pmatrix} x_1^2 - 10x_1 + x_2^2 + 23 \\ x_1x_2^2 + x_1 - 10x_2 + 2 \end{pmatrix}.$$

解　易知该方程组有一个解是 $x^* = (4,1)^{\mathrm{T}}$. 由于

$$F'(x^*) = \begin{pmatrix} -2 & 2 \\ 2 & -2 \end{pmatrix}$$

是奇异矩阵，取阻尼因子 $\mu_k = 10^{-5}$. 若取 $x^{(0)} = (2.5, 2.5)^{\mathrm{T}}$，按照牛顿迭代法求解，有

$x^{(1)} = (3.538\,461\,538, 1.438\,461\,538)^{\mathrm{T}}$，…，$x^{(25)} = (4.000\,000\,025, 1.000\,000\,025)^{\mathrm{T}}$，…；

按照阻尼牛顿法求解，有

$x^{(1)} = (3.538\,463\,160, 1.438\,461\,083)^{\mathrm{T}}$，…，$x^{(29)} = (4.000\,000\,286, 1.000\,000\,286)^{\mathrm{T}}$，….

由上例可见，即使矩阵 $F'(x^*)$ 奇异，只要 $F'(x^{(k)})$ 非奇异，牛顿迭代法仍收敛，但收敛是线性的. 由于上例中方程组的规模很小，牛顿迭代法并没有出现数值计算失败或数值不稳定的情况，从而阻尼牛顿法不仅没有显示出它的作用，反而使得迭代次数更多. 但可以看出，阻尼牛顿法也是线性收敛的.

用不动点迭代法求解非线性方程组时，初值的选取至关重要，初值不仅影响不动点迭代法是否收敛，而且当非线性方程组具有多个解时，不同的初值可能会使迭代序列收敛到不同的解.

例 7.16

用牛顿迭代法求解非线性方程组 $F(x) = \mathbf{0}$，其中

$$F(x) = \begin{pmatrix} x_1^2 - x_2 - 1 \\ (x_1 - 2)^2 + (x_2 - 0.5)^2 - 1 \end{pmatrix}.$$

解　该方程组的实数解是抛物线 $x_1^2 - x_2 - 1 = 0$ 与圆 $(x_1 - 2)^2 + (x_2 - 0.5)^2 - 1 = 0$ 的交点. 这两个实数解是

$$x^* \approx (1.067\,346\,086, 0.139\,227\,667)^{\mathrm{T}} \quad 和 \quad x^{**} \approx (1.546\,342\,883, 1.391\,176\,313)^{\mathrm{T}}.$$

如果取初始向量 $x^{(0)} = (0,0)^{\mathrm{T}}$,那么有

$$x^{(1)} = (1.062\,5, -1.000\,0)^{\mathrm{T}},\ \cdots,\ x^{(5)} = (1.067\,343\,609, 0.139\,221\,092)^{\mathrm{T}},\ \cdots,$$

且迭代序列 $\{x^{(k)}\}$ 收敛到 x^*;若取初始向量 $x^{(0)} = (2,2)^{\mathrm{T}}$,则有

$$x^{(1)} = (1.645\,833\,333, 1.583\,333\,333)^{\mathrm{T}},\ \cdots,\ x^{(5)} = (1.546\,342\,883, 1.391\,176\,313)^{\mathrm{T}},\ \cdots,$$

且迭代序列 $\{x^{(k)}\}$ 收敛到 x^{**}.

一般来说,为了保证不动点迭代法的收敛性,初始向量应当取在所求解的足够小的邻域内. 对于某些实际问题,可以凭经验选取初始向量,或者通过某些方法预估一个近似解,以它作为初始向量. 从数学的角度讲,这是个相当困难的问题.

7.4.3 非线性方程组的拟牛顿法

牛顿迭代法有较好的收敛性,但是每一步都要计算 $F'(x^{(k)})$,这是很不方便的,特别是当 $F(x)$ 的分量函数 $f_i(x)$ 比较复杂时,求它的导数值将会很困难. 所以,我们用比较简单的矩阵 A_k 代替牛顿迭代法(7.32) 中的 $F'(x^{(k)})$,得到

$$x^{(k+1)} = x^{(k)} - A_k^{-1}F(x^{(k)}) \quad (k = 0,1,2,\cdots). \tag{7.35}$$

下一步是要确定矩阵 A_{k+1}. 对于单个方程的情形,割线法是将牛顿迭代法中的 $f'(x_{k+1})$ 用均差 $\dfrac{f(x_{k+1}) - f(x_k)}{x_{k+1} - x_k}$ 代替. 对于方程组的情形,$x^{(k+1)} - x^{(k)}$ 是向量,于是取满足

$$A_{k+1}(x^{(k+1)} - x^{(k)}) = F(x^{(k+1)}) - F(x^{(k)}) \tag{7.36}$$

的矩阵 A_{k+1} 代替牛顿迭代法中的 $F'(x^{(k+1)})$. 在多元情形下,当 $x^{(k)}$ 和 $x^{(k+1)}$ 已知时,无法由方程组(7.36) 确定矩阵 A_{k+1}(n 个方程中含有 n^2 个未知数). 因此,为了确定矩阵 A_{k+1},需要附加其他条件. 一个可行的途径是令

$$A_{k+1} = A_k + \Delta A_k, \quad \mathrm{rank}(\Delta A_k) = m \geqslant 1, \tag{7.37}$$

其中 ΔA_k 称为**增量矩阵**. 由此得到的迭代法(7.35) 称为**拟牛顿法**,且(7.36) 式称为**拟牛顿方程**. 通常取 $m = 1$ 或 2. 当 $m = 1$ 时,称为**秩 1 拟牛顿法**;当 $m = 2$ 时,称为**秩 2 拟牛顿法**.

下面以 $m = 1$ 的情形为例,说明确定增量矩阵 ΔA_k 的方法.

已知秩为 1 的矩阵 ΔA_k 可表示为 $\Delta A_k = u_k v_k^{\mathrm{T}}$,其中 $u_k, v_k \in \mathbf{R}^n$ 为列向量. 记

$$s_k = x^{(k+1)} - x^{(k)}, \quad y_k = F(x^{(k+1)}) - F(x^{(k)}).$$

选择 u_k 和 v_k,使得矩阵 $A_{k+1} = A_k + \Delta A_k$ 满足拟牛顿方程(7.36),即

$$(A_k + u_k v_k^{\mathrm{T}})s_k = y_k.$$

若 $v_k^{\mathrm{T}} s_k \neq 0$,则由此可解出

$$u_k = \frac{1}{v_k^{\mathrm{T}} s_k}(y_k - A_k s_k),$$

即 u_k 由 v_k 唯一确定. 向量 v_k 的一个自然取法是取 $v_k = s_k$,因为只要 $x^{(k+1)} \neq x^{(k)}$,即迭代尚未终止,就有 $v_k^{\mathrm{T}} s_k = \| s_k \|_2^2 \neq 0$. 把上述 v_k 和 u_k 代入 ΔA_k,有

$$\Delta A_k = \frac{1}{\| s_k \|_2^2}(y_k - A_k s_k)s_k^{\mathrm{T}}.$$

于是,得到求解非线性方程组(7.26)的迭代法:

$$\begin{cases} \boldsymbol{x}^{(k+1)} = \boldsymbol{x}^{(k)} - \boldsymbol{A}_k^{-1}\boldsymbol{F}(\boldsymbol{x}^{(k)}), \\ \boldsymbol{s}_k = \boldsymbol{x}^{(k+1)} - \boldsymbol{x}^{(k)}, \\ \boldsymbol{y}_k = \boldsymbol{F}(\boldsymbol{x}^{(k+1)}) - \boldsymbol{F}(\boldsymbol{x}^{(k)}), \\ \boldsymbol{A}_{k+1} = \boldsymbol{A}_k + \dfrac{1}{\|\boldsymbol{s}_k\|_2^2}(\boldsymbol{y}_k - \boldsymbol{A}_k\boldsymbol{s}_k)\boldsymbol{s}_k^{\mathrm{T}} \end{cases} \quad (k = 0,1,2,\cdots), \tag{7.38}$$

称之为**布罗伊登**(Broyden) **秩 1 方法**,其中初始向量 $\boldsymbol{x}^{(0)}$ 是给定的,$\boldsymbol{A}_0$ 可取为 $\boldsymbol{F}'(\boldsymbol{x}^{(0)})$ 或单位矩阵.

利用下面的引理,可以避免布罗伊登秩 1 方法(7.38)中的求逆矩阵运算,从而可将求解方程组(7.26)的运算量从 $O(n^3)$ 降为 $O(n^2)$.

引理 7.1　若矩阵 $A \in \mathbf{R}^{n\times n}$ 非奇异,$\boldsymbol{u},\boldsymbol{v} \in \mathbf{R}^n$,则 $\boldsymbol{A}+\boldsymbol{u}\boldsymbol{v}^{\mathrm{T}}$ 非奇异的充要条件是 $1+\boldsymbol{v}^{\mathrm{T}}\boldsymbol{A}\boldsymbol{u} \neq 0$,并且有

$$(\boldsymbol{A}+\boldsymbol{u}\boldsymbol{v}^{\mathrm{T}})^{-1} = \boldsymbol{A}^{-1} - \frac{\boldsymbol{A}^{-1}\boldsymbol{u}\boldsymbol{v}^{\mathrm{T}}\boldsymbol{A}^{-1}}{1+\boldsymbol{v}^{\mathrm{T}}\boldsymbol{A}^{-1}\boldsymbol{u}}. \tag{7.39}$$

此引理的结论只需直接对其做矩阵运算即可证明,这里从略.

在布罗伊登秩 1 方法(7.38)中,令 $\boldsymbol{B}_k = \boldsymbol{A}_k^{-1}$,有

$$\boldsymbol{A}_k^{-1}\boldsymbol{u}_k = \frac{1}{\|\boldsymbol{s}_k\|_2^2}\boldsymbol{B}_k(\boldsymbol{y}_k - \boldsymbol{A}_k\boldsymbol{s}_k) = \frac{1}{\|\boldsymbol{s}_k\|_2^2}(\boldsymbol{B}_k\boldsymbol{y}_k - \boldsymbol{s}_k),$$

$$1+\boldsymbol{v}_k^{\mathrm{T}}\boldsymbol{A}_k^{-1}\boldsymbol{u}_k = 1+\frac{1}{\|\boldsymbol{s}_k\|_2^2}(\boldsymbol{v}_k^{\mathrm{T}}\boldsymbol{B}_k\boldsymbol{y}_k - \boldsymbol{v}_k^{\mathrm{T}}\boldsymbol{s}_k) = \frac{1}{\|\boldsymbol{s}_k\|_2^2}\boldsymbol{s}_k^{\mathrm{T}}\boldsymbol{B}_k\boldsymbol{y}_k.$$

如果 $\boldsymbol{s}_k^{\mathrm{T}}\boldsymbol{B}_k\boldsymbol{y}_k \neq 0$,那么利用(7.39)式,有

$$\boldsymbol{B}_{k+1} = (\boldsymbol{A}_k + \boldsymbol{u}_k\boldsymbol{v}_k^{\mathrm{T}})^{-1} = \boldsymbol{B}_k - \frac{1}{\boldsymbol{s}_k^{\mathrm{T}}\boldsymbol{B}_k\boldsymbol{y}_k}(\boldsymbol{B}_k\boldsymbol{y}_k - \boldsymbol{s}_k)\boldsymbol{s}_k^{\mathrm{T}}\boldsymbol{B}_k.$$

于是,布罗伊登秩 1 方法(7.38)变为

$$\begin{cases} \boldsymbol{x}^{(k+1)} = \boldsymbol{x}^{(k)} - \boldsymbol{B}_k\boldsymbol{F}(\boldsymbol{x}^{(k)}), \\ \boldsymbol{s}_k = \boldsymbol{x}^{(k+1)} - \boldsymbol{x}^{(k)}, \\ \boldsymbol{y}_k = \boldsymbol{F}(\boldsymbol{x}^{(k+1)}) - \boldsymbol{F}(\boldsymbol{x}^{(k)}), \\ \boldsymbol{B}_{k+1} = \boldsymbol{B}_k + \dfrac{1}{\boldsymbol{s}_k^{\mathrm{T}}\boldsymbol{B}_k\boldsymbol{y}_k}(\boldsymbol{s}_k - \boldsymbol{B}_k\boldsymbol{y}_k)\boldsymbol{s}_k^{\mathrm{T}}\boldsymbol{B}_k \end{cases} \quad (k = 0,1,2,\cdots),$$

称之为**逆布罗伊登秩 1 方法**,其中初始向量 $\boldsymbol{x}^{(0)}$ 是给定的,$\boldsymbol{B}_0$ 可取为$(\boldsymbol{F}'(\boldsymbol{x}^{(0)}))^{-1}$ 或单位矩阵.逆布罗伊登秩 1 方法是一种能有效地求解非线性方程组的拟牛顿法.可以证明,在一定的条件下,它是超线性收敛的.

例 7.17

用逆布罗伊登秩 1 方法求解例 7.16 中的非线性方程组.

解　对于所给的 $\boldsymbol{F}(\boldsymbol{x})$,有

$$\boldsymbol{F}'(\boldsymbol{x}) = \begin{pmatrix} 2x_1 & -1 \\ 2x_1 - 4 & 2x_2 - 1 \end{pmatrix}.$$

取 $\boldsymbol{x}^{(0)} = (0,0)^{\mathrm{T}}$,有

$$F(x^{(0)}) = (-1, 3.25)^{\mathrm{T}},$$

$$F'(x^{(0)}) = \begin{pmatrix} 0 & -1 \\ -4 & -1 \end{pmatrix},$$

$$B_0 = (F'(x^{(0)}))^{-1} = \begin{pmatrix} 0.25 & -0.25 \\ -1 & 0 \end{pmatrix}.$$

进行第 1 步迭代计算：

$$x^{(1)} = x^{(0)} - B_0 F(x^{(0)}) = (1.062\,5, -1)^{\mathrm{T}},$$

$$s_0 = x^{(1)} - x^{(0)} = x^{(1)},$$

$$F(x^{(1)}) = (1.128\,906\,25, 2.128\,906\,25)^{\mathrm{T}},$$

$$y_0 = F(x^{(1)}) - F(x^{(0)}) = (2.128\,906\,25, -1.121\,093\,75)^{\mathrm{T}},$$

$$B_1 \approx \begin{pmatrix} 0.355\,744\,1 & -0.272\,193\,2 \\ -0.522\,499\,2 & -0.100\,216\,2 \end{pmatrix}.$$

如此迭代 11 次后，有

$$x^{(11)} = (1.546\,342\,883\,32, 1.391\,176\,312\,79)^{\mathrm{T}}.$$

这是具有 12 位有效数字的近似解. 如果用牛顿迭代法来求解，迭代到 $x^{(7)}$ 便可得到同样精度的结果，比逆布罗伊登秩 1 方法少迭代 4 次，但每一步的运算量却大很多.

内容小结与评注

本章的基本内容包括：求解一元非线性方程的二分法、不动点迭代法、斯特芬森迭代法、牛顿迭代法、割线法和抛物线法，求解非线性方程组的不动点迭代法、牛顿迭代法和拟牛顿法，收敛性基本定理，局部收敛性，收敛阶.

单个方程的一阶收敛不动点迭代法比较容易构造，但用于实际计算的不动点迭代法最好是超线性收敛的. 斯特芬森迭代法可以把一阶收敛方法加速为二阶收敛方法. 牛顿迭代法是实用的有效方法，它具有至少二阶的收敛性. 但是，牛顿迭代法需要求导数. 应用牛顿迭代法的关键在于选取足够接近解的初值，如果初值选取不当，则牛顿迭代法可能发散. 尽管如此，牛顿迭代法作为最经典的求解方法，至今仍是一个常用方法，并且很多新方法也是针对牛顿迭代法中存在的缺点加以改进而提出的. 应用牛顿迭代法时，一般还与计算多项式的值的秦九韶算法结合起来.

非线性方程组的解法和理论是当今数值计算方法研究的重点之一，新的方法不断出现，本章介绍的只是初步知识. 求解非线性方程组的不动点迭代法的概念和理论，与单个方程的情形是类似的，后者可以看成前者的特殊情形. 但是，为了便于学生理解，本章先着重介绍了单个方程的情形.

对于非线性方程组，牛顿迭代法的关键在于每一步要解一个方程组，故运算量较大. 防止牛顿迭代法中矩阵 $F'(x^{(k)})$ 奇异或病态的办法是引入阻尼项. 逆形式的拟牛顿法(如逆布罗伊登秩 1 方法)不需要求导数，也不需要每一步求解一个方程组，计算效率比牛顿迭代法高，但只是超线性收敛的，而牛顿迭代法具有二阶收敛性. 本章只给出了秩 1 拟牛顿法，对于秩 2 拟牛顿法，有兴趣的读者可参看相关文献.

习　题　7

7.1　用二分法求方程 $e^x + 10x - 2 = 0$ 在区间 $[0,1]$ 内的根，要求精确到 6 位小数.

7.2　证明：方程 $1 - x - \sin x = 0$ 在区间 $[0,1]$ 内有一个根. 用二分法经过多少次二分求得的近似根误差不大于 0.5×10^{-4}？

7.3　用二分法和牛顿迭代法求方程 $x - \tan x = 0$ 的最小正根.

7.4　设有方程 $x - \cos x = 0$ 和 $3x^2 - e^x = 0$，试确定区间 $[a,b]$ 及迭代函数 $\varphi(x)$，使得 $x_{k+1} = \varphi(x_k)$ 对于任意 $x_0 \in [a,b]$ 均收敛，并求这两个方程的根，要求误差不超过 10^{-4}.

7.5　设方程 $f(x) = 0$ 有根，且 $0 < m \leqslant f'(x) \leqslant M(-\infty < x < +\infty)$，证明：由迭代法 $x_{k+1} = x_k - \lambda f(x_k)(k = 0,1,2,\cdots)$ 生成的迭代序列 $\{x_k\}$ 对于任意 x_0 和 $\lambda\left(0 < \lambda < \dfrac{2}{M}\right)$ 均收敛到该方程的根.

7.6　已知方程 $x = \varphi(x)$ 在区间 $[a,b]$ 内只有一个根，且

$$|\varphi'(x)| \geqslant k > 1,$$

试问：如何将 $\varphi(x)$ 化为适合迭代的形式？求方程 $x = \tan x$ 在 $x = 4.5$ 附近的根，要求精确到 4 位小数.

7.7　对于函数 $\varphi(x) = x + x^3$，$x^* = 0$ 为一个不动点. 验证：不动点迭代法 $x_{k+1} = \varphi(x_k)(k = 0,1,2,\cdots)$ 对于 $x_0 \neq 0$ 发散，但改用斯特芬森迭代法却是收敛的.

7.8　用下列方法求方程 $f(x) = x^3 - 3x - 1 = 0$ 在 $x = 2$ 附近的根：

(1) 牛顿迭代法，取 $x_0 = 2$；

(2) 割线法，取 $x_0 = 2, x_1 = 1.9$；

(3) 抛物线法，取 $x_0 = 1, x_1 = 3, x_2 = 2$.

已知该方程的根的精确值为

$$x^* = 1.879\,385\,24\cdots,$$

要求计算结果精确到 4 位有效数字.

7.9　讨论用牛顿迭代法求解方程 $f(x) = 0$ 的收敛性，其中

(1) $f(x) = \begin{cases} \sqrt{x}, & x \geqslant 0, \\ -\sqrt{-x}, & x < 0; \end{cases}$　　(2) $f(x) = \begin{cases} \sqrt[3]{x^2}, & x \geqslant 0, \\ -\sqrt[3]{x^2}, & x < 0. \end{cases}$

7.10　用牛顿迭代法求解方程 $x^3 - a = 0$，并讨论其收敛性.

7.11　设 x^* 是方程 $f(x) = 0$ 的根，并且 $f'(x^*) \neq 0$，$f''(x)$ 在 x^* 的某个邻域上连续，试证：由牛顿迭代法生成的迭代序列 $\{x_k\}$ 满足

$$\lim_{k \to \infty} \frac{x_k - x_{k-1}}{(x_{k-1} - x_{k-2})^2} = -\frac{f''(x^*)}{2f'(x^*)}.$$

7.12　构造一种不动点迭代法，用来求解方程组

$$\begin{cases} x_1 - 0.7\sin x_1 - 0.2\cos x_2 = 0, \\ x_2 - 0.7\cos x_1 + 0.2\sin x_2 = 0 \end{cases}$$

在 $\boldsymbol{x}^{(0)} = (0.5, 0.5)^{\mathrm{T}}$ 附近的根，并分析这种不动点迭代法的收敛性，要求迭代至 $\boldsymbol{x}^{(3)}$ 或达到误差界为 10^{-3} 的精度.

7.13　用牛顿迭代法求解下列方程组，要求 $\| \boldsymbol{x}^{(k+1)} - \boldsymbol{x}^{(k)} \|_\infty < 10^{-3}$：

(1) 7.12 题中的方程组，取 $\boldsymbol{x}^{(0)}=(0.5,0.5)^{\mathrm{T}}$；

(2) $\begin{cases}x^2+y^2=4,\\ x^2-y^2=1,\end{cases}$ 取 $\boldsymbol{x}^{(0)}=(1.6,1.2)^{\mathrm{T}}$.

7.14 用逆布罗伊登秩 1 方法求解 7.13 题中的两个方程组，要求 $\|\boldsymbol{x}^{(k+1)}-\boldsymbol{x}^{(k)}\|_\infty<10^{-3}$.

数值实验题 7

7.1 对方程 $x=1.6+0.99\cos x$ 用不动点迭代法

$$x_0=\frac{\pi}{2},\quad x_{k+1}=1.6+0.99\cos x_k\quad(k=0,1,2,\cdots)$$

进行求解，并与斯特芬森迭代法做比较，已知该方程的精确根为 $x^*=1.585\,471\,802\cdots$.

7.2 用不动点迭代法求方程 $x^3+3x^2-1=0$ 的全部根，要求误差界为 0.5×10^{-8}.

7.3 用适当的方法求方程 $x^9-522+\mathrm{e}^x=0$ 在 $x=1.9$ 附近的根.

7.4 用不动点迭代法 $\boldsymbol{x}^{(k+1)}=\boldsymbol{\Phi}(\boldsymbol{x}^{(k)})$ 求下列函数 $\boldsymbol{\Phi}(\boldsymbol{x})$ 在区域 D 中的不动点 $\boldsymbol{x}^*$，要求计算结果保留 8 位有效数字：

(1) $\boldsymbol{\Phi}(\boldsymbol{x})=\begin{pmatrix}\dfrac{7+x_2^2+4x_3}{12}\\ \dfrac{11-x_1^2+x_3}{10}\\ \dfrac{8-x_2^3}{10}\end{pmatrix}$, $D=\{(x_1,x_2,x_3)^{\mathrm{T}}\mid 0\leqslant x_1,x_2,x_3\leqslant1.5\}$, $\boldsymbol{x}^{(0)}=(0,0,0)^{\mathrm{T}}$；

(2) $\boldsymbol{\Phi}(\boldsymbol{x})=\begin{pmatrix}\dfrac{1}{3}\cos(x_2x_3)+\dfrac{1}{6}\\ \dfrac{1}{9}\sqrt{x_1^2+\sin x_3+1.06}-0.1\\ -\dfrac{1}{20}\mathrm{e}^{-x_1x_2}-\dfrac{1}{60}(10\pi-3)\end{pmatrix}$, $D=\{(x_1,x_2,x_3)^{\mathrm{T}}\mid -1\leqslant x_1,x_2,x_3\leqslant1\}$,

$\boldsymbol{x}^{(0)}=(0,0,0)^{\mathrm{T}}$.

7.5 分别用牛顿迭代法和逆布罗伊登秩 1 方法求非线性方程组 $\boldsymbol{F}(\boldsymbol{x})=\boldsymbol{0}$ 的解，并将计算结果进行比较，其中逆布罗伊登秩 1 方法的初始矩阵 $\boldsymbol{B}_0$ 分别取 $(\boldsymbol{F}'(\boldsymbol{x}^{(0)}))^{-1}$ 和单位矩阵，$\boldsymbol{F}(\boldsymbol{x})$ 和初始向量分别如下：

(1) $\boldsymbol{F}(\boldsymbol{x})=\begin{pmatrix}12x_1-x_2^2-4x_3-7\\ x_1^2+10x_2-x_3-11\\ x_2^3+10x_3-8\end{pmatrix}$, $\boldsymbol{x}^{(0)}=(1,1,1)^{\mathrm{T}}$；

(2) $\boldsymbol{F}(\boldsymbol{x})=\begin{pmatrix}3x_1-\cos x_2x_3-\dfrac{1}{2}\\ x_1^2-81(x_2+0.1)^2+\sin x_3+1.06\\ \mathrm{e}^{-x_1x_2}+20x_3+\dfrac{1}{3}(10\pi-3)\end{pmatrix}$, $\boldsymbol{x}^{(0)}=(0,0,0)^{\mathrm{T}}$.

第8章

矩阵特征值问题的数值解法

对于矩阵 $\boldsymbol{A} \in \mathbf{R}^{n\times n}$(或 $\mathbf{C}^{n\times n}$),特征值问题就是求 $\lambda \in \mathbf{C}$ 及非零向量 $\boldsymbol{x} \in \mathbf{C}^n$,使得

$$\boldsymbol{A}\boldsymbol{x} = \lambda \boldsymbol{x}.$$

这时,λ 称为矩阵 $\boldsymbol{A}$ 的**特征值**,$\boldsymbol{x}$ 称为对应于 λ 的**特征向量**. 上式可看成关于 $\boldsymbol{x}$ 的一个线性方程组,它有非零解 $\boldsymbol{x}$ 的充要条件是

$$\varphi(\lambda) = \det(\lambda \boldsymbol{I} - \boldsymbol{A}) = 0,$$

其中 $\varphi(\lambda)$ 称为**特征多项式**,它具有以下形式:

$$\varphi(\lambda) = \lambda^n + c_1\lambda^{n-1} + \cdots + c_{n-1}\lambda + c_n,$$

这里 $c_i(i = 1,2,\cdots,n)$ 为常数. 方程 $\varphi(\lambda) = 0$ 在复数域 $\mathbf{C}$ 内有 n 个根(重根按重数计算).

由于一般不能通过有限次运算精确求出方程 $\varphi(\lambda) = 0$ 的根,而且有的问题只需求出部分特征值和特征向量,因此求解特征值问题通常采用数值解法——迭代法.

本章先介绍一些有关特征值的性质与估计,再介绍特征值问题的一些具体数值解法.

§ 8.1 特征值的性质和估计

定理 8.1 设矩阵 $\boldsymbol{A}=(a_{ij})\in\mathbf{R}^{n\times n}$，$\lambda_i(i=1,2,\cdots,n)$ 是 $\boldsymbol{A}$ 的特征值，则有

(1) $\prod_{i=1}^{n}\lambda_i=\det(\boldsymbol{A})$；

(2) $\sum_{i=1}^{n}\lambda_i=\sum_{i=1}^{n}a_{ii}=\operatorname{tr}(\boldsymbol{A})$，称之为 $\boldsymbol{A}$ 的迹.

定理 8.2（格尔什戈林(Gershgorin) 圆盘定理） 设矩阵 $\boldsymbol{A}=(a_{ij})\in\mathbf{C}^{n\times n}$，$\lambda$ 为 $\boldsymbol{A}$ 的任一特征值，则

$$\lambda\in\bigcup_{i=1}^{n}D_i,$$

其中

$$D_i=\left\{z\,\middle|\,|z-a_{ii}|\leqslant\sum_{\substack{j=1\\j\neq i}}^{n}|a_{ij}|\right\}\quad(i=1,2,\cdots,n)$$

为第 i 个圆盘.

证 设 λ 为 $\boldsymbol{A}$ 的任一特征值，$\boldsymbol{x}\neq\mathbf{0}$ 为对应的特征向量，即

$$(\lambda\boldsymbol{I}-\boldsymbol{A})\boldsymbol{x}=\mathbf{0}.$$

记 $\boldsymbol{x}=(x_1,x_2,\cdots,x_n)^{\mathrm{T}}$，$|x_i|=\max\limits_{1\leqslant k\leqslant n}\{|x_k|\}$，则 $x_i\neq 0$，且

$$(\lambda-a_{ii})x_i=\sum_{\substack{j=1\\j\neq i}}^{n}a_{ij}x_j.$$

由于 $\left|\frac{x_j}{x_i}\right|\leqslant 1(j\neq i;j=1,2,\cdots,n)$，故有

$$|\lambda-a_{ii}|\leqslant\sum_{\substack{j=1\\j\neq i}}^{n}|a_{ij}|\left|\frac{x_j}{x_i}\right|\leqslant\sum_{\substack{j=1\\j\neq i}}^{n}|a_{ij}|.$$

这说明 $\lambda\in D_i$，从而定理成立.

从定理 8.2 的证明可见，如果一个特征向量的第 i 个分量按模最大，那么它对应的特征值一定属于第 i 个圆盘. 利用定理 8.2，我们可以由 $\boldsymbol{A}$ 的元素估计特征值的范围. 实际上，$\boldsymbol{A}$ 的 n 个特征值均落在 n 个圆盘上，但不一定每个圆盘都有一个特征值.

定义 8.1 设 $\boldsymbol{A}$ 为 n 阶实对称矩阵，对于任一非零向量 $\boldsymbol{x}$，称

$$R(\boldsymbol{x})=\frac{(\boldsymbol{A}\boldsymbol{x},\boldsymbol{x})}{(\boldsymbol{x},\boldsymbol{x})}$$

为 $\boldsymbol{A}$ 对应于 $\boldsymbol{x}$ 的瑞利(Rayleigh) 商.

定理 8.3 设 $\boldsymbol{A}$ 为 n 阶实对称矩阵，其特征值 $\lambda_i(i=1,2,\cdots,n)$ 都为实数，排列为

$$\lambda_1\geqslant\lambda_2\geqslant\cdots\geqslant\lambda_n,$$

对应的特征向量 $\boldsymbol{x}_1,\boldsymbol{x}_2,\cdots,\boldsymbol{x}_n$ 构成正交向量组，则

(1) 对于任一非零向量 $\boldsymbol{x} \in \mathbf{R}^n$**,都有** $\lambda_n \leqslant R(\boldsymbol{x}) \leqslant \lambda_1$;

(2) $\lambda_1 = \max\limits_{\boldsymbol{x}\neq\mathbf{0},\boldsymbol{x}\in\mathbf{R}^n} \{R(\boldsymbol{x})\} = R(\boldsymbol{x}_1)$;

(3) $\lambda_n = \min\limits_{\boldsymbol{x}\neq\mathbf{0},\boldsymbol{x}\in\mathbf{R}^n} \{R(\boldsymbol{x})\} = R(\boldsymbol{x}_n)$.

证　设 $\boldsymbol{x}$ 为 $\mathbf{R}^n$ 中任一非零向量,则有表达式 $\boldsymbol{x} = \sum\limits_{i=1}^{n} \alpha_i \boldsymbol{x}_i$($\alpha_1,\alpha_2,\cdots,\alpha_n$ 是不同时为零的常数),从而有

$$(\boldsymbol{x},\boldsymbol{x}) = \sum_{i=1}^{n} \alpha_i^2 > 0,$$

$$\lambda_n \sum_{i=1}^{n} \alpha_i^2 \leqslant \sum_{i=1}^{n} \alpha_i^2 \lambda_i = (\boldsymbol{A}\boldsymbol{x},\boldsymbol{x}) \leqslant \lambda_1 \sum_{i=1}^{n} \alpha_i^2.$$

由此可见,结论(1) 成立.

结论(2) 和(3) 是显然的.

对于复矩阵 $\boldsymbol{A} = (a_{ij}) \in \mathbf{C}^{n\times n}$,亦有类似的性质,但应注意将条件"$\boldsymbol{A}$ 为对称矩阵" 改为"$\boldsymbol{A}$ 为埃尔米特矩阵",此时 $\boldsymbol{A}$ 中元素 a_{ij} $(i,j = 1,2,\cdots,n)$ 都与元素 a_{ji} 的共轭相等,其特征值都是实数,对应的特征向量也构成正交向量组.

§8.2　幂法和反幂法

8.2.1　幂法和加速方法

设矩阵 $\boldsymbol{A} \in \mathbf{R}^{n\times n}$ 的 n 个特征值 λ_i $(i = 1,2,\cdots,n)$ 满足

$$|\lambda_1| > |\lambda_2| \geqslant \cdots \geqslant |\lambda_n|, \tag{8.1}$$

对应的 n 个特征向量 $\boldsymbol{x}_1,\boldsymbol{x}_2,\cdots,\boldsymbol{x}_n$ 线性无关. 称模最大的特征值 λ_1 为**主特征值**,并称 λ_1 对应的特征向量 $\boldsymbol{x}_1$ 为**主特征向量**.

幂法用于求主特征值和主特征向量,它的基本思想是:任取一个非零的初始向量 $\boldsymbol{v}_0$,由矩阵 $\boldsymbol{A}$ 构造一个向量序列

$$\boldsymbol{v}_k = \boldsymbol{A}\boldsymbol{v}_{k-1} = \boldsymbol{A}^k \boldsymbol{v}_0 \quad (k = 1,2,\cdots),$$

再由此求出 $\boldsymbol{A}$ 的主特征值和主特征向量. 事实上,由假设,$\boldsymbol{v}_0$ 可表示为

$$\boldsymbol{v}_0 = \alpha_1 \boldsymbol{x}_1 + \alpha_2 \boldsymbol{x}_2 + \cdots + \alpha_n \boldsymbol{x}_n, \tag{8.2}$$

其中 $\alpha_1,\alpha_2,\cdots,\alpha_n$ 是不同时为零的常数,于是

$$\boldsymbol{v}_k = \boldsymbol{A}^k \boldsymbol{v}_0 = \sum_{i=1}^{n} \alpha_i \lambda_i^k \boldsymbol{x}_i = \lambda_1^k \left[\alpha_1 \boldsymbol{x}_1 + \sum_{i=2}^{n} \alpha_i \left(\frac{\lambda_i}{\lambda_1}\right)^k \boldsymbol{x}_i\right] = \lambda_1^k (\alpha_1 \boldsymbol{x}_1 + \boldsymbol{\varepsilon}_k),$$

其中 $\boldsymbol{\varepsilon}_k = \sum\limits_{i=2}^{n} \alpha_i \left(\frac{\lambda_i}{\lambda_1}\right)^k \boldsymbol{x}_i$. 若记 $(\boldsymbol{v}_k)_i$ $(i = 1,2,\cdots,n)$ 为向量 $\boldsymbol{v}_k$ 的第 i 个分量,则有

$$\frac{(\boldsymbol{v}_{k+1})_i}{(\boldsymbol{v}_k)_i} = \frac{\lambda_1 (\alpha_1 \boldsymbol{x}_1 + \boldsymbol{\varepsilon}_{k+1})_i}{(\alpha_1 \boldsymbol{x}_1 + \boldsymbol{\varepsilon}_k)_i}.$$

若 $\alpha_1 \neq 0$,$(\boldsymbol{x}_1)_i \neq 0$,则由 $\lim\limits_{k\to\infty} \boldsymbol{\varepsilon}_k = \mathbf{0}$ 可知

$$\lim_{k\to\infty}\frac{\boldsymbol{v}_k}{\lambda_1^k}=\alpha_1\boldsymbol{x}_1,\quad \lim_{k\to\infty}\frac{(\boldsymbol{v}_{k+1})_i}{(\boldsymbol{v}_k)_i}=\lambda_1.$$

可见，当 k 充分大时，$\boldsymbol{v}_k$ 近似于主特征向量，$\boldsymbol{v}_{k+1}$ 与 $\boldsymbol{v}_k$ 的对应非零分量的比值近似于主特征值.

在实际计算中，需要对计算结果进行规范化. 因为若 $|\lambda_1|<1$，当 $k\to\infty$ 时，$\boldsymbol{v}_k$ 的非零分量无限趋近于零；若 $|\lambda_1|>1$，当 $k\to\infty$ 时，$\boldsymbol{v}_k$ 的非零分量无限趋近于无穷大，所以计算时会出现下溢或上溢. 为此，如果对于任意向量 $\boldsymbol{z}=(z_1,z_2,\cdots,z_n)^{\mathrm{T}}\in\mathbf{R}^n$，记 $\max\{\boldsymbol{z}\}=z_i$，其中 $|z_i|=\|\boldsymbol{z}\|_\infty$，就有如下关于幂法的实用计算公式：

$$\begin{cases}\boldsymbol{v}_0=\boldsymbol{u}_0\neq\boldsymbol{0},\\ \boldsymbol{v}_k=\boldsymbol{A}\boldsymbol{u}_{k-1},\\ \boldsymbol{u}_k=\dfrac{\boldsymbol{v}_k}{\max\{\boldsymbol{v}_k\}}\end{cases}\quad(k=1,2,\cdots).\tag{8.3}$$

定理 8.4 **设矩阵 $\boldsymbol{A}\in\mathbf{R}^{n\times n}$ 的特征值 $\lambda_i(i=1,2,\cdots,n)$ 满足(8.1)式，且其对应的 n 个特征向量 $\boldsymbol{x}_i(i=1,2,\cdots,n)$ 线性无关. 给定初始向量 $\boldsymbol{v}_0=\sum_{i=1}^{n}\alpha_i\boldsymbol{x}_i(\alpha_1\neq0)$，则对于由(8.3)式生成的向量序列 $\{\boldsymbol{u}_k\}$ 和 $\{\boldsymbol{v}_k\}$，分别有**

$$\lim_{k\to\infty}\boldsymbol{u}_k=\frac{\boldsymbol{x}_1}{\max\{\boldsymbol{x}_1\}},\quad \lim_{k\to\infty}\max\{\boldsymbol{v}_k\}=\lambda_1.$$

证 由(8.3)式有

$$\boldsymbol{v}_k=\frac{\boldsymbol{A}^k\boldsymbol{v}_0}{\max\{\boldsymbol{A}^{k-1}\boldsymbol{v}_0\}},\quad \boldsymbol{u}_k=\frac{\boldsymbol{A}^k\boldsymbol{v}_0}{\max\{\boldsymbol{A}^k\boldsymbol{v}_0\}},$$

又由 $\boldsymbol{v}_0=\sum_{i=1}^{n}\alpha_i\boldsymbol{x}_i$ 有

$$\boldsymbol{A}^k\boldsymbol{v}_0=\lambda_1^k\left[\alpha_1\boldsymbol{x}_1+\sum_{i=2}^{n}\alpha_i\left(\frac{\lambda_i}{\lambda_1}\right)^k\boldsymbol{x}_i\right]=\lambda_1^k(\alpha_1\boldsymbol{x}_1+\boldsymbol{\varepsilon}_k),$$

于是

$$\begin{aligned}\boldsymbol{u}_k&=\frac{\boldsymbol{A}^k\boldsymbol{v}_0}{\max\{\boldsymbol{A}^k\boldsymbol{v}_0\}}=\frac{\lambda_1^k(\alpha_1\boldsymbol{x}_1+\boldsymbol{\varepsilon}_k)}{\max\{\lambda_1^k(\alpha_1\boldsymbol{x}_1+\boldsymbol{\varepsilon}_k)\}}\\&=\frac{\alpha_1\boldsymbol{x}_1+\boldsymbol{\varepsilon}_k}{\max\{\alpha_1\boldsymbol{x}_1+\boldsymbol{\varepsilon}_k\}}\to\frac{\boldsymbol{x}_1}{\max\{\boldsymbol{x}_1\}}\quad(k\to\infty).\end{aligned}$$

同理可得

$$\boldsymbol{v}_k=\frac{\lambda_1^k(\alpha_1\boldsymbol{x}_1+\boldsymbol{\varepsilon}_k)}{\max\{\lambda_1^{k-1}(\alpha_1\boldsymbol{x}_1+\boldsymbol{\varepsilon}_{k-1})\}}=\frac{\lambda_1(\alpha_1\boldsymbol{x}_1+\boldsymbol{\varepsilon}_k)}{\max\{\alpha_1\boldsymbol{x}_1+\boldsymbol{\varepsilon}_{k-1}\}},$$

$$\max\{\boldsymbol{v}_k\}=\lambda_1\frac{\max\{\alpha_1\boldsymbol{x}_1+\boldsymbol{\varepsilon}_k\}}{\max\{\alpha_1\boldsymbol{x}_1+\boldsymbol{\varepsilon}_{k-1}\}}\to\lambda_1\quad(k\to\infty).$$

由定理 8.4 的证明可见，幂法的收敛速度由 $\left|\dfrac{\lambda_2}{\lambda_1}\right|$ 的大小确定. 如果 $\boldsymbol{A}$ 的特征值不满足(8.1)式，那么将有不同的情况. 例如，若 $\boldsymbol{A}$ 的主特征值为重根，不妨设 $\lambda_1=\lambda_2=\cdots=\lambda_r$，且 $|\lambda_r|>|\lambda_{r+1}|\geqslant\cdots\geqslant|\lambda_n|$，则可做类似的分析，且对于初始向量(8.2)和计算公式(8.3)，有

$$\lim_{k\to\infty}\boldsymbol{u}_k=\frac{\sum_{i=1}^{r}\alpha_i\boldsymbol{x}_i}{\max\left\{\sum_{i=1}^{r}\alpha_i\boldsymbol{x}_i\right\}},\quad \lim_{k\to\infty}\max\{\boldsymbol{v}_k\}=\lambda_1.$$

可见，u_k 仍收敛到一个主特征向量. 对于特征值的其他情况，讨论较为复杂. 完整的幂法程序要加上各种情况的判断.

例 8.1

用幂法求矩阵

$$A=\begin{pmatrix}1 & 1 & 0.5\\ 1 & 1 & 0.25\\ 0.5 & 0.25 & 2\end{pmatrix}$$

的主特征值和主特征向量.

解　取初始向量 $u_0=(1,1,1)^{\mathrm{T}}$，按照(8.3)式计算的结果如表 8-1 所示.

表　8-1

k	u_k^{T}	$\max\{v_k\}$
0	(1.000 0,1.000 0,1)	
1	(0.909 1,0.818 2,1)	2.750 000 0
5	(0.765 1,0.667 4,1)	2.558 791 8
10	(0.749 4,0.650 8,1)	2.538 002 9
15	(0.748 3,0.649 7,1)	2.536 625 6
20	(0.748 2,0.649 7,1)	2.536 532 3
⋮	⋮	⋮

矩阵 A 的主特征值和主特征向量的精确值分别为

$$\lambda_1=2.536\,525\,8\cdots,\quad x_1^*=(0.748\,221\,16\cdots,0.649\,661\,16\cdots,1)^{\mathrm{T}}.$$

可见，迭代 20 次后，所得的主特征值有 5 位有效数字.

从定理 8.4 的证明中易见，当 k 充分大时，有 $|\max\{v_k\}-\lambda_1|\approx c\left|\dfrac{\lambda_2}{\lambda_1}\right|^k$，系数 c 可以近似看作常数. 因此，幂法是线性收敛的. 当 $|\lambda_2|$ 接近于 $|\lambda_1|$ 时，收敛速度很慢. 这时，一个补救的办法是采用加速收敛方法. 下面简要地介绍两种加速收敛方法：

(1) **埃特金外推法.** 记 $m_k=\max\{v_k\}$，对幂法所得到的计算结果进行外推加速：

$$\widetilde{m}_k=m_m-\frac{(m_k-m_{k-1})^2}{m_k-2m_{k-1}+m_{k-2}}\quad(k\geqslant 3),$$

$$(\widetilde{u}_k)_j=(u_k)_j-\frac{((u_k)_j-(u_{k-1})_j)^2}{(u_k)_j-2(u_{k-1})_j+(u_{k-2})_j}\quad((u_k)_j\neq 1).$$

(2) **瑞利商加速法.** 若 $A\in\mathbf{R}^{n\times n}$ 为对称矩阵，则由幂法所得到的规范化向量 u_k 的瑞利商可以给出特征值 λ_1 的较好的近似，即

$$\frac{(Au_k,u_k)}{(u_k,u_k)}=\lambda_1+O\left(\left|\frac{\lambda_2}{\lambda_1}\right|^{2k}\right).$$

8.2.2　反幂法和原点位移

反幂法用来计算矩阵按模最小的特征值及其特征向量，也可用来计算指定点附近的某个

特征值及其对应的特征向量.

设 $\boldsymbol{A} \in \mathbf{R}^{n\times n}$ 为非奇异矩阵,它的特征值 $\lambda_i(i=1,2,\cdots,n)$ 满足

$$|\lambda_1| \geqslant |\lambda_2| \geqslant \cdots \geqslant |\lambda_{n-1}| > |\lambda_n| > 0, \tag{8.4}$$

则 $\boldsymbol{A}^{-1}$ 的特征值 $\lambda_i^{-1}(i=1,2,\cdots,n)$ 满足

$$|\lambda_n^{-1}| > |\lambda_{n-1}^{-1}| \geqslant \cdots \geqslant |\lambda_1^{-1}|,$$

即 λ_n^{-1} 是 $\boldsymbol{A}^{-1}$ 的主特征值. 因此,对 $\boldsymbol{A}^{-1}$ 应用幂法可得到矩阵 $\boldsymbol{A}$ 的按模最小的特征值及其对应的特征向量. 这种方法称为**反幂法**,它的实用计算公式为

$$\begin{cases} \boldsymbol{v}_0 = \boldsymbol{u}_0 \neq \boldsymbol{0}, \\ \boldsymbol{v}_k = \boldsymbol{A}^{-1}\boldsymbol{u}_{k-1}, \\ \boldsymbol{u}_k = \dfrac{\boldsymbol{v}_k}{\max\{\boldsymbol{v}_k\}} \end{cases} \quad (k=1,2,\cdots). \tag{8.5}$$

在(8.5)式中,向量 $\boldsymbol{v}_k(k=1,2,\cdots)$ 可以通过求解方程组

$$\boldsymbol{A}\boldsymbol{v}_k = \boldsymbol{u}_{k-1}$$

得到. 这些方程组有相同的系数矩阵,为了节省计算工作量,可先对矩阵 $\boldsymbol{A}$ 进行三角分解,得到 $\boldsymbol{A}=\boldsymbol{L}\boldsymbol{U}$,再求解三角形方程组

$$\boldsymbol{L}\boldsymbol{w}_k = \boldsymbol{u}_{k-1}, \quad \boldsymbol{U}\boldsymbol{v}_k = \boldsymbol{w}_k \quad (k=1,2,\cdots).$$

定理 8.5 **设非奇异矩阵 $\boldsymbol{A} \in \mathbf{R}^{n\times n}$ 的特征值 $\lambda_i(i=1,2,\cdots,n)$ 满足(8.4)式,且其对应的 n 个特征向量 $\boldsymbol{x}_i(i=1,2,\cdots,n)$ 线性无关. 给定初始向量 $\boldsymbol{v}_0=\sum_{i=1}^{n}\alpha_i\boldsymbol{x}_i(\alpha_n\neq 0)$,则对于由(8.5)式生成的向量序列 $\{\boldsymbol{u}_k\}$ 和 $\{\boldsymbol{v}_k\}$,分别有**

$$\lim_{k\to\infty}\boldsymbol{u}_k = \frac{\boldsymbol{x}_n}{\max\{\boldsymbol{x}_n\}}, \quad \lim_{k\to\infty}\max\{\boldsymbol{v}_k\} = \frac{1}{\lambda_n}.$$

反幂法的一个重要应用是:利用原点位移,求指定点附近的某个特征值及其对应的特征向量.

对于定理 8.5 中的矩阵 $\boldsymbol{A}$,如果矩阵 $(\boldsymbol{A}-p\boldsymbol{I})^{-1}$ 存在,显然其特征值为 $(\lambda_i-p)^{-1}(i=1,2,\cdots,n)$,对应的特征向量仍然是 $\boldsymbol{x}_i$. 因此,为了求得矩阵 $\boldsymbol{A}$ 在 p 附近的特征值及其对应的特征向量,考虑对 $\boldsymbol{A}$ 做**原点位移**:$\boldsymbol{A}-p\boldsymbol{I}$,其中 p 称为**位移量**. 设 p 是 $\boldsymbol{A}$ 的特征值 λ_j 的一个近似值,且

$$|\lambda_j - p| < |\lambda_i - p| \quad (i=1,2,\cdots,n;i\neq j), \tag{8.6}$$

即 $(\lambda_j-p)^{-1}$ 是 $(\boldsymbol{A}-p\boldsymbol{I})^{-1}$ 的主特征值. 此时,可用反幂法计算相应的特征值和特征向量,计算公式为

$$\begin{cases} \boldsymbol{u}_0 = \boldsymbol{v}_0 \neq \boldsymbol{0}, \\ \boldsymbol{v}_k = (\boldsymbol{A}-p\boldsymbol{I})^{-1}\boldsymbol{u}_{k-1}, \\ \boldsymbol{u}_k = \dfrac{\boldsymbol{v}_k}{\max\{\boldsymbol{v}_k\}} \end{cases} \quad (k=1,2,\cdots). \tag{8.7}$$

定理 8.6 **设矩阵 $\boldsymbol{A} \in \mathbf{R}^{n\times n}$ 的特征值 $\lambda_i(i=1,2,\cdots,n)$ 对应的特征向量 $\boldsymbol{x}_i(i=1,2,\cdots,n)$ 线性无关,p 为 $\boldsymbol{A}$ 的特征值 λ_j 的近似值,且满足(8.6)式. 若矩阵 $(\boldsymbol{A}-p\boldsymbol{I})^{-1}$ 存在,给定初始向量 $\boldsymbol{v}_0=\sum_{i=1}^{n}\alpha_i\boldsymbol{x}_i(\alpha_j\neq 0)$,则对于由(8.7)式生成的向量序列 $\{\boldsymbol{u}_k\}$ 和 $\{\boldsymbol{v}_k\}$,分别有**

$$\lim_{k\to\infty}\boldsymbol{u}_k=\frac{\boldsymbol{x}_j}{\max\{\boldsymbol{x}_j\}},\quad \lim_{k\to\infty}\max\{\boldsymbol{v}_k\}=\frac{1}{\lambda_j-p}.$$

由定理8.6可知，$p+(\max\{\boldsymbol{v}_k\})^{-1}$ 是特征值 λ_j 的近似值，对应的近似特征向量为 $\boldsymbol{u}_k$. 迭代收敛速度由比值 $\sigma=\max\limits_{\substack{i\neq j\\1\leqslant i\leqslant n}}\left\{\left|\dfrac{\lambda_j-p}{\lambda_i-p}\right|\right\}$ 来确定. 只要选择的位移量 p 是 λ_j 的一个较好的近似，且 $\boldsymbol{A}$ 的特征值分离情况较好，σ 一般很小，此时收敛速度将很快.

迭代公式(8.7) 中的向量 $\boldsymbol{v}_k(k=1,2,\cdots)$ 是通过求解方程组

$$(\boldsymbol{A}-p\boldsymbol{I})\boldsymbol{v}_k=\boldsymbol{u}_{k-1}$$

求得的. 为了节省计算工作量，可以先将矩阵 $\boldsymbol{A}-p\boldsymbol{I}$ 进行三角分解，得到

$$\boldsymbol{P}(\boldsymbol{A}-p\boldsymbol{I})=\boldsymbol{L}\boldsymbol{U},$$

其中 $\boldsymbol{P}$ 为排列矩阵.

实验表明，按照下述方法选择 $\boldsymbol{v}_0=\boldsymbol{u}_0$ 是较好的：选择 $\boldsymbol{u}_0$，使得

$$\boldsymbol{U}\boldsymbol{v}_1=\boldsymbol{L}^{-1}\boldsymbol{P}\boldsymbol{u}_0=(1,1,\cdots,1)^{\mathrm{T}}.$$

之后，先通过回代求解此方程组可得 $\boldsymbol{v}_1$，再按照公式(8.7) 进行迭代即可.

例 8.2

用反幂法求矩阵

$$\boldsymbol{A}=\begin{pmatrix}2&1&0\\1&3&1\\0&1&4\end{pmatrix}$$

的接近于 $p=1.2679$ 的特征值(已知精确特征值为 $\lambda=3-\sqrt{3}$，对应的特征向量为 $\boldsymbol{x}=(1,1-\sqrt{3},2-\sqrt{3})^{\mathrm{T}}$) 及其对应的特征向量(用 5 位浮点数进行计算).

解　用列选主元的三角分解法将矩阵 $\boldsymbol{A}-p\boldsymbol{I}$ 进行三角分解，得

$$\boldsymbol{P}(\boldsymbol{A}-p\boldsymbol{I})=\boldsymbol{L}\boldsymbol{U},$$

其中

$$\boldsymbol{P}=\begin{pmatrix}0&1&0\\0&0&1\\1&0&0\end{pmatrix},\quad \boldsymbol{L}=\begin{pmatrix}1&0&0\\0&1&0\\0.7321&-0.26807&1\end{pmatrix},$$

$$\boldsymbol{U}=\begin{pmatrix}1&1.7321&1\\0&1&2.7321\\0&0&0.29517\times10^{-3}\end{pmatrix}.$$

由 $\boldsymbol{U}\boldsymbol{v}_1=(1,1,1)^{\mathrm{T}}$ 得

$$\boldsymbol{v}_1=(12692,-9290.3,3400.8)^{\mathrm{T}},\quad \boldsymbol{u}_1=(1,-0.73198,0.26795)^{\mathrm{T}};$$

由 $\boldsymbol{L}\boldsymbol{U}\boldsymbol{v}_2=\boldsymbol{P}\boldsymbol{u}_1$ 得

$$\boldsymbol{v}_2=(20404,-14937,5467.4)^{\mathrm{T}},\quad \boldsymbol{u}_2=(1,-0.73206,0.26796)^{\mathrm{T}}.$$

由此可得所求的特征值近似为

$$1.2679+\frac{1}{20404}\approx1.267949,$$

对应的特征向量近似为 $\boldsymbol{u}_2$. 由于

$$x=(1,1-\sqrt{3},2-\sqrt{3})^{T}\approx(1,-0.732\,05,0.267\,95)^{T},$$

可见 $\boldsymbol{u}_2$ 是 $\boldsymbol{x}$ 的相当好的近似.

例 8.3

设矩阵 $\boldsymbol{A}$ 的特征值 $\lambda_i(i=1,2,\cdots,n)$ 都是实数，且它们满足

$$\lambda_1>\lambda_2\geqslant\cdots\geqslant\lambda_n.$$

若取 $p=\frac{1}{2}(\lambda_2+\lambda_n)$ 来做原点位移，证明：求 λ_1 的幂法收敛最快.

证 矩阵 $\boldsymbol{A}-p\boldsymbol{I}$ 的特征值为 $\lambda_1-p,\lambda_2-p,\cdots,\lambda_n-p$. 为了求 λ_1，必须选择 p，使得

$$|\lambda_1-p|>|\lambda_i-p|\quad(i=2,3,\cdots,n).$$

根据已知条件，要使幂法收敛最快，应取 p 使得

$$\max\left\{\left|\frac{\lambda_2-p}{\lambda_1-p}\right|,\left|\frac{\lambda_n-p}{\lambda_1-p}\right|\right\}$$

达到最小，因此必有

$$|\lambda_2-p|=|\lambda_n-p|.$$

由此解得 $p=\frac{1}{2}(\lambda_2+\lambda_n)$.

§8.3 雅可比方法

我们知道，若矩阵 $\boldsymbol{A}\in\mathbf{R}^{n\times n}$ 为对称矩阵，则存在正交矩阵 $\boldsymbol{P}=(\boldsymbol{p}_1,\boldsymbol{p}_2,\cdots,\boldsymbol{p}_n)^{T}$，使得

$$\boldsymbol{PAP}^{T}=\mathrm{diag}(\lambda_1,\lambda_2,\cdots,\lambda_n)=\boldsymbol{D},$$

其中 $\boldsymbol{D}$ 的主对角元 $\lambda_i(i=1,2,\cdots,n)$ 就是 $\boldsymbol{A}$ 的特征值，$\boldsymbol{P}^{T}$ 中的列向量 $\boldsymbol{p}_i$ 就是对应于特征值 λ_i 的特征向量. 于是，求实对称矩阵 $\boldsymbol{A}$ 的特征值问题就转化为寻找正交矩阵 $\boldsymbol{P}$，使得 $\boldsymbol{PAP}^{T}=\boldsymbol{D}$ 为对角矩阵，而这个问题的主要困难在于如何构造 $\boldsymbol{P}$.

雅可比方法是用来计算实对称矩阵的全部特征值及其对应的特征向量的一种变换方法，其基本思想是对实对称矩阵做一系列正交相似变换，使其非主对角元的平方和收敛到零，即使其近似化为对角矩阵，从而得到实对称矩阵的全部近似特征值及其对应的近似特征向量. 所用的变换是雅可比旋转变换. 下面我们先讨论雅可比旋转变换及其性质.

在 $\mathbf{R}^n$ 中 x_i-$x_j(i<j)$ 平面内的平面旋转变换为

$$\begin{cases}y_i=x_i\cos\theta+x_j\sin\theta,\\ y_j=-x_i\sin\theta+x_j\cos\theta,\\ y_k=x_k\quad(k=1,2,\cdots,n;k\neq i,j),\end{cases}$$

或写成

$$\boldsymbol{y}=\boldsymbol{Jx},$$

其中

$$\boldsymbol{x}=(x_1,x_2,\cdots,x_n)^{\mathrm{T}},\quad \boldsymbol{y}=(y_1,y_2,\cdots,y_n)^{\mathrm{T}},$$

$$\boldsymbol{J}=\boldsymbol{J}(i,j)=\begin{pmatrix}1 & & & & & & \\ & \ddots & & & & & \\ & & c & \cdots & s & & \\ & & \vdots & \ddots & \vdots & & \\ & & -s & \cdots & c & & \\ & & & & & \ddots & \\ & & & & & & 1\end{pmatrix},$$

这里的矩阵 $\boldsymbol{J}$ 称为**平面旋转矩阵**，它只有在 (i,i)，(i,j)，(j,i)，(j,j) 位置上的元素与单位矩阵不一样，分别为 $c=\cos\theta, s=\sin\theta, -s=-\sin\theta, c=\cos\theta$.

显然，矩阵 $\boldsymbol{J}$ 是正交矩阵，$\boldsymbol{JA}$ 只改变 $\boldsymbol{A}$ 的第 i 行与第 j 行元素，$\boldsymbol{AJ}^{\mathrm{T}}$ 只改变 $\boldsymbol{A}$ 的第 i 列与第 j 列元素，$\boldsymbol{JAJ}^{\mathrm{T}}$ 只改变 $\boldsymbol{A}$ 的第 i 行、第 j 行、第 i 列及第 j 列元素.

设 $\boldsymbol{A}=(a_{ij})\in\mathbf{R}^{n\times n}$ 为对称矩阵，$\boldsymbol{J}=\boldsymbol{J}(i,j)$ 为平面旋转矩阵，则

$$\boldsymbol{B}=\boldsymbol{JAJ}^{\mathrm{T}}=(b_{ij})\in\mathbf{R}^{n\times n}$$

的元素的计算公式为

$$\begin{aligned}
b_{ii}&=a_{ii}\cos^2\theta+a_{jj}\sin^2\theta+2a_{ij}\sin\theta\cos\theta,\\
b_{jj}&=a_{ii}\sin^2\theta+a_{jj}\cos^2\theta-2a_{ij}\sin\theta\cos\theta,\\
b_{ij}&=b_{ji}=\frac{1}{2}(a_{jj}-a_{ii})\sin 2\theta+a_{ij}\cos 2\theta,\\
b_{ik}&=b_{ki}=a_{ik}\cos\theta+a_{jk}\sin\theta\quad(k=1,2,\cdots,n;k\neq i,j),\\
b_{jk}&=b_{kj}=a_{jk}\cos\theta-a_{ik}\sin\theta\quad(k=1,2,\cdots,n;k\neq i,j),\\
b_{lm}&=b_{ml}=a_{lm}\quad(l,m=1,2,\cdots,n;l\neq i,j;m\neq i,j).
\end{aligned}$$

而且，不难验证

$$b_{ii}^2+b_{jj}^2+2b_{ij}^2=a_{ii}^2+a_{jj}^2+2a_{ij}^2. \tag{8.8}$$

定理 8.7　**设 $\boldsymbol{A}\in\mathbf{R}^{n\times n}$ 为对称矩阵. 若 $\boldsymbol{B}=\boldsymbol{PAP}^{\mathrm{T}}$，$\boldsymbol{P}$ 为正交矩阵，则有**

$$\|\boldsymbol{B}\|_{\mathrm{F}}=\|\boldsymbol{A}\|_{\mathrm{F}}.$$

证　设 $\lambda_i(i=1,2,\cdots,n)$ 为 $\boldsymbol{A}$ 的特征值，则

$$\|\boldsymbol{A}\|_{\mathrm{F}}^2=\sum_{i=1}^{n}\sum_{j=1}^{n}a_{ij}^2=\mathrm{tr}(\boldsymbol{A}^{\mathrm{T}}\boldsymbol{A})=\mathrm{tr}(\boldsymbol{A}^2)=\sum_{i=1}^{n}\lambda_i^2.$$

矩阵 $\boldsymbol{B}$ 的特征值也为 $\lambda_i(i=1,2,\cdots,n)$，于是

$$\|\boldsymbol{B}\|_{\mathrm{F}}^2=\mathrm{tr}(\boldsymbol{B}^2)=\sum_{i=1}^{n}\lambda_i^2.$$

因此

$$\|\boldsymbol{B}\|_{\mathrm{F}}^2=\|\boldsymbol{A}\|_{\mathrm{F}}^2,\quad \text{即}\quad \|\boldsymbol{B}\|_{\mathrm{F}}=\|\boldsymbol{A}\|_{\mathrm{F}}.$$

设 $\boldsymbol{A}$ 的某个非主对角元 $a_{ij}\neq 0(i\neq j)$，则可选择平面旋转矩阵 $\boldsymbol{J}(i,j)$，使得 $\boldsymbol{B}=\boldsymbol{JAJ}^{\mathrm{T}}$ 的非主对角元 $b_{ij}=b_{ji}=0$. 为此，由矩阵 $\boldsymbol{B}$ 的元素的计算公式可知，可选择 θ，使得

$$\tan 2\theta=\frac{2a_{ij}}{a_{ii}-a_{jj}}\quad\left(|\theta|\leqslant\frac{\pi}{4}\right). \tag{8.9}$$

如果用$D(\boldsymbol{A})$表示$\boldsymbol{A}$的主对角元的平方和,$S(\boldsymbol{A})$表示$\boldsymbol{A}$的非主对角元的平方和,那么对于$\boldsymbol{B}=\boldsymbol{J}\boldsymbol{A}\boldsymbol{J}^{\mathrm{T}}$,由(8.8)式、(8.9)式和定理8.7可知

$$D(\boldsymbol{B})=D(\boldsymbol{A})+2a_{ij}^2,\quad S(\boldsymbol{B})=S(\boldsymbol{A})-2a_{ij}^2.$$

这说明,$\boldsymbol{B}$的主对角元的平方和比$\boldsymbol{A}$的主对角元的平方和多了$2a_{ij}^2$,而$\boldsymbol{B}$的非主对角元的平方和比$\boldsymbol{A}$的非主对角元的平方和少了$2a_{ij}^2$. 这就是雅可比方法求矩阵的特征值和特征向量的依据.

下面说明**雅可比方法**的计算过程:

首先,在$\boldsymbol{A}=\boldsymbol{A}_0=(a_{ij}^{(0)})$的非主对角元中选择绝对值最大的元素$a_{ij}^{(0)}$,可设$a_{ij}^{(0)}\neq 0$,否则$\boldsymbol{A}$已经是对角矩阵了. 然后,由(8.9)式选择平面旋转矩阵$\boldsymbol{J}_1$,使得$\boldsymbol{J}_1\boldsymbol{A}_0\boldsymbol{J}_1^{\mathrm{T}}\triangleq\boldsymbol{A}_1=(a_{ij}^{(1)})$中的元素$a_{ij}^{(1)}=0$,并由此计算出$\boldsymbol{A}_1$. 再对$\boldsymbol{A}_1$类似地选择平面旋转矩阵$\boldsymbol{J}_2$,计算出$\boldsymbol{A}_2=\boldsymbol{J}_2\boldsymbol{A}_1\boldsymbol{J}_2^{\mathrm{T}}$. 继续这个过程,即连续对$\boldsymbol{A}$施行一系列平面旋转变换,消除非主对角元中绝对值最大的元素,直到将$\boldsymbol{A}$的非主对角元的绝对值全部化为充分小为止.

定理 8.8 **设$\boldsymbol{A}=(a_{ij})\in\mathbf{R}^{n\times n}$为对称矩阵,对$\boldsymbol{A}$施行上述一系列平面旋转变换(令$\boldsymbol{A}_0=\boldsymbol{A}$)**

$$\boldsymbol{A}_m=\boldsymbol{J}_m\boldsymbol{A}_{m-1}\boldsymbol{J}_m^{\mathrm{T}}\quad(m=1,2,\cdots),$$

则有

$$\lim_{m\to\infty}S(\boldsymbol{A}_m)=0.$$

证 设$|a_{ij}^{(m)}|=\max\limits_{\substack{l\neq k\\1\leqslant l,k\leqslant n}}\{|a_{lk}^{(m)}|\}$. 由于

$$S(\boldsymbol{A}_{m+1})=S(\boldsymbol{A}_m)-2(a_{ij}^{(m)})^2,$$

$$S(\boldsymbol{A}_m)=\sum_{\substack{l\neq k\\1\leqslant l,k\leqslant n}}(a_{lk}^{(m)})^2\leqslant n(n-1)(a_{ij}^{(m)})^2,$$

因此

$$S(\boldsymbol{A}_{m+1})\leqslant S(\boldsymbol{A}_m)\left[1-\frac{2}{n(n-1)}\right].$$

反复利用上式,即得

$$S(\boldsymbol{A}_{m+1})\leqslant S(\boldsymbol{A}_0)\left[1-\frac{2}{n(n-1)}\right]^{m+1}\quad(n>2),$$

故

$$\lim_{m\to\infty}S(\boldsymbol{A}_m)=0.$$

对于定理8.8中的$\boldsymbol{A}_m$,可以证明,$\boldsymbol{A}_m$的主对角元一定有极限.

若当m充分大时,有

$$\boldsymbol{A}_m=\boldsymbol{J}_m\cdots\boldsymbol{J}_2\boldsymbol{J}_1\boldsymbol{A}\boldsymbol{J}_1^{\mathrm{T}}\boldsymbol{J}_2^{\mathrm{T}}\cdots\boldsymbol{J}_m^{\mathrm{T}}\approx\boldsymbol{D},$$

其中$\boldsymbol{D}$为对角矩阵,则$\boldsymbol{A}_m$的主对角元就是$\boldsymbol{A}$的近似特征值,$\boldsymbol{Q}_m=\boldsymbol{J}_1^{\mathrm{T}}\boldsymbol{J}_2^{\mathrm{T}}\cdots\boldsymbol{J}_m^{\mathrm{T}}$的列向量就是相应特征值对应的近似特征向量. 可用$S(\boldsymbol{A}_m)<\varepsilon$控制迭代是否终止,其中$\varepsilon$是给定的精度.

例 8.4

用雅可比方法计算矩阵

$$\boldsymbol{A}=\begin{pmatrix}2&-1&0\\-1&2&-1\\0&-1&2\end{pmatrix}$$

的全部特征值及其对应的特征向量.

解　先取 $(i,j)=(1,2)$，由(8.9)式有 $\cot 2\theta=0, s=c=\frac{1}{\sqrt{2}}$，所以

$$\boldsymbol{J}_1=\begin{pmatrix}\frac{1}{\sqrt{2}} & \frac{1}{\sqrt{2}} & 0\\ -\frac{1}{\sqrt{2}} & \frac{1}{\sqrt{2}} & 0\\ 0 & 0 & 1\end{pmatrix},\quad \boldsymbol{A}_1=\boldsymbol{J}_1\boldsymbol{A}\boldsymbol{J}_1^{\mathrm{T}}=\begin{pmatrix}1 & 0 & -\frac{1}{\sqrt{2}}\\ 0 & 3 & -\frac{1}{\sqrt{2}}\\ -\frac{1}{\sqrt{2}} & -\frac{1}{\sqrt{2}} & 2\end{pmatrix};$$

再取 $(i,j)=(1,3)$，有 $\cot 2\theta=\frac{1}{\sqrt{2}}, c\approx 0.88807, s\approx 0.45970$，所以

$$\boldsymbol{J}_2=\begin{pmatrix}0.88807 & 0 & 0.45970\\ 0 & 1 & 0\\ -0.45970 & 0 & 0.88807\end{pmatrix},$$

$$\boldsymbol{A}_2=\boldsymbol{J}_2\boldsymbol{A}_1\boldsymbol{J}_2^{\mathrm{T}}=\begin{pmatrix}0.63397 & -0.32506 & 0\\ -0.32506 & 3 & -0.62796\\ 0 & -0.62796 & 2.36603\end{pmatrix}.$$

这里我们看到，经平面旋转变换后所得矩阵的非主对角元的最大绝对值逐次变小. 如此继续下去，可以得到

$$\boldsymbol{A}_9=\begin{pmatrix}0.58579 & 0.00000 & 0.00000\\ 0.00000 & 2.00000 & 0.00000\\ 0.00000 & 0.00000 & 3.41421\end{pmatrix},$$

$$\boldsymbol{Q}_9=\boldsymbol{J}_1^{\mathrm{T}}\boldsymbol{J}_2^{\mathrm{T}}\cdots\boldsymbol{J}_9^{\mathrm{T}}=\begin{pmatrix}0.50000 & 0.70710 & 0.50000\\ 0.70710 & 0.00000 & -0.70710\\ 0.50000 & -0.70710 & 0.50000\end{pmatrix}.$$

这时，矩阵 $\boldsymbol{A}$ 的近似特征值及其对应的近似特征向量均已求出：

$$\lambda_1\approx 0.58579,\quad \lambda_2\approx 2.00000,\quad \lambda_3\approx 3.41421;$$

$$\boldsymbol{x}_1\approx(0.50000, 0.70710, 0.50000)^{\mathrm{T}},$$

$$\boldsymbol{x}_2\approx(0.70710, 0.00000, -0.70710)^{\mathrm{T}},$$

$$\boldsymbol{x}_3\approx(0.50000, -0.70710, 0.50000)^{\mathrm{T}}.$$

已知矩阵 $\boldsymbol{A}$ 的特征值的精确值为

$$\lambda_1=2-\sqrt{2}\approx 0.5857864,\quad \lambda_2=2,\quad \lambda_3=2+\sqrt{2}\approx 3.4142136,$$

对应的特征向量分别为

$$\boldsymbol{x}_1=\left(\frac{1}{2},\frac{1}{\sqrt{2}},\frac{1}{2}\right)^{\mathrm{T}}\approx(0.5, 0.7071068, 0.5)^{\mathrm{T}},$$

$$\boldsymbol{x}_2=\left(\frac{1}{\sqrt{2}},0,-\frac{1}{\sqrt{2}}\right)^{\mathrm{T}}\approx(0.7071068, 0, -0.7071068)^{\mathrm{T}},$$

$$\boldsymbol{x}_3=\left(\frac{1}{2},-\frac{1}{\sqrt{2}},\frac{1}{2}\right)^{\mathrm{T}}\approx(0.5, -0.7071068, 0.5)^{\mathrm{T}}.$$

由此可见，用雅可比方法做 9 次平面旋转变换后的所得结果已经相当精确了.

用雅可比方法求得的结果精度一般都比较高，而且求得的特征向量正交性很好，所以雅可比方法是求实对称矩阵全部特征值及其对应的特征向量的一个较好的方法. 但它的弱点是运算量大，而且当原矩阵是稀疏矩阵时，做平面旋转变换后不能保持其稀疏性.

雅可比方法在每次寻找非主对角元的绝对值最大者时，要花费很多机器时间，因此人们提出了不少改进的方法. 常常采用的一种改进方法就是**雅可比过关法**：在雅可比方法中，选取一个单调减少且趋近于零的数列 $\{a_m\}$ 作为限值(这些限值称为“关”). 具体的做法是：先选取 a_1，通常取

$$a_1 = \frac{\sqrt{S(\boldsymbol{A})}}{N} \quad (N \geqslant n),$$

接着在 $\boldsymbol{A}$ 的非主对角元中按行(或列) 扫描，碰到绝对值小于 a_1 的元素就跳过去，否则就做平面旋转变换将其化为零. 重复这个过程，直到所有非主对角元的绝对值都小于 a_1 为止. 再选取 $a_2, a_3, \cdots, a_m$，做类似处理，直到所有非主对角元的绝对值都小于 a_m，迭代停止，这里 a_m 应小于给定的精度.

§8.4 QR 算法

8.4.1 化矩阵为海森伯格形

对于实对称矩阵，可通过正交相似变换将其化为对角矩阵. 那么，对于一般的实矩阵，通过正交相似变换可将其化到什么程度呢? 线性代数中有如下结论：

定理 8.9(舒尔(Schur) 定理) **对于任意矩阵 $\boldsymbol{A} \in \mathbf{R}^{n\times n}$，存在正交矩阵 $\boldsymbol{Q}$，使得**

$$\boldsymbol{Q}^{\mathrm{T}}\boldsymbol{A}\boldsymbol{Q} = \begin{pmatrix} \boldsymbol{R}_{11} & \boldsymbol{R}_{12} & \cdots & \boldsymbol{R}_{1m} \\ & \boldsymbol{R}_{22} & \cdots & \boldsymbol{R}_{2m} \\ & & \ddots & \vdots \\ & & & \boldsymbol{R}_{mm} \end{pmatrix},$$

其中对角块 $\boldsymbol{R}_{ii}\ (i = 1,2,\cdots,m)$ 为一阶或二阶矩阵，且每个一阶对角块即为 $\boldsymbol{A}$ 的实特征值，每个二阶对角块的两个特征值是 $\boldsymbol{A}$ 的一对共轭复特征值.

我们称定理 8.9 中的分块上三角形矩阵为矩阵 $\boldsymbol{A}$ 的**舒尔分块上三角形**. 上三角形矩阵和对角矩阵是舒尔分块上三角形的特殊情形. 定理 8.9 并没有解决如何计算全部特征值的问题. 为了节省计算工作量，实用的方法是先将需求特征值的矩阵化为与舒尔分块上三角形很接近的海森伯格(Hessenberg) 形.

定义 8.2 若矩阵 $\boldsymbol{B} = (b_{ij}) \in \mathbf{R}^{n\times n}$ 的次对角线以下的元素 $b_{ij} = 0(i,j = 1,2,\cdots,n;\ i > j+1)$，即 $\boldsymbol{B}$ 具有如下形式：

$$B = \begin{pmatrix} * & * & \cdots & \cdots & * \\ * & * & \cdots & \cdots & * \\ & \ddots & \ddots & \ddots & \vdots \\ & & \ddots & \ddots & \vdots \\ & & & * & * \end{pmatrix},$$

其中 $*$ 表示任意元素,空白处的元素均为零,则称 $\boldsymbol{B}$ 为**上海森伯格矩阵**,简称**海森伯格形**.

若 $\boldsymbol{B}$ 中存在某个 $b_{k+1,k}=0(1\leqslant k\leqslant n-1)$,则 $\boldsymbol{B}$ 是可约的;否则,$\boldsymbol{B}$ 是不可约的. 对于可约的海森伯格形,可以把求解特征值的问题化简成求解阶数较小的矩阵的特征值问题.

可以用平面旋转变换将矩阵化为海森伯格形. 下面介绍另一种将矩阵化为海森伯格形的正交相似变换 —— 镜面反射变换.

定义 8.3　设向量 $\boldsymbol{w}\in\mathbf{R}^n$, $\|\boldsymbol{w}\|_2=1$,则称

$$\boldsymbol{H}(\boldsymbol{w})=\boldsymbol{I}-2\boldsymbol{w}\boldsymbol{w}^{\mathrm{T}} \tag{8.10}$$

为(**初等**)**镜面反射矩阵**或**豪斯霍尔德**(Householder)**变换矩阵**.

镜面反射矩阵 $\boldsymbol{H}=\boldsymbol{H}(\boldsymbol{w})$ 具有如下性质:

(1) $\boldsymbol{H}$ 是对称正交矩阵,即

$$\boldsymbol{H}=\boldsymbol{H}^{\mathrm{T}}=\boldsymbol{H}^{-1}.$$

事实上,显然有 $\boldsymbol{H}^{\mathrm{T}}=\boldsymbol{H}$,又由 $\boldsymbol{w}^{\mathrm{T}}\boldsymbol{w}=\|\boldsymbol{w}\|_2=1$ 可知

$$\boldsymbol{H}^{\mathrm{T}}\boldsymbol{H}=\boldsymbol{H}^2=\boldsymbol{I}-4\boldsymbol{w}\boldsymbol{w}^{\mathrm{T}}+4\boldsymbol{w}(\boldsymbol{w}^{\mathrm{T}}\boldsymbol{w})\boldsymbol{w}^{\mathrm{T}}=\boldsymbol{I}.$$

(2) 对于任意 $\boldsymbol{x}\in\mathbf{R}^n$,记 $\boldsymbol{y}=\boldsymbol{H}\boldsymbol{x}$,则有 $\|\boldsymbol{y}\|_2=\|\boldsymbol{x}\|_2$.

(3) 记 S 为与 $\boldsymbol{w}$ 垂直的平面,则在几何学上,$\boldsymbol{x}$ 与 $\boldsymbol{y}=\boldsymbol{H}\boldsymbol{x}$ 关于平面 S 对称. 事实上,由 $\boldsymbol{y}=\boldsymbol{H}\boldsymbol{x}=(\boldsymbol{I}-2\boldsymbol{w}\boldsymbol{w}^{\mathrm{T}})\boldsymbol{x}$ 可知

$$\boldsymbol{x}-\boldsymbol{y}=2(\boldsymbol{w}^{\mathrm{T}}\boldsymbol{x})\boldsymbol{w}.$$

上式表明,向量 $\boldsymbol{x}-\boldsymbol{y}$ 与 $\boldsymbol{w}$ 平行. 注意到 $\boldsymbol{y}$ 与 $\boldsymbol{x}$ 的长度相等,于是 $\boldsymbol{x}$ 经过变换 $\boldsymbol{y}=\boldsymbol{H}\boldsymbol{x}$ 后所得的向量 $\boldsymbol{y}$ 是 $\boldsymbol{x}$ 关于平面 S 对称的向量,如图 8-1 所示. 通常称变换 $\boldsymbol{y}=\boldsymbol{H}\boldsymbol{x}$ 为**镜面反射变换**. 对于矩阵 $\boldsymbol{A}\in\mathbf{R}^{n\times n}$,也称运算 $\boldsymbol{HAH}$ 为镜面反射变换.

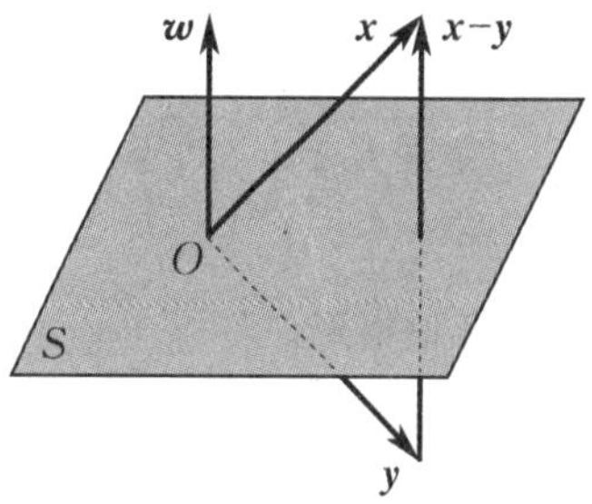

图　8-1

对应于性质(2),有下面的定理.

定理 8.10　**设 $\boldsymbol{x},\boldsymbol{y}\in\mathbf{R}^n$, $\boldsymbol{x}\neq\boldsymbol{y}$,且 $\|\boldsymbol{x}\|_2=\|\boldsymbol{y}\|_2$,则有镜面反射矩阵 $\boldsymbol{H}$,使得**

$$\boldsymbol{H}\boldsymbol{x}=\boldsymbol{y}.$$

证　令 $\boldsymbol{w}=\dfrac{\boldsymbol{x}-\boldsymbol{y}}{\|\boldsymbol{x}-\boldsymbol{y}\|_2}$, $\boldsymbol{H}=\boldsymbol{I}-2\boldsymbol{w}\boldsymbol{w}^{\mathrm{T}}$,则有 $\|\boldsymbol{w}\|_2=1$. 由 $\boldsymbol{x}^{\mathrm{T}}\boldsymbol{x}=\boldsymbol{y}^{\mathrm{T}}\boldsymbol{y}$ 可知

$$2(\boldsymbol{x}-\boldsymbol{y})^{\mathrm{T}}\boldsymbol{x}=\boldsymbol{x}^{\mathrm{T}}\boldsymbol{x}-2\boldsymbol{x}^{\mathrm{T}}\boldsymbol{y}+\boldsymbol{y}^{\mathrm{T}}\boldsymbol{y}=(\boldsymbol{x}-\boldsymbol{y})^{\mathrm{T}}(\boldsymbol{x}-\boldsymbol{y})=\|\boldsymbol{x}-\boldsymbol{y}\|_2^2.$$

由此可得

$$\boldsymbol{H}\boldsymbol{x}=\boldsymbol{x}-2\boldsymbol{w}\boldsymbol{w}^{\mathrm{T}}\boldsymbol{x}=\boldsymbol{x}-\frac{2(\boldsymbol{x}-\boldsymbol{y})(\boldsymbol{x}-\boldsymbol{y})^{\mathrm{T}}\boldsymbol{x}}{\|\boldsymbol{x}-\boldsymbol{y}\|_2^2}=\boldsymbol{x}-(\boldsymbol{x}-\boldsymbol{y})=\boldsymbol{y}.$$

该定理的一个重要应用是:对于向量 $\boldsymbol{x}=(x_1,x_2,\cdots,x_n)^{\mathrm{T}}\neq\boldsymbol{0}$,有镜面反射矩阵 $\boldsymbol{H}$,使得

$$\boldsymbol{H}\boldsymbol{x}=\sigma\boldsymbol{e}_1, \tag{8.11}$$

其中 $\sigma=-\operatorname{sgn}(x_1)\|\boldsymbol{x}\|_2$, $\boldsymbol{e}_1=(1,0,\cdots,0)^{\mathrm{T}}$. 矩阵 $\boldsymbol{H}$ 的计算公式为

$$\begin{cases} \boldsymbol{u} = \boldsymbol{x} - \sigma \boldsymbol{e}_1, \\ \rho = \sigma(\sigma - x_1), \\ \boldsymbol{H} = \boldsymbol{I} - \rho^{-1}\boldsymbol{u}\boldsymbol{u}^{\mathrm{T}}. \end{cases} \tag{8.12}$$

关于σ的符号的选取,是为了使作为分母的ρ尽量大,从而有利于数值计算的稳定性.(8.11)式的意义是对向量做消元运算.与平面旋转变换不同的是,镜面反射变换可以成批地消去向量的非零元素.

例 8.5

对于向量 $\boldsymbol{x} = (3,5,1,1)^{\mathrm{T}}$,构造镜面反射矩阵 $\boldsymbol{H}$,使得

$$\boldsymbol{H}\boldsymbol{x} = -\operatorname{sgn}(x_1)\|\boldsymbol{x}\|_2(1,0,0,0)^{\mathrm{T}}.$$

解 这里 $\|\boldsymbol{x}\|_2 = 6$,$\sigma = -\operatorname{sgn}(x_1)\|\boldsymbol{x}\|_2 = -6$,$\boldsymbol{u} = \boldsymbol{x} - \sigma\boldsymbol{e}_1 = (9,5,1,1)^{\mathrm{T}}$,$\|\boldsymbol{u}\|_2^2 = 108$,$\rho = 54$.按照(8.12)式,得

$$\boldsymbol{H} = \boldsymbol{I} - \rho^{-1}\boldsymbol{u}\boldsymbol{u}^{\mathrm{T}} = \frac{1}{54}\begin{pmatrix} -27 & -45 & -9 & -9 \\ -45 & 29 & -5 & -5 \\ -9 & -5 & 53 & -1 \\ -9 & -5 & -1 & 53 \end{pmatrix}.$$

可直接验证

$$\boldsymbol{H}\boldsymbol{x} = (-6,0,0,0)^{\mathrm{T}} = -\operatorname{sgn}(x_1)\|\boldsymbol{x}\|_2(1,0,0,0)^{\mathrm{T}}.$$

定理 8.11 **对于任意矩阵 $\boldsymbol{A} \in \mathbf{R}^{n\times n}$,存在正交矩阵 $\boldsymbol{Q}$,使得**

$$\boldsymbol{B} = \boldsymbol{Q}^{\mathrm{T}}\boldsymbol{A}\boldsymbol{Q} \tag{8.13}$$

为海森伯格形.

证 设 $\boldsymbol{A}_1 = \boldsymbol{A}$,$\boldsymbol{a}_1$ 为 $\boldsymbol{A}_1$ 的第 1 列中主对角线以下(不含主对角线)的 $n-1$ 维列向量.根据(8.11)式,可构造 $n-1$ 阶镜面反射矩阵 $\boldsymbol{H}_1$,使得 $\boldsymbol{H}_1\boldsymbol{a}_1 = \sigma_1\boldsymbol{e}_1$,其中$\boldsymbol{e}_1 = (1,0,\cdots,0)^{\mathrm{T}} \in \mathbf{R}^{n-1}$.记

$$\boldsymbol{P}_1 = \begin{pmatrix} 1 & \boldsymbol{0} \\ \boldsymbol{0} & \boldsymbol{H}_1 \end{pmatrix},$$

显然 $\boldsymbol{P}_1$ 是镜面反射矩阵,即 $\boldsymbol{P}_1^{-1} = \boldsymbol{P}_1^{\mathrm{T}} = \boldsymbol{P}_1$.用 $\boldsymbol{P}_1$ 对 $\boldsymbol{A}_1$ 做镜面反射变换,由于 $\boldsymbol{P}_1\boldsymbol{A}_1\boldsymbol{P}_1^{-1} = \boldsymbol{P}_1\boldsymbol{A}_1\boldsymbol{P}_1$,所以变换后矩阵 $\boldsymbol{P}_1\boldsymbol{A}_1$ 的第 1 列元素不变,而 $\boldsymbol{P}_1\boldsymbol{A}_1$ 的第 1 列中位于第 2 个元素下方的元素全为零,故易知

$$\boldsymbol{A}_2 = \boldsymbol{P}_1\boldsymbol{A}_1\boldsymbol{P}_1 = \begin{pmatrix} * & * & \cdots & * \\ \sigma_1 & * & \cdots & * \\ & * & \cdots & * \\ & \vdots & & \vdots \\ & * & \cdots & * \end{pmatrix}.$$

记 $\boldsymbol{a}_2$ 为 $\boldsymbol{A}_2$ 的第 2 列中主对角线以下的 $n-2$ 维列向量,那么同理可构造 $n-2$ 阶镜面反射矩阵 $\boldsymbol{H}_2$,使得 $\boldsymbol{H}_2\boldsymbol{a}_2 = \sigma_2\boldsymbol{e}_1$,其中 $\boldsymbol{e}_1 = (1,0,\cdots,0)^{\mathrm{T}} \in \mathbf{R}^{n-2}$.记 $\boldsymbol{I}_2$ 为二阶单位矩阵,并记

$$P_2=\begin{pmatrix} I_2 & O \\ O & H_2 \end{pmatrix},$$

显然 P_2 是镜面反射矩阵. 用 P_2 对 A_2 做镜面反射变换,则有

$$A_3=P_2A_2P_2=\begin{pmatrix} * & * & * & \cdots & * \\ \sigma_1 & * & * & \cdots & * \\ & \sigma_2 & * & \cdots & * \\ & & * & \cdots & * \\ & & \vdots & & \vdots \\ & & * & \cdots & * \end{pmatrix}.$$

依次类推,经 $n-2$ 步镜面反射交换,得到海森伯格形

$$A_{n-1}=P_{n-2}A_{n-2}P_{n-2}=P_{n-2}\cdots P_2P_1AP_1P_2\cdots P_{n-2}.$$

记 $B=A_{n-1}$,$Q=P_1P_2\cdots P_{n-2}$,则有(8.13) 式成立.

定理 8.11 的证明是构造性的,即可以用镜面反射变换将矩阵 A 化为海森伯格形. 此定理也可以用平面旋转变换来证明,即也可以用平面旋转变换将矩阵 A 化为海森伯格形. 对于阶数大于 3 的矩阵 A,当其第 1 列中被消元的向量 a_1 的维数大于 2 时,可以连续使用平面旋转变换,把 a_1 中从第 2 个分量开始的非零元素逐个化为零. 以此类推,最后得到的正交矩阵 Q 是平面旋转矩阵的乘积.

推论 8.1　**对于任意对称矩阵 $A\in \mathbf{R}^{n\times n}$,存在正交矩阵 Q,使得 $B=Q^{\mathrm{T}}AQ$ 为对角矩阵.**

8.4.2　QR 算法及其收敛性

QR 算法可以用来求任意非奇异实矩阵的全部特征值,是目前求解这类问题最有效的方法之一. 它基于如下定理:

定理 8.12(QR 分解定理)　**设 $A\in \mathbf{R}^{n\times n}$ 为非奇异矩阵,则存在正交矩阵 Q 与上三角形矩阵 R,使得 $A=QR$. A 的这种分解称为 QR 分解. 当 R 的主对角元均取正数时,A 的 QR 分解是唯一的.**

证　类似于定理 8.11 的证明,将矩阵 A 左乘一系列正交矩阵,可以将 A 化为上三角形矩阵,因此可得 A 的 QR 分解.

下面证明 QR 分解的唯一性. 设有以下两种 QR 分解:

$$A=Q_1R_1=Q_2R_2,$$

且 R_1,R_2 的主对角元均为正数. 由此可得

$$Q_2^{\mathrm{T}}Q_1=R_2R_1^{-1}.$$

由于上式左边为正交矩阵,所以右边也为正交矩阵,即

$$(R_2R_1^{-1})^{\mathrm{T}}=(R_2R_1^{-1})^{-1}.$$

这个式子左边是下三角形矩阵,而右边是上三角形矩阵,所以它们只能是对角矩阵. 于是,设

$$D=R_2R_1^{-1}=\mathrm{diag}(d_1,d_2,\cdots,d_n),$$

则有 $DD^{\mathrm{T}}=D^2=I$,且 $d_i>0(i=1,2,\cdots,n)$. 故 $D=I$,从而 $R_2=R_1$,进一步得 $Q_2=Q_1$,即证得 QR 分解的唯一性.

一般地,由平面旋转变换或镜面反射变换做出的分解 $A=QR$ 中,R 的主对角元不一定是

正的. 但是,对于矩阵 $\boldsymbol{R}=(r_{ij})_{n\times n}$,只要令

$$\boldsymbol{D}=\mathrm{diag}\left(\frac{r_{11}}{|r_{11}|},\frac{r_{22}}{|r_{22}|},\cdots,\frac{r_{nn}}{|r_{nn}|}\right),$$

则 $\overline{\boldsymbol{Q}}=\boldsymbol{QD}$ 就是正交矩阵,$\overline{\boldsymbol{R}}=\boldsymbol{D}^{-1}\boldsymbol{R}$ 就是主对角元为 $|r_{ii}|$ 的上三角形矩阵,这样 $\boldsymbol{A}=\overline{\boldsymbol{Q}}\overline{\boldsymbol{R}}$ 就是符合定理 8.12 的唯一 QR 分解.

设有 $\boldsymbol{A}$ 的 QR 分解,即 $\boldsymbol{A}=\boldsymbol{QR}$. 令 $\boldsymbol{B}=\boldsymbol{RQ}$,则有 $\boldsymbol{B}=\boldsymbol{Q}^{\mathrm{T}}\boldsymbol{AQ}$. 这说明,$\boldsymbol{B}$ 与 $\boldsymbol{A}$ 有相同的特征值. 对 $\boldsymbol{B}$ 继续做 QR 分解,又可得到一个新的矩阵. 令 $\boldsymbol{A}_1=\boldsymbol{A},\boldsymbol{A}_2=\boldsymbol{B}$,重复以上过程,可得如下算法:

$$\begin{cases}\boldsymbol{A}_k=\boldsymbol{Q}_k\boldsymbol{R}_k,\\ \boldsymbol{A}_{k+1}=\boldsymbol{R}_k\boldsymbol{Q}_k\end{cases}\quad(k=1,2,\cdots).\tag{8.14}$$

由(8.14) 式生成矩阵序列 $\{\boldsymbol{A}_k\}$ 的方法称为 **QR 算法**.

定理 8.13 **由 QR 算法生成的矩阵序列 $\{\boldsymbol{A}_k\}$ 满足:**

(1) $\boldsymbol{A}_{k+1}=\boldsymbol{Q}_k^{\mathrm{T}}\boldsymbol{A}_k\boldsymbol{Q}_k$;

(2) $\boldsymbol{A}^k=\overline{\boldsymbol{Q}}_k\overline{\boldsymbol{R}}_k$,**其中** $\overline{\boldsymbol{Q}}_k=\boldsymbol{Q}_1\boldsymbol{Q}_2\cdots\boldsymbol{Q}_k,\overline{\boldsymbol{R}}_k=\boldsymbol{R}_k\cdots\boldsymbol{R}_2\boldsymbol{R}_1$.

证 容易证得结论(1). 由结论(1) 可递推得

$$\boldsymbol{A}_k=\boldsymbol{Q}_{k-1}^{\mathrm{T}}\boldsymbol{A}_{k-1}\boldsymbol{Q}_{k-1}=(\boldsymbol{Q}_1\boldsymbol{Q}_2\cdots\boldsymbol{Q}_{k-1})^{\mathrm{T}}\boldsymbol{A}(\boldsymbol{Q}_1\boldsymbol{Q}_2\cdots\boldsymbol{Q}_{k-1})=\overline{\boldsymbol{Q}}_{k-1}^{\mathrm{T}}\boldsymbol{A}\overline{\boldsymbol{Q}}_{k-1},$$

$$\overline{\boldsymbol{Q}}_k\overline{\boldsymbol{R}}_k=\boldsymbol{Q}_1\boldsymbol{Q}_2\cdots\boldsymbol{Q}_k\boldsymbol{R}_k\cdots\boldsymbol{R}_2\boldsymbol{R}_1=\overline{\boldsymbol{Q}}_{k-1}\boldsymbol{A}_k\overline{\boldsymbol{R}}_{k-1}=\overline{\boldsymbol{Q}}_{k-1}\overline{\boldsymbol{Q}}_{k-1}^{\mathrm{T}}\boldsymbol{A}\overline{\boldsymbol{Q}}_{k-1}\overline{\boldsymbol{R}}_{k-1}=\boldsymbol{A}\overline{\boldsymbol{Q}}_{k-1}\overline{\boldsymbol{R}}_{k-1},$$

又 $\overline{\boldsymbol{Q}}_1\overline{\boldsymbol{R}}_1=\boldsymbol{Q}_1\boldsymbol{R}_1=\boldsymbol{A}_1=\boldsymbol{A}$,故可递推证得结论(2).

一般情形下,QR 算法的收敛性比较复杂,若矩阵序列 $\{\boldsymbol{A}_k\}$ 的主对角元均收敛,且主对角线下方的元素均收敛到零,则对求 $\boldsymbol{A}$ 的特征值而言已足够了. 此时,我们称 $\{\boldsymbol{A}_k\}$ **基本收敛到上三角形矩阵**. 下面对最简单的情形给出收敛性定理.

定理 8.14 **设矩阵 $\boldsymbol{A}\in\mathbf{R}^{n\times n}$ 的特征值满足**

$$|\lambda_1|>|\lambda_2|>\cdots>|\lambda_n|>0,$$

且 $\lambda_i(i=1,2,\cdots,n)$ 对应特征向量 $\boldsymbol{x}_i$. 若矩阵 $\boldsymbol{X}=(\boldsymbol{x}_1,\boldsymbol{x}_2,\cdots,\boldsymbol{x}_n)$ 的逆矩阵可分解为 $\boldsymbol{X}^{-1}=\boldsymbol{LU}$,其中 $\boldsymbol{L}$ 为单位下三角形矩阵,$\boldsymbol{U}$ 为上三角形矩阵,则由 QR 算法生成的矩阵序列 $\{\boldsymbol{A}_k\}$ 基本收敛到上三角形矩阵,其主对角元的极限为

$$\lim_{k\to\infty}a_{ii}^{(k)}=\lambda_i\quad(i=1,2,\cdots,n).$$

更一般地,在一定条件下,由 QR 算法生成的矩阵序列 $\{\boldsymbol{A}_k\}$ 可收敛到舒尔分块上三角形,其对角块按特征值的模从大到小排列. 定理 8.14 是这种情况的特殊情形. 当收敛结果为舒尔分块上三角形时,矩阵序列 $\{\boldsymbol{A}_k\}$ 中每个矩阵的位于对角块上方的元素以及二阶对角块的元素不一定收敛,但这不影响求全部特征值.

例 8.6

用 **QR** 算法求下列矩阵的全部特征值:

(1) $\boldsymbol{A}=\begin{pmatrix}-3&-5&-1\\13&13&1\\-5&-5&1\end{pmatrix}$; (2) $\boldsymbol{A}=\begin{pmatrix}4&1&-3\\-2&1&1\\2&1&-1\end{pmatrix}$.

解 先用镜面反射变换将矩阵 $\boldsymbol{A}$ 化为海森伯格形 $\boldsymbol{A}_1$,然后用平面旋转变换对 $\boldsymbol{A}_1$ 做 QR 分解,并按(8.14) 式进行计算,从而生成矩阵序列 $\{\boldsymbol{A}_k\}$.

(1) 矩阵 $\boldsymbol{A}$ 非对称,计算结果为

$$\boldsymbol{A}_1=\begin{pmatrix}-3.0000 & 4.3077 & -2.7282\\ -13.9284 & 12.7938 & -5.5361\\ 0 & 0.4639 & 1.2062\end{pmatrix},\quad \boldsymbol{A}_2=\begin{pmatrix}10.1133 & 17.7711 & 0.8265\\ -1.5511 & -0.6362 & -0.9381\\ 0 & 0.4656 & 1.5229\end{pmatrix},$$

$\cdots$,

$$\boldsymbol{A}_{16}=\begin{pmatrix}6.0001 & 16.9820 & -9.2165\\ 0.0000 & 3.0019 & -1.6317\\ 0 & 0.0012 & 1.9980\end{pmatrix},\quad \boldsymbol{A}_{23}=\begin{pmatrix}6.0000 & 16.9712 & -9.2364\\ 0.0000 & 3.0001 & -1.6329\\ 0 & 0.0000 & 1.9999\end{pmatrix},$$

$\cdots$.

从计算结果来看,$\{\boldsymbol{A}_k\}$ 收敛到上三角形矩阵. 于是,$\boldsymbol{A}$ 的特征值为

$$\lambda_1\approx 6.0000,\quad \lambda_2\approx 3.0001,\quad \lambda_3\approx 1.9999.$$

(2) 矩阵 $\boldsymbol{A}$ 非对称,计算结果为

$$\boldsymbol{A}_1=\begin{pmatrix}4.0000 & -2.8284 & -1.4142\\ 2.8284 & -1.0000 & -1.0000\\ 0 & -1.0000 & 1.0000\end{pmatrix},\quad \boldsymbol{A}_2=\begin{pmatrix}2.3333 & -1.9379 & -5.1121\\ 0.7454 & 1.2667 & 0.3266\\ 0 & -0.4899 & 0.4000\end{pmatrix},$$

$\cdots$,

$$\boldsymbol{A}_{25}=\begin{pmatrix}2.0003 & -0.8171 & 3.6516\\ 0.0002 & -0.3336 & 3.7263\\ 0 & -0.7456 & 2.3333\end{pmatrix},\quad \boldsymbol{A}_{26}=\begin{pmatrix}2.0002 & -2.9999 & -2.2374\\ 0.0001 & 2.9996 & 2.2366\\ 0 & -2.2349 & -0.9998\end{pmatrix},$$

$\cdots$.

从计算结果来看,$\{\boldsymbol{A}_k\}$ 收敛到舒尔分块上三角形,其对角块分别是一阶对角块和二阶对角块. 于是,$\boldsymbol{A}$ 的特征值为

$$\lambda_1\approx 2.0002,\quad \lambda_2\approx 0.9999+1.0000\mathrm{i},\quad \lambda_3\approx 0.9999-1.0000\mathrm{i}.$$

事实上,矩阵 $\boldsymbol{A}_{25}$ 和 $\boldsymbol{A}_{26}$ 右下角的二阶对角块的特征值都是 $0.9999\pm 1.0000\mathrm{i}$,迭代已接近收敛.

一般在实际使用 QR 算法之前,先用镜面反射变换将矩阵 $\boldsymbol{A}$ 化为海森伯格形 $\boldsymbol{A}_1$,然后对 $\boldsymbol{A}_1$ 做 QR 分解,这样可以大大节省计算工作量. 因为矩阵 $\boldsymbol{A}_1$ 的次对角线以下元素均为零,所以用平面旋转变换做 QR 分解较为方便. 事实上,对于 $i=1,2,\cdots,n-1$,依次用平面旋转矩阵 $\boldsymbol{J}(i,i+1)$ 左乘 $\boldsymbol{A}_1$,使得 $\boldsymbol{J}(i,i+1)\boldsymbol{A}_1$ 中位于第 $i+1$ 行、第 i 列交叉处的元素为零. 左乘 $\boldsymbol{J}(i,i+1)$ 后,矩阵 $\boldsymbol{A}_1$ 的第 i 行与第 $i+1$ 行零元素位置上仍为零,其他行不变. 这样,共 $n-1$ 次左乘正交矩阵后得到上三角形矩阵 $\boldsymbol{R}_1$,即 $\boldsymbol{Q}_1^{\mathrm{T}}\boldsymbol{A}_1=\boldsymbol{R}_1$,其中

$$\boldsymbol{Q}_1^{\mathrm{T}}=\boldsymbol{J}(n-1,n)\boldsymbol{J}(n-2,n-1)\cdots\boldsymbol{J}(1,2).$$

可以验证,$\boldsymbol{Q}_1$ 是海森伯格形. 这样就得到 $\boldsymbol{A}_1$ 的 QR 分解,即 $\boldsymbol{A}_1=\boldsymbol{Q}_1\boldsymbol{R}_1$. 这时,下一步是计算 $\boldsymbol{A}_2=\boldsymbol{R}_1\boldsymbol{Q}_1$. 容易验证,$\boldsymbol{A}_2$ 是海森伯格形. 以上说明,QR 算法保持了 $\boldsymbol{A}_1$ 的海森伯格形结构形式.

例 8.7

求海森伯格形

$$H=\begin{pmatrix}5 & -2 & -5 & -1\\ 1 & 0 & -3 & 2\\ 0 & 2 & 2 & -3\\ 0 & 0 & 1 & -2\end{pmatrix}$$

的特征值.

解 令$\boldsymbol{H}_1=\boldsymbol{H}$,根据$\boldsymbol{H}_1$的非零次对角元,有平面旋转矩阵$\boldsymbol{J}(1,2),\boldsymbol{J}(2,3),\boldsymbol{J}(3,4)$,使得

$$\begin{aligned}\boldsymbol{H}_1&=\boldsymbol{Q}_1\boldsymbol{R}_1\\ &=\begin{pmatrix}0.9806 & -0.0377 & 0.1923 & -0.1038\\ 0.1961 & 0.1887 & -0.8804 & -0.4192\\ 0 & 0.9813 & 0.1761 & 0.0740\\ 0 & 0 & 0.3962 & -0.8989\end{pmatrix}\\ &\cdot\begin{pmatrix}5.0992 & -1.9612 & -5.4912 & -0.3922\\ 0 & 2.0381 & 1.5852 & -2.5288\\ 0 & 0 & 2.5242 & -3.2736\\ 0 & 0 & 0 & 0.7822\end{pmatrix},\end{aligned}$$

其中$\boldsymbol{Q}_1^{\mathrm{T}}=\boldsymbol{J}(3,4)\boldsymbol{J}(2,3)\boldsymbol{J}(1,2)$.然后,将求得的$\boldsymbol{Q}_1$和$\boldsymbol{R}_1$逆序相乘,求出$\boldsymbol{H}_2$:

$$\boldsymbol{H}_2=\boldsymbol{R}_1\boldsymbol{Q}_1=\begin{pmatrix}4.6157 & 5.9508 & 1.5922 & 0.2390\\ 0.3997 & 1.9401 & -2.5171 & 1.5361\\ 0 & 2.4770 & -0.8525 & 3.1294\\ 0 & 0 & 0.3099 & -0.7031\end{pmatrix}.$$

重复上面的过程10次,得

$$\boldsymbol{H}_{12}=\begin{pmatrix}4.0000 & * & * & *\\ 0 & 1.8789 & -3.5910 & *\\ 0 & 1.3290 & 0.1211 & *\\ 0 & 0 & 0 & -1.0000\end{pmatrix}.$$

至此,不难看出,$\boldsymbol{H}$的一个特征值是4,另一个特征值是-1,其他两个特征值是方程

$$\begin{vmatrix}1.8789-\lambda & -3.5910\\ 1.3290 & 0.1211-\lambda\end{vmatrix}=0$$

的根,为$1\pm 2\mathrm{i}$.

事实上,可以求得$\boldsymbol{H}$的特征方程为

$$\lambda^4-5\lambda^3+7\lambda^2-7\lambda-20=0.$$

上述用QR算法求得的特征值是该特征方程的精确解.

8.4.3 带原点位移的QR算法

前面我们介绍了在反幂法中应用原点位移的策略,这种思想方法也可用于QR算法.一般对海森伯格形讨论QR算法,并且假设每次生成的$\boldsymbol{A}_k$都是不可约的.这时,**带原点位移的QR算法**可以描述如下:

$$\begin{cases} \text{取 } \boldsymbol{A}_1 \text{ 为 } \boldsymbol{A} \text{ 的海森伯格形(初始化)}, \\ \boldsymbol{A}_k - s_k\boldsymbol{I} = \boldsymbol{Q}_k\boldsymbol{R}_k \text{(QR 分解)}, \\ \boldsymbol{A}_{k+1} = \boldsymbol{R}_k\boldsymbol{Q}_k + s_k\boldsymbol{I} \text{(正交相似变换)} \end{cases} \quad (k = 1,2,\cdots),$$

这里 $\boldsymbol{A}_k$ 到 $\boldsymbol{A}_{k+1}$ 的变换称为**带原点位移的 QR 变换**,常数 s_k 为位移量,$k = 1,2,\cdots$.

由于 $\boldsymbol{R}_k\boldsymbol{Q}_k + s_k\boldsymbol{I} = \boldsymbol{Q}_k^{\mathrm{T}}\boldsymbol{Q}_k\boldsymbol{R}_k\boldsymbol{Q}_k + s_k\boldsymbol{Q}_k^{\mathrm{T}}\boldsymbol{Q}_k = \boldsymbol{Q}_k^{\mathrm{T}}(\boldsymbol{Q}_k\boldsymbol{R}_k + s_k\boldsymbol{I})\boldsymbol{Q}_k$,所以 $\boldsymbol{A}_{k+1} = \boldsymbol{Q}_k^{\mathrm{T}}\boldsymbol{A}_k\boldsymbol{Q}_k$,即每个 $\boldsymbol{A}_k$ 都与 $\boldsymbol{A}_1$ 相似,从而与原矩阵 $\boldsymbol{A}$ 相似. 实际计算时,取不同的位移量 $s_1,s_2,\cdots,s_k\cdots$,反复应用上述变换,就得到一个相似于海森伯格形的正交矩阵序列$\{\boldsymbol{A}_k\}$. 设 $\boldsymbol{A}_k = (a_{ij}^{(k)}) \in \mathbf{R}^{n\times n}$,$\boldsymbol{B}_k$ 是$\boldsymbol{A}_k$ 的 $n-1$ 阶顺序主子阵. 若选取 $s_k = a_{nn}^{(k)}$,则在一定的条件下,$\boldsymbol{A}_k$ 基本收敛到三角形矩阵,且 $a_{nn}^{(k)}$ 可作为 $\boldsymbol{A}$ 的一个近似特征值. 采用收缩方法,即对矩阵 $\boldsymbol{B}_k \in \mathbf{R}^{(n-1)\times(n-1)}$ 应用 QR 算法,就可逐步求出 $\boldsymbol{A}$ 的其余近似特征值.

判别元素 $a_{n,n-1}^{(k)}$ 的绝对值充分小的准则可以是

$$|a_{n,n-1}^{(k)}| \leqslant \varepsilon \|\boldsymbol{A}_1\|_\infty,$$

或者将 $a_{n,n-1}^{(k)}$ 与相邻元素进行比较,取准则

$$|a_{n,n-1}^{(k)}| \leqslant \varepsilon(|a_{n-1,n-1}^{(k)}| + |a_{nn}^{(k)}|),$$

其中 ε 为给定的精度. 当满足上述准则时,可认为 $a_{n,n-1}^{(k)} = 0$,$a_{nn}^{(k)}$ 就可作为 $\boldsymbol{A}$ 的一个近似特征值.

根据 QR 算法的收敛性质,选取位移量 $s_k(k = 1,2,\cdots)$ 有下列两种方法:

(1) $s_k = a_{nn}^{(k)}$;

(2) s_k 取为矩阵

$$\begin{pmatrix} a_{n-1,n-1}^{(k)} & a_{n-1,n}^{(k)} \\ a_{n,n-1}^{(k)} & a_{nn}^{(k)} \end{pmatrix}$$

的特征值中与 $a_{nn}^{(k)}$ 最接近的一个特征值.

在具体计算时,利用平面旋转变换对海森伯格形 $\boldsymbol{A}_1$ 进行带原点位移的 QR 变换可表达为

$$\boldsymbol{P}_{n-1,n}\cdots\boldsymbol{P}_{23}\boldsymbol{P}_{12}(\boldsymbol{A}_1 - s_1\boldsymbol{I}) = \boldsymbol{R}_1,$$

$$\boldsymbol{A}_2 = \boldsymbol{R}_1\boldsymbol{P}_{12}^{\mathrm{T}}\boldsymbol{P}_{23}^{\mathrm{T}}\cdots\boldsymbol{P}_{n-1,n}^{\mathrm{T}} + s_1\boldsymbol{I}.$$

容易验证,$\boldsymbol{A}_2$ 仍为海森伯格形.

例 8.8

分别用 QR 算法和带原点位移的 QR 算法对如下矩阵做一次迭代:

$$\boldsymbol{A} = \begin{pmatrix} 8 & 2 \\ 2 & 5 \end{pmatrix}.$$

解　对二阶矩阵 $\boldsymbol{A}$ 可用平面旋转变换做 QR 分解. 采用 QR 算法时,有 $\boldsymbol{A}_1 = \boldsymbol{A} = \boldsymbol{Q}_1\boldsymbol{R}_1$,其中

$$\boldsymbol{Q}_1 = \frac{1}{\sqrt{17}}\begin{pmatrix} 4 & -1 \\ 1 & 4 \end{pmatrix} \quad \boldsymbol{R}_1 = \frac{1}{\sqrt{17}}\begin{pmatrix} 34 & 13 \\ 0 & 18 \end{pmatrix},$$

于是

$$\boldsymbol{A}_2 = \boldsymbol{R}_1\boldsymbol{Q}_1 = \frac{1}{17}\begin{pmatrix} 149 & 18 \\ 18 & 72 \end{pmatrix} \approx \begin{pmatrix} 8.7647 & 1.0588 \\ 1.0588 & 4.2353 \end{pmatrix}.$$

$\boldsymbol{A}$ 是对称矩阵，经过一次迭代，$\boldsymbol{A}_2$ 仍为对称矩阵. $\boldsymbol{A}_2$ 的非主对角元的绝对值比 $\boldsymbol{A}_1$ 的相应非主对角元的绝对值小.

采用带原点位移的 QR 算法时，取 $s_1=a_{22}^{(1)}=5$，做 QR 分解，有 $\boldsymbol{A}_1-s_1\boldsymbol{I}=\boldsymbol{Q}_1\boldsymbol{R}_1$，其中

$$\boldsymbol{Q}_1=\frac{1}{\sqrt{13}}\begin{pmatrix}3 & 2\\ 2 & -3\end{pmatrix},\quad \boldsymbol{R}_1=\frac{1}{\sqrt{13}}\begin{pmatrix}13 & 6\\ 0 & 4\end{pmatrix},$$

于是

$$\boldsymbol{A}_2=\boldsymbol{R}_1\boldsymbol{Q}_1+s_1\boldsymbol{I}=\frac{1}{13}\begin{pmatrix}51 & 8\\ 8 & -12\end{pmatrix}+\begin{pmatrix}5 & 0\\ 0 & 5\end{pmatrix}\approx\begin{pmatrix}8.932\,1 & 0.615\,4\\ 0.615\,4 & 4.076\,9\end{pmatrix}.$$

可见，一次迭代后，与 QR 算法相比，非主对角元的绝对值更小，主对角元更接近特征值.

例 8.9

用带原点位移的 QR 算法求如下矩阵的特征值：

$$\boldsymbol{A}=\begin{pmatrix}-1 & 2 & 1\\ 2 & -4 & 1\\ 1 & 1 & -6\end{pmatrix}.$$

解 先用镜面反射变换把 $\boldsymbol{A}$ 化为海森伯格形. 按照(8.12)式，有

$$\boldsymbol{H}=\boldsymbol{I}-2\boldsymbol{w}\boldsymbol{w}^{\mathrm{T}}=\begin{pmatrix}1 & 0 & 0\\ 0 & -\frac{2}{\sqrt{5}} & -\frac{1}{\sqrt{5}}\\ 0 & -\frac{1}{\sqrt{5}} & \frac{2}{\sqrt{5}}\end{pmatrix},$$

于是

$$\boldsymbol{A}_1=\boldsymbol{H}^{\mathrm{T}}\boldsymbol{A}\boldsymbol{H}=\begin{pmatrix}-1 & -\sqrt{5} & 0\\ -\sqrt{5} & -3.6 & 0.2\\ 0 & 0.2 & -6.4\end{pmatrix}.$$

若按第一种方法取位移量，则有

$$s_1=-6.4,\quad \theta_1=-0.392\,590\,761,\quad \theta_2=0.114\,997\,409,$$

$$\boldsymbol{P}_1=\begin{pmatrix}\cos\theta_1 & \sin\theta_1 & 0\\ -\sin\theta_1 & \cos\theta_1 & 0\\ 0 & 0 & 1\end{pmatrix},\quad \boldsymbol{P}_2=\begin{pmatrix}1 & 0 & 0\\ 0 & \cos\theta_2 & \sin\theta_2\\ 0 & -\sin\theta_2 & \cos\theta_2\end{pmatrix},$$

$$\begin{aligned}\boldsymbol{R}_1&=\boldsymbol{P}_2\boldsymbol{P}_1(\boldsymbol{A}_1+6.4\boldsymbol{I})\\&=\begin{pmatrix}5.844\,655\,679 & -3.137\,183\,510 & -0.076\,516\,671\\ 0 & 1.743\,008\,790 & 0.183\,563\,711\\ 0 & 0 & -0.021\,202\,899\end{pmatrix},\end{aligned}$$

$$\begin{aligned}\boldsymbol{A}_2&=\boldsymbol{R}_1\boldsymbol{P}_1^{\mathrm{T}}\boldsymbol{P}_1^{\mathrm{T}}-6.4\boldsymbol{I}\\&=\begin{pmatrix}0.200\,234\,192 & -0.666\,846\,149 & 0\\ -0.666\,846\,149 & -4.779\,171\,336 & -0.002\,432\,908\\ 0 & -0.002\,432\,908 & -6.421\,062\,856\end{pmatrix}.\end{aligned}$$

同理可得

$$A_3=\begin{pmatrix}0.283\,205\,880 & -0.157\,002\,612 & 0\\ -0.157\,002\,612 & -4.862\,139\,274 & 0.000\,000\,006\\ 0 & 0.000\,000\,006 & -6.421\,066\,615\end{pmatrix},$$

$$A_4=\begin{pmatrix}0.287\,735\,078 & -0.036\,401\,350 & 0\\ -0.036\,401\,350 & -4.866\,668\,465 & 0\\ 0 & 0 & -6.421\,066\,615\end{pmatrix}.$$

故得特征值

$$\lambda_3\approx -6.421\,066\,615.$$

求 A_4 左上角二阶对角块的特征值，得

$$\lambda_1\approx 0.287\,992\,138,\quad \lambda_2\approx -4.866\,925\,525.$$

若按第二种方法取位移量，则有 $s_1=-6.469\,693\,846$. 做类似于上面的计算，可得

$$A_2=\begin{pmatrix}0.194\,154\,158 & -0.689\,146\,437 & 0\\ -6.891\,464\,370 & -4.773\,105\,873 & 0.005\,374\,767\\ 0 & 0.005\,374\,767 & -6.421\,048\,287\end{pmatrix},$$

$$A_3=\begin{pmatrix}0.282\,852\,106 & -0.162\,696\,110 & 0\\ -0.162\,696\,110 & -4.861\,785\,493 & 0.000\,011\,074\\ 0 & 0.000\,011\,074 & -6.421\,066\,615\end{pmatrix},$$

$$A_4=\begin{pmatrix}0.287\,716\,058 & -0.037\,723\,983 & 0\\ -0.037\,723\,983 & -4.866\,649\,445 & 0\\ 0 & 0 & -6.421\,066\,615\end{pmatrix}.$$

由此可得特征值

$$\lambda_1\approx 0.287\,992\,139,\quad \lambda_2\approx -4.866\,925\,526,\quad \lambda_3\approx -6.421\,066\,615.$$

该问题如果不用带原点位移的QR算法，而是用QR算法，则收敛速度将很慢，计算结果为

$$A_2=\begin{pmatrix}-4.838\,383\,838 & 0.552\,770\,798 & 0\\ 0.552\,770\,798 & -0.439\,393\,939 & -2.004\,127\,972\\ 0 & -2.004\,127\,972 & -5.727\,272\,727\end{pmatrix},$$

$\cdots,$

$$A_7=\begin{pmatrix}-5.282\,161\,439 & 0.687\,687\,671 & 0\\ 0.687\,687\,671 & -6.005\,830\,703 & -0.000\,000\,190\\ 0 & -0.000\,000\,190 & 0.287\,992\,139\end{pmatrix},$$

$\cdots,$

$$A_{30}=\begin{pmatrix}-6.421\,054\,217 & 0.004\,369\,012 & 0\\ 0.004\,390\,120 & -4.866\,937\,928 & 0\\ 0 & 0 & 0.287\,992\,139\end{pmatrix},$$

$\cdots.$

不过，在上述计算结果中，A_7 的第三个主对角元已稳定，可以认为

$$\lambda_3\approx 0.287\,992\,139,$$

λ_1 和 λ_2 可认为是 A_7 左上角二阶对角块的特征值，进而求得

$$\lambda_1 \approx -6.421\,066\,617, \quad \lambda_2 \approx 4.866\,925\,525.$$

内容小结与评注

本章的基本内容包括:矩阵特征值估计的基本定理,对矩阵做正交相似变换的平面旋转变换和镜面反射变换,求解矩阵特征值问题的幂法、反幂法、雅可比方法、QR 算法和带原点位移的 QR 算法. 本章用到较多线性代数的知识和方法,其中一些是一般线性代数教科书上没有提到的,如格尔什戈林圆盘定理.

平面旋转变换和镜面反射变换是两种有力的正交相似变换工具,可以化简矩阵和对矩阵做 QR 分解,从而用于构造和分析数值解法等.

幂法用于求矩阵的主特征值和主特征向量,特别适用于大型稀疏矩阵. 它具有计算简单的特点,但其收敛速度往往不能令人满意. 因此,可以考虑用反幂法结合位移技巧加速收敛,也可用这种方法来求某个指定的特征值.

雅可比方法是古典的方法,用于求对称矩阵的全部特征值及其对应的特征向量. 在求近似于对角矩阵的特征值时,它是一种有效的方法.

QR 算法是求矩阵全部特征值的方法,它是 20 世纪 60 年代发展起来的. 1976 年,斯特朗(Strang) 在他的著作 *Linear Algebra and Its Applications* 中称 QR 算法是“数值数学最值得注意的算法之一”. 这种观点都得到了广泛的认同. QR 算法具有收敛快、精度高的特点. 在中小型稠密矩阵的特征值问题中,它仍然是目前最有效的算法之一.

习题 8

8.1 用幂法求矩阵

$$A = \begin{pmatrix} 3 & -2 & -4 \\ -2 & 6 & -2 \\ -4 & -2 & 3 \end{pmatrix}$$

的主特征值和主特征向量,当特征值有 3 位小数稳定时,迭代终止,并对计算结果用埃特金外推法加速收敛.

8.2 用反幂法求矩阵

$$A = \begin{pmatrix} 3 & -4 & 3 \\ -4 & 6 & 3 \\ 3 & 3 & 1 \end{pmatrix}$$

的按模最小的特征值及其对应的特征向量.

8.3 用反幂法求矩阵

$$A = \begin{pmatrix} 6 & 2 & 1 \\ 2 & 3 & 1 \\ 1 & 1 & 1 \end{pmatrix}$$

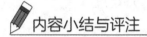

的接近于 6 的特征值及其对应的特征向量.

8.4　用雅可比方法计算下列矩阵的全部特征值及其对应的特征向量：

(1) $\boldsymbol{A}=\begin{pmatrix}4&0&0\\0&3&1\\0&1&3\end{pmatrix}$；　　(2) $\boldsymbol{A}=\begin{pmatrix}1.00&1.00&0.50\\1.00&1.00&0.25\\0.50&0.25&2.00\end{pmatrix}$.

8.5　设 $\boldsymbol{x}=(1,1,1,1)^{\mathrm{T}}$，对下列两种情形分别求正交矩阵 $\boldsymbol{P}$，使得 $\boldsymbol{Px}=\pm\|\boldsymbol{x}\|_2\boldsymbol{e}_1$：

(1) $\boldsymbol{P}$ 为平面旋转矩阵的乘积；

(2) $\boldsymbol{P}$ 为镜面反射矩阵的乘积.

8.6　(1) 设 $\boldsymbol{A}\in\mathbf{R}^{n\times n}$ 是对称矩阵，λ 和 $\boldsymbol{x}$ ($\|\boldsymbol{x}\|_2=1$) 分别是 $\boldsymbol{A}$ 的一个特征值及其对应的特征向量，试证：若存在正交矩阵 $\boldsymbol{P}$，使得 $\boldsymbol{Px}=\boldsymbol{e}_1$，则有

$$\boldsymbol{PAP}^{\mathrm{T}}=\begin{pmatrix}\lambda&\boldsymbol{0}\\\boldsymbol{0}&\boldsymbol{B}\end{pmatrix};$$

(2) 已知矩阵

$$\boldsymbol{A}=\begin{pmatrix}2&10&2\\10&5&-8\\2&-8&11\end{pmatrix}$$

的一个特征值 $\lambda=9$ 及其对应的特征向量 $\boldsymbol{x}=\left(\frac{2}{3},\frac{1}{3},\frac{2}{3}\right)^{\mathrm{T}}$，试求镜面反射矩阵 $\boldsymbol{P}$，使得 $\boldsymbol{Px}=\boldsymbol{e}_1$，并计算 $\boldsymbol{PAP}^{\mathrm{T}}$.

8.7　用正交相似变换将矩阵

$$\boldsymbol{A}=\begin{pmatrix}1&3&4\\3&1&2\\4&2&1\end{pmatrix}$$

化为对称三对角矩阵.

8.8　用镜面反射变换求矩阵

$$\boldsymbol{A}=\begin{pmatrix}1&1&1\\2&-1&-1\\2&-4&5\end{pmatrix}$$

的 QR 分解.

8.9　利用平面旋转变换对下列海森伯格形做一次 QR 变换：

(1) $\boldsymbol{A}=\begin{pmatrix}0&2&-2\\-1&2&-2\\0&-1&1\end{pmatrix}$；　　(2) $\boldsymbol{A}=\begin{pmatrix}3&1&0\\1&4&2\\0&2&1\end{pmatrix}$.

8.10　设 $\boldsymbol{A}\in\mathbf{R}^{n\times n}$ 为海森伯格形. 对于 QR 变换

$$\boldsymbol{A}=\boldsymbol{QR},\quad \boldsymbol{B}=\boldsymbol{Q}^{\mathrm{T}}\boldsymbol{AQ}=\boldsymbol{RQ},$$

证明：矩阵 $\boldsymbol{Q}$ 和 $\boldsymbol{B}$ 都是海森伯格形.

数值实验题 8

8.1 设矩阵

$$A=\begin{pmatrix}0&1&2&3\\2&3&0&1\\3&0&1&2\\1&2&3&0\end{pmatrix}.$$

(1) 用幂法计算 A 的主特征值和主特征向量，当特征值有 6 位小数稳定时，迭代终止；

(2) 以幂法迭代几次所得主特征值的近似值为位移量 p，用反幂法求接近于 p 的特征值及其对应的特征向量.

8.2 对于适当阶数(例如 10 ~ 100) 的矩阵

$$A=\begin{pmatrix}4&1&&&\\1&4&1&&\\&\ddots&\ddots&\ddots&\\&&1&4&1\\&&&1&4\end{pmatrix},$$

用雅可比方法求它的全部特征值及其对应的特征向量.

8.3 求多项式方程 $f(x)=x^n+a_{n-1}x^{n-1}+\cdots+a_1x+a_0=0$ 的根的问题，可以化为求矩阵

$$A=\begin{pmatrix}-a_{n-1}&-a_{n-2}&\cdots&-a_1&-a_0\\1&0&\cdots&0&0\\0&1&\cdots&0&0\\\vdots&\vdots&&\vdots&\vdots\\0&0&\cdots&1&0\end{pmatrix}$$

的特征值问题. 给定高次方程：

(1) $x^3+x^2-5x+3=0$；

(2) $x^3-3x-1=0$；

(3) $x^{41}+x^3+1=0$.

试用幂法求出这些方程的按模最大的根，并用 QR 算法求出它们的全部根.

第9章 常微分方程的数值解法

在解决科学研究与工程技术方面的问题时，常常需要建立微分方程形式的数学模型. 下面是这类问题的例子.

设 $N(t)$ 为某一物种在 t 时刻的数量，α 为该物种的出生率与死亡率之差，β 为该物种的食物供给及它们所占空间的限制，则描述该物种增长率的数学模型是

$$\begin{cases}\dfrac{\mathrm{d}N}{\mathrm{d}t}=\alpha N(t)-\beta N^2(t),\\ N(t_0)=N_0.\end{cases}$$

设 $Q(t)$ 为某一电容器上的带电量，C 为电容，R 为电阻，E 为电源的电动势，则描述该电容器充电过程的数学模型是

$$\begin{cases}\dfrac{\mathrm{d}Q}{\mathrm{d}t}=E-\dfrac{Q(t)}{RC},\\ Q(t_0)=Q_0.\end{cases}$$

以上两个例子都是常微分方程的初值问题，下面是一个常微分方程边值问题的例子.

设有一根长为 L，截面为矩形的梁，其两端被固定，又设 E 是弹性模量，S 是端点作用力，$I(x)$ 是惯性矩，q 是均匀载荷强度，则梁的挠度 $y(x)$ 满足如下常微分方程及边值条件：

$$\begin{cases}\dfrac{\mathrm{d}^2y}{\mathrm{d}x^2}=\dfrac{S}{EI(x)}y(x)+\dfrac{qx}{2EI(x)}(x-L),\\ y(0)=y(L)=0.\end{cases}$$

对于微分方程形式的数学模型，要找出其解的解析表达式往往是困难的，甚至是不可能的. 因此，需要研究和掌握微分方程的数值解法，即在计算域内计算离散点处解的近似值的方法. 本章将讨论数值求解常微分方程的基本理论和基本方法.

§9.1 欧 拉 方 法

9.1.1 欧拉方法及其有关的方法

考虑一阶常微分方程的初值问题

$$\begin{cases} y' = f(x,y), \\ y(x_0) = y_0. \end{cases} \tag{9.1}$$

设 $f(x,y)$ 是二元连续函数，它关于 y 满足利普希茨(Lipschitz) 条件，即存在正数 L(称为**利普希茨常数**)，使得对于任意两点 (x,y) 与 $(x,\bar{y})$，有 $|f(x,y)-f(x,\bar{y})| \leqslant L|y-\bar{y}|$，则初值问题(9.1) 的解是唯一存在的，而且连续依赖于初始条件.

为了求得初值问题(9.1) 的精确解 $y(x)$ 在离散点处的值，需将初值问题(9.1) 进行离散化. 一般的做法如下：引入点列 $\{x_n\}$，这里 $x_n = x_{n-1} + h_n (n = 1,2,\cdots)$. 称 $h_n (n = 1,2,\cdots)$ 为**步长**. 经常考虑定长的情形，即

$$h_n = h, \quad x_n = x_0 + nh \quad (n = 1,2,\cdots).$$

$y(x)$ 在点 $x_n (n = 1,2,\cdots)$ 处的值为 $y(x_n)$，用均差近似代替(9.1) 式中的导数，即得

$$\left.\begin{aligned} \frac{y(x_n+h)-y(x_n)}{h} &\approx f(x_n, y(x_n)), \\ \frac{y(x_n+h)-y(x_n)}{h} &\approx f(x_{n+1}, y(x_{n+1})) \end{aligned}\right\} \quad (n = 0,1,2,\cdots).$$

令 y_n 为 $y(x_n)$ 的近似值，并将上面两个近似式写成等式，整理后得

$$y_{n+1} = y_n + hf(x_n, y_n) \quad (n = 0,1,2,\cdots), \tag{9.2}$$

$$y_{n+1} = y_n + hf(x_{n+1}, y_{n+1}) \quad (n = 0,1,2,\cdots). \tag{9.3}$$

从 $y(x)$ 在点 x_0 处的初值 y_0 开始，按照(9.2) 式可逐步计算 $y(x)$ 在各点处的近似值. 称(9.2) 式为**显式欧拉**(Euler) **公式**. 由于(9.3) 式的右端隐含有待求函数值 y_{n+1}，不能逐步显式计算，故称(9.3) 式为**隐式欧拉公式或后退欧拉公式**.

如果将(9.2) 式和(9.3) 式做算术平均，就得**梯形公式**

$$y_{n+1} = y_n + \frac{h}{2}(f(x_n, y_n) + f(x_{n+1}, y_{n+1})) \quad (n = 0,1,2,\cdots). \tag{9.4}$$

梯形公式也是隐式公式.

对于初值问题(9.1)，用(9.2) 式求解的方法称为**欧拉方法**；用(9.3) 式求解的方法称为**隐式欧拉方法**；用(9.4) 式求解的方法称为**梯形方法**. 以上方法都是由 y_n 去计算 y_{n+1}，故称它们为**单步法**.

例 9.1

取 $h = 0.1$，用欧拉方法、隐式欧拉方法和梯形方法求解初值问题

$$\begin{cases} y' = x - y + 1, \\ y(0) = 1. \end{cases}$$

解　这里 $f(x,y)=x-y+1, x_0=0, y_0=1$. 采用欧拉方法时，由(9.2)式及 $h=0.1$ 得

$$y_{n+1}=0.1x_n+0.9y_n+0.1 \quad (n=0,1,2,\cdots);$$

采用隐式欧拉方法时，由(9.3)式及 $h=0.1$ 得

$$y_{n+1}=\frac{1}{1.1}(0.1x_{n+1}+y_n+0.1) \quad (n=0,1,2,\cdots);$$

采用梯形方法时，由(9.4)式及 $h=0.1$ 得

$$y_{n+1}=\frac{1}{1.05}(0.1x_n+0.95y_n+0.105) \quad (n=0,1,2,\cdots).$$

三种方法的部分计算结果如表 9-1 所示. 该初值问题的精确解为 $y(x)=x+\mathrm{e}^{-x}$. 从表 9-1 中可看到，在 $x_5=0.5$ 处，欧拉方法、隐式欧拉方法和梯形方法的误差 $|y(x_5)-y_5|$ 分别是 1.6×10^{-2}, 1.4×10^{-2} 和 2.5×10^{-4}.

表　9-1

x_n	计算值 y_n			精确值 $y(x_n)$
	欧拉方法	隐式欧拉方法	梯形方法	
0	1	1	1	1
0.1	1.000 000	1.009 091	1.004 762	1.004 837
0.2	1.010 000	1.026 446	1.018 594	1.018 731
0.3	1.029 000	1.051 315	1.040 633	1.040 818
0.4	1.056 100	1.083 013	1.070 096	1.070 320
0.5	1.090 490	1.120 921	1.106 278	1.106 531

在例 9.1 中，由于 $f(x,y)$ 关于 y 是线性的，所以用隐式欧拉公式也可方便地计算 y_{n+1}. 当 $f(x,y)$ 是 y 的非线性函数时，如 $f(x,y)=5x+\sqrt[3]{y}$，这时由隐式欧拉公式得 $y_{n+1}=y_n+h(5x_{n+1}+\sqrt[3]{y_{n+1}})$，显然它是 y_{n+1} 的非线性方程，可以选择非线性方程求根的迭代法来求 y_{n+1}. 以梯形公式为例，可用显式欧拉公式提供迭代初值 $y_{n+1}^{(0)}$，用迭代公式

$$\begin{cases} y_{n+1}^{(0)}=y_n+hf(x_n,y_n), \\ y_{n+1}^{(k+1)}=y_n+\dfrac{h}{2}(f(x_n,y_n)+f(x_{n+1},y_{n+1}^{(k)})) \quad (k=0,1,2,\cdots) \end{cases}$$

反复迭代，直到

$$|y_{n+1}^{(k+1)}-y_{n+1}^{(k)}|<\varepsilon.$$

这里，步长 h 成为迭代参数，它满足一定的条件时这个迭代法才能收敛. 将(9.4)式减去上述迭代公式，得

$$y_{n+1}-y_{n+1}^{(k+1)}=\frac{h}{2}(f(x_{n+1},y_{n+1})-f(x_{n+1},y_{n+1}^{(k)})) \quad (k=0,1,2,\cdots).$$

假设 $f(x,y)$ 关于 y 满足利普希茨条件，则有

$$|y_{n+1}-y_{n+1}^{(k+1)}|\leqslant\frac{hL}{2}|y_{n+1}-y_{n+1}^{(k)}| \quad (k=0,1,2,\cdots),$$

其中 L 为利普希茨常数. 由上式可见，当 $\frac{hL}{2}<1$，即 $h<\frac{2}{L}$ 时，迭代序列 $\{y_{n+1}^{(k)}\}$ 将收敛到 y_{n+1}.

对于隐式公式，通常采用**预估-校正技术**：先用显式公式计算，得到预估值，然后以预估值

为隐式公式的迭代初值，用隐式公式迭代一次得到校正值. 例如，用显式欧拉公式做预估，用梯形公式做校正，即得

$$\begin{cases}\overline{y}_{n+1}=y_n+hf(x_n,y_n),\\ y_{n+1}=y_n+\dfrac{h}{2}(f(x_n,y_n)+f(x_{n+1},\overline{y}_{n+1}))\end{cases}\quad(n=0,1,2,\cdots).\tag{9.5}$$

称公式(9.5)为**改进的欧拉公式**，并称用(9.5)式求解初值问题(9.1)的方法为**改进的欧拉方法**. 与(9.5)式等价的显式公式为

$$y_{n+1}=y_n+\frac{h}{2}(f(x_n,y_n)+f(x_{n+1},y_n+hf(x_n,y_n)))\quad(n=0,1,2,\cdots).\tag{9.6}$$

(9.5)式也可表示为下列平均化的形式：

$$\begin{cases}y_{\mathrm{p}}=y_n+hf(x_n,y_n),\\ y_{\mathrm{q}}=y_n+hf(x_{n+1},y_{\mathrm{p}}),\\ y_{n+1}=\dfrac{1}{2}(y_{\mathrm{p}}+y_{\mathrm{q}})\end{cases}\quad(n=0,1,2,\cdots).$$

例 9.2

取 $h=0.1$，用改进的欧拉方法求解初值问题

$$\begin{cases}y'=y-\dfrac{2x}{y},\\ y(0)=1.\end{cases}$$

解　根据改进的欧拉公式(9.5)，得到迭代公式

$$\begin{cases}\overline{y}_{n+1}=y_n+h\left(y_n-\dfrac{2x_n}{y_n}\right),\\ y_{n+1}=y_n+\dfrac{h}{2}\left[\left(y_n-\dfrac{2x_n}{y_n}\right)+\left(\overline{y}_{n+1}-\dfrac{2x_{n+1}}{\overline{y}_{n+1}}\right)\right]\end{cases}\quad(n=0,1,2,\cdots).$$

对于 $y_0=1,h=0.1$，部分计算结果如表 9-2 所示. 该初值问题的精确解为 $y(x)=\sqrt{1+2x}$.

表　9-2

x_n	0.1	0.2	0.3	0.4	0.5	0.6	0.7	0.8
y_n	1.095 9	1.184 1	1.266 2	1.343 4	1.416 4	1.486 0	1.552 5	1.615 3
精确解	1.095 4	1.183 2	1.264 9	1.341 6	1.414 2	1.483 2	1.549 2	1.616 5

9.1.2　局部误差和方法的阶

求解初值问题(9.1)的单步法可写成如下一般形式：

$$y_{n+1}=y_n+h\varphi(x_n,x_{n+1},y_n,y_{n+1},h)\quad(n=0,1,2,\cdots),\tag{9.7}$$

其中函数 φ 与 f 有关. 若 φ 中不含 y_{n+1}，则该方法是显式的；否则，该方法是隐式的. 所以，一般的显式单步法可表示为

$$y_{n+1}=y_n+h\varphi(x_n,y_n,h)\quad(n=0,1,2,\cdots).\tag{9.8}$$

例如，在欧拉方法中，有 $\varphi(x_n,y_n,h)=f(x_n,y_n)$.

对于不同的方法，计算值 y_n 相对于精确值 $y(x_n)$ 的误差各不相同，所以有必要讨论方法的截断误差. 我们称 $e_n=y(x_n)-y_n$ 为相应方法在点 x_n 处的**整体截断误差**. 显然，e_n 不单与 x_n 这步的计算有关，它与以前各步的计算都有关，所以称这个误差为整体的. 分析和估计整体截断误差 e_n 是复杂的. 为此，可以先假设计算值 y_n 没有误差，即 $y_n=y(x_n)$，考虑从 x_n 到 x_{n+1} 这一步的误差，这就是如下局部截断误差的概念.

定义 9.1　设 $y(x)$ 是初值问题(9.1) 的精确解，则称

$$T_{n+1}=y(x_{n+1})-y(x_n)-h\varphi(x_n,x_{n+1},y(x_n),y(x_{n+1}),h)$$

为单步法(9.7) 的**局部截断误差**.

定义 9.2　如果给定单步法的局部截断误差 $T_{n+1}=O(h^{p+1})$，其中 $p(p\geqslant 1)$ 为整数，则称该单步法是 p **阶**的，或者称该单步法具有 p **阶精度**. 若一个 p 阶单步法的局部截断误差为

$$T_{n+1}=g(x_n,y(x_n))h^{p+1}+O(h^{p+2}),$$

则称其第一个非零项 $g(x_n,y(x_n))h^{p+1}$ 为该 p 阶单步法的**局部截断误差的主项**.

对于欧拉方法，由泰勒展开式有

$$\begin{aligned}T_{n+1}&=y(x_{n+1})-y(x_n)-hf(x_n,y(x_n))=y(x_{n+1})-y(x_n)-hy'(x_n)\\&=\frac{h^2}{2}y''(x_n)+\frac{h^3}{6}y'''(x_n)+O(h^4)=O(h^2).\end{aligned}$$

所以，欧拉方法是一阶单步法，其局部截断误差的主项为 $\frac{h^2}{2}y''(x_n)$.

对于隐式欧拉方法，其局部截断误差为

$$\begin{aligned}T_{n+1}&=y(x_{n+1})-y(x_n)-hf(x_{n+1},y(x_{n+1}))=y(x_{n+1})-y(x_n)-hy'(x_{n+1})\\&=-\frac{h^2}{2}y''(x_n)+O(h^3)=O(h^2).\end{aligned}$$

所以，隐式欧拉方法也是一阶单步法，其局部截断误差的主项为 $-\frac{h^2}{2}y''(x_n)$，仅与欧拉方法的局部截断误差的主项相差一个符号.

同样，梯形方法是一种隐式单步法，类似可得其局部截断误差

$$\begin{aligned}T_{n+1}&=y(x_{n+1})-y(x_n)-\frac{h}{2}(f(x_n,y(x_n))+f(x_{n+1},y(x_{n+1})))\\&=-\frac{h^3}{12}y'''(x_n)+O(h^4)=O(h^3).\end{aligned}$$

可见，梯形方法具有二阶精度.

例 9.3

证明：由

$$y_{n+1}=y_n+\frac{h}{6}(4f(x_n,y_n)+2f(x_{n+1},y_{n+1})+hf'(x_n,y_n))$$

给出的隐式单步法是三阶的.

证　设 $y_n=y(x_n)$，则由

$$f(x_n,y_n)=y'(x_n),\quad f'(x_n,y_n)=y''(x_n),$$

$$f(x_{n+1},y_{n+1})=y'(x_{n+1})=y'(x_n)+hy''(x_n)+\frac{h^2}{2}y'''(x_n)+\frac{h^3}{6}y^{(4)}(x_n)+O(h^4)$$

可得

$$y_{n+1} = y(x_n) + \frac{h}{6}(4f(x_n, y_n) + 2f(x_{n+1}, y_{n+1}) + hf'(x_n, y_n))$$
$$= y(x_n) + hy'(x_n) + \frac{h^2}{2}y''(x_n) + \frac{h^3}{3!}y'''(x_n) + \frac{h^4}{18}y^{(4)}(x_n) + O(h^5).$$

将上式与 $y(x_{n+1})$ 在点 x_n 处的泰勒展开式做比较，得

$$y(x_{n+1}) - y_{n+1} = -\frac{1}{72}h^4 y^{(4)}(x_n) + O(h^5) = O(h^4).$$

由此可见，所给隐式单步法是三阶的.

§9.2 龙格-库塔方法

9.2.1 龙格-库塔方法的基本思想

欧拉方法是最简单的一阶单步法，它可以看作取泰勒展开式前 2 项. 因此，要得到高阶方法，一个直接想法是利用泰勒展开. 如果能计算 $y(x)$ 的高阶导数，则可写出 p 阶单步法（称为 **p 阶泰勒展开法**）的计算公式：

$$y_{n+1} = y_n^{(0)} + hy_n^{(1)} + \frac{h^2}{2!}y_n^{(2)} + \cdots + \frac{h^p}{p!}y_n^{(p)} \quad (n = 0,1,2,\cdots),$$

其中 $y_n^{(j)}(j = 0,1,2,\cdots,p)$ 是导数 $y^{(j)}(x_n)$ 的近似值. 若将 $f(x,y), \frac{\partial f}{\partial x}, \frac{\partial f}{\partial y}, \frac{\partial^2 f}{\partial x^2}, \frac{\partial^2 f}{\partial x \partial y}, \frac{\partial^2 f}{\partial y^2}$ 分别简记成 $f, f_x, f_y, f_{xx}, f_{xy}, f_{yy}$，则精确解 $y(x)$ 的二阶、三阶导数可分别表示为

$$y'' = f_x + f_y f, \quad y''' = f_{xx} + 2f_{xy}f + f_x f_y + f_{yy}f^2 + f_y^2 f.$$

这个方法并不实用，因为在一般情况下，求 $f(x,y)$ 的导数相当麻烦. 从计算高阶导数的公式知道，想要提高方法的截断误差的阶数，需要增加很大的运算量.

例 9.4

取步长 $h = 0.25$，用二阶泰勒展开法求初值问题

$$\begin{cases} y' = x^2 + y^2, \\ y(1) = 1 \end{cases}$$

的解在 $x = 1.5$ 处的近似值.

解 $y(x)$ 在点 x_n 处的二阶泰勒展开式为

$$y(x_{n+1}) = y(x_n) + hy'(x_n) + \frac{h^2}{2}y''(x_n) + O(h^3).$$

将 $y' = x^2 + y^2, y'' = 2x + 2yy' = 2x + 2y(x^2 + y^2)$ 代入上式并略去高阶项 $O(h^3)$，可得二阶泰勒展开法的计算公式

$$y_{n+1} = y_n + h(x_n^2 + y_n^2) + \frac{h^2}{2}[2x_n + 2y_n(x_n^2 + y_n^2)] \quad (n = 0,1,2,\cdots).$$

故由 $y(1)=y_0=1, h=0.25$ 计算得

$$y(1.25)\approx y_1=1.6875,$$
$$y(1.5)\approx y_2=3.333298.$$

泰勒展开法启发我们，要利用区间上若干点处的导数，而不是高阶导数：将若干点处的导数做线性组合得到平均斜率，并将其与 $y(x)$ 的泰勒展开式相比较，使前面若干项相吻合，从而得到具有一定阶数的单步法. 这就是龙格-库塔(Runge-Kutta) 方法的基本思想，其计算公式的一般形式为

$$y_{n+1}=y_n+h\sum_{i=1}^{L}\lambda_i K_i \quad (n=0,1,2,\cdots), \tag{9.9}$$

其中

$$\sum_{i=1}^{L}\lambda_i=1,\quad K_1=f(x_n,y_n),$$
$$K_i=f\Big(x_n+c_ih, y_n+c_ih\sum_{j=1}^{i-1}a_{ij}K_j\Big)\quad (i=2,3,\cdots,L),$$

这里 $0<c_i\leqslant 1$，$\sum_{j=1}^{i-1}a_{ij}=1\,(i=2,3,\cdots,L)$，$K_i\,(i=1,2,\cdots,L)$ 实质上是常微分方程的解曲线 $y=y(x)$ 在各点处的近似斜率. 计算公式(9.9) 的局部截断误差是

$$T_{n+1}=y(x_{n+1})-y(x_n)-h\sum_{i=1}^{L}\lambda_i K_i^*, \tag{9.10}$$

其中 K_i^* 与 K_i 的区别在于：用常微分方程精确解的值 $y(x_n)$ 代替 K_i 中的 y_n 就得到 K_i^*. 上面的参数 $\lambda_i\,(i=1,2,\cdots,L)$，$c_i$，$a_{ij}\,(i=2,3,\cdots,L; j=1,2,\cdots,i-1)$ 待定，确定它们的方法是：将(9.10) 式中的 $y(x_{n+1})$ 在点 x_n 处做泰勒展开，将 K_i^* 在点 $(x_n, y(x_n))$ 处做二元泰勒展开，且在展开式按 h 的次幂整理后，令 T_{n+1} 中 h 的低次幂的系数为零，使 T_{n+1} 的首项中 h 的次幂尽量高. 例如，可以要求 $T_{n+1}=O(h^{p+1})$，这时称用(9.9) 式求解初值问题(9.1) 的方法为 **L 级 p 阶龙格-库塔方法**(简称 **R-K 方法**). 它是显式方法，所以也称(9.9) 式为**显式 R-K 公式**.

类似于显式 R-K 公式(9.9) 的推导，稍加改变，就得到如下**隐式 R-K 公式**：

$$y_{n+1}=y_n+h\sum_{i=1}^{L}\lambda_i K_i \quad (n=0,1,2,\cdots),$$

其中

$$K_i=f\Big(x_n+c_ih, y_n+c_ih\sum_{j=1}^{L}a_{ij}K_j\Big)\quad (i=1,2,\cdots,L).$$

它与显式 R-K 公式的区别在于：在显式 R-K 公式中，对系数 a_{ij} 求和的上限是 $i-1$，从而由 a_{ij} 构成的矩阵是一个严格下三角形矩阵；而在隐式 R-K 公式中，对系数 a_{ij} 求和的上限是 L，从而由 a_{ij} 构成的矩阵是方阵，需要用迭代法求出近似斜率 $K_i\,(i=1,2,\cdots,L)$.

9.2.2　几类 R-K 方法

对于 $L=2$，有

$$\begin{cases} K_1 = f(x_n, y_n), \\ K_2 = f(x_n + c_2 h, y_n + c_2 h K_1), \quad (n = 0, 1, 2, \cdots), \\ y_{n+1} = y_n + h(\lambda_1 K_1 + \lambda_2 K_2) \end{cases}$$

其局部截断误差是

$$T_{n+1} = y(x_{n+1}) - y(x_n) - h(\lambda_1 K_1^* + \lambda_2 K_2^*). \tag{9.11}$$

将 T_{n+1} 中的各项做泰勒展开,并利用 $y'(x_n) = f(x_n, y(x_n))$, $y'' = f_x + f_y f$,则有

$$y(x_{n+1}) = y(x_n) + hy'(x_n) + \frac{h^2}{2} y''(x_n) + \frac{h^3}{6} y'''(x_n) + O(h^4),$$

$$\begin{aligned} K_1^* &= f(x_n, y(x_n)) = y'(x_n), \\ K_2^* &= f(x_n + c_2 h, y(x_n) + c_2 h y'(x_n)) \\ &= y'(x_n) + c_2 h y''(x_n) + \frac{c_2^2 h^2}{2}(f_{xx} + 2 f_{xy} f + f_{yy} f^2) + O(h^3). \end{aligned}$$

将它们代入(9.11)式,整理后得

$$\begin{aligned} T_{n+1} = &(1 - \lambda_1 - \lambda_2) h y'(x_n) + \left(\frac{1}{2} - \lambda_2 c_2\right) h^2 y''(x_n) \\ &+ h^3 \left[\frac{1}{6} y'''(x_n) - \frac{\lambda_2 c_2^2}{2}(f_{xx} + 2 f_{xy} f + f_{yy} f^2)\right] + O(h^4). \end{aligned}$$

选取 λ_1, λ_2 和 c_2,使得相应单步法的阶数尽可能高,就是要使得 h 和 h^2 的系数为零,因为 h^3 的系数一般不为零. 于是,得到方程组

$$\begin{cases} \lambda_1 + \lambda_2 = 1, \\ \lambda_2 c_2 = \dfrac{1}{2}. \end{cases}$$

显然,该方程组有无穷多个解,从而得到一族**二级二阶 R-K 方法**.

若以 c_2 为自由参数,取 $c_2 = \frac{1}{2}$,则得**中点公式**

$$y_{n+1} = y_n + hf\left(x_n + \frac{h}{2}, y_n + \frac{h}{2} f(x_n, y_n)\right) \quad (n = 0, 1, 2, \cdots); \tag{9.12}$$

取 $c_2 = \frac{2}{3}$,则得**休恩**(Heun)**公式**

$$y_{n+1} = y_n + \frac{h}{4}\left(f(x_n, y_n) + 3f\left(x_n + \frac{2}{3}h, y_n + \frac{2}{3}hf(x_n, y_n)\right)\right) \quad (n = 0, 1, 2, \cdots); \tag{9.13}$$

取 $c_2 = 1$,则得改进的欧拉公式(9.6).

对于 $L = 3$ 的情形,要计算三个斜率的近似值:

$$\begin{aligned} K_1 &= f(x_n, y_n), \\ K_2 &= f(x_n + c_2 h, y_n + c_2 h K_1), \\ K_3 &= f(x_n + c_3 h, y_n + c_3 h(a_{31} K_1 + a_{32} K_2)). \end{aligned}$$

类似于二级二阶 R-K 方法的推导,可以得到三级三阶 R-K 方法,其中参数应满足的方程组是

$$\begin{cases}\lambda_1+\lambda_2+\lambda_3=1,\\ a_{21}=1,\\ \lambda_2c_2+\lambda_3c_3=\dfrac{1}{2},\\ \lambda_2c_2^2+\lambda_3c_3^2=\dfrac{1}{3},\\ \lambda_3c_2c_3a_{32}=\dfrac{1}{6},\\ a_{31}+a_{32}=1.\end{cases}$$

该方程组的解是不唯一的. 常见的一种三级三阶 R-K 方法由如下公式给出：

$$\begin{cases}K_1=f(x_n,y_n),\\ K_2=f\left(x_n+\dfrac{h}{2},y_n+\dfrac{h}{2}K_1\right),\\ K_3=f(x_n+h,y_n-hK_1+2hK_2),\\ y_{n+1}=y_n+\dfrac{h}{6}(K_1+4K_2+K_3)\end{cases}\quad(n=0,1,2,\cdots).$$

对于 $L=4$ 的情况，可进行类似推导. 最常用的一种四级四阶 R-K 方法是**经典 R-K 方法**，它由如下公式给出：

$$\begin{cases}K_1=f(x_n,y_n),\\ K_2=f\left(x_n+\dfrac{h}{2},y_n+\dfrac{h}{2}K_1\right),\\ K_3=f\left(x_n+\dfrac{h}{2},y_n+\dfrac{h}{2}K_2\right),\\ K_4=f(x_n+h,y_n+hK_3),\\ y_{n+1}=y_n+\dfrac{h}{6}(K_1+2K_2+2K_3+K_4)\end{cases}\quad(n=0,1,2,\cdots).\tag{9.14}$$

我们称(9.14)式为**经典 R-K 公式**.

为了分析经典 R-K 方法的运算量和计算精度，现将经典 R-K 公式(9.14)(四阶)与显式欧拉公式(9.2)(一阶)及改进的欧拉公式(9.6)(二阶)相比较. 一般来说，方法的阶数越大，计算右端函数值的次数就越多，运算量也就越大. 在同样步长的情况下，欧拉方法每步只计算一个右端函数值，而经典 R-K 方法要计算四个右端函数值. 经典 R-K 方法的运算量差不多是改进的欧拉方法的 2 倍，是显式欧拉方法的 4 倍. 在下面的例子中，欧拉方法采用步长 h，改进的欧拉方法采用步长 $2h$，而经典 R-K 方法采用步长 $4h$，这样从 x_n 到 x_n+4h，三种方法都计算了四个右端函数值，运算量大体相当.

例 9.5

考虑初值问题

$$\begin{cases}y'=-y+1,\\ y(0)=0.\end{cases}$$

其精确解为 $y(x)=1-e^{-x}$. 分别用 $h=0.025$ 的欧拉方法，$h=0.05$ 的改进的欧拉方法和 $h=0.1$ 的经典 R-K 方法计算到 $x=0.5$. 于是，这三种方法在沿 x 增大的方向每前进 0.1 都要计算四个右端函数值,即运算量相当,部分计算结果如表 9-3 所示. 在 $x=0.5$ 处,这三种方法的误差依次是 3.8×10^{-3}, 1.3×10^{-4}, 2.8×10^{-7}. 从计算结果看,在运算量大致相同的情况下,经典 R-K 方法比其他两种方法的结果好很多. 经典 R-K 方法对多数具有好条件(如 $f_y<0$)的问题都能获得较好的效果(参见§9.3).

表 9-3

x_n	计算值 y_n			精确值 $y(x_n)$
	欧拉方法 ($h=0.025$)	改进的欧拉方法 ($h=0.05$)	经典 R-K 方法 ($h=0.1$)	
0.1	0.096 312	0.095 123	0.095 162 50	0.095 162 58
0.2	0.183 348	0.181 193	0.181 269 10	0.181 269 25
0.3	0.262 001	0.259 085	0.259 181 58	0.259 181 78
0.4	0.333 079	0.329 563	0.329 679 71	0.329 679 95
0.5	0.397 312	0.393 337	0.393 469 06	0.393 469 34

在常微分方程数值解法的实际计算中,还有如何选择步长的问题. 一方面,单从每一步看,步长越小,截断误差就越小. 但另一方面,随着步长的缩小,在一定求解范围内所要完成的步数就会增加,而步数的增加不但会引起运算量的增大,而且可能会导致舍入误差的严重积累. 因此,在选择步长时,我们需要衡量和检验计算结果的精度,并依据所获得的精度处理步长. 下面以经典 R-K 方法为例进行说明.

从节点 x_n 出发,先以 h 为步长求出一个近似值 $y_{n+1}^{(h)}$. 由于公式(9.14)的局部截断误差为 $O(h^5)$,故有

$$y(x_{n+1})-y_{n+1}^{(h)}\approx ch^5,$$

其中当 h 不大时,系数 c 可以近似看作常数. 再将步长折半,即以 $\frac{h}{2}$ 为步长,从 x_n 跨两步到 x_{n+1},求得另一个近似值 $y_{n+1}^{\left(\frac{h}{2}\right)}$,每跨一步的截断误差约为 $c\left(\frac{h}{2}\right)^5$,因此有

$$y(x_{n+1})-y_{n+1}^{\left(\frac{h}{2}\right)}\approx 2c\left(\frac{h}{2}\right)^5.$$

比较上述两式,有

$$\frac{y(x_{n+1})-y_{n+1}^{\left(\frac{h}{2}\right)}}{y(x_{n+1})-y_{n+1}^{(h)}}\approx\frac{1}{16}.$$

由此易得如下的事后误差估计式:

$$y(x_{n+1})-y_{n+1}^{\left(\frac{h}{2}\right)}\approx\frac{1}{15}\left(y_{n+1}^{\left(\frac{h}{2}\right)}-y_{n+1}^{(h)}\right).$$

这样,我们可以通过检查步长折半前后计算结果的偏差

$$\Delta=\left|y_{n+1}^{\left(\frac{h}{2}\right)}-y_{n+1}^{(h)}\right|$$

来判定所选的步长是否合适.

具体地说,对于给定的精度 ε,将按以下两种情况进行处理:如果 $\Delta>\varepsilon$,则反复将步长折半进行计算,直到 $\Delta<\varepsilon$ 为止,这时取最终得到的 $y_{n+1}^{\left(\frac{h}{2}\right)}$ 作为结果;如果 $\Delta<\varepsilon$,则反复将步长加倍

进行计算，直到 $\Delta > \varepsilon$ 为止，这时将前一次步长折半的结果作为所要的结果. 这种需对步长做加倍或折半处理的方法称为**变步长方法**. 虽然为了选择步长，每一步的运算量都有所增加，但总体考虑还是值得的.

§9.3　单步法的收敛性和数值稳定性

9.3.1　单步法的收敛性

常微分方程数值解法的基本思想是：通过离散化，将常微分方程转化为某种差分方程（例如(9.8)式）来求解. 这种转化是否合理，还要看这个差分方程的解 y_n 是否收敛到原常微分方程的精确解 $y(x_n)$.

定义 9.3　对于任意固定的 $x_n = x_0 + nh$，若对初值问题(9.1)采用显式单步法(9.8)得到的近似解 y_n 均满足 $y_n \to y(x_n)$（$h \to 0$，同时 $n \to \infty$），则称该方法是**收敛**的.

在定义 9.3 中，x_n 是固定的点，$h \to 0$ 时有 $n \to \infty$，n 不是固定的. 显然，若显式单步法(9.8)是收敛的，则在固定点 x_n 处的整体截断误差 $e_n = y(x_n) - y_n$ 趋近于零. 下面给出显式单步法(9.8)收敛的条件.

定理 9.1　**设求解初值问题(9.1)的显式单步法(9.8)是 $p(p \geqslant 1)$ 阶的，且函数 φ 关于 y 满足利普希茨条件，即存在常数 $L > 0$，使得**

$$|\varphi(x, y_1, h) - \varphi(x, y_2, h)| \leqslant L |y_1 - y_2|$$

对于一切 $y_1, y_2 \in \mathbf{R}$ 都成立，则显式单步法(9.8)收敛，且 $y(x_n) - y_n = O(h^p)$.

证　记 $e_n = y(x_n) - y_n$. 根据局部截断误差的定义，有

$$y(x_{n+1}) = y(x_n) + h\varphi(x_n, y(x_n), h) + T_{n+1}.$$

将上式与(9.8)式相减，得

$$e_{n+1} = e_n + h(\varphi(x_n, y(x_n), h) - \varphi(x_n, y_n, h)) + T_{n+1}.$$

因为显式单步法(9.8)是 p 阶的，所以存在 h_0，使得当 $0 < h \leqslant h_0$ 时，有 $|T_{n+1}| \leqslant ch^{p+1}$（$c$ 为正常数）. 再由 φ 关于 y 满足利普希茨条件有

$$|e_{n+1}| \leqslant |e_n| + hL|e_n| + ch^{p+1}.$$

为了方便，记 $\alpha = 1 + hL$，$\beta = ch^{p+1}$，则有 $|e_{n+1}| \leqslant \alpha |e_n| + \beta$. 由此可推得

$$\begin{aligned} |e_n| &\leqslant \alpha |e_{n-1}| + \beta \leqslant \alpha^2 |e_{n-2}| + \alpha\beta + \beta \leqslant \cdots \\ &\leqslant \alpha^n |e_0| + \beta(\alpha^{n-1} + \alpha^{n-2} + \cdots + \alpha + 1). \end{aligned}$$

利用关系式

$$\mathrm{e}^{hL} = 1 + hL + \frac{(hL)^2}{2} + \cdots \geqslant 1 + hL,$$

$$\alpha^n = (1 + hL)^n \leqslant \mathrm{e}^{nhL} = \mathrm{e}^{L(x_n - x_0)},$$

可以得到

$$|e_n| \leqslant |e_0| \mathrm{e}^{L(x_n - x_0)} + [\mathrm{e}^{L(x_n - x_0)} - 1]ch^pL^{-1}.$$

现在取 $y_0 = y(x_0)$，有 $e_0 = 0$，于是 $e_n = O(h^p)$.

容易证明,如果初值问题(9.1)中的 f 关于 y 满足利普希茨条件,且初值是准确的,则相应的欧拉方法、改进的欧拉方法和R-K方法都是收敛的.

定理9.1说明,f 关于 y 满足利普希茨条件是使得显式单步法收敛的充分条件.而且,定理9.1还说明,一个单步法的整体截断误差比局部截断误差低一阶.所以,常常通过求出局部截断误差去了解整体截断误差的大小.

显式单步法(9.8)还可写成如下形式:

$$\varphi(x_n,y_n,h)=\frac{y_{n+1}-y_n}{h}\quad(n=0,1,2,\cdots),\tag{9.15}$$

其中 φ 称为**增量函数**.对于收敛的单步法,固定 $x=x_n$,有 $y_n\to y(x_n)(h\to0)$,从而有 $\dfrac{y_{n+1}-y_n}{h}\to y'(x_n)(h\to0)$.对于计算公式(9.15),我们自然要考虑

$$\varphi(x_n,y_n,h)\to f(x_n,y(x_n))\quad(h\to0)$$

是否成立.这就是相容性问题.

定义9.4 若显式单步法(9.8)的增量函数 φ 满足 $\varphi(x,y,0)=f(x,y)$,则称显式单步法(9.8)与初值问题(9.1)是**相容**的.

相容性定义说明,差分方程(9.15)趋近于初值问题(9.1)中的常微分方程.本章讨论的数值解法都是与原初值问题相容的.

9.3.2 单步法的数值稳定性

由于计算过程中舍入误差总会存在,故需要讨论单步法的数值稳定性.一个数值不稳定的单步法会使计算解失真或计算失败.当单步法中某一步的计算结果有舍入误差时,若以后的计算中误差不会逐步扩大,则称这种数值稳定性为**绝对稳定性**.

为了方便讨论,将初值问题(9.1)中的 $f(x,y)$ 在解域内某一点 (a,b) 处做泰勒展开并局部线性化,即

$$\begin{aligned}y'&=f(x,y)\approx f(a,b)+(x-a)f_x(a,b)+(y-b)f_y(a,b)\\&\triangleq f_y(a,b)y+c_1x+c_2.\end{aligned}$$

此时,令

$$\lambda=f_y(a,b),\quad u=y+\frac{c_1}{\lambda}x+\frac{c_1}{\lambda^2}+\frac{c_2}{\lambda},$$

利用线性化的关系,可得 $u'\approx\lambda u$.因此,我们通过微分方程

$$y'=\lambda y\tag{9.16}$$

来讨论单步法的绝对稳定性.我们称方程(9.16)为**试验方程**.

现讨论欧拉方法的绝对稳定性.将欧拉方法应用于试验方程(9.16),有

$$y_{n+1}=(1+\lambda h)y_n.$$

当 y_n 有舍入误差时,其近似值为 $\tilde{y}_n$,从而有

$$\tilde{y}_{n+1}=(1+\lambda h)\tilde{y}_n.$$

令 $\varepsilon_n=y_n-\tilde{y}_n$,得到误差传播的方程

$$\varepsilon_{n+1}=(1+\lambda h)\varepsilon_n.$$

令 $E(\lambda h)=1+\lambda h$，则只要 $|E(\lambda h)|\leqslant 1$，误差就不会恶性发展，即当 $-2\leqslant \lambda h\leqslant 0$ 时，欧拉方法是绝对稳定的.

对于梯形方法，将其应用于试验方程(9.16)，有

$$y_{n+1}=\frac{1+\lambda\frac{h}{2}}{1-\lambda\frac{h}{2}}y_n.$$

同理，有误差传播的方程

$$\varepsilon_{n+1}=E(\lambda h)\varepsilon_n,$$

其中

$$E(\lambda h)=\frac{1+\lambda\frac{h}{2}}{1-\lambda\frac{h}{2}}.$$

因此，当 $\lambda\leqslant 0$ 时，梯形方法是绝对稳定的.

将任一单步法应用于试验方程(9.16)，都可得如下形式的一个式子：

$$y_{n+1}=E(\lambda h)y_n, \tag{9.17}$$

其中对于不同的单步法，$E(\lambda h)$ 有不同的表达式. 一般地，在试验方程(9.16) 中，我们只考虑 $\lambda<0$ 的情形，而对于 $\lambda=f_y>0$ 的情形，我们认为单步法是不绝对稳定的.

定义 9.5　若(9.17) 式中的 $|E(\lambda h)|\leqslant 1$，则称对应的单步法是**绝对稳定**的. 在复平面上，λh 满足 $|E(\lambda h)|\leqslant 1$ 的区域，称为该单步法的**绝对稳定区域**，它与实轴的交集称为**绝对稳定区间**.

一些单步法的 $E(\lambda h)$ 表达式和它们的绝对稳定区间如表 9-4 所示. 从表 9-4 中可见，隐式方法比显式方法的绝对稳定性好.

表　9-4

单步法	$E(\lambda h)$	绝对稳定区间
欧拉方法	$1+\lambda h$	$-2\leqslant\lambda h\leqslant 0$
改进的欧拉方法	$1+\lambda h+\frac{(\lambda h)^2}{2}$	$-2\leqslant\lambda h\leqslant 0$
三级三阶 R-K 方法	$1+\lambda h+\frac{(\lambda h)^2}{2}+\frac{(\lambda h)^3}{6}$	$-2.51\leqslant\lambda h\leqslant 0$
四级四阶 R-K 方法	$1+\lambda h+\frac{(\lambda h)^2}{2}+\frac{(\lambda h)^3}{6}+\frac{(\lambda h)^4}{24}$	$-2.785\leqslant\lambda h\leqslant 0$
隐式欧拉方法	$\frac{1}{1-\lambda h}$	$\lambda h\leqslant 0$
梯形方法	$\frac{1+\lambda\frac{h}{2}}{1-\lambda\frac{h}{2}}$	$\lambda\leqslant 0$

例 9.6

分别取 $h=1,2,4$，用经典 R-K 方法求解初值问题

$$\begin{cases} y'=-y+x-\mathrm{e}^{-1}, \\ y(1)=0. \end{cases}$$

解 这里 $\lambda=-1,\lambda h=-1,-2,-4$. 由表 9-4 可知,当 $h\leqslant 2.785$ 时,经典 R-K 方法才绝对稳定. 部分计算结果如表 9-5 所示. 该初值问题的精确解为 $y(x)=e^{-x}+x-1-e^{-1}$.

表 9-5

x_n	计算值 y_n			精确值 $y(x_n)$
	$h=1$	$h=2$	$h=4$	
5	3.6394	3.6730	5.4715	3.6389
9	7.6323	7.6367	16.8291	7.6322
13	11.6321	11.6326	57.6171	11.6321

由表 9-5 可见,当 $h=1$ 和 $h=2$ 时,相应的单步法确实数值稳定,而当 $h=4$ 时,相应的单步法是数值不稳定的. 此外,$h=1$ 时计算结果的精度比 $h=2$ 时计算结果的精度高. 这是因为 h 越小,相应单步法的局部截断误差越小. 但是,若 h 过分小的话,计算步数又会非常多,其累积误差就会增加. 所以,实际计算时,应选取合适的步长. 常常采用自动变步长的 R-K 方法.

§9.4 线性多步法

在常微分方程初值问题(9.1)的数值解法中,除像 R-K 方法等单步法以外,还有另一种类型的解法——**线性多步法**:每一步解的计算公式不仅与前一步解的值有关,而且与前若干步解的值有关,即需利用前面多步的信息预测下一步解的值. 类似于单步法,线性多步法也有局部截断误差和精度阶数等概念,这里不再赘述.

线性多步法可能期望获得较高的精度. 构造线性多步法主要有两种途径:基于数值积分和泰勒展开. 下面分别介绍具体的构造方法.

9.4.1 基于数值积分的方法

基于数值积分可以构造出一系列求解常微分方程初值问题的计算公式,这些计算公式由插值多项式唯一确定.

考虑求解初值问题(9.1)的计算公式的构造. 将初值问题(9.1)中的常微分方程两边同时在闭区间$[x_n,x_{n+1}]$上积分,可以得到

$$y(x_{n+1})=y(x_n)+\int_{x_n}^{x_{n+1}}f(x,y(x))\mathrm{d}x. \tag{9.18}$$

与推导牛顿-科茨公式一样,用等距节点的插值多项式来替代被积函数,再对插值多项式积分,这样就得到一系列求积公式,进而得到一系列基于数值积分的求解初值问题(9.1)的计算公式.

例如,用梯形方法计算积分项,得

$$\int_{x_n}^{x_{n+1}}f(x,y(x))\mathrm{d}x\approx\frac{h}{2}(f(x_n,y(x_n))+f(x_{n+1},y(x_{n+1}))).$$

代入(9.18)式,有

$$y(x_{n+1})\approx y(x_n)+\frac{h}{2}(f(x_n,y(x_n))+f(x_{n+1},y(x_{n+1}))).$$

由此即可推导出梯形公式(9.4).

一般地,设由 $r+1$ 个数据点 $(x_n, f_n), (x_{n-1}, f_{n-1}), \cdots, (x_{n-r}, f_{n-r})$ 构造插值多项式 $P_r(x)$,这里 $f_k = f(x_k, y_k), x_k = x_0 + kh$. 运用插值公式,有

$$l_j(x) = \prod_{\substack{k=0 \\ k\neq j}}^{r} \frac{x - x_{n-k}}{x_{n-j} - x_{n-k}}, \quad P_r(x) = \sum_{j=0}^{r} f_{n-j} l_j(x).$$

将(9.18) 式离散化,即得计算公式

$$y_{n+1} = y_n + h\sum_{j=0}^{r} \alpha_{rj} f_{n-j} \quad (n = r, r+1, \cdots), \tag{9.19}$$

其中

$$\alpha_{rj} = \frac{1}{h}\int_{x_n}^{x_{n+1}} l_j(x)\mathrm{d}x = \int_0^1 \prod_{\substack{k=0 \\ k\neq j}}^{r} \frac{t+k}{k-j}\mathrm{d}t \quad (j = 0, 1, 2, \cdots, r).$$

当 $r = 4$ 时,系数 $\alpha_{rj}\,(j = 0, 1, 2, 3, 4)$ 的具体数值如表 9-6 所示. (9.19) 式是一个 $r+1$ 步的显式公式,称为**显式亚当斯**(Adams) **公式**. 特别地,当 $r = 0$ 时,即为显式欧拉公式. 用(9.19) 式求解初值问题(9.1) 的方法称为**亚当斯方法**.

表　9-6

j	0	1	2	3	4
α_{0j}	1				
$2\alpha_{1j}$	3	-1			
$12\alpha_{2j}$	23	-16	5		
$24\alpha_{3j}$	55	-59	37	-9	
$720\alpha_{4j}$	1 901	$-2\,774$	2 616	$-1\,274$	251

在上述显式亚当斯公式的推导中,选用了 $x_n, x_{n-1}, \cdots, x_{n-r}$ 作为节点,这时插值多项式 $P_r(x)$ 在求积区间 $[x_n, x_{n+1}]$ 上逼近 $f(x, y(x))$ 是一个外推结果. 为了改善逼近效果,我们变外推为内插,改用 $x_{n+1}, x_n, \cdots, x_{n-r+1}$ 为节点,即用数据点 $(x_{n+1}, f_{n+1}), (x_n, f_n), \cdots, (x_{n-r+1}, f_{n-r+1})$ 构造插值多项式 $P_r(x)$,则有

$$l_j(x) = \prod_{\substack{k=0 \\ k\neq j}}^{r} \frac{x - x_{n-k+1}}{x_{n-j+1} - x_{n-k+1}}, \quad P_r(x) = \sum_{j=0}^{r} f_{n-j+1} l_j(x).$$

于是,我们有计算公式

$$y_{n+1} = y_n + h\sum_{j=0}^{r} \beta_{rj} f_{n-j+1} \quad (n = r, r+1, \cdots), \tag{9.20}$$

其中

$$\beta_{rj} = \frac{1}{h}\int_{x_n}^{x_{n+1}} l_j(x)\mathrm{d}x = \int_{-1}^0 \prod_{\substack{k=0 \\ k\neq j}}^{r} \frac{t+k}{k-j}\mathrm{d}t \quad (j = 0, 1, 2, \cdots, r).$$

当 $r = 4$ 时,系数 $\beta_{rj}\,(j = 0, 1, 2, 3, 4)$ 的具体数值如表 9-7 所示. (9.20) 式是隐式公式,称为**隐式亚当斯公式**. 特别地,当 $r = 0, 1$ 时,隐式亚当斯公式分别为隐式欧拉公式和隐式梯形公式. 用(9.20) 式求解初值问题(9.1) 的方法称为**隐式亚当斯方法**.

表 9-7

j	0	1	2	3	4
β_{0j}	1				
$2\beta_{1j}$	1	1			
$12\beta_{2j}$	5	8	-1		
$24\beta_{3j}$	9	19	-5	1	
$720\beta_{4j}$	251	646	-264	106	-19

对于隐式公式(9.20),需要用迭代法来计算 y_{n+1}. 计算 y_{n+1} 的迭代公式为

$$y_{n+1}^{(s+1)} = y_n + h\Big(\beta_{r0} f(x_{n+1}, y_{n+1}^{(s)}) + \sum_{j=1}^{r} \beta_{rj} f_{n-j+1}\Big) \quad (s = 0,1,2,\cdots),$$

其收敛条件为 $h|\beta_{r0}|L < 1$,其中 L 为 f 关于 y 的利普希茨常数.

利用插值多项式的余项,可以求出亚当斯方法和隐式亚当斯方法的局部截断误差. 当然,也可以从得到的显式亚当斯公式和隐式亚当斯公式,由局部截断误差的定义来求出相应方法的局部截断误差. 表 9-8 中列出了 $r = 0,1,2,3$ 时这两种方法的局部截断误差的主项. 由表 9-8 可以看出,隐式亚当斯方法的局部截断误差更小.

表 9-8

r		0	1	2	3
局部截断误差的主项	亚当斯方法	$\frac{1}{2}h^2 y''(x_n)$	$\frac{5}{12}h^3 y'''(x_n)$	$\frac{3}{8}h^4 y^{(4)}(x_n)$	$\frac{251}{720}h^5 y^{(5)}(x_n)$
	隐式亚当斯方法	$-\frac{1}{2}h^2 y''(x_n)$	$-\frac{1}{12}h^3 y'''(x_n)$	$-\frac{1}{24}h^4 y^{(4)}(x_n)$	$-\frac{19}{720}h^5 y^{(5)}(x_n)$

9.4.2 基于泰勒展开的方法

下面介绍基于泰勒展开的构造方法,它可灵活地构造出线性多步法的计算公式. 对于固定的步数,可以适当地选取待定参数的值,使得线性多步法的精度尽可能高;还可以根据需要,构造显式或隐式公式.

对于初值问题(9.1),考虑构造如下形式的线性多步法计算公式:

$$y_{n+1} = \alpha_0 y_n + \alpha_1 y_{n-1} + \cdots + \alpha_r y_{n-r} + h(\beta_{-1} f_{n+1} + \beta_0 f_n + \cdots + \beta_r f_{n-r}), \tag{9.21}$$

其中 $\alpha_k, \beta_k (k = 0,1,\cdots,r)$ 为待定参数. 通常称(9.21)式为**线性多步公式**. 当 $\beta_{-1} = 0$ 时,(9.21)式为显式公式;当 $\beta_{-1} \neq 0$ 时,(9.21)式为隐式公式. 线性多步公式(9.21)的局部截断误差为

$$T_{n+1} = y(x_{n+1}) - \Big(\sum_{k=0}^{r} \alpha_k y(x_{n-k}) + h\sum_{k=-1}^{r} \beta_k f(x_{n-k}, y(x_{n-k}))\Big).$$

利用初值问题(9.1)中的常微分方程,有

$$T_{n+1} = y(x_{n+1}) - \Big(\sum_{k=0}^{r} \alpha_k y(x_{n-k}) + h\sum_{k=-1}^{r} \beta_k y'(x_{n-k})\Big). \tag{9.22}$$

下面利用泰勒展开,确定参数 $\alpha_k, \beta_k (k = 0,1,\cdots,r)$,使得线性多步公式(9.21)可以达到 p 阶精度,即 $T_{n+1} = O(h^{p+1})$.

对(9.22)式右端的各项在点 x_n 处做泰勒展开,则有

$$y(x_{n-k})=\sum_{j=0}^{p}\frac{(-kh)^j}{j!}y^{(j)}(x_n)+\frac{(-kh)^{p+1}}{(p+1)!}y^{(p+1)}(x_n)+O(h^{p+2}),$$

$$y'(x_{n-k})=\sum_{j=1}^{p}\frac{(-kh)^j}{(j-1)!}y^{(j)}(x_n)+\frac{(-kh)^{p+1}}{p!}y^{(p+1)}(x_n)+O(h^{p+1}).$$

将它们代入(9.22)式,整理后得

$$T_{n+1}=\Big(1-\sum_{k=0}^{r}\alpha_k\Big)y(x_n)+\sum_{j=1}^{p}\frac{h^j}{j!}\Big[1-\sum_{k=1}^{r}(-k)^j\alpha_k-j\sum_{k=-1}^{r}(-k)^{j-1}\beta_k\Big]y^{(j)}(x_n)$$
$$+\frac{h^{p+1}}{(p+1)!}\Big[1-\sum_{k=1}^{r}(-k)^{p+1}\alpha_k-(p+1)\sum_{k=-1}^{r}(-k)^p\beta_k\Big]y^{(p+1)}(x_n)+O(h^{p+2}).$$

令 $y(x_n),h,h^2,\cdots,h^p$ 的系数为零,则得到关于 $\alpha_k,\beta_k(k=0,1,\cdots,r)$ 的线性方程组

$$\begin{cases}\sum_{k=0}^{r}\alpha_k=1,\\ \sum_{k=1}^{r}(-k)^j\alpha_k+j\sum_{k=-1}^{r}(-k)^{j-1}\beta_k=1\quad(j=1,2,\cdots,p),\end{cases}\tag{9.23}$$

并且线性多步公式(9.21)的局部截断误差为

$$T_{n+1}=\frac{h^{p+1}}{(p+1)!}\Big[1-\sum_{k=1}^{r}(-k)^{p+1}\alpha_k-(p+1)\sum_{k=-1}^{r}(-k)^p\beta_k\Big]y^{(p+1)}(x_n)+O(h^{p+2}).$$

当参数 $\alpha_k,\beta_k(k=0,1,\cdots,r)$ 满足方程组(9.23)时,线性多步公式(9.21)达到 p 阶精度,方程组(9.23)可能有多个解.

下面我们构造几个著名的四阶线性多步公式.考虑下列形式的线性多步公式及其局部截断误差:

$$y_{n+1}=\alpha_0y_n+\alpha_1y_{n-1}+\alpha_2y_{n-2}+\alpha_3y_{n-3}$$
$$+h(\beta_{-1}f_{n+1}+\beta_0f_n+\beta_1f_{n-1}+\beta_2f_{n-2}+\beta_3f_{n-3})\quad(n=3,4,\cdots),\tag{9.24}$$

$$T_{n+1}=\frac{h^5}{5!}\Big[1-\sum_{k=1}^{3}(-k)^5\alpha_k-5\sum_{k=-1}^{3}(-k)^4\beta_k\Big]y^{(5)}(x_n)+O(h^6).\tag{9.25}$$

由于 $r=3,p=4$,由方程组(9.23)得到5个方程,而(9.24)式中含有9个未知数,因此(9.24)式中有4个自由参数.

若取 $\beta_{-1}=0,\alpha_1=\alpha_2=\alpha_3=0$,则由方程组(9.23)可得到关于其他5个待定参数的方程组,解之得

$$\alpha_0=1,\quad\beta_0=\frac{55}{24},\quad\beta_1=-\frac{59}{24},\quad\beta_2=\frac{37}{24},\quad\beta_3=-\frac{9}{24}.$$

代入(9.24)式和(9.25)式,得到常用的**四步四阶显式亚当斯公式**及其局部截断误差:

$$y_{n+1}=y_n+\frac{h}{24}(55f_n-59f_{n-1}+37f_{n-2}-9f_{n-3})\quad(n=3,4,\cdots),\tag{9.26}$$

$$T_{n+1}=\frac{251}{720}h^5y^{(5)}(x_n)+O(h^6).\tag{9.27}$$

若取 $\beta_{-1}=0,\alpha_0=\alpha_1=\alpha_2=0$,则由方程组(9.23)可得到关于其他5个待定参数的方程组,解之得

$$\alpha_3=1,\quad\beta_0=\frac{8}{3},\quad\beta_1=-\frac{4}{3},\quad\beta_2=\frac{8}{3},\quad\beta_3=0.$$

由此可构造出著名的**四步四阶显式米尔恩**(Milne) **公式**及其局部截断误差:

$$y_{n+1}=y_{n-3}+\frac{4}{3}h(2f_n-f_{n-1}+2f_{n-2})\quad(n=3,4,\cdots),\tag{9.28}$$

$$T_{n+1}=\frac{14}{45}h^5y^{(5)}(x_n)+O(h^6).\tag{9.29}$$

若取 $\alpha_1=\alpha_2=\alpha_3=0,\beta_3=0$,则由方程组(9.23)可得到关于其他5个待定参数的方程组,由此解得待定参数,从而得到**三步四阶隐式亚当斯公式**及其局部截断误差:

$$y_{n+1}=y_n+\frac{h}{24}(9f_{n+1}+19f_n-5f_{n-1}+f_{n-2})\quad(n=2,3,\cdots),\tag{9.30}$$

$$T_{n+1}=-\frac{19}{720}h^5y^{(5)}(x_n)+O(h^6).\tag{9.31}$$

若取 $\alpha_1=\alpha_3=0,\beta_2=\beta_3=0$,求解方程组(9.23)即可得到著名的**三步四阶隐式汉明**(Hamming) **公式**及其局部截断误差:

$$y_{n+1}=\frac{1}{8}(9y_n-y_{n-2})+\frac{3}{8}h(f_{n+1}+2f_n-f_{n-1})\quad(n=2,3,\cdots),\tag{9.32}$$

$$T_{n+1}=-\frac{1}{40}h^5y^{(5)}(x_n)+O(h^6).\tag{9.33}$$

若取 $\alpha_0=\alpha_2=\alpha_3=0,\beta_3=0$,求解方程组(9.23)即可得到**隐式辛普森公式**及其局部截断误差:

$$y_{n+1}=y_{n-1}+\frac{h}{3}(f_{n+1}+4f_n+f_{n-1})\quad(n=1,2,\cdots),$$

$$T_{n+1}=-\frac{1}{90}h^5y^{(5)}(x_n)+O(h^6).$$

经典 R-K 方法和上述四阶线性多步公式都是四阶精度的,但每前进一步,前者要计算四次常微分方程的右端函数值,而后者只要计算一次新的右端函数值,运算量减少了.

例 9.7

取 $h=0.2$ 和 $h=2$,分别用四步四阶显式米尔恩公式和三步四阶隐式汉明公式求解例 9.6 所给的初值问题.

解 我们用单步法为线性多步法提供初值.由经典 R-K 方法为四步四阶显式米尔恩公式提供初值 y_1,y_2,y_3 以及为三步四阶隐式汉明公式提供初值 y_1,y_2. $h=0.2$ 和 $h=2$ 时的部分计算结果分别如表 9-9 和表 9-10 所示.

表 9-9

x_n	y_n (四步四阶显式米尔恩公式)	局部截断误差	x_n	y_n (三步四阶隐式汉明公式)	局部截断误差
2.2	0.942 942 68	-1.8×10^{-5}	2.2	0.942 919 55	4.2×10^{-6}
2.4	1.122 833 49	5.0×10^{-6}	2.4	1.122 833 86	4.6×10^{-6}
2.6	1.306 432 14	-3.8×10^{-5}	2.6	1.306 389 30	4.8×10^{-6}
2.8	1.492 916 25	1.4×10^{-5}	2.8	1.492 925 82	4.8×10^{-6}
3.0	1.681 954 50	-4.7×10^{-5}	3.0	1.681 902 99	4.6×10^{-6}

表　9-10

x_n	y_n（四步四阶显式米尔恩公式）	局部截断误差	x_n	y_n（三步四阶隐式汉明公式）	局部截断误差
7	5.645 745	-1.3×10^{-2}	7	5.645 745	-1.3×10^{-2}
9	7.382 325	2.5×10^{-1}	9	7.637 126	-4.9×10^{-3}
11	10.905 316	-1.3	11	9.635 636	-3.5×10^{-3}
13	4.143 831	7.5	13	11.632 261	-1.4×10^{-4}
15	58.310 717	-4.5×10^{1}	15	13.632 240	-1.1×10^{-3}
17	$-249.662\,672$	2.7×10^{2}	17	15.631 690	4.3×10^{-4}

从表 9-9 看出，两种线性多步公式计算结果的精度都很高，但三步四阶隐式汉明公式的计算结果比四步四阶显式米尔恩公式的计算结果更精确. 这是因为，三步四阶隐式汉明公式的局部截断误差主项的系数比四步四阶显式米尔恩公式的局部截断误差主项的系数小. 从表 9-10 看到，当计算步长变大时，四步四阶显式米尔恩公式的计算结果误差增大，这时它数值不稳定；而三步四阶隐式汉明公式仍然是数值稳定的. 这说明，隐式公式的数值稳定性比同阶显式公式的数值稳定性好.

9.4.3　预估-校正算法

显式多步法便于计算，但其精度和数值稳定性没有相应的隐式多步法好. 然而，隐式多步法需要解方程，如果迭代初值选择不当，则运算量会很大. 因此，设法选取好的迭代初值是必要的. 迭代初值的自然选取方式是：以同阶显式多步法计算得到的解作为隐式多步法的迭代初值. 这样，迭代次数不会很多. 若只用隐式多步法迭代一次，则这样的数值方法就是**预估-校正算法**. 这时，显式多步法的作用就是预估，而隐式多步法的作用就是校正. 对于线性多步法，常用的预估-校正算法计算公式有两种：四阶亚当斯预估-校正公式和米尔恩-汉明预估-校正公式.

1. 亚当斯预估-校正公式

以(9.26)式作为预估公式，计算结果记为 y_{n+1}^{p}，以(9.30)式作为校正公式，可构成如下**亚当斯预估-校正公式**：

$$\begin{cases} y_{n+1}^{\mathrm{p}}=y_n+\dfrac{h}{24}(55f_n-59f_{n-1}+37f_{n-2}-9f_{n-3}), \\ y_{n+1}=y_n+\dfrac{h}{24}(9f(x_{n+1},y_{n+1}^{\mathrm{p}})+19f_n-5f_{n-1}+f_{n-2}) \end{cases} \quad (n=3,4,\cdots).$$

若需做进一步的修正，记上式所得的 y_{n+1} 为 y_{n+1}^{c}，则由(9.27)式和(9.31)式有

$$T_{n+1}^{\mathrm{p}}=y(x_{n+1})-y_{n+1}^{\mathrm{p}}\approx\frac{251}{720}h^5y^{(5)}(x_n),$$

$$T_{n+1}^{\mathrm{c}}=y(x_{n+1})-y_{n+1}^{\mathrm{c}}\approx-\frac{19}{720}h^5y^{(5)}(x_n),$$

于是得到

$$y(x_{n+1})-y_{n+1}^{\mathrm{p}}\approx-\frac{251}{270}(y_{n+1}^{\mathrm{p}}-y_{n+1}^{\mathrm{c}}),$$

$$y(x_{n+1})-y_{n+1}^{\mathrm{c}}\approx\frac{19}{270}(y_{n+1}^{\mathrm{p}}-y_{n+1}^{\mathrm{c}}).$$

由此可见,若记

$$\bar{y}_{n+1}^{p} = y_{n+1}^{p} + \frac{251}{270}(y_{n+1}^{c} - y_{n+1}^{p}),$$

$$\bar{y}_{n+1}^{c} = y_{n+1}^{c} - \frac{19}{270}(y_{n+1}^{c} - y_{n+1}^{p}),$$

则 $\bar{y}_{n+1}^{p}, \bar{y}_{n+1}^{c}$ 分别比 y_{n+1}^{p}, y_{n+1}^{c} 更好. 但注意到,在 $\bar{y}_{n+1}^{p}$ 的表达式中,y_{n+1}^{c} 是未知的,因此改为

$$\bar{y}_{n+1}^{p} = y_{n+1}^{p} + \frac{251}{270}(y_{n}^{c} - y_{n}^{p}).$$

这样,就得到如下**修正的亚当斯预估-校正公式**:

$$\begin{cases} \text{预估: } y_{n+1}^{p} = y_n + \dfrac{h}{24}(55f_n - 59f_{n-1} + 37f_{n-2} - 9f_{n-3}), \\ \text{修正: } \bar{y}_{n+1}^{p} = y_{n+1}^{p} + \dfrac{251}{270}(y_n^{c} - y_n^{p}), \\ \text{校正: } y_{n+1}^{c} = y_n + \dfrac{h}{24}(9f(x_{n+1}, \bar{y}_{n+1}^{p}) + 19f_n - 5f_{n-1} + f_{n-2}), \\ \text{修正: } y_{n+1} = y_{n+1}^{c} - \dfrac{19}{270}(y_{n+1}^{c} - y_{n+1}^{p}) \end{cases} \quad (n = 3, 4, \cdots).$$

在计算时,可调节步长 h,使得 $\left| -\frac{19}{270}(y_{n+1}^{c} - y_{n+1}^{p}) \right| < \varepsilon$,其中 ε 是要求达到的精度. 初值 y_1, y_2, y_3 可由同阶的单步法提供,当计算 y_4 时,可取 $y_3^{c} = y_3^{p}$.

2. 米尔恩-汉明预估-校正公式

将四步四阶显式米尔恩公式(9.28)和三步四阶隐式汉明公式(9.32)结合,可构成如下**米尔恩-汉明预估-校正公式**:

$$\begin{cases} y_{n+1}^{p} = y_{n-3} + \dfrac{4}{3}h(2f_n - f_{n-1} + 2f_{n-2}), \\ y_{n+1} = \dfrac{1}{8}(9y_n - y_{n-2}) + \dfrac{3}{8}h(f(x_{n+1}, y_{n+1}^{p}) + 2f_n - f_{n-1}) \end{cases} \quad (n = 3, 4, \cdots).$$

若需做进一步的修正,再记 $y_{n+1} = y_{n+1}^{c}$,则由(9.29)式和(9.33)式有

$$T_{n+1}^{p} = y(x_{n+1}) - y_{n+1}^{p} \approx \frac{14}{45}h^5 y^{(5)}(x_n),$$

$$T_{n+1}^{c} = y(x_{n+1}) - y_{n+1}^{c} \approx -\frac{1}{40}h^5 y^{(5)}(x_n),$$

于是得到

$$y(x_{n+1}) - y_{n+1}^{p} \approx \frac{112}{121}(y_{n+1}^{c} - y_{n+1}^{p}),$$

$$y(x_{n+1}) - y_{n+1}^{c} \approx -\frac{9}{121}(y_{n+1}^{c} - y_{n+1}^{p}).$$

由此得四步四阶显式米尔恩公式和三步四阶隐式汉明公式的修正公式分别为

$$\bar{y}_{n+1}^{p} = y_{n+1}^{p} + \frac{112}{121}(y_{n+1}^{c} - y_{n+1}^{p}),$$

$$\bar{y}_{n+1}^{c} = y_{n+1}^{c} - \frac{9}{121}(y_{n+1}^{c} - y_{n+1}^{p}).$$

这样,就得到如下**修正汉明公式**:

$$\begin{cases} \text{预估：} y_{n+1}^{p} = y_{n-3} + \dfrac{4}{3}h(2f_n - f_{n-1} + 2f_{n-2}), \\ \text{修正：} \bar{y}_{n+1}^{p} = y_{n+1}^{p} + \dfrac{112}{121}(y_n^{c} - y_n^{p}), \\ \text{校正：} y_{n+1}^{c} = \dfrac{1}{8}(9y_n - y_{n-2}) + \dfrac{3}{8}h(f(x_{n+1}, \bar{y}_{n+1}^{p}) + 2f_n - f_{n-1}), \\ \text{修正：} y_{n+1} = y_{n+1}^{c} - \dfrac{9}{121}(y_{n+1}^{c} - y_{n+1}^{p}) \end{cases} \quad (n = 3, 4, \cdots).$$

在计算时，可调节步长 h，使得 $\left| -\dfrac{9}{121}(y_{n+1}^{c} - y_{n+1}^{p}) \right| < \varepsilon$，其中 ε 是给定的精度. 初值 y_1，y_2，y_3 可由同阶的单步法提供，当计算 y_4 时，可取 $y_3^{c} = y_3^{p}$.

例 9.8

取 $h = 0.2$，用米尔恩-汉明预估-校正公式和修正汉明公式求解例 9.6 所给的初值问题.

解　利用经典 R-K 方法提供初值，部分计算结果如表 9－11 所示. 将表 9－9 与表 9－11 所示的计算结果进行比较，它们的计算结果精度排列次序是：修正汉明公式的计算结果精度最好，其次是三步四阶隐式汉明公式，再次是米尔恩-汉明预估-校正公式，最后是四步四阶显式米尔恩公式.

表　9－11

x_n	y_n（米尔恩-汉明预估-校正公式）	局部截断误差	x_n	y_n（修正汉明公式）	局部截断误差
2.2	0.942 916 25	7.5×10^{-6}	2.2	0.942 924 49	-7.8×10^{-7}
2.4	1.122 828 72	9.8×10^{-6}	2.4	1.122 839 55	-1.0×10^{-6}
2.6	1.306 382 71	1.1×10^{-5}	2.6	1.306 395 37	-1.2×10^{-6}
2.8	1.492 918 16	1.2×10^{-5}	2.8	1.492 931 84	-1.2×10^{-6}
3.0	1.681 894 67	1.3×10^{-5}	3.0	1.681 908 79	-1.2×10^{-6}

§9.5　一阶常微分方程组的数值解法

9.5.1　一阶常微分方程组和高阶常微分方程

考虑一阶常微分方程组的初值问题

$$\begin{cases} y_i' = f_i(x, y_1, y_2, \cdots, y_N), \\ y_i(x_0) = y_{0i} \end{cases} \quad (i = 1, 2, \cdots, N). \tag{9.34}$$

若将初值问题(9.34)中的未知函数、右端函数都表示成向量形式，即

$$\boldsymbol{y} = (y_1, y_2, \cdots, y_N)^{\mathrm{T}}, \quad \boldsymbol{f} = (f_1, f_2, \cdots, f_N)^{\mathrm{T}},$$

初始条件表示成

$$\boldsymbol{y}(x_0)=\boldsymbol{y}_0=(y_{01},y_{02},\cdots,y_{0N})^{\mathrm{T}},$$

那么该初值问题可以写成

$$\begin{cases}\boldsymbol{y}'=\boldsymbol{f}(x,\boldsymbol{y}),\\ \boldsymbol{y}(x_0)=\boldsymbol{y}_0.\end{cases}\tag{9.34$'$}$$

可见,上式在形式上与常微分方程的初值问题一样.实际上,常微分方程初值问题的数值解法均适用于常微分方程组,相应的理论问题也可类似地讨论.

下面仅就梯形方法和经典 R-K 方法给出数值求解初值问题(9.34)或(9.34)$'$的计算公式.

(1) **梯形方法**:

$$\boldsymbol{y}_{n+1}=\boldsymbol{y}_n+\frac{h}{2}(\boldsymbol{f}(x_n,\boldsymbol{y}_n)+\boldsymbol{f}(x_{n+1},\boldsymbol{y}_{n+1}))\quad(n=0,1,2,\cdots),$$

或者表示为

$$y_{n+1,i}=y_{ni}+\frac{h}{2}(f_i(x_n,\boldsymbol{y}_n)+f_i(x_{n+1},\boldsymbol{y}_{n+1}))\quad(i=1,2,\cdots,N),\tag{9.35}$$

其中 y_{ni} 是第 i 个因变量 $y_i(x)$ 在节点 x_n 处的近似值,$f_i(x_n,\boldsymbol{y}_n)=f_i(x_n,y_{n1},y_{n2},\cdots,y_{nN})$.

(2) **经典 R-K 方法**:

$$\boldsymbol{y}_{n+1}=\boldsymbol{y}_n+\frac{h}{6}(K_1+2K_2+2K_3+K_4)\quad(n=0,1,2,\cdots),$$

其中

$$K_1=\boldsymbol{f}(x_n,\boldsymbol{y}_n),\quad K_2=\boldsymbol{f}\left(x_n+\frac{h}{2},\boldsymbol{y}_n+\frac{h}{2}K_1\right),$$

$$K_3=\boldsymbol{f}\left(x_n+\frac{h}{2},\boldsymbol{y}_n+\frac{h}{2}K_2\right),\quad K_4=\boldsymbol{f}(x_n+h,\boldsymbol{y}_n+hK_3),$$

或者表示为

$$y_{n+1,i}=y_{ni}+\frac{h}{6}(K_{1i}+2K_{2i}+2K_{3i}+K_{4i})\quad(i=1,2,\cdots,N),$$

其中

$$\left.\begin{aligned}K_{1i}&=f_i(x_n,y_{n1},y_{n2},\cdots,y_{nN}),\\ K_{2i}&=f_i\left(x_n+\frac{h}{2},y_{n1}+\frac{h}{2}K_{11},y_{n2}+\frac{h}{2}K_{12},\cdots,y_{nN}+\frac{h}{2}K_{1N}\right),\\ K_{3i}&=f_i\left(x_n+\frac{h}{2},y_{n1}+\frac{h}{2}K_{21},y_{n2}+\frac{h}{2}K_{22},\cdots,y_{nN}+\frac{h}{2}K_{2N}\right),\\ K_{4i}&=f_i(x_n+h,y_{n1}+hK_{31},y_{n2}+hK_{32},\cdots,y_{nN}+hK_{3N})\end{aligned}\right.\quad(i=1,2,\cdots,N).$$

例 9.9

列出求解初值问题

$$\begin{cases}y_1'=a_{11}y_1+a_{12}y_2,\\ y_2'=a_{21}y_1+a_{22}y_2,\\ y_1(0)=y_{01},y_2(0)=y_{02}\end{cases}$$

的梯形公式.

解 按照(9.35)式,有

$$\begin{cases} y_{n+1,1} = y_{n1} + \dfrac{h}{2}(a_{11}y_{n1} + a_{12}y_{n2} + a_{11}y_{n+1,1} + a_{12}y_{n+1,2}), \\ y_{n+1,2} = y_{n2} + \dfrac{h}{2}(a_{21}y_{n1} + a_{22}y_{n2} + a_{21}y_{n+1,1} + a_{22}y_{n+1,2}) \end{cases} \quad (n = 0,1,2,\cdots),$$

写成矩阵形式得

$$\begin{pmatrix} y_{n+1,1} \\ y_{n+1,2} \end{pmatrix} = \begin{pmatrix} y_{n1} \\ y_{n2} \end{pmatrix} + \frac{h}{2}\begin{pmatrix} a_{11} & a_{12} \\ a_{21} & a_{22} \end{pmatrix}\left(\begin{pmatrix} y_{n1} \\ y_{n2} \end{pmatrix} + \begin{pmatrix} y_{n+1,1} \\ y_{n+1,2} \end{pmatrix}\right) \quad (n = 0,1,2,\cdots),$$

即

$$\begin{pmatrix} 1 - \dfrac{h}{2}a_{11} & -\dfrac{h}{2}a_{12} \\ -\dfrac{h}{2}a_{21} & 1 - \dfrac{h}{2}a_{22} \end{pmatrix}\begin{pmatrix} y_{n+1,1} \\ y_{n+1,2} \end{pmatrix} = \begin{pmatrix} 1 + \dfrac{h}{2}a_{11} & \dfrac{h}{2}a_{12} \\ \dfrac{h}{2}a_{21} & 1 + \dfrac{h}{2}a_{22} \end{pmatrix}\begin{pmatrix} y_{n1} \\ y_{n2} \end{pmatrix} \quad (n = 0,1,2,\cdots).$$

对于高阶常微分方程的初值问题,可把它转化为一阶常微分方程组的初值问题. 例如,考察 $m(m > 1)$ 阶常微分方程的初值问题

$$\begin{cases} y^{(m)} = f(x, y, y', \cdots, y^{(m-1)}), \\ y^{(k)}(x_0) = y_0^{(k)} \quad (k = 0,1,2,\cdots,m-1). \end{cases} \tag{9.36}$$

不难发现,只要引入新的变量

$$y_1 = y, \quad y_2 = y', \quad \cdots, \quad y_m = y^{(m-1)},$$

则可将 m 阶常微分方程的初值问题(9.36) 化为一阶常微分方程组的初值问题

$$\begin{cases} y_i' = y_{i+1} \quad (i = 1,2,\cdots,m-1), \\ y_m' = f(x, y_1, y_2, \cdots, y_m), \\ y_k(x_0) = y_0^{(k-1)} \quad (k = 1,2,\cdots,m). \end{cases} \tag{9.37}$$

因此,可用求解一阶常微分方程组初值问题的方法来求解初值问题(9.36).

例如,对于二阶常微分方程的初值问题

$$\begin{cases} y'' = f(x, y, y'), \\ y(x_0) = y_0, y'(x_0) = y_0', \end{cases}$$

令 $z = y'$,则可将该初值问题化为一阶常微分方程组的初值问题

$$\begin{cases} y' = z, \\ z' = f(x, y, z), \\ y(x_0) = y_0, z(x_0) = y_0'. \end{cases}$$

对此应用欧拉方法,有

$$\begin{pmatrix} y_{n+1} \\ z_{n+1} \end{pmatrix} = \begin{pmatrix} y_n \\ z_n \end{pmatrix} + h\begin{pmatrix} z_n \\ f(x_n, y_n, z_n) \end{pmatrix} \quad (n = 0,1,2,\cdots),$$

即得计算公式

$$\begin{cases} y_{n+1} = y_n + hy_n', \\ y_{n+1}' = y_n' + nf(x_n, y_n, y_n') \end{cases} \quad (n = 0,1,2,\cdots).$$

9.5.2 刚性方程组

先考虑两个简单的常微分方程组初值问题：

初值问题 1：

$$\begin{pmatrix} u' \\ v' \end{pmatrix} = \begin{pmatrix} -2 & 1 \\ 1 & -2 \end{pmatrix} \begin{pmatrix} u \\ v \end{pmatrix} + \begin{pmatrix} 2\sin x \\ 2(\cos x - \sin x) \end{pmatrix}, \quad \begin{pmatrix} u(0) \\ v(0) \end{pmatrix} = \begin{pmatrix} 2 \\ 3 \end{pmatrix}.$$

初值问题 2：

$$\begin{pmatrix} u' \\ v' \end{pmatrix} = \begin{pmatrix} -2 & 1 \\ 998 & -999 \end{pmatrix} \begin{pmatrix} u \\ v \end{pmatrix} + \begin{pmatrix} 2\sin x \\ 999(\cos x - \sin x) \end{pmatrix}, \quad \begin{pmatrix} u(0) \\ v(0) \end{pmatrix} = \begin{pmatrix} 2 \\ 3 \end{pmatrix}.$$

这两个初值问题有同样的解

$$\begin{pmatrix} u(x) \\ v(x) \end{pmatrix} = 2\mathrm{e}^{-x} \begin{pmatrix} 1 \\ 1 \end{pmatrix} + \begin{pmatrix} \sin x \\ \cos x \end{pmatrix}.$$

采用经典 R-K 方法来求解上面两个初值问题，以相同的误差要求自动选取步长，从 $x=0$ 计算到 $x=10$. 初值问题 1 可用较大的步长，而初值问题 2 能使用的步长小得让人难以接受. 如果改用某种低阶隐式公式，那么这两个初值问题均可用较大的步长计算出大致符合误差要求的解. 由于这两个初值问题的解是相同的，因此这种现象不是初值问题的解作用的结果，而是由初值问题中常微分方程组的一种特性所引起的. 这种现象称为**刚性现象**.

下面考虑上述两个初值问题中常微分方程组的通解. 对于初值问题 1，常微分方程组系数矩阵的特征值为 $\lambda_1=-1$ 和 $\lambda_2=-3$，其通解为

$$\begin{pmatrix} u(x) \\ v(x) \end{pmatrix} = \alpha_1 \mathrm{e}^{-x} \begin{pmatrix} 1 \\ 1 \end{pmatrix} + \alpha_2 \mathrm{e}^{-3x} \begin{pmatrix} 1 \\ 1 \end{pmatrix} + \begin{pmatrix} \sin x \\ \cos x \end{pmatrix}, \tag{9.38}$$

其中 α_1,α_2 为任意常数. 对于初值问题 2，常微分方程组系数矩阵的特征值为 $\lambda_1=-1$ 和 $\lambda_2=-1\,000$，其通解为

$$\begin{pmatrix} u(x) \\ v(x) \end{pmatrix} = \beta_1 \mathrm{e}^{-x} \begin{pmatrix} 1 \\ 1 \end{pmatrix} + \beta_2 \mathrm{e}^{-1\,000x} \begin{pmatrix} 1 \\ -998 \end{pmatrix} + \begin{pmatrix} \sin x \\ \cos x \end{pmatrix}, \tag{9.39}$$

其中 β_1,β_2 为任意常数.

数值计算中出现的刚性现象可以用绝对稳定性来解释. 上述两个初值问题对应的特征值都是实的，因此可以只考虑绝对稳定区间. 经典 R-K 方法的绝对稳定区间近似为 $(-2.785,0)$. 对于初值问题 1，当 $-3h\in(-2.785,0)$ 或 $h<0.928$ 时，就可以是绝对稳定的. 对于初值问题 2，只有当 $-1\,000h\in(-2.785,0)$ 或 $h<0.002\,785$ 时，才能保证绝对稳定. 由此可以看出，在一定精度范围内，h 完全由绝对稳定区间决定.

由通解(9.39)可见，当 $x\to\infty$ 时，(9.39)式右端的第一项和第二项都趋近于零. 这两项称为瞬态解，它们趋近于零的快慢程度取决于特征值的大小. 显然，第二项快速地趋近于零，此项称为快瞬态解；而第一项缓慢地趋近于零，此项称为慢瞬态解. (9.39)式右端的第三项称为稳态解. 实际计算表明，在第二项快速地趋近于零以后，要使整个方程组的解趋近于稳态解，必须由第一项来决定是否终止计算. 因此，在计算中，要在一个很大的区间上处处用小步长来计算. 这就是刚性现象. 由(9.38)式和(9.39)式可见，计算的步数与 $\left|\dfrac{\lambda_2}{\lambda_1}\right|$ 有关.

一般地，考虑常系数非齐次线性常微分方程组

$$y' = Ay + \varphi(x), \tag{9.40}$$

其中 $y,\varphi(x) \in \mathbf{R}^m$，而 $A \in \mathbf{R}^{m\times m}$ 为常数矩阵. 设 A 有不同的特征值 $\lambda_k \in \mathbf{C}(k = 1,2,\cdots,m)$，它们对应的特征向量为 $u_k \in \mathbf{C}^m(k = 1,2,\cdots,m)$，则常微分方程组(9.40) 的通解为

$$y(x) = \sum_{k=1}^{m} \alpha_k e^{\lambda_k x} u_k + \Psi(x),$$

其中 $\alpha_k(k = 1,2,\cdots,m)$ 为任意常数，$\Psi(x)$ 为常微分方程组(9.40) 的特解.

假定特征值 $\lambda_k(k = 1,2,\cdots,m)$ 的实部为负的，即

$$\mathrm{Re}(\lambda_k) < 0 \quad (k = 1,2,\cdots,m).$$

当 $x \to \infty$ 时，

$$\sum_{k=1}^{m} \alpha_k e^{\lambda_k x} u_k$$

趋近于零，此项称为**瞬态解**，而 $\Psi(x)$ 称为**稳态解**. 如果 $|\mathrm{Re}(\lambda_k)|$ 较大，那么对应的项 $\alpha_k e^{\lambda_k x} u_k$ 在 x 增加时将快速衰减，此项称为**快瞬态解**；如果 $|\mathrm{Re}(\lambda_k)|$ 较小，那么对应的项 $\alpha_k e^{\lambda_k x} u_k$ 在 x 增加时将缓慢衰减，此项称为**慢瞬态解**.

现设 A 的特征值 $\lambda_1,\lambda_2,\cdots,\lambda_m$ 的实部的绝对值大小排列为

$$|\mathrm{Re}(\lambda_1)| \leqslant |\mathrm{Re}(\lambda_2)| \leqslant \cdots \leqslant |\mathrm{Re}(\lambda_m)|.$$

当我们计算稳态解时，必须求到 $\alpha_1 e^{\lambda_1 x} u_1$ 可以忽略为止，所以 $|\mathrm{Re}(\lambda_1)|$ 越小，计算的区间就越大. 另外，为了使 $\lambda_k h(k = 1,2,\cdots,m)$ 均在绝对稳定区域内，当 $|\mathrm{Re}(\lambda_m)|$ 较大时，必须采用很小的步长 h. 因此，引入常微分方程组(9.40) 的如下**刚性比**：

$$S = \frac{|\mathrm{Re}(\lambda_m)|}{|\mathrm{Re}(\lambda_1)|}. \tag{9.41}$$

那么，我们似乎可以用刚性比 S 来描述常微分方程组的刚性，即如果常微分方程组(9.40) 中 A 的全部特征值的实部都是负的，且刚性比 S 是大的，那么称常微分方程组(9.40) 是刚性的.

上述描述性定义是不完全的. 例如，该定义未能包含实际问题中常常出现的特征值实部为小正数或等于零的情况. 因此，我们给出下面的定义.

定义 9.6　当具有有限的绝对稳定区域的数值方法应用到一个任意初始条件常微分方程组时，如果在求解区间上必须用非常小的步长，则称此常微分方程组在该求解区间上是**刚性**的.

刚性常微分方程组有其自身的特点，一般显式方法难于应用. 梯形方法、隐式欧拉方法对步长 h 没有限制，可用于求解某些特定类型的刚性常微分方程组初值问题. 这里，我们不做详细讨论.

§9.6　边值问题的数值解法

在具体求解常微分方程时，往往附加某种定解条件. 定解条件通常有两种：一种是初始条件；另一种是边界条件. 带边界条件的常微分方程求解问题就是边值问题. 本节介绍两点边值问题

$$\begin{cases} y'' = f(x,y,y'), \\ y(a) = \alpha, y(b) = \beta \end{cases} \tag{9.42}$$

的数值解法.特别地,若 f 关于 y 和 y' 是线性的,两点边值问题(9.42)可写成如下形式的线性两点边值问题

$$\begin{cases} y''+p(x)y'+q(x)y=f(x), \\ y(a)=\alpha, y(b)=\beta. \end{cases} \tag{9.43}$$

9.6.1 打靶法

打靶法的基本思想是将两点边值问题(9.42)转化为如下形式的初值问题:

$$\begin{cases} y''=f(x,y,y'), \\ y(a)=\alpha, y'(a)=s_k, \end{cases} \tag{9.44}$$

其中 s_k 待定,它为解曲线 $y=y(x)$ 在点 a 处切线的斜率.令 $z=y'$,则初值问题(9.44)可化为一阶常微分方程组的初值问题

$$\begin{cases} y'=z, \\ z'=f(x,y,z), \\ y(a)=\alpha, z(a)=s_k. \end{cases} \tag{9.45}$$

因此,两点边值问题(9.42)转化为求合适的 s_k,使得初值问题(9.45)的解满足边界条件 $y(b)=\beta$.一阶常微分方程组初值问题的所有数值解法在这里都可以使用,问题的关键是如何去找合适的斜率 s_k.

对于给定的 s_k,设初值问题(9.44)的解 $y(x)$ 是 s_k 的隐函数,记为 $y(x,s_k)$.假设 $y(x,s_k)$ 对 s_k 是连续变化的,于是我们要找的 s_k 就是方程

$$y(b,x)-\beta=0$$

的根.可以用迭代法求出这个方程的根.例如,用割线法,有

$$s_k=s_{k-1}-\frac{s_{k-1}-s_{k-2}}{y(b,s_{k-1})-y(b,s_{k-2})}(y(b,s_{k-1})-\beta) \quad (k=2,3,\cdots). \tag{9.46}$$

通常,两点边值问题(9.42)可以按照下面简单的计算过程进行求解:先给定两个初始斜率 s_0, s_1,分别作为初值问题(9.45)的初始条件.用一阶常微分方程组初值问题的数值解法求解它们,分别得到区间右端点的函数计算值 $y(b,s_0)$ 和 $y(b,s_1)$.如果 $|y(b,s_0)-\beta|<\varepsilon$ 或 $|y(b,s_1)-\beta|<\varepsilon$,则以 $y(x,s_0)$ 或 $y(x,s_1)$ 作为两点边值问题(9.42)的数值解;否则,用割线法(9.46)求 s_2,同理得到 $y(b,s_2)$,再判断它是否满足精度要求 $|y(b,s_2)-\beta|<\varepsilon$.如此重复,直到某个 s_k 满足 $|y(b,s_k)-\beta|<\varepsilon$ 为止,此时得到的 $y(x,s_k)$ 就是两点边值问题(9.42)的数值解.上述过程好比打靶,s_k 为斜率,可看作子弹的发射,而 $y(b)$ 可视为靶心,故称这个方法为**打靶法**.

值得指出的是,对于线性两点边值问题(9.43),一个简单又实用的方法是用解析的思想,将它转化为两个初值问题

$$\begin{cases} y_1''+p(x)y_1'+q(x)y_1=f(x), \\ y_1(a)=\alpha, y_1'(a)=0; \end{cases}$$

$$\begin{cases} y_2''+p(x)y_2'+q(x)y_2=0, \\ y_2(a)=0, y_2'(a)=1. \end{cases}$$

求得这两个初值问题的解 $y_1(x)$ 和 $y_2(x)$ 后,若 $y_2(b)\neq 0$,则容易验证

$$y(x)=y_1(x)+\frac{\beta-y_1(b)}{y_2(b)}y_2(x) \tag{9.47}$$

即为线性两点边值问题(9.43)的解.

例 9.10

用打靶法求解线性两点边值问题

$$\begin{cases} y''+xy'-4y=12x^2-3x, \quad 0<x<1, \\ y(0)=0, y(1)=2, \end{cases}$$

已知其精确解为 $y(x)=x^4+x$.

解 先将原线性两点边值问题转化为两个初值问题

$$\begin{cases} y_1''+xy_1'-4y_1=12x^2-3x, \\ y_1(0)=0, y_1'(0)=0, \end{cases}$$

$$\begin{cases} y_2''+xy_2'-4y_2=0, \\ y_2(0)=0, y_2'(0)=1. \end{cases}$$

令 $z_1=y_1'$, $z_2=y_2'$,将上述两个初值问题分别化为一阶常微分方程组的初值问题

$$\begin{cases} y_1'=z_1, \\ z_1'=-xz_1+4y_1+12x^2-3x, \\ y_1(0)=0, z_1(0)=0, \end{cases}$$

$$\begin{cases} y_2'=z_2, \\ z_2'=-xz_2+4y_2, \\ y_2(0)=0, z_2(0)=1. \end{cases}$$

取 $h=0.02$,用经典 R-K 方法分别求出这两个初值问题的解 $y_1(x)$, $y_2(x)$ 的计算值 y_{1i}, y_{2i},然后由(9.47)式得到原线性两点边值问题的打靶法数值解 y_i,计算结果如表 9-12 所示.

表 9-12

x_i	y_{1i}	y_{2i}	y_i	$y(x_i)$	$\lvert y(x_i)-y_i \rvert$
0	0	0	0	0	0
0.2	−0.002 407 991	0.204 007 989	0.201 600 005 3	0.201 600 000 0	0.53×10^{-8}
0.4	−0.006 655 031	0.432 255 024	0.425 600 008 0	0.425 600 000 0	0.80×10^{-8}
0.6	0.019 672 413	0.709 927 571	0.729 600 008 3	0.729 600 000 0	0.83×10^{-8}
0.8	0.145 529 585	1.064 070 385	1.209 600 005 8	1.209 600 000 0	0.58×10^{-8}
1.0	0.475 570 149	1.524 428 455	2.000 000 000 0	2.000 000 000 0	0

例 9.11

用打靶法求解非线性两点边值问题

$$\begin{cases} 4y''+yy'=2x^3+16, \\ y(2)=8, y(3)=\dfrac{35}{3}, \end{cases}$$

要求误差不超过 0.5×10^{-6},已知其精确解为 $y(x)=x^2+\dfrac{8}{x}$.

解 原非线性两点边值问题对应于(9.45)式的初值问题为

$$\begin{cases} y' = z, \\ z' = -\dfrac{yz}{4} + \dfrac{x^3}{2} + 4, \\ y(2) = 8, z(2) = s_k. \end{cases}$$

对于每个 s_k,取 $h = 0.02$,用经典 R-K 方法求解.初选 $s_0 = 1.5$,求得 $y(3, s_0) = 11.488\,914$,则有

$$|y(3, s_0) - y(3)| = 0.177\,7 > 0.5 \times 10^{-6}.$$

再选 $s_1 = 2.5$,求得 $y(3, s_1) = 11.842\,141$,则有

$$|y(3, s_1) - y(3)| = 0.075\,5 > 0.5 \times 10^{-6}.$$

以 s_0, s_1 作为割线法的迭代初值,由割线法计算得

$$s_2 = s_1 - \frac{s_1 - s_0}{y(3, s_1) - y(3, s_0)}(y(3, s_1) - y(3)) = 2.003\,224.$$

由此得 $y(3, s_2) = 11.667\,805$,但这仍然不满足精度要求.又由 $s_1, s_2, y(3, s_1), y(3, s_2)$,用割线法得到 $s_3 = 1.999\,979$.重复这个过程,得到 $s_4 = 2.000\,000$,再求解相应的初值问题,得到 $y(3, s_4) = 11.666\,667$,于是有

$$|y(3, s_4) - y(3)| < 0.5 \times 10^{-6}.$$

这时已满足精度要求.于是,可求得原非线性两点边值问题的数值解 y_i.打靶过程的计算结果和原非线性两点边值问题的数值解分别如表 9 - 13 和表 9 - 14 所示.

表 9 - 13

s_k	1.5	2.5	2.003 224	1.999 979	2.000 000
$y(3, s_k)$	11.488 914	11.842 141	11.667 805	11.666 659	11.666 667

表 9 - 14

x_i	y_i	$y(x_i)$	$\lvert y(x_i) - y_i \rvert$
2.0	8	8	0
2.2	8.476 363 637 8	8.476 363 636 4	0.14×10^{-8}
2.4	9.093 333 352 0	9.093 333 333 0	0.19×10^{-8}
2.6	9.836 923 078 5	9.836 923 076 9	0.16×10^{-8}
2.8	10.697 142 856 2	10.697 142 857 1	0.90×10^{-9}
3.0	11.666 666 669 0	11.666 666 666 7	0.30×10^{-9}

例 9.11 的计算结果表明,打靶法的效果是很好的,其精度取决于所选取的初值问题数值解法的阶数和步长 h 的大小.不过打靶法过分依赖于经验,选取初始斜率时有一定的局限性.

9.6.2 差分法

差分法是求解边值问题的一种基本方法,它的基本思想是利用均差代替导数,将常微分方程组离散化为代数方程组来求解.

先考虑求解线性两点边值问题(9.43)的差分法. 将区间$[a,b]$划分成 n 等份,则各子区间的长度均为 $h=\frac{b-a}{n}$,各分点为 $x_k=a+kh(k=0,1,2,\cdots,n)$. 由

$$y'(x_k)=\frac{y(x_{k+1})-y(x_{k-1})}{2h}+O(h^2),$$

$$y''(x_k)=\frac{y(x_{k+1})-2y(x_k)+y(x_{k-1})}{h^2}+O(h^2),$$

忽略余项,用一阶和二阶均差分别代替节点 x_k 处的一阶和二阶导数,实现离散化. 设 $p_k=p(x_k),q_k=q(x_k),f_k=f(x_k)$,用 y_k 近似表示 $y(x_k)$,建立差分方程组

$$\frac{y_{k+1}-2y_k+y_{k-1}}{h^2}+p_k\frac{y_{k+1}-y_{k-1}}{2h}+q_ky_k=f_k\quad(k=1,2,\cdots,n-1),$$

整理得

$$(2-hp_k)y_{k-1}+(2h^2q_k-4)y_k+(2+hp_k)y_{k+1}=2h^2f_k\quad(k=1,2,\cdots,n-1).\tag{9.48}$$

再将边界条件 $y_0=\alpha,y_n=\beta$ 分别代入 $k=1$ 和 $k=n-1$ 对应的两个方程中,整理后得到关于 $y_1,y_2,\cdots,y_{n-1}$ 的线性方程组

$$\begin{cases}(2h^2q_1-4)y_1+(2+hp_1)y_2=2h^2f_1-(2-hp_1)\alpha,\\(2-hp_k)y_{k-1}+(2h^2q_k-4)y_k+(2+hp_k)y_{k+1}=2h^2f_k\quad(k=2,3,\cdots,n-2),\\(2-hp_{n-1})y_{n-2}+(2h^2q_{n-1}-4)y_{n-1}=2h^2f_{n-1}-(2+hp_{n-1})\beta.\end{cases}\tag{9.49}$$

这是一个三对角方程组.

若 $q(x)\leqslant 0(x\in[a,b])$,且步长 h 满足 $|hp_k|<2$,则方程组(9.49)的系数矩阵是严格对角占优的. 此时,方程组(9.49)的解存在且唯一,用追赶法求解此方程组时一定是数值稳定的,用雅可比迭代法求解此方程组时一定是收敛的.

在应用上,有时边界条件按以下方式给出:

$$y'(a)=\alpha_0y(a)+\beta_0,\quad y'(b)=\alpha_1y(b)+\beta_1,$$

这里 $\alpha_0,\beta_0,\alpha_1,\beta_1$ 均为已知常数. 这时,边界条件中所包含的导数也要替换成相应的均差:

$$\frac{y_1-y_0}{h}=\alpha_0y_0+\beta_0,\quad \frac{y_n-y_{n-1}}{h}=\alpha_1y_n+\beta_1.$$

它们和方程组(9.48)一起,仍然构成包含 $n+1$ 个未知数的线性方程组.

例 9.12

取不同的步长 h,用差分法求解线性两点边值问题

$$\begin{cases}y''-y'=-2\sin x,\\y(0)=-1,y\left(\frac{\pi}{2}\right)=1,\end{cases}$$

已知其精确解是 $y(x)=\sin x-\cos x$.

解　这里 $p(x)=-1,q(x)=0$. 取 $n=4,h=\frac{\pi}{8}$,由方程组(9.49)得

$$\begin{pmatrix} -4 & 1.6073 & 0 \\ 2.3927 & -4 & 1.6073 \\ 0 & 2.3927 & -4 \end{pmatrix}\begin{pmatrix} y_1 \\ y_2 \\ y_3 \end{pmatrix} = -\begin{pmatrix} 2.1566 \\ -0.4362 \\ -2.1772 \end{pmatrix}.$$

解此方程组，得

$$y_1 = -0.5351,\quad y_2 = 0.0101,\quad y_3 = 0.5503.$$

而精确值是

$$y(x_1) = -0.5412,\quad y(x_2) = 0,\quad y(x_3) = 0.5412.$$

由于节点少，步长太大，所以计算结果的精度差.

一般地，对应于方程组(9.49)，有

$$\begin{pmatrix} -4 & 2-h & & & \\ 2+h & -4 & 2-h & & \\ & \ddots & \ddots & \ddots & \\ & & 2+h & -4 & 2-h \\ & & & 2+h & -4 \end{pmatrix}\begin{pmatrix} y_1 \\ y_2 \\ \vdots \\ y_{n-2} \\ y_{n-1} \end{pmatrix} = \begin{pmatrix} 2+h-4h^2\sin x_1 \\ -4h^2\sin x_2 \\ \vdots \\ -4h^2\sin x_{n-2} \\ h-2-4h^2\sin x_{n-1} \end{pmatrix},$$

其中 $h=\frac{\pi}{2n}$，$x_k=kh(k=1,2,\cdots,n-1)$. 当 $n=10$ 时，$h=\frac{\pi}{20}$，部分计算结果如表 9-15 所示. 当 $n=20$ 时，近似解误差的最大绝对值不超过 0.41×10^{-3}. 当 $n=500$ 时，近似解误差的最大绝对值不超过 0.65×10^{-6}. 因此，随着节点数的增加，精度提高.

表 9-15

x_k	y_k	$y(x_k)$	$y(x_k)-y_k$
0	-1.0000	-1.0000	0
$\frac{\pi}{10}$	-0.6413	-0.6420	-0.7×10^{-3}
$\frac{\pi}{5}$	-0.2198	-0.2212	-0.14×10^{-2}
$\frac{3}{10}\pi$	0.2229	0.2212	-0.17×10^{-2}
$\frac{2}{5}\pi$	0.6433	0.6420	-0.13×10^{-2}
$\frac{\pi}{2}$	1.0000	1.0000	0

对于非线性两点边值问题，其离散化后所得到的方程组也是非线性的. 下面说明如何用有限差分法求非线性两点边值问题(9.42)的数值解. 采用与线性情形同样的区间划分与离散化方法，可得到在点 x_k 处的差分方程组

$$\frac{y_{k+1}-2y_k+y_{k-1}}{h^2}=f\left(x_k,y_k,\frac{y_{k+1}-y_{k-1}}{2h}\right)\quad(k=1,2,\cdots,n-1).$$

将边界条件 $y_0=\alpha$，$y_n=\beta$ 分别代入 $k=1$ 和 $k=n-1$ 对应的两个方程中，并将已知量移到方程的右边，则得到关于 $y_1,y_2,\cdots,y_{n-1}$ 的非线性方程组

$$\begin{cases} 2y_1 - y_2 + h^2 f\left(x_1, y_1 \dfrac{y_2 - \alpha}{2h}\right) = \alpha, \\ -y_{k-1} + 2y_k - y_{k+1} + h^2 f\left(x_k, y_k, \dfrac{y_{k+1} - y_{k-1}}{2h}\right) = 0 \quad (k = 2, 3, \cdots, n-2), \\ -y_{n-2} + 2y_{n-1} + h^2 f\left(x_{n-1}, y_{n-1}, \dfrac{\beta - y_{n-2}}{2h}\right) = \beta. \end{cases}$$

此方程组可以用非线性方程组的迭代法求解.

9.6.3　差分法的收敛性

我们知道,通过自变量的适当变换可消除线性两点边值问题(9.43)中的一阶导数项.因此,下面仅对常微分方程中缺少一阶导数项的情形进行讨论,即考察边值问题

$$\begin{cases} y'' + q(x)y = f(x), \\ y(a) = \alpha, y(b) = \beta, \end{cases} \tag{9.50}$$

这里假定 $q(x) \leqslant 0$.对应于边值问题(9.50)的差分问题是

$$\begin{cases} \dfrac{y_{k+1} - 2y_k + y_{k-1}}{h^2} + q_k y_k = f_k \quad (k = 1, 2, \cdots, n-1), \\ y_0 = \alpha, y_n = \beta. \end{cases} \tag{9.51}$$

为了研究差分法的收敛性,我们先介绍下述极值原理.

定理 9.2(极值原理)　**对于一组不全相等的数** $y_k (k = 0, 1, 2, \cdots, n)$,**令**

$$l(y_k) = \frac{y_{k+1} - 2y_k + y_{k-1}}{h^2} + q_k y_k \quad (k = 1, 2, \cdots, n-1),$$

其中 $q_k \leqslant 0 (k = 1, 2, \cdots, n-1)$.**如果** $l(y_k) \geqslant 0 (k = 1, 2, \cdots, n-1)$,**则** $y_0, y_1, y_2, \cdots, y_n$ **中正的最大值只能是** y_0 **或** y_n;**如果** $l(y_k) \leqslant 0 (k = 1, 2, \cdots, n-1)$,**则** $y_0, y_1, y_2, \cdots, y_n$ **中负的最小值只能是** y_0 **或** y_n.

证　先考虑 $l(y_k) \geqslant 0 (k = 1, 2, \cdots, n-1)$ 的情形.用反证法.假设 $y_m (0 < m < n)$ 是 y_0, $y_1, y_2, \cdots, y_n$ 中正的最大值,即

$$y_m = \max_{0 \leqslant k \leqslant n} \{y_k\} = M > 0,$$

且 y_{m-1}, y_{m+1} 中至少有一个小于 M,此时有

$$l(y_m) = \frac{y_{m+1} - 2M + y_{m-1}}{h^2} + q_m M < \frac{M - 2M + M}{h^2} + q_m M = q_m M.$$

由于 $q_m \leqslant 0, M > 0$,故由上式可推出 $l(y_m) < 0$,与条件矛盾.因此,假设不成立,即结论成立.

对于 $l(y_k) \leqslant 0 (k = 1, 2, \cdots, n-1)$ 的情形,可类似地得到证明.

由极值原理容易证明以下结论:

定理 9.3　**差分问题(9.51)的解存在且唯一.**

证　只要证明对应的齐次线性方程组

$$\begin{cases} l(y_k) = \dfrac{y_{k+1} - 2y_k + y_{k-1}}{h^2} + q_k y_k = 0 \quad (k = 1, 2, \cdots, n-1), \\ y_0 = y_n = 0 \end{cases}$$

只有零解即可. 事实上,由于这里 $l(y_k)=0(k=1,2,\cdots,n-1)$,故由极值原理可知,$y_0,y_1,y_2,\cdots,y_n$ 中正的最大值和负的最小值只能是 y_0 和 y_n. 于是,由边界条件可知

$$y_k=0\quad(k=0,1,2,\cdots,n),$$

从而定理成立.

下面利用极值原理证明差分法的收敛性定理.

定理 9.4 设 $y_k(k=0,1,2,\cdots,n)$ **是差分问题(9.51)的解,而** $y(x_k)$ **是边值问题(9.50)的解** $y(x)$ **在节点** x_k **处的值. 若** $y(x)\in C^4[a,b]$**,则截断误差** $e_k=y(x_k)-y_k$ **有下列估计式:**

$$|e_k|\leqslant\frac{h^2}{24}M(x_k-a)(b-x_k)\quad(k=0,1,2,\cdots,n),$$

其中

$$M=\max_{a\leqslant x\leqslant b}\{|y^{(4)}(x)|\}.$$

证 对于 $k=0,n$,结论显然成立. 对于 $k=1,2,\cdots,n-1$,利用泰勒展开易得

$$\frac{y(x_{k+1})-2y(x_k)+y(x_{k-1})}{h^2}+q_ky(x_k)=f(x_k)+\frac{h^2}{12}y^{(4)}(\xi_k),\tag{9.52}$$

其中 $x_{k-1}<\xi_k<x_{k+1}$. 将(9.52)式与(9.51)式相减,得

$$\begin{cases}l(e_k)=\dfrac{e_{k+1}-2e_k+e_{k-1}}{h^2}+q_ke_k=\dfrac{h^2}{12}y^{(4)}(\xi_k)\quad(k=1,2,\cdots,n-1),\\ e_0=e_n=0.\end{cases}$$

由于上式中的 ξ_k 未知,我们考虑以下差分问题:

$$\begin{cases}l(\varepsilon_k)=\dfrac{\varepsilon_{k+1}-2\varepsilon_k+\varepsilon_{k-1}}{h^2}+q_k\varepsilon_k=-\dfrac{h^2}{12}M\quad(k=1,2,\cdots,n-1),\\ \varepsilon_0=\varepsilon_n=0.\end{cases}\tag{9.53}$$

因为

$$l(\varepsilon_k)=-\frac{h^2}{12}M\leqslant-\frac{h^2}{12}|y^{(4)}(\xi_k)|=-|l(e_k)|,$$

所以

$$l(\varepsilon_k-e_k)\leqslant0,\quad l(\varepsilon_k+e_k)\leqslant0.$$

又因 $\varepsilon_0-e_0=\varepsilon_n-e_n=0,\varepsilon_0+e_0=\varepsilon_n+e_n=0$,故利用极值原理可知 $\varepsilon_k-e_k\geqslant0,\varepsilon_k+e_k\geqslant0$,即得

$$|e_k|\leqslant\varepsilon_k\quad(k=0,1,2,\cdots,n).$$

差分问题(9.53)的解仍然难以求出,我们进一步考虑如下差分问题:

$$\begin{cases}\bar{l}(\rho_k)=\dfrac{\rho_{k+1}-2\rho_k+\rho_{k-1}}{h^2}=-\dfrac{h^2}{12}M\quad(k=1,2,\cdots,n-1),\\ \rho_0=\rho_n=0.\end{cases}\tag{9.54}$$

由于

$$\bar{l}(\rho_k-\varepsilon_k)=q_k\varepsilon_k\leqslant0,\quad\rho_0-\varepsilon_0=\rho_n-\varepsilon_n=0,$$

由极值原理可知 $\rho_k-\varepsilon_k\geqslant0$,即 $\varepsilon_k\leqslant\rho_k$,从而有

$$|e_k|\leqslant\varepsilon_k\leqslant\rho_k.\tag{9.55}$$

显然,差分问题(9.54)对应如下边值问题:

$$\begin{cases}\rho''=-\dfrac{h^2}{12}M,\\ \rho(x_0)=\rho(x_n)=0,\end{cases}$$

其解为

$$\rho(x)=\frac{h^2}{24}M(x-a)(b-x).$$

由上式及(9.55)式即得所要证明的结论.

注意到 $\rho(x)$ 在点 $x=\frac{a+b}{2}$ 处达到最大值,因此有估计式

$$|e_k|\leqslant\frac{M(b-a)^2}{96}h^2\quad(k=0,1,2,\cdots,n).$$

此误差估计式说明,当 $h\to 0$ 时,差分方程(9.51)的解收敛到边值问题(9.50)的解.

内容小结与评注

本章的基本内容包括:欧拉方法、梯形方法、改进的欧拉方法、经典 R-K 方法、四步四阶显式亚当斯公式、三步四阶隐式亚当斯公式、打靶法和差分法.

初值问题的数值解法主要是单步法和线性多步法.构造线性多步法的主要途径是基于数值积分和泰勒展开.基于泰勒展开的构造方法灵活,具有一般性,它在构造计算公式的同时可以得到关于截断误差的估计.

经典 R-K 方法是常用的方法,其优点是精度高,程序简单,计算过程稳定,并且容易调节步长.但是,它要求右端函数具有较高的光滑性;否则,它的精度还不如欧拉方法或改进的欧拉方法.此外,经典 R-K 方法的运算量较大,它计算右端函数值的次数较多.如果右端函数较复杂,宜用线性多步法和预估-校正算法,例如修正汉明公式和亚当斯预估-校正公式,它们计算右端函数值次数较少,不过这时还要用单步法提供所需的初值.

步长的选取是很重要的问题,既要考虑节省计算工作量,又要保证计算结果的精度,所以步长不能太小,也不能太大.由于常微分方程初值问题的求解是一个逐步计算的过程,任何一步产生的误差都会对以后的计算产生影响,所以最好采用绝对稳定性较好的方法,并不断估计误差.隐式方法,其求解过程比较麻烦,但绝对稳定性较好,所以仍然常用,尤其是在刚性常微分方程组初值问题中.

边值问题是另一类常微分方程定解问题,有很多实际应用背景.这类问题比初值问题复杂得多,通常要满足一定条件才存在唯一解.本章只介绍了求解边值问题的打靶法和差分法.打靶法是将边值问题化为初值问题来求解,而差分法则是通过离散化将边值问题化为线性方程组来求解.

习 题 9

9.1　用欧拉方法计算积分上限函数

$$\int_0^x e^{t^2}\,dt$$

在点 $x=0.5,1,1.5,2$ 处的值.

9.2　用改进的欧拉方法求解初值问题

$$\begin{cases} y' = x + y, \\ y(0) = 1, \end{cases}$$

取步长 $h = 0.1$.

9.3 对于初值问题

$$\begin{cases} y' = x^2 + x - y, \\ y(0) = 0, \end{cases}$$

取步长 $h = 0.1$,用改进的欧拉方法计算 $y(0.5)$.

9.4 对于初值问题

$$\begin{cases} y' = -y, \\ y(0) = 1, \end{cases}$$

证明:由欧拉方法和梯形方法求得的数值解分别为

$$y_n = (1-h)^n, \quad y_n = \left(\frac{2-h}{2+h}\right)^n;$$

并证明:当 $h \to 0$ 时,上述数值解都收敛到精确解 $y(x) = e^{-x}$.

9.5 取 $h = 0.2$,用经典 R-K 方法求解下列初值问题:

(1) $\begin{cases} y' = x + y, \\ y(0) = 1; \end{cases}$　　(2) $\begin{cases} y' = \dfrac{3y}{1+x}, \\ y(0) = 1. \end{cases}$

9.6 证明:对于任意参数 t,下列 R-K 公式都是二阶的:

$$\begin{cases} y_{n+1} = y_n + \dfrac{h}{2}(K_2 + K_3), \\ K_1 = f(x_n, y_n), \\ K_2 = f(x_n + th, y_n + thK_1), \\ K_3 = f(x_n + (1-t)h, y_n + (1-t)hK_1) \end{cases} \quad (n = 0, 1, 2, \cdots).$$

9.7 对于试验方程 $y' = \lambda y(\lambda < 0)$,证明如下方法给出的绝对稳定条件:

(1) 改进的欧拉方法:$\left|1 + \lambda h + \dfrac{(\lambda h)^2}{2}\right| \leqslant 1$;

(2) 经典 R-K 方法:$\left|1 + \lambda h + \dfrac{(\lambda h)^2}{2} + \dfrac{(\lambda h)^3}{6} + \dfrac{(\lambda h)^4}{24}\right| \leqslant 1$.

9.8 对于初值问题

$$\begin{cases} y' = 1 - y, \\ y(0) = 0, \end{cases}$$

取 $h = 0.2, y_0 = 0, y_1 = 0.181$,分别用二阶亚当斯方法和二阶隐式亚当斯方法计算 $y(1)$.

9.9 利用经典 R-K 方法提供初值,取 $h = 0.1$,分别用四步四阶显式亚当斯公式和亚当斯预估-校正公式计算若干步,求解初值问题

$$\begin{cases} y' = x^2 - y^2, \\ y(-1) = 0. \end{cases}$$

9.10 证明:用来求解初值问题 $\begin{cases} y' = f(x, y), \\ y(x_0) = y_0 \end{cases}$ 的差分公式

$$y_{n+1} = \frac{1}{2}(y_n + y_{n-1}) + \frac{h}{4}(4f_{n+1} - f_n + 3f_{n-1}) \quad (n = 1, 2, \cdots)$$

是二阶的，并求出其局部截断误差的主项.

9.11　设有初值问题$\begin{cases} y' = f(x,y), \\ y(x_0) = y_0, \end{cases}$利用泰勒展开构造形如

$$y_{n+1} = \alpha(y_n + y_{n-1}) + h(\beta_0 f_n + \beta_1 f_{n-1}) \quad (n = 1,2,\cdots)$$

的线性两步公式，试确定参数 α, β_0, β_1，使它具有二阶精度，并推导其局部截断误差的主项.

9.12　设有初值问题$\begin{cases} y' = f(x,y), \\ y(x_0) = y_0, \end{cases}$利用泰勒展开构造形如

$$y_{n+1} = \alpha_0 y_n + \alpha_1 y_{n-1} + h\beta f_{n-1} \quad (n = 1,2,\cdots)$$

的差分公式，试确定参数 $\alpha_0, \alpha_1, \beta$，使它具有尽可能高的精度，并求出其局部截断误差.

9.13　取 $h = 0.1$，试用经典 R-K 方法计算两步，求解初值问题

$$\begin{cases} y_1' = 3y_1 + 2y_2, \\ y_2' = 4y_1 + y_2, \\ y_1(0) = 0, y_2(0) = 1. \end{cases}$$

9.14　取 $h = 0.1$，试用欧拉方法计算两步，求解初值问题

$$\begin{cases} y'' + 4xyy' + 2y^2 = 0, \\ y(0) = 1, y'(0) = 0. \end{cases}$$

9.15　将下列初值问题中的高阶常微分方程化为一阶常微分方程组，并判断所得方程组是否为刚性常微分方程组：

(1) $\begin{cases} y'' + 3y' + 2y = \sin x, \\ y(0) = \alpha, \\ y'(0) = \beta; \end{cases}$

(2) $\begin{cases} y'' + 16y' + 15y = \sin(2x+1), \\ y(0) = \alpha, \\ y'(0) = \beta; \end{cases}$

(3) $\begin{cases} y''' + 4y'' + 5y' + 2y = 0, \\ y(0) = 0, \\ y'(0) = 1, \\ y''(0) = 0. \end{cases}$

9.16　取 $h = 0.5$，用差分法求解边值问题

$$\begin{cases} y'' = (1 + x^2)y, \\ y(-1) = y(1) = 1. \end{cases}$$

9.17　取 $h = 0.2$，用差分法求解边值问题

$$\begin{cases} (1 + x^2)y'' - xy' - 3y = 6x - 3, \\ y(0) - y'(0) = 1, y(1) = 2. \end{cases}$$

数值实验题 9

9.1　取 $h = 0.01$，用你熟悉的数值方法求解初值问题

$$\begin{cases} y' = \sqrt{x^2+y^2}, \\ y(0) = -1. \end{cases}$$

9.2 设有初值问题

$$\begin{cases} y' = \alpha y - \alpha x + 1, \\ y(0) = 1, \end{cases}$$

其中 $-50 \leqslant \alpha \leqslant 50$，其精确解为 $y(x) = e^{\alpha x} + x$.

(1) 用经典 R-K 方法求解上述初值问题，取步长 $h = 0.01$，对参数 α 取四个不同的数值：一个大的正值、一个小的正值、一个绝对值小的负值和一个绝对值大的负值，将计算结果画在同一坐标平面上，比较它们并说明相应初值问题的性态；

(2) 用经典 R-K 方法求解上述初值问题，取 α 为一个绝对值不大的负值，对 h 取两个不同的数值：一个在经典 R-K 方法的绝对稳定区间内，另一个在绝对稳定区间外，并取等距的 10 个节点上的计算值列表说明.

9.3 已知初值问题

$$\begin{cases} y' = -y + \cos 2x - 4\sin 2x + 2xe^{-x}, \\ y(0) = 1 \end{cases}$$

有精确解 $y(x) = x^2 e^{-x} + \cos 2x$，选择一个步长 h，使得修正的亚当斯预估-校正公式和经典 R-K 方法均绝对稳定. 分别用这两种方法求解上述初值问题，以表格形式列出 10 个等距节点上的计算值和精确值，并比较计算结果的精度. 计算时，取足以表示精度的有效数字，修正的亚当斯预估-校正公式所需要的初值由经典 R-K 方法提供.

9.4 考虑著名的洛伦茨(Lorenz) 方程

$$\begin{cases} \dfrac{dx}{dt} = \alpha(y-x), \\ \dfrac{dy}{dt} = \beta x - y - xz, \\ \dfrac{dz}{dt} = xy - \gamma z, \end{cases}$$

其中 α,β,γ 为有一定限制的实参数. 洛伦茨方程形式简单，表面上看并无惊人之处，但由它揭示出的许多现象，促使"混沌" 成为数学研究的崭新领域，在实际应用中也产生了巨大的影响. 试选取适当的参数值 α,β,γ，再选取不同的初值，用你熟悉的数值方法求解洛伦茨方程. 观察计算结果有什么特点，由此判断解是否具有有界性、周期性或趋近于某个固定的点.

9.5 考虑一个简单的边值问题

$$\begin{cases} y''(x) + y(x) = 6x + x^3, \\ y(0) = 0, y(\pi) = \pi^3. \end{cases}$$

(1) 验证上述边值问题的解为 $y(x) = \sin x + x^3$，并画出该解的图形；

(2) 对给定的步长 h，用差分法离散化上述边值问题中的常微分方程后，讨论如何选择求解离散化后所得差分方程的数值方法，并比较不同数值方法的效率；

(3) 选择不同的步长，求解离散化后所得的差分方程便得到上述边值问题的数值解，比较不同的步长所得数值解的精度，分析数值解的精度与步长的关系.

习题参考答案与提示

（数值实验题答案略）

习　题　1

1.1　(1) 2位，0.67%；(2) 4位，0.010%；(3) 2位，0.67%；(4) 4位，0.010%.

1.2　(1) 57.563，1.8×10^{-5}；(2) 5.5×10^{-4}，0.016.

1.3　$n\delta$.

1.4　δ.

1.5　0.333%.

1.6　提示：$1-\cos2^\circ\approx6\times10^{-4}$，$\dfrac{\sin^2 2^\circ}{1+\cos2^\circ}\approx6.093\times10^{-4}$，

$2\sin^2 1^\circ\approx6.090\times10^{-4}$. 精确值为 $1-\cos2^\circ\approx6.0917\times10^{-4}$.

1.7　0.5×10^{-3}.

1.8　$x_1=-28-\sqrt{783}\approx-55.982$，$x_2=x_1^{-1}\approx-0.017863$.

1.9　要求边长误差小于 0.005 cm.

1.10　0.5×10^8，数值不稳定.

1.11　提示：$I_0^*=0.6321$，$I_n^*=1-nI_{n-1}^*$，$E_n=I_n-I_n^*$，$E_n=(-1)^n n!E_0$.

1.12　计算式为 $f(x)=\begin{cases}\ln(x+\sqrt{x^2+1}), & x\geqslant0,\\ -\ln(\sqrt{x^2+1}-x), & x<0.\end{cases}$ 由此计算式可得 $f(30)\approx4.09462$，$f(-30)\approx-4.09462$.

1.13～1.16　略.

1.17　$\|\boldsymbol{A}\|_\infty=1.1$，$\|\boldsymbol{A}\|_1=0.8$，$\|\boldsymbol{A}\|_2\approx0.825$，$\|\boldsymbol{A}\|_F\approx0.8426$.

1.18～1.22　略.

习　题　2

2.1　$L_2(x)=\dfrac{5}{6}x^2+\dfrac{3}{2}x-\dfrac{7}{3}$.

2.2　线性插值多项式：-0.620219；抛物线插值多项式：-0.618838.

2.3～2.4　略.

2.5　$L_2(x)=1.9357-9.2914x+10.0740x^2$，$|R_2(1.03)|\leqslant1.19\times10^{-4}$.

2.6　$L_3(x)=x^4-(x+1)x(x-1)(x-2)=2x^3+x^2-2x$.

2.7　$N_3(x)=x^3-x^2+0.25x+1$.

2.8　$f[2^0,2^1,\cdots,2^7]=1$，$f[2^0,2^1,\cdots,2^8]=0$.

2.9～2.10　略.

2.11　$h\leqslant0.006$.

2.12　$P(x)=\dfrac{x^2(x-3)^2}{4}$.

2.13　$H(x)=x^3-4x^2+4x$.

2.14　提示：$|R_1(x)|\leqslant\dfrac{h^2}{4}$.

2.15　提示：$|R_3(x)|\leqslant\dfrac{h^4}{16}$.

2.16 $S(x)=\begin{cases}\frac{1}{3}x^3-2x, & x\in[-1,0],\\ 3x^3-2x, & x\in(0,1].\end{cases}$

习　题　3

3.1 $\varphi_0(x)=1$，$\varphi_1(x)=x-\frac{2}{5}$，$\varphi_2(x)=\left(x-\frac{4}{115}\right)\left(x-\frac{7}{5}\right)-\frac{46}{25}$.

3.2 $\varphi(x)=0.117\,188+1.640\,625x^2-0.823\,125x^4$.

3.3 $\alpha=\frac{1}{\pi}\left(8-\frac{24}{\pi}\right)\approx 0.114\,771$，$\beta=\frac{8}{\pi^2}\left(\frac{12}{\pi}-3\right)\approx 0.664\,439$.

3.4 $\varphi(x)=\frac{14}{15}+\frac{12}{15}x$.

3.5 $\varphi_1(x)=1.266\,066+1.130\,318x$,

$\varphi_3(x)=0.994\,571+0.997\,308x+0.542\,990x^2+0.177\,347x^3$.

3.6 $P_1(x)=0.955+0.414x$,误差函数绝对值的最大值为 $E=0.045$.

3.7 $s=22.253\,76t-7.855\,05$.

3.8 $\varphi(x)=0.999\,8x+4.000\,1e^{-x}$，$\|\delta\|_2^2\approx 6.824\,9\times 10^{-6}$.

3.9 $\alpha\approx 0.078\,9$，$\beta\approx 0.164\,9$，$\|\delta\|_2^2\approx 1.025\,2$.

习　题　4

4.1 (1) $A_0=A_2=\frac{h}{3}, A_1=\frac{4h}{3}$,具有三次代数精度；

(2) $A_0=A_2=\frac{8h}{3}, A_1=-\frac{4h}{3}$,具有三次代数精度；

(3) $A_0=\frac{2}{3}, A_1=\frac{1}{3}, A_2=\frac{1}{6}$,具有二次代数精度.

4.2 略.

4.3 计算值为 0.632 33,误差界为 0.000 35.

4.4 略.

4.5 复化梯形公式需 516 个节点,复化辛普森公式需 9 个节点.

4.6 略.

4.7 0.713 27.

4.8 3.141 067 9.

4.9 $\frac{\pi}{2}$.

4.10 所求的导数值分别为 -0.247，-0.217，-0.189,误差略.

4.11 提示：$f'(101.5)\approx 0.049\,629\,166$，$f''(101.5)\approx -0.000\,244\,478$.

习　题　5

5.1 $(x_1,x_2,x_3)^{\mathrm{T}}\approx(0.678\,7,-0.642\,9,1.107\,1)^{\mathrm{T}}$. 提示：

$$\boldsymbol{L}=\begin{pmatrix}1 & 0 & 0\\ 0.285\,7 & 1 & 0\\ -0.142\,9 & 0.307\,7 & 1\end{pmatrix},\quad \boldsymbol{U}=\begin{pmatrix}7 & 1 & -1\\ 0 & 3.714\,3 & 2.285\,8\\ 0 & 0 & 2.153\,8\end{pmatrix}.$$

5.2 用高斯消去法,得 $(x_1,x_2,x_3)^{\mathrm{T}}\approx(1.335,0,-5.003)^{\mathrm{T}}$.

用列主元消去法,得 $(x_1,x_2,x_3)^{\mathrm{T}}\approx(0.225\,2,0.279\,0,0.329\,5)^{\mathrm{T}}$.

比较略.

5.3～5.5 略.

5.6 $(x_1,x_2,x_3)^{\mathrm{T}}=(75,-46,-3)^{\mathrm{T}}$.

5.7 $\boldsymbol{A}$不能进行LU分解;$\boldsymbol{B}$能进行LU分解,但分解式不唯一;$\boldsymbol{C}$能进行LU分解,且分解式唯一.

5.8 提示:$\boldsymbol{L}$ 的次对角元分别为 $-\frac{1}{2},-\frac{2}{3},-\frac{3}{4},-\frac{4}{5}$;$\boldsymbol{U}$ 的主对角元分别为 $2,\frac{3}{2},\frac{4}{3},\frac{5}{4},\frac{6}{5}$.

$\boldsymbol{y}=\left(1,\frac{1}{2},\frac{1}{3},\frac{1}{4},\frac{1}{5}\right)^{\mathrm{T}}$, $\boldsymbol{x}=\left(\frac{5}{6},\frac{2}{3},\frac{1}{2},\frac{1}{3},\frac{1}{6}\right)^{\mathrm{T}}$.

5.9 $(x_1,x_2,x_3)^{\mathrm{T}}\approx(-0.0470,0.2174,0.2127)^{\mathrm{T}}$.

5.10 $(x_1,x_2,x_3)^{\mathrm{T}}\approx(1.11111,0.77778,2.55556)^{\mathrm{T}}$.

5.11 $\mathrm{cond}_2(\boldsymbol{A})=39\,206$, $\mathrm{cond}_\infty(\boldsymbol{A})=39\,601$.

5.12～5.13 略.

5.14 $\dfrac{\|\delta\boldsymbol{x}\|_\infty}{\|\boldsymbol{x}\|_\infty}\leqslant 600\%$.

5.15 $\dfrac{\|\delta\boldsymbol{x}\|_\infty}{\|\boldsymbol{x}\|_\infty}\leqslant 67\%$.

5.16～5.17 略.

习 题 6

6.1 略.

6.2 $\dfrac{|a_{12}a_{21}|}{|a_{11}a_{22}|}<1$.

6.3 J法和GS法均收敛,J法:$\boldsymbol{x}^{(6)}=(0.224\,994,0.305\,572,-0.493\,813)^{\mathrm{T}}$,

GS法:$\boldsymbol{x}^{(4)}=(0.224\,975,0.305\,611,-0.493\,883)^{\mathrm{T}}$.

6.4～6.5 略.

6.6 $\boldsymbol{x}^{(0)}=(0,0,0)^{\mathrm{T}}$,迭代8次可达到精度要求,$\boldsymbol{x}^{(8)}=(-4.000\,027,0.299\,998\,9,0.200\,000\,3)^{\mathrm{T}}$.

6.7 当 $\omega=1.03$ 时,迭代5次;当 $\omega=1$ 时,迭代6次;当 $\omega=1.1$ 时,迭代6次.

6.8 略.

6.9 (1) $\rho(\boldsymbol{A}^{-1}\boldsymbol{B})<1$; (2) $\rho((\boldsymbol{A}^{-1}\boldsymbol{B})^2)<1$.

6.10 $\boldsymbol{x}^{(7)}=(1.999\,878,1.999\,878,1.999\,939,1.999\,939)^{\mathrm{T}}$.

习 题 7

7.1 0.090 546.

7.2 证明略. 做14次二分.

7.3 均为 $x^*\approx4.493\,42$.

7.4 第一个方程的迭代函数为 $\varphi(x)=\cos x$,有根区间为$[0,1]$,所得根为 $x^*\approx0.739\,1$. 第二个方程的迭代函数在$[-1,0]$上取为 $\varphi(x)=-\dfrac{\mathrm{e}^{\frac{x}{2}}}{\sqrt{3}}$,所得根为 $x^*\approx-0.045\,90$;在$[0,1]$上取为 $\varphi(x)=\dfrac{\mathrm{e}^{\frac{x}{2}}}{\sqrt{3}}$,所得根为 $x^*\approx0.910\,0$;在$[3,4]$上取为 $\varphi(x)=\ln(3x^2)$,所得根为 $x^*\approx3.733\,1$.

7.5 略.

7.6 提示:$x_{k+1}=\varphi^{-1}(x_k)=\pi+\arctan x_k$,取 $x_0=4.5$,所得根为 $x^*=x_5=4.493\,4$.

7.7～7.8 略.

7.9 (1) 发散; (2) 一阶收敛.

7.10 当 $a>0$ 时,必收敛到 $x^*=\sqrt[3]{a}$.

7.11 略.

7.12 提示:$\boldsymbol{\Phi}(\boldsymbol{x})=(0.7\sin x_1+0.2\cos x_2,0.7\cos x_1-0.2\sin x_2)^{\mathrm{T}}$,有 $\|\boldsymbol{\Phi}'(\boldsymbol{x})\|_\infty\leqslant0.9$. $\boldsymbol{x}^{(0)}=(0.5,0.5)^{\mathrm{T}}$,

$\boldsymbol{x}^{(1)}=(0.511\,114,0.518\,423)^{\mathrm{T}}$,$\boldsymbol{x}^{(2)}=(0.516\,125,0.511\,438)^{\mathrm{T}}$.

7.13 (1) $\boldsymbol{x}^{(2)}=(0.527\,126,0.508\,108)^{\mathrm{T}}$;

(2) $\boldsymbol{x}^{(2)}=(1.581\,139,1.224\,745)^{\mathrm{T}}$.

7.14 (1) $\boldsymbol{x}^{(2)}=(0.526\,519,0.507\,919)^{\mathrm{T}}$;

(2) $\boldsymbol{x}^{(2)}=(1.581\,469,1.224\,968)^{\mathrm{T}}$.

习 题 8

8.1 主特征值为 $\lambda_1\approx 7.00$,主特征向量为 $\boldsymbol{x}_1\approx(-0.25,1,-0.25)^{\mathrm{T}}$.

8.2 迭代 57 次,得 $\lambda_3\approx -3.599\,45$,$\boldsymbol{x}_3\approx(-0.861\,610,-0.671\,542,1)^{\mathrm{T}}$.

8.3 迭代 13 次,得 $\lambda\approx 7.287\,99$,$\boldsymbol{x}\approx(1,0.522\,900,0.242\,192)^{\mathrm{T}}$.

8.4 (1) 略;

(2) $\lambda_1\approx 2.536\,5$,$\lambda_2\approx -0.016\,647$,$\lambda_3\approx 1.480\,2$,而

$$\boldsymbol{R}=\begin{pmatrix}0.531\,63 & -0.721\,10 & -0.444\,29\\ 0.461\,33 & 0.686\,45 & -0.562\,11\\ 0.710\,31 & 0.093\,87 & 0.697\,59\end{pmatrix}$$

的列向量分别为对应的近似特征向量.

8.5 (1) 用平面旋转矩阵 $\boldsymbol{J}_1,\boldsymbol{J}_2,\boldsymbol{J}_3$ 依次消去 $\boldsymbol{x}$ 的第二、三、四个元素,得

$$\boldsymbol{P}=\boldsymbol{J}_3\boldsymbol{J}_2\boldsymbol{J}_1=\begin{pmatrix}\frac{1}{2} & \frac{1}{2} & \frac{1}{2} & \frac{1}{2}\\ -\frac{1}{\sqrt{2}} & \frac{1}{\sqrt{2}} & 0 & 0\\ -\frac{1}{\sqrt{6}} & -\frac{1}{\sqrt{6}} & \frac{2}{\sqrt{6}} & 0\\ -\frac{1}{2\sqrt{3}} & -\frac{1}{2\sqrt{3}} & -\frac{1}{2\sqrt{3}} & \frac{\sqrt{3}}{2}\end{pmatrix};$$

(2) 用镜面反射变换,得 $\boldsymbol{P}=-\dfrac{1}{6}\begin{pmatrix}3 & 3 & 3 & 3\\ 3 & -5 & 1 & 1\\ 3 & 1 & -5 & 1\\ 3 & 1 & 1 & -5\end{pmatrix}$.

8.6 (1) 略; (2) $\boldsymbol{P}=\dfrac{1}{3}\begin{pmatrix}2 & 1 & 2\\ 1 & 2 & -2\\ 2 & -2 & -1\end{pmatrix}$,$\boldsymbol{PAP}^{\mathrm{T}}=\begin{pmatrix}9 & 0 & 0\\ 0 & 18 & 0\\ 0 & 0 & -9\end{pmatrix}$.

8.7 略.

8.8 构造镜面反射矩阵 $\boldsymbol{P}_1$ 和 $\boldsymbol{P}_2$,有

$$\boldsymbol{A}=\boldsymbol{QR},\quad \boldsymbol{Q}=\boldsymbol{P}_1\boldsymbol{P}_2=\frac{1}{3}\begin{pmatrix}-1 & 2 & 2\\ -2 & 1 & -2\\ -2 & -2 & 1\end{pmatrix},\quad \boldsymbol{R}=\begin{pmatrix}-3 & 3 & -3\\ 0 & 3 & -3\\ 0 & 0 & 3\end{pmatrix}.$$

8.9 (1) $\boldsymbol{Q}=\begin{pmatrix}0.000\,0 & 0.894\,4 & 0.447\,2\\ -1.000\,0 & 0.000\,0 & 0.000\,0\\ 0 & -0.447\,2 & 0.894\,4\end{pmatrix}$,$\boldsymbol{R}=\begin{pmatrix}2.000\,0 & 0.000\,0 & 2.236\,1\\ -2.236\,1 & 1.000\,0 & -2.000\,0\\ 0 & 0.000\,0 & 0.000\,0\end{pmatrix}$;

(2) $\boldsymbol{Q}=\begin{pmatrix}0.948\,7 & -0.274\,1 & 0.157\,6\\ 0.316\,2 & 0.822\,4 & -0.472\,9\\ 0 & 0.498\,4 & 0.866\,9\end{pmatrix}$,$\boldsymbol{R}=\begin{pmatrix}3.700\,0 & 1.268\,9 & 0\\ 1.268\,9 & 4.368\,3 & -0.039\,3\\ 0 & -0.039\,3 & -0.068\,3\end{pmatrix}$.

8.10 略.

习 题 9

9.1 0.500 00, 1.142 01, 2.501 15, 7.245 02.

9.2

x_n	0.1	0.2	0.3	0.4	0.5	0.6
y_n	1.11	1.242 05	1.398 47	1.581 81	1.794 90	2.040 86
x_n	0.7	0.8	0.9	1.0	…	
y_n	2.323 15	2.645 58	3.012 37	3.428 17	…	

9.3 0.145.

9.4 略.

9.5 (1)

x_n	0.2	0.4	0.6	0.8	1.0	…
y_n	1.242 8	1.583 6	2.044 2	2.651 0	3.436 5	…

(2)

x_n	0.2	0.4	0.6	0.8	1.0	…
y_n	1.727 6	2.743 0	4.094 2	5.829 2	7.996 0	…

9.6～9.7 略.

9.8 二阶亚当斯方法:0.626;二阶隐式亚当斯方法:0.633.

9.9 经典 R-K 方法:$y_1 = 0.0901$, $y_2 = 0.1608$, $y_3 = 0.2136$.

四步四阶显式亚当斯公式:$y_4 = 0.2506$, $y_5 = 0.2741$, $y_6 = 0.2866$.

亚当斯预估-校正公式:$y_4 = 0.2505$, $y_5 = 0.2739$, $y_6 = 0.2863$.

9.10 证明略,局部截断误差的主项为$-\frac{5}{8}h^3 y'''(x_n)$.

9.11 $\alpha = \frac{1}{2}, \beta_0 = \frac{7}{4}, \beta_1 = -\frac{1}{4}$,局部截断误差的主项为$\frac{3}{8}h^3 y'''(x_n)$.

9.12 $\alpha_0 = 4, \alpha_1 = -3, \beta = -2$,局部截断误差为$\frac{2}{3}h^3 y'''(x_n) + O(h^4)$.

9.13 $y_1(x_1) \approx 0.247866666$, $y_1(x_2) \approx 0.632872209$,

$y_2(x_1) \approx 1.152704167$, $y_2(x_2) \approx 1.451602755$.

9.14 计算两步的结果为 $y(0.2) \approx 0.98$.

9.15 提示:(1) 不是刚性常微分方程组,(2) 是刚性常微分方程组,(3) 不是刚性常微分方程组.

9.16 $y_1 = 0.6953$, $y_2 = 0.6080$, $y_3 = 0.6726$.

9.17 1.014 87, 1.017 85, 1.070 10, 1.210 30, 1.513 29.

参 考 文 献

[1] 曹志浩,张玉德,李瑞遐. 矩阵计算和方程求根[M]. 2 版. 北京:高等教育出版社,1984.

[2] 邓建中,刘之行. 计算方法[M]. 2 版. 西安:西安交通大学出版社,2001.

[3] 关治,陆金甫. 数值分析基础[M]. 3 版. 北京:高等教育出版社,2019.

[4] 关治,陆金甫. 数值方法[M]. 北京:清华大学出版社,2005.

[5] 韩旭里,万中. 数值分析与实验[M]. 北京:科学出版社,2006.

[6] 韩旭里. 数值分析[M]. 北京:高等教育出版社,2011.

[7] 黄友谦. 数值试验[M]. 北京:高等教育出版社,1989.

[8] 黄友谦,李岳生. 数值逼近[M]. 2 版. 北京:高等教育出版社,1987.

[9] 李荣华,刘播. 微分方程数值解法[M]. 4 版. 北京:高等教育出版社,2009.

[10] 李庆扬,关治,白峰杉. 数值计算原理[M]. 北京:清华大学出版社,2000.

[11] 李庆扬,王能超,易大义. 数值分析[M]. 5 版. 武汉:华中科技大学出版社,2018.

[12] 李庆扬. 常微分方程数值解法:刚性问题与边值问题[M]. 北京:高等教育出版社,1991.

[13] 李庆扬,易大义,王能超. 现代数值分析[M]. 北京:高等教育出版社,1995.

[14] 王德人,杨忠华. 数值逼近引论[M]. 北京:高等教育出版社,1990.

[15] BURDEN R L,FAIRES D J,BURDEN A M. Numerical Analysis[M]. 10th ed. Boston: Cengage Learning,2015.

[16] FAUSETT L V. Applied Numerical Analysis Using MATLAB[M]. 2nd ed. New York: Pearson,2007.

[17] STOER J,BULIRSCH R. Introduction to Numerical Analysis[M]. 3rd ed. New York: Springer,2010.